"十四五"时期国家重点出版物出版专项规划项目

碳中和交通出版工程·氢能燃料电池动力系统系列

固体氧化物燃料电池动力系统技术

王雨晴　史翊翔　史继鑫　蔡宁生
张扬军　李成新　涂宝峰　梁　波　编著
包　成　孙　立　曾泽智　范峻华

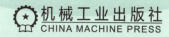

本书针对 SOFC 及其动力系统，介绍了高温电化学动力发电领域的相关基础知识、关键技术与前沿方向。具体来说，本书首先介绍了面向动态负荷的 SOFC 电池及电堆技术，如金属支撑 SOFC、管式 SOFC、微管式 SOFC（第 2～4 章主要内容）；随后探讨了面向性能及寿命提升的 SOFC 多物理场管控与检测诊断技术（第 5 章主要内容）；最后阐述了面向系统集成的燃料处理、集成控制、应用技术等（第 6、8、9 章主要内容），此外，本书还以航空动力领域为例阐述了 SOFC 在典型动力系统中的应用（第 7 章主要内容）。

本书主要面向高等院校、研究机构以及相关企业从事固体氧化物燃料电池研究与应用工作的读者。本书既可以作为能源动力相关专业的研究生教材，也可作为固体氧化物燃料电池动力系统研发的参考书籍。

图书在版编目（CIP）数据

固体氧化物燃料电池动力系统技术 / 王雨晴等编著 . —北京：机械工业出版社，2023.8

国家出版基金项目　"十四五"时期国家重点出版物出版专项规划项目　碳中和交通出版工程 . 氢能燃料电池动力系统系列

ISBN 978-7-111-73894-7

Ⅰ . ①固⋯　Ⅱ . ①王⋯　Ⅲ . ①固体 – 氧化物 – 燃料电池 – 动力系统 – 研究　Ⅳ . ① TM911.4

中国国家版本馆 CIP 数据核字（2023）第 177077 号

机械工业出版社（北京市百万庄大街 22 号　邮政编码 100037）
策划编辑：何士娟　　　　　　　　　责任编辑：何士娟
责任校对：张晓蓉　牟丽英　韩雪清　责任印制：常天培
北京铭成印刷有限公司印刷
2024 年 3 月第 1 版第 1 次印刷
180mm×250mm · 20.75 印张 · 2 插页 · 383 千字
标准书号：ISBN 978-7-111-73894-7
定价：199.00 元

电话服务　　　　　　　　　　网络服务
客服电话：010 88361066　　　机　工　官　网：www.cmpbook.com
　　　　　010-88379833　　　机　工　官　博：weibo.com/cmp1952
　　　　　010-68326294　　　金　书　网：www.golden-book.com
封底无防伪标均为盗版　　　　机工教育服务网：www.cmpedu.com

丛书编委会

顾　问　钟志华
主　任　余卓平　魏学哲
副主任　王雨晴　史翊翔　明平文　屈治国　戴海峰
委　员　王　宁　王　婕　王　超　王文凯　王兴宇
　　　　王学远　史继鑫　包　成　朱跃强　刘旭东
　　　　孙　立　李　冰　李成新　李伟松　杨海涛
　　　　何士娟　张扬军　张国宾　范峻华　胡宝宝
　　　　袁　浩　涂正凯　涂宝峰　梁　波　曾泽智
　　　　赖　涛　蔡宁生

（以上按姓氏笔画排序）

丛书序

2022年1月，国家发展改革委印发《"十四五"新型储能发展实施方案》，其中指出到2025年，氢储能等长时间尺度储能技术要取得突破；开展氢（氨）储能关键核心技术、装备和集成优化设计研究。2022年3月，国家发展改革委、国家能源局联合印发《氢能产业发展中长期规划（2021—2035年）》，明确了氢的能源属性，是未来国家能源体系的组成部分，充分发挥氢能清洁低碳特点，推动交通、工业等用能终端和高耗能、高排放行业绿色低碳转型。同时，明确氢能是战略性新兴产业的重点方向，是构建绿色低碳产业体系、打造产业转型升级的新增长点。

当前我国担负碳达峰、碳中和等迫切的战略任务，交通领域的低排放乃至零排放成为实现碳中和目标的重要突破口。氢能燃料电池已经体现出了在下一代交通工具动力系统中取代传统能源动力的巨大潜力，发展氢能燃料电池必将成为我国交通强国和制造强国建设的必要支撑，是构建清洁低碳、安全高效的现代交通体系的关键一环，也是加快我国技术创新和带动全产业链高质量发展的必然选择。

本丛书共5个分册，全面介绍了质子交换膜燃料电池和固体氧化物燃料电池动力系统的原理和工作机制，系统总结了其设计、制造、测试和运行过程中的关键问题，深入探索了其动态控制、寿命衰减过程和优化方法，对于发展安全高效、低成本、长寿命的燃料电池动力系统具有重要意义。

本丛书系统总结了近几年"新能源汽车"重点专项中关于燃料电池动力系统取得的基础理论、关键技术和装备成果，另外在推广氢能燃料电池研究成果的基础上，助力推进燃料电池利用技术理论、应用和产业发展。随着全球氢能燃料电池的高度关注度和研发力度的提高，氢燃料电池动力系统正逐步走向商业化和市场化，社会迫切需要系统化图书提供知识动力与智慧支持。在碳中和交通面临机遇与挑战的重要时刻，本丛书能够在燃料电池产业快速发展阶段为研发人员提供智力支持，促进氢能利用技术创新，能够为培养更多的人才做出贡献。它也将助力发展"碳中和"的国家战略，为加速在交通领域实现"碳中和"目标提供知识动力，为落实近零排放交通工具的推广应用、促进中国新能源汽车产业的健康持续发展、促进民族汽车工业的发展做出贡献。

丛书编委会

序

气候变化是当今人类面临的重大挑战之一，已成为全球性的非传统安全问题，严重威胁着人类的生存和可持续发展。2020年9月，我国宣布二氧化碳排放力争于2030年前达到峰值，努力争取2060年前实现碳中和。碳中和是一场绿色革命，在交通领域，发展变革性的动力技术是构建清洁低碳、安全高效现代交通体系的关键。燃料电池因其清洁、高效的特点，正在成为推动能源与动力领域变革的重要技术，有望在车辆、船舶、飞机等下一代动力技术领域发挥重要作用。

在动力领域，质子交换膜燃料电池（PEMFC）的研发与示范最为活跃，而高温固体氧化物燃料电池（SOFC）由于其陶瓷材料体系和较高的运行温度，在相当长的时间内都被认为更适用于固定式发电系统。然而，高温也带来了燃料适应性广、发电效率高的独特优势。从燃料的角度，SOFC不仅可以吃"细粮"（氢气），也可以吃"粗粮"（碳氢燃料），与现有的能源体系更加兼容；可以降低对氢净化、储运的需求；从效率的角度，SOFC系统效率可达50%以上，而利用尾气余热与传统燃烧热机耦合，有望实现更高的系统效率。

当SOFC应用于动力系统时，亟需解决动态响应慢、体积/质量功率密度低等瓶颈问题。近年来，国内外科研院所以及企业在材料、装备、系统方向持续攻关，涌现了一批新的电池、电堆技术，SOFC开始在无人机动力、重卡辅助动力等领域崭露头角。本书从SOFC动力系统的独特需求出发，系统梳理了电池、电堆与系统层面相关的研发进展与重要成果。

在电池层面，本书重点关注了具有强抗热震性、可实现快速启停的几类电池技术，例如金属支撑SOFC、（微）管式SOFC等。这些技术的突破使得SOFC的启动时间从传统的小时量级显著降低到分钟量级，为解决SOFC的启动难题带来了曙光。在电堆与系统层面，移动端的应用对热管理、燃料在线处理、系统集成控制等提出了更高的要求。这在本质上是不同时间尺度反应与传递过程的耦合匹配问题，本书后半部分从多场管控角度出发，对上述问题进行了深入分析。

随着氢能与燃料电池技术的迅猛发展，已见多本有关SOFC的专著出版，而本书独具特色，是少有的面向动力系统需求的著作，也是丛书中唯一一本聚焦SOFC动力的书籍。本书的编著团队汇聚了在此领域深耕多年的专家学者，全书内容丰富、深入浅出，为传统动力与新能源动力相关的研究者提供了SOFC动力系统技术的全面视角。

上海交通大学讲席教授
碳中和发展研究院院长
2023年1月

前言

固体氧化物燃料电池（Solid Oxide Fuel Cell，SOFC）可在高温下直接将燃料的化学能转化为电能，是一种清洁、高效的发电技术，将在未来的能源、电力、运输等国民经济领域发挥重要作用。SOFC发电过程突破卡诺循环的限制，发电效率可达50%以上，同时其尾气余热能级高，可进一步与燃气轮机（Gas Turbine，GT）结合组成混合动力系统，系统发电效率可达80%以上，被公认为是最具潜力的动力发电技术之一。此外，SOFC高温操作使其可以利用煤气化合成气、天然气甚至汽油、柴油等作为燃料，在发电过程中避免高污染的燃烧环节，能够实现污染物近零排放及CO_2高浓度富集，是面向碳中和及动力系统减排需求的变革性碳基燃料发电技术。

传统SOFC的应用场合集中于大型电站等固定式应用领域，面向动力系统的应用需求，SOFC系统需重点突破启动慢、系统紧凑度低等瓶颈问题。本书针对SOFC在动力系统应用中的难点与痛点，着重介绍了SOFC电池及电堆构型、多场管理、系统集成、燃料处理等关键技术，为推动SOFC动力系统研究与实际应用提供参考。第2～4章重点介绍了具有高抗热震性的几类SOFC构型的研发，分别针对金属支撑SOFC（第2章）、管式SOFC（第3章）与微管式SOFC（第4章）的制备、组堆等关键技术进行介绍；第5章探讨了管堆集成过程中的多物理场管控与检测诊断技术；第6～9章依次介绍了与动力系统集成相关的关键技术，包括动力系统与应用（第6章）、燃料处理技术（第8章）、动力系统控制（第9章）等，并以航空动力领域为例阐述了SOFC在典型动力系统中的应用（第7章）。

由于SOFC及其动力系统仍处于高速发展的阶段，目前针对某些问题，研究者仍有不同的看法，同时近年来也涌现了很多新型材料体系以及新型构型的SOFC，本书并不能详尽介绍所有相关的问题及文献，而着重于介绍高温电化学动力发电领域的相关基础知识、关键技术与前沿方向，读者可针对具体研究问题参阅更多相关文献。

本书作者均为从事SOFC领域相关研究多年的专家学者，在本书各章节对应技术研发中积累了深厚的学术研究与项目经验。具体来说，第1章作者为清华大学史翊翔教授和蔡宁生教授，第2章作者为西安交通大学李成新教授，第3章作者为山东科技大学涂宝峰教授，第 4 章作者为广东工业大学梁波副教授，第 5 章作者为清华大学博士研究生范峻华和北京理工大学王雨晴副教授，第 6 章作者为北京理工大学王雨晴副教授，第 7 章作者为清华大学张扬军教授和曾泽智博士，第 8 章作者为清华大学史继鑫博士和史翊翔教授，第 9 章作者为北京科技大学包成教授和东南大学孙立副研究员。在本书的校稿过程中，北京理工大学的研究生张瑞宇、李晓晓、王怡楠、李博坤以及清华大学的研究生谷鑫付出了宝贵的时间与精力，作者特此向他们致谢。本书部分研究成果受国家重点研发计划课题（2021YFB4001404、2022YFB4002603）资助，特此致谢。

由于作者水平有限，书中难免存在一些谬误，希望广大读者批评指正。

2023 年 1 月于北京理工大学

目录

丛书编委会

丛书序

序

前　言

第 1 章　绪论 001

1.1　SOFC 工作原理 002
1.2　SOFC 应用领域与发展现状 004
1.3　SOFC 动力系统挑战 005

参考文献 006

第 2 章　金属支撑 SOFC 007

2.1　概述 008
2.1.1　结构及技术特点 008
2.1.2　技术现状 009
2.2　金属材料及其防护技术 013
2.2.1　支撑体材料 013
2.2.2　支撑体加工方法 017
2.2.3　连接体 021

2.3　电解质制备方法 025
2.3.1　低温烧结制备技术 026
2.3.2　涂层制备技术 030

2.4　电堆集成及应用 048
2.4.1　典型金属支撑电堆集成关键技术 048
2.4.2　电堆集成现状 052

参考文献 056

第 3 章　管式 SOFC 063

3.1　发展概况 065

3.2　管式 SOFC 材料与制备工艺 066
3.2.1　阴极支撑管式 SOFC 066
3.2.2　阳极支撑管式 SOFC 069

3.3　管式 SOFC 组堆与系统集成技术 075
3.3.1　组堆技术 075
3.3.2　系统集成技术 079

3.4　稳 / 动态特性 084
3.4.1　管式 SOFC 单元参数分布特性 084
3.4.2　管式 SOFC 发电特征 086
3.4.3　管式 SOFC 发电系统稳 / 动态特性 089

3.5　动力系统中的典型应用 091

参考文献 092

第 4 章　微管式 SOFC 095

4.1　发展概况 096

4.2 制备工艺 097
　　4.2.1 支撑体制备 097
　　4.2.2 电解质膜制备 099
　　4.2.3 烧结特性 100

4.3 批量化生产 102
　　4.3.1 挤出成形法制备阳极管 104
　　4.3.2 功能薄膜 104
　　4.3.3 批量烧结 105

4.4 组堆技术 107
　　4.4.1 密封解决方案 107
　　4.4.2 集流设计及实施 111
　　4.4.3 尾气催化处理 114

4.5 稳态/动态性能 116
　　4.5.1 启动时间和冷热循环 116
　　4.5.2 稳态-动态性能 118

4.6 移动便携系统中的典型应用 121

参考文献 124

第 5 章　SOFC 电堆多物理场管控与检测诊断 129

5.1 多尺度模拟技术 130
　　5.1.1 电极反应机理模型 130
　　5.1.2 电池单元模拟 137
　　5.1.3 电堆模拟 151

5.2 电堆热管理 156
　　5.2.1 电堆产热与散热机制 157
　　5.2.2 电堆热管理技术 157

5.3 性能检测与故障诊断技术 160

参考文献 164

第 6 章　SOFC 动力系统与应用 167

6.1 系统结构 168
6.1.1 燃料供给与处理子系统 169
6.1.2 发电子系统 169
6.1.3 热管理子系统 169
6.1.4 电力调控子系统 171

6.2 典型系统设计与集成 171
6.2.1 SOFC- 电池动力系统 172
6.2.2 SOFC- 热机混合循环动力系统 172

6.3 典型 SOFC 动力系统模拟 174
6.3.1 零维 BOP 部件模型 174
6.3.2 SOFC 模型 179
6.3.3 其他 SOFC 模型及系统模拟 185

6.4 新型 SOFC 与应用 188
6.4.1 直接火焰燃料电池 188
6.4.2 直接氨燃料电池 196

参考文献 201

第 7 章　SOFC 在航空动力领域的应用 211

7.1 飞行汽车等航空领域运载工具对动力的需求 212
7.1.1 飞行汽车简介 212
7.1.2 飞行汽车运行特点及对动力的需求 214

7.2 固体氧化物燃料电池在航空动力的应用 218
    7.2.1 NASA 格林中心 SOFC 航空动力研究 219
    7.2.2 高抗热震性固体氧化物燃料电池研究 222
    7.2.3 SOFC/GT 航空动力系统模拟研究 224

7.3 固体氧化物燃料电池涡电动力 227
    7.3.1 SOFC 涡电动力概述 227
    7.3.2 SOFC 涡电动力热力学模型 229
    7.3.3 SOFC 涡电动力系统参数敏感性分析与设计 232

7.4 应用于航空动力的 SOFC 小结与展望 236
    7.4.1 高压力条件下稳定运行的 SOFC 电堆研发 236
    7.4.2 大功率高功率密度 SOFC 动力系统研究 237
    7.4.3 SOFC 涡电动力热管理研究 238

参考文献 239

第 8 章 燃料处理技术 243

8.1 燃料前处理技术 244
    8.1.1 前处理技术介绍 244
    8.1.2 不同燃料的前处理技术 252
    8.1.3 积炭 260

8.2 尾气后处理技术 263

参考文献 265

第 9 章 SOFC 动力系统控制 275

9.1 安全运行区域 276

9.2 部分负荷和非设计工况运行 280

9.3 动态机理模型与负载跟随 284
  9.3.1 动态机理模型 285
  9.3.2 负载跟随 286
9.4 动态模型辨识 289
9.5 控制策略与控制器设计 296
  9.5.1 控制策略 296
  9.5.2 分散控制 303
  9.5.3 集中控制 307
9.6 半实物仿真 310

参考文献 311

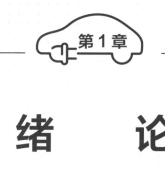

第 1 章

绪 论

面向国家碳达峰与碳中和目标，亟须发展清洁、高效的能源转换技术，促进动力系统低碳化转型。燃料电池可以将燃料的化学能直接转化为电能，其发电过程突破卡诺循环限制，具有发电效率高、低污染、低噪声等特点，受到了世界各国的广泛重视，有望成为继内燃机、锂电池之后的新一代高效动力。

目前，燃料电池在动力领域发挥着越来越重要的作用，2020年出货量接近1GW[1]。在众多燃料电池类型中，质子交换膜燃料电池（Proton Exchange Membrane Fuel Cell，PEMFC）在移动、便携使用领域占有主体地位，随着加氢站的普及，丰田与现代正引领 PEMFC 动力汽车的商业化，本田、奔驰、宝马等公司也在其中占有一席之地。

与 PEMFC 相比，固体氧化物燃料电池（Solid Oxide Fuel Cell，SOFC）在高温（600～1000℃）下工作，其余热等级较高，可进一步与燃气轮机组成混合动力系统，发电效率可达 80% 以上；同时，其燃料适用范围广，不仅可以采用纯氢作为燃料，还可以使用天然气、重整气等多种碳氢燃料，是实现碳基能源清洁高效利用的关键技术。

1.1 SOFC 工作原理

SOFC 单元由阳极、电解质、阴极、连接板与流道构成[2]，工作原理如图 1-1 所示。多孔阳极与阴极由致密离子导体电解质分隔，燃料和空气分别经由阳极、阴极流道通入到阳极与阴极，燃料在阳极发生氧化反应、氧化剂在阴极发生还原反应，产生的电子由外电路传导，而离子经由电解质传输。传统的 SOFC 电解质为氧离子导体电解质，如氧化锆基电解质，而典型的阳极材料为离子导体陶瓷与电子导体金属构成的金属陶瓷，如镍基陶瓷[3]。由于 Ni 可以作为碳氢燃料的重整催化剂，因此，在阳极除了发生电化学氧化反应之外，还会发生碳氢燃料的重整反应。SOFC 的阴极材料一般为混合导体钙钛矿陶瓷，如镧锶锰（LSM）与镧锶钴铁（LSCF）等。

按照支撑体结构不同，SOFC 主要可分为电解质支撑、阴极支撑、阳极支撑、陶瓷支撑与金属支撑 SOFC 等构型，如图 1-2 所示。最初 SOFC 采用电解质支撑构型，但较厚的电解质要求操作温度达到 1000℃左右以降低欧姆阻抗、提升电池性能。随后发展的阴极、阳极支撑 SOFC 可将电解质厚度降为十几微米，并将工作温度降低至 600～800℃。传统的陶瓷基支撑 SOFC 在动力系统温度频繁变化的场合易出现热应力导致的失效问题，值得关注的是近年来发展的金属支撑 SOFC，采用多孔金属作为 SOFC 支撑体，从而可以显著提升其抗热震性。

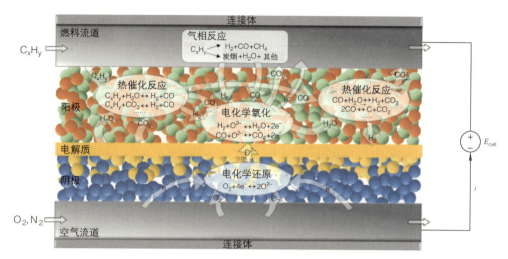

图 1-1 SOFC 工作原理

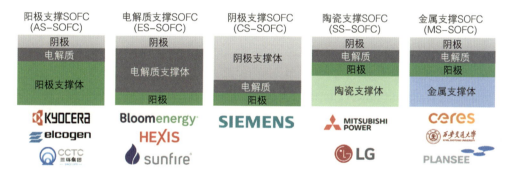

图 1-2 固体氧化物燃料电池支撑形式

按照电池单元的构型分类，SOFC 主要有平板式与管式两种构型，如图 1-3 所示。平板式 SOFC 的主要特点为加工制造简单、功率密度高等，但存在启动速率慢（1～2℃/min）、高温密封困难等问题[4]。管式 SOFC 由于其集流路径长导致功率密度低，但其优异的鲁棒性与热循环性能使其更适用于频繁启停的动力系统中[5]。

在实际应用中，多个 SOFC 单元需要通过串并联组成电堆，SOFC 电堆需进一步结合其他系统辅助部件（Balance of Plant，BOP），如燃料重整器、热交换器、尾燃器等，从而形成完整的 SOFC 系统，同时，为满足动力系统频繁变化的负荷需求，还需要发展先进的控制策略，实现动力系统的精确控制。

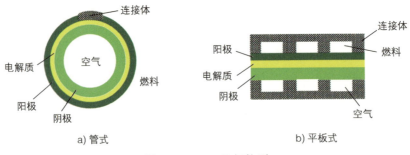

图 1-3 SOFC 几何构型

1.2 SOFC 应用领域与发展现状

自 20 世纪 30 年代 Bauer 与 Preis 发明了 SOFC 以来,研究者致力于将 SOFC 应用于航空航天、交通运输、分布式供能等多个场合。传统 SOFC 的应用场合集中于大型/分布式电站等固定式应用领域。西门子西屋自 20 世纪 50 年代开始研发电解质支撑管式 SOFC,并将其与余热锅炉、燃气轮机等耦合形成热电联供(Combined Heat and Power,CHP)系统,以提升整体转换效率。基于此,西门子西屋在 1999 年实现了 100kW 级 CHP 系统的示范应用,发电效率达 46%;并在 2003 年首次实现了 220kW 加压 SOFC-GT 混合循环系统的示范应用,发电效率高达 52%[6]。美国 Bloom Energy 是目前行业内最大的 SOFC 制造商,自 20 世纪 80 年代起开始 SOFC 的研发工作,截至 2020 年,SOFC 出货量已达 350MW。三菱重工自 20 世纪 80 年代开始研发大规模的 SOFC 发电系统,并于 2017 年首次实现了 250kW SOFC-GT 混合循环系统的商业化,目前三菱重工正在开展 1MW 级混合循环系统的集成与示范[7]。此外,千瓦级的 SOFC-CHP 系统也实现了初步的商业化,如日本京瓷等开发的家用热电联供系统 2019 年已安装超过 5 万台[8]。

相比固定式领域的应用,SOFC 在移动、便携等动力系统中的应用发展较为缓慢。近年来,随着新构型、新材料、新系统的研发,研究者也在致力于推进 SOFC 在便携电源、汽车辅机、无人机动力等场合的应用。2001 年,Minh 等报道了 Honeywell 开发的以柴油为燃料的 500W SOFC 便携系统[9];同年,BMW 与 Delphi 合作开发了基于 SOFC 的辅助动力(Auxiliary Power Unit,APU)系统样机[10]。随后，NanoDynamics、Adaptive Energy、Atrex Energy 等均研发了几十到几百瓦量级的 SOFC 移动便携系统；Ceres Power、Delphi、Sunfire 等则致力于研发千瓦量级的车、船等 SOFC 动力系统。目前，虽然 SOFC 已在无人机动力、汽车增程器中得到初步的示范应用，其商业化推广距离固定式应用仍有不小差距。

1.3　SOFC 动力系统挑战

在 SOFC 动力系统中，燃料适应性、电池鲁棒性以及能量/功率密度相比于发电效率是更为重要的指标[11]。SOFC 由固定式应用转为移动、便携动力领域应用时面临以下几个突出的挑战。

1）传统陶瓷支撑平板式 SOFC 的抗热震性差，在温度和负荷频繁变化的动力系统中容易产生热应力造成电池失效。为此，在动力系统中，需要着重关注具有强抗热震性的电池构型，如金属支撑 SOFC、管式 SOFC、微管式 SOFC 等，本书将在第 2～4 章对上述 SOFC 构型的研发、制备、组堆等关键技术进行介绍。

2）SOFC 电堆功率密度低。目前，商业级 SOFC 电堆的功率密度约为 0.1～1kW/L，而在质量与体积空间受限的动力系统中，SOFC 电堆的功率密度需达到 1.2kW/L 才能与现有增程器动力的要求匹配。SOFC 电堆的功率密度取决于其材料与几何构型，同时，电堆性能受到其内部温度场、组分场、电场等多物理场的耦合作用，本书第 5 章将探讨 SOFC 电堆的多物理场管控与检测诊断技术。

3）系统集成困难。与固定电站相比，SOFC 动力系统对启动时间、系统紧凑性、负载跟随特性等的要求更强，此外，固定式 SOFC 多采用 H_2 或 CH_4 为燃料，而在动力系统中，还需考虑能量密度更大的液体燃料，如液化气、汽油、柴油等的利用。因此，相比于固定式电站，SOFC 动力系统的集成需解决液体燃料处理、快速启停响应等特殊问题。本书第 6～9 章将依次介绍与动力系统集成相关的关键技术，具体来说，第 6 章将对 SOFC 动力系统及应用进行介绍，并在第 7 章以航空动力领域为例阐述 SOFC 在典型动力系统中的应用，第 8 章将着重探讨动力系统的燃料处理技术，第 9 章将对 SOFC 动力系统控制技术进行总结。

参考文献

[1] HART D, JONES S, LEWIS J. The fuel cell industry review 2020[R/OL].(2020-01-01)[2022-08-01]. https://www. e4tech、com/news. php.

[2] SINGHAL S C., KENDALL K. High-temperature solid oxide fuel cells: fundamentals, design and applications[M]. Amsterdam: Elsevier, 2003.

[3] JACOBSON A J. Materials for solid oxide fuel cells[J]. Chemistry of Materials, 2010, 22(3): 660-674.

[4] BUJALSKI W, DIKWAL C M, KENDALL K. Cycling of three solid oxide fuel cell types[J]. Journal of Power Sources, 2007, 171(1): 96-100.

[5] PUSZ J, SMIRNOVA A, MOHAMMADI A, et al. Fracture strength of micro-tubular solid oxide fuel cell anode in redox cycling experiments[J]. Journal of power Sources, 2007, 163(2): 900-906.

[6] HUANG K, SINGHAL S C. Cathode-supported tubular solid oxide fuel cell technology: A critical review[J]. Journal of power sources, 2013, 237: 84-97.

[7] IRIE H, MIYAMOTO K, TERAMOTO Y, et al. Efforts toward introduction of SOFCMGT hybrid system to the market[J]. Mitsubishi Heavy Industries Technical Review, 2017, 54(3): 69.

[8] NAKAO T, INOUE S, UENOYAMA S, et al. Progress of SOFC residential CHP system: Over 50,000 units market experience of Osaka Gas[J]. ECS Transactions, 2019, 91(1): 43.

[9] MINH N, ANUMAKONDA A, DOSHI R, et al. Portable solid oxide fuel cell system integration and demonstration[J]. ECS Proceedings Volumes, 2001, 2001(1): 190.

[10] HOLTAPPELS P, MEHLING H, ROEHLICH S, et al. SOFC system operating strategies for mobile applications[J]. Fuel Cells, 2005, 5(4): 499-508.

[11] REUBER S, SCHNEIDER M, STELTER M, et al. Portable μ-SOFC system based on multilayer technology[J]. ECS Transactions, 2011, 35(1): 251.

第 2 章

金属支撑 SOFC

2.1 概述

2.1.1 结构及技术特点

在第 1 章中已经提到，按照支撑体不同，SOFC 主要分为阳极支撑、阴极支撑、电解质支撑、金属支撑等几大类构型。陶瓷的低热导率和差的抗热冲击性能导致现有 SOFC 电堆的启动速度约 3~5℃/min 甚至更低，限制了其在动力系统中的应用。金属支撑 SOFC（MS-SOFC）采用与陶瓷功能层（YSZ、GDC 电解质或阳极）热膨胀系数（CTE）相近（$10×10^{-6}$~$12×10^{-6}$/K）且成本低廉的多孔合金作为支撑体，有望大幅降低 SOFC 成本，并改善电池的抗热震性[1,2]。与传统结构的 SOFC 相比，金属支撑 SOFC 的特点如下：

1）机械性能好。多孔合金被用作金属支撑 SOFC 的支撑体，相比于传统 SOFC 的陶瓷支撑体具有更高的强度、高延展性和高热导率，良好的机械性能使得电堆具有更好的抗热震特性，能够在较为复杂的操作环境中工作。

2）成本较低。金属的价格相对低廉，并且更易加工、封接。

3）快速启动。金属具有良好的导热性，可使电池快速启动，更好地应用于移动领域。

4）易于密封。成熟的焊接技术（钎焊、激光焊等）使得电堆易于实现燃气密封。

在众多公开报道中，将金属支撑 SOFC 定义为下一代固体氧化物燃料电池。如图 2-1 所示，从 Ceres Power 公开信息可看出，基于成熟度、电堆成本、系统成本、鲁棒性等综合指标评价，金属支撑 SOFC 具有明显优势。

在固定式应用场景，金属支撑 SOFC 早已崭露头角，如采用 Ceres Power 电堆开发的微型家用 CHP 系统和小型发电系统，以及 GE 公司于 2017 年建设的 1.3MW SOFC 系统。近年来，随着双碳目标的提出和国家政策的不断推进，将燃料电池应用于交通领域并市场化已成为不可阻挡的趋势。金属支撑 SOFC 具有快速启停特性，可以将传统 SOFC 的启动时间缩短到数十分钟乃至数分钟，有望大规模应用于车载电源，并在船舶、无人机等领域进行推广[4]。以 Ceres Power 为代表的国外公司已经和潍柴动力、日产汽车、康明斯（Cummins）等公司合力开发基于高性能金属支撑 SOFC 的商用车动力系统。

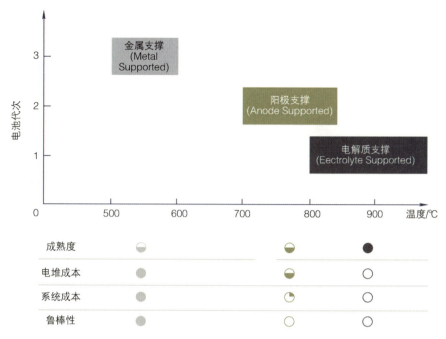

图 2-1　Ceres Power 公开的 SOFC 成熟度、电堆成本、系统成本、鲁棒性等综合指标[3]

2.1.2　技术现状

目前国内外很多研究机构和高校正在从事 MS-SOFC 的相关研究。从英国帝国理工学院发展出来的 Ceres Power 是世界上第一家制造 MS-SOFC 电堆产品的公司[5-7]。劳伦斯伯克利实验室（LBNL）和子公司 Point Source Power（PSP）也在早期就开始进行 MS-SOFC 的相关研究。其他从事金属支撑 SOFC 电堆开发的研究机构包括 Topsoe 燃料电池（TFC）（不再作为独立实体运营）、丹麦理工大学（DTU）[8]、丹麦里索国家实验室（Risø）、德国 Forschungs zentrum Jülich 中心（FZJ）[9]、奥地利 Plansee、德国宇航中心（DLR）、美国康明斯（Cummins acquired GE's technology）。韩国科学技术高级研究院（KAIST）和我国西安交通大学、华中科技大学[10]、中国矿业大学等研究机构也在从事该方面的研究工作。

韩国科学技术高级研究院（KAIST）以 Crofer22APU 或 SUS430 为金属支撑体，采用烧结方式制备了 5cm×5cm 的高性能 MS-SOFC，在 800℃条件下功率密度达到 0.5W/cm²，主要结构及制作步骤如图 2-2 所示：在金属支撑体上依次制备过渡层（金属粉末 + Ni/YSZ 粉末）、阳极功能层（Ni/YSZ）、电解质薄膜（YSZ）

后，在还原气氛下烧结成型，烧结温度大于 1400℃。随后在烧结成型的半电池上依次制备阻挡层（$Ce_{0.9}Gd_{0.1}O_{1.9}$）和阴极功能层，并在还原气氛下烧结[11]，完成 MS-SOFC 全电池的制备。

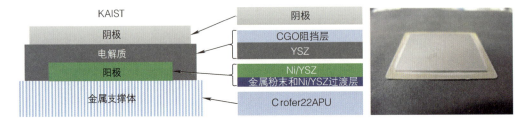

图 2-2　韩国科学技术高级研究院（KAIST）金属支撑 SOFC 技术路线

Ceres Power 与英国帝国理工学院联合开发并实现了 MS-SOFC 技术的商业化应用，其电池在 600℃下功率密度大于 $0.3W/cm^2$。Ceres Power MS-SOFC 的主要结构与制造过程如图 2-3 所示：采用激光打孔方式在 Ti-Nb 稳定 Cr 合金（约 100μm）上打孔，制备成多孔支撑体，然后采用传统的陶瓷支撑 SOFC 单体电池的制造工艺在多孔金属支撑体上依次制备阳极、电解质和阴极功能层。阳极功能层材料选用 Ni/CGO（20~30μm）；电解质功能层包含三层，即具有良好机械支撑性能且致密的 CGO 层（约 20μm）、阻止电子传导的 YSZ 层、热膨胀缓冲的 CGO 层，制备过程中，以 CoO 或 CuO 作为助剂，以改善 CGO 的烧结特性；阴极功能层材料采用 LSCF/CGO（10~30μm）[12-14]。

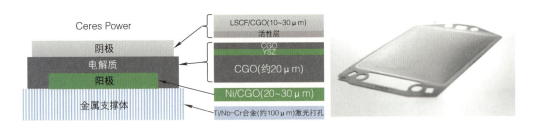

图 2-3　Ceres Power 金属支撑 SOFC 技术路线[15]

Plansee 与德国于利希研究中心（Jülich）、卡尔斯鲁厄理工学院（KIT）和奥地利 AVL 等合作开发了高性能的 MS-SOFC，在 820℃条件下功率密度达到 $0.5W/cm^2$。Plansee MS-SOFC 的技术路线如图 2-4 所示：采用磁控溅射方式在 ITM 支撑体上沉积 CGO 阻挡层（1~2μm），采用丝网印刷方式制备 Ni/YSZ 阳极功能层（40μm），采用气流溅射（GFS）方式制备 YSZ 薄膜电解质（3~5μm），采用磁控溅射方式制备 CGO 阻挡层（1~2μm），最后采用丝网印刷方式制备 LSCF 阴极功能层（40~50μm）[16-18]。

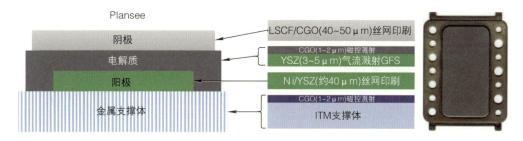

图 2-4　Plansee MS-SOFC 技术路线

德国宇航中心（DLR）采用 Plansee 生产的 FeCrMnTi 作为金属支撑体制备高性能的 MS-SOFC，在 800℃条件下功率密度达到 0.6W/cm²。DLR 的 MS-SOFC 的技术路线如图 2-5 所示：首先在 FeCrMnTi 支撑体上制备一层阻挡层（钙钛矿约 20μm），然后采用真空等离子喷涂方式依次制备多孔 Ni/YSZ 阳极功能层和致密 YSZ 电解质层，最后采用悬浮等离子喷涂（SPS）制备 LSM 阴极。

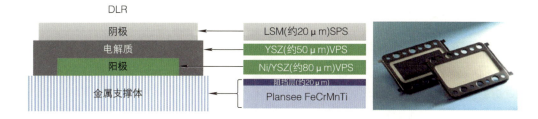

图 2-5　德国宇航中心（DLR）MS-SOFC 技术路线

丹麦 Topsoe 采用 FeCr 合金作为支撑体制备了 MS-SOFC，在 650℃条件下功率密度达到 0.4W/cm²，其中金属支撑体厚度小于 400μm，采用金属陶瓷制备阳极，采用钪掺杂的 YSZ（ScYSZ）制备电解质（约 10μm），采用 LSCF/CGO 制备阴极[1,19]，如图 2-6 所示。

美国康明斯（Cummins acquired GE's technology）以等离子喷涂为主要加工方法制造 MS-SOFC，开发了不同尺寸的单电池及千瓦级电堆，1kW 电堆功率密度为 0.2W/cm²。Cummins MS-SOFC 的主要结构为：以 GE-13L 金属为支撑体，在阴极侧喷涂 $Co_{1.5}Mn_{1.5}O_4$ 防护涂层，以防止 Cr 扩散毒化阴极；在支撑体上分别制备 NiO 过渡层和 Ni/YSZ 阳极功能层，在阳极上制备致密的 YSZ 电解质薄膜，并在电解质上制备 GDC 阻挡层，阴极由 LSCF 功能层和 LSC 过渡层构成[20]，如图 2-7 所示。

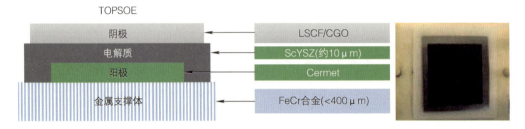

图 2-6　丹麦 TOPSOE 金属支撑 SOFC 技术路线

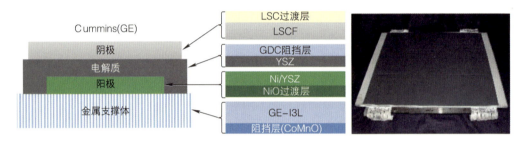

图 2-7　美国康明斯（Cummins acquired GE's technology）金属支撑 SOFC 技术路线

西安交通大学（XJTU）自主开发了多孔耐高温合金，以等离子喷涂为主要加工方法制造 MS-SOFC，在 700℃条件下功率密度最高达到 $0.7W/cm^2$，如图 2-8 所示。XJTU MS-SOFC 主要结构为：以粉末冶金多孔耐高温合金为支撑体，采用等离子喷涂方式制备阻挡层，以防止 Cr 扩散；采用大气等离子喷涂方式制备 Ni/GDC 阳极功能层，采用真空等离子喷涂方式制备 ScYSZ 电解质层，采用大气等离子喷涂方式制备 LSCF 阴极，最后制备阴极汇流层[21-23]。

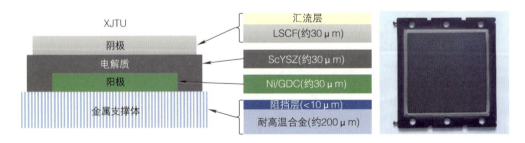

图 2-8　西安交通大学（XJTU）金属支撑 SOFC 技术路线

2.2 金属材料及其防护技术

金属支撑体与金属连接体是 MS-SOFC 中的 2 个核心部件,其质量占 SOFC 电堆质量的 95% 以上。MS-SOFC 运行温度通常为 500~800℃,对材料要求苛刻[24],其中金属支撑体为多孔结构,在高温还原气氛下工作,需与阳极金属陶瓷材料物化性能相匹配[25];金属连接体为致密结构,高温条件下一侧为氧化气氛,一侧为还原气氛,需与阴极陶瓷材料物化性能相匹配[26]。根据以上性能要求,MS-SOFC 可采用多种金属材料作为支撑体和连接体。

2.2.1 支撑体材料

20 世纪 60 年代,奥氏体不锈钢最早被用于 MS-SOFC 多孔金属支撑体材料[26],当时研究人员采用火焰喷涂技术,在预烧结的奥氏体不锈钢基体表面沉积电极与电解质功能层,电池在 750℃测试时峰值功率密度为 115mW/cm^2。然而由于当时制造技术和生产条件落后,MS-SOFC 一直没有引起研究者的关注,直到 20 世纪 90 年代中期,德国宇航中心(DLR)利用真空等离子喷涂技术制备出金属支撑 SOFC 后,MS-SOFC 才逐渐引起人们的普遍关注。

多孔金属支撑体是 MS-SOFC 的基体,是具有一定微孔隙结构且强度良好的金属板材,一般使用粉末冶金技术或薄板激光加工而成。多孔金属支撑体材料的选择与连接体类似,但因为二者的功能及电池运行时所处的环境不同而又有所区别,多孔金属支撑体的材料需考虑以下性能。

1)机械强度。金属支撑体是 MS-SOFC 制备电极、电解质的基体,电极和电解质均为薄膜材料,金属支撑体为整个电池提供强度支撑。

2)导电性。多孔金属支撑体在结构上作为 MS-SOFC 的阳极集流体,要求具有良好的导电性。

3)抗氧化性和抗腐蚀性。在 SOFC 高温运行环境中,多孔金属支撑体处于阳极侧还原和潮湿的气氛下,金属的氧化问题和腐蚀问题会降低材料的电导率。

4)热匹配性能。多孔金属支撑体的热膨胀系数要与电解质、电极的材料匹配,防止在高温环境以及升温、降温过程中出现断裂、分层等问题。

5)高孔隙率。多孔金属支撑体是 MS-SOFC 传输燃料和水蒸气的场所,多孔金属支撑体的孔隙率要达到 25%~35%,才能有效降低浓差极化,保证 SOFC

输出的稳定性。

6）表面状态。在多孔金属支撑体上制备电极、电解质功能层，良好的表面状态是功能层具有良好结合强度的前提。

7）低成本。多孔金属支撑体的材料价格低廉，也是 MS-SOFC 设计理念之一。

根据以上的性能要求，MS-SOFC 可采用多种金属材料作为支撑体。纵观多孔金属支撑体材料的探索历程，会发现 Cr-Fe-Ni 材料体系是 MS-SOFC 多孔金属支撑体材料研究的集中点，所以材料根据元素成分也可分为 3 类：Ni 基合金、Fe 基合金和 Cr 基合金，Cr-Fe-Ni 体系三元相图如图 2-9 所示。

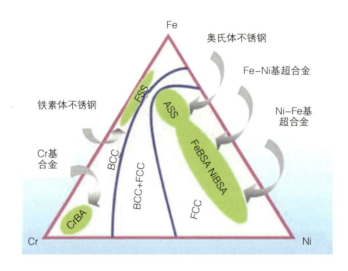

图 2-9　Cr-Fe-Ni 体系三元相图示意图[26]

从图 2-9 中可以看到，Cr-Fe-Ni 合金主要包含体心立方结构（BCC）的铁素体不锈钢和 Cr 基合金，以及面心立方结构（FCC）的奥氏体不锈钢、Fe-Ni 基超合金和 Ni-Fe 基超合金。成分和结构的不同也决定了材料性能的差别。一般情况下，具有体心立方结构的材料热膨胀系数低，与 SOFC 电极、电解质材料具有较好的热匹配性，是目前首选的多孔金属支撑体材料，而具有面心立方结构的材料虽然热膨胀系数高，但具有优异的抗氧化性能，也常被用作多孔金属支撑体材料。除此之外，纯 Ni 也是多孔金属支撑体的候选材料之一，但纯 Ni 具有热膨胀系数较高、抗氧化性差、对积炭和硫毒化敏感等问题，极大限制了其在 MS-SOFC 金属支撑体上的应用。以下将根据具体的材料体系进行分析。常用的多孔金属支撑体材料性能特点见表 2-1。

表 2-1 常用的多孔金属支撑体材料的性能特点[27]

合金	晶体结构	热膨胀系数/(10^{-6}/K)	抗氧化性	机械强度	加工性	成本
Cr 基	BCC	11.0~12.5	好	高	难	很高
铁素体不锈钢	BCC	11.5~14.0	好	低	较难	低
奥氏体不锈钢	FCC	18.0~20.0	好	较高	易	低
Fe 基超合金	FCC	15.0~20.0	好	高	易	较低
Ni 基超合金	FCC	14.0~19.0	好	高	易	高
纯 Ni	FCC	16.0~17.0	差	低	易	高
Ni-Fe	FCC	13.0~14.0	差	低	易	较高

1 Ni 基合金

Ni 基高温合金是在高温条件下广泛使用的一种合金，Ni-Cr 合金相对于 Cr 基合金具有更好的耐热性和更优异的加工性能。Ni 基合金中需要至少含有 15% 的 Cr（质量分数）才能在表面形成连续致密的 Cr_2O_3 氧化层，该氧化层会阻碍基体的进一步氧化，从而使合金表现出优异的抗氧化性和导电性。金属 Ni 是 SOFC 最普遍的阳极材料，对于 H_2、CH_4 等燃料的反应具有较高的催化活性，所以纯 Ni 支撑 SOFC 具有更优良的电性能，作为多孔金属支撑体材料，避免了 Fe 基和 Cr 基材料作为金属支撑体所造成的 Cr 毒化现象，同时具有良好的强度和韧性，能够满足多孔金属支撑体的性能需求[28, 31]。典型的 Ni 基合金有 Haynes 230、Inconel 600、Inconel 718 和 Hastelloy X，这些 Ni 基合金 Cr 的质量分数基本都在 25% 左右，其中，Haynes 230（Cr 的质量分数为 21.8%，Fe 的质量分数为 1.48%）的抗氧化性能最优，合金表面生成的由 Cr_2O_3 和 Cr-Mn 尖晶石组成的氧化层具有高于纯 Cr_2O_3 的电导率。

然而，Ni 基合金的热膨胀系数过高，与电池陶瓷功能层间的热匹配性较差是其较大的问题。纯 Ni 的热膨胀系数 [（16~17）×10^{-6}/K] 与电极、电解质材料 [（10~13）×10^{-6}/K] 不匹配，并且随着 Ni 基合金中 Cr 元素含量的增加，热膨胀系数会进一步提高。热膨胀系数的不匹配极易造成连接体/电极界面处的裂纹，从而导致热循环过程中电堆性能的衰减。此外，纯 Ni 材料成本高，抗氧化性差。由于活性高，Ni 对积炭和硫毒化问题十分敏感，使用碳氢燃料或纯度不高的 H_2 燃料会大大降低 MS-SOFC 的运行寿命。综合考虑成本和性能等各项因素，Ni 基合金并未广泛用作 MS-SOFC 的金属支撑体。

在 Ni 金属中添加其他的元素（例如 Fe、Al），可在一定程度上调节 Ni 基材料和电极、电解质材料之间的热匹配性[29, 30]，同时降低材料的成本，但是积炭问题和硫毒化问题并没有得到很好的解决。Li 等[31] 制备了不同成分的多孔镍铁金属支撑体，并对其进行了抗氧化性和热膨胀系数测试，研究结果表明在 Ni 中添加 Fe 可以提高镍基金属支撑体的抗氧化性能,其氧化动力学近似服从多级抛物线规律;同时,Ni-Fe 金属支撑体的热膨胀系数随 Fe 含量的增加而降低。图 2-10 所示为不同成分 Ni-Fe 材料的线膨胀系数与 750℃氧化增重曲线。

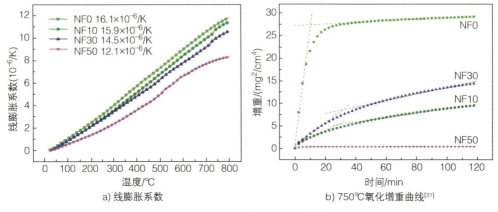

图 2-10 不同成分 Ni-Fe 材料

2 Fe 基合金

Fe 基合金是目前 MS-SOFC 研究和使用最多的多孔金属支撑体材料,其中奥氏体不锈钢和铁素体不锈钢因其材料价格低廉、机械性能优异,是 MS-SOFC 多孔金属支撑体的首选材料。但其也存在一些问题需要解决,例如材料在高温下的氧化问题、Cr 蒸气对阴极的毒化问题等。奥氏体不锈钢相较于铁素体不锈钢有着更强的抗氧化性能,然而奥氏体不锈钢是面心立方(FCC)结构,其热膨胀系数高于 MS-SOFC 电极与电解质,易造成电池功能层开裂、分层、剥落等问题,因此国内外大多数研究者都将目光投向了铁素体不锈钢[4]。

相较于 Cr 基合金和 Ni 基合金,Fe 基合金易于加工、成本低廉、资源丰富。不锈钢是最为常见的 Fe-Cr 合金,Cr 的质量分数通常分布在 17%~22% 左右。不锈钢又包括铁素体不锈钢(Ferritic steels)、奥氏体不锈钢(Austenitic steels)、马氏体不锈钢(Martensitic steels)和沉淀硬化不锈钢(Precipitation hardening steels)。其中铁素体不锈钢是体心立方(BCC)结构,种类繁多(典型的有 STS430、STS441、Crofer22APU 等),其热膨胀系数 [(11~13)×10^{-6}/K] 与 MS-SOFC 电极、电解质功能层较为匹配;其次,在发生高温氧化时铁素体不锈钢中的 Cr 元素可以在基体表面率先形成连续的 Cr_2O_3 和其他氧化物保护层,防止基体的进一步氧化,并且铁素体不锈钢的耐蚀性、抗氧化性、韧性、可焊接性都随 Cr 元素的增加而提高。铁素体不锈钢中 Cr 的质量分数一般控制在 10%~26%,过高的 Cr 含量则会增加基体中脆性相的产生,降低材料的物理性能。此外,人们也会添加 Y、Mn、

Mo、Ti、Al 等元素来提高合金的综合物理性能。

3 Cr 基合金

Cr 基合金在作为 SOFC 支撑体使用时以 Cr 元素为主要成分，通过掺入少量稀土元素（如 Ce、Y、Zr、La）或其化合物来调节基体热膨胀系数及抗氧化性能。Cr 基合金由于以 Cr 元素为主要成分，故其表面能快速形成致密连续的 Cr_2O_3 保护层，该保护层能够抗高温氧化，在 SOFC 运行条件下具有良好的保护性。Plansee 公司开发研制的掺杂质量分数为 5% 的 Fe 和质量分数为 1% 的 Y_2O_3 的 $Cr_5Fe_1Y_2O_3$ 是一种典型的 Cr 基合金，作为氧化物弥散强化合金（Oxide Dispersion Strengthened，ODS），其热膨胀系数为 $11.8×10^{-6}$/K，与 8YSZ 电解质匹配良好，在 1000℃ 的热导率为 50W/(m·K)，抗弯强度和抗拉强度优异，即使长时间暴露于高温氧化气氛中也表现良好。该系列 ODS 合金还包括 $Cr_5Fe_{0.3}Ti_{0.5}Y_2O_3$、$Cr_5Fe_{1.3}La_2O_3$、$Cr_5Fe_{0.5}CeO_2$ 等。

但是，由于 Cr 基合金的加工工艺较为复杂，加工性能差并且价格昂贵，限制了 Cr 基合金在 MS-SOFC 上的广泛应用。此外，高 Cr 含量虽然使得 Cr 基合金表面生成导电性优于其他氧化物的 Cr_2O_3 氧化层，但在高温下也会造成严重的 Cr 挥发问题。Cr 的挥发不仅会造成氧化层的过度增长，增加 SOFC 电堆内阻，还会导致阴极毒化，降低催化活性，使整个电堆的性能严重衰减。

2.2.2 支撑体加工方法

MS-SOFC 多孔金属支撑体兼具气体扩散、电子电导与结构支撑的作用，因此，为保证 SOFC 的高效运行，多孔金属支撑体必须具备合适的孔隙率与孔隙尺寸。多孔金属支撑体的制备工艺主要包括薄板激光加工法、金属粉末冶金法、反应烧结法等。薄板激光加工法可以加工出孔隙分布均匀、孔径尺寸大小均一的多孔金属支撑体，如 Ceres Power 采用在金属薄板上激光打孔的方式制备 MS-SOFC 多孔金属支撑体。粉末冶金法则是以金属粉末为原料，在保护气氛条件下通过中高温烧结制备出具有一定孔隙率的多孔金属支撑体，如德国于利希研究中心（Jülich）通过金属粉末烧结方式制备出高性能的多孔金属支撑体。反应烧结法可应用于 Fe-Al 体系的多孔金属支撑体制备，在还原性气氛中进行烧结，实现高孔隙率的多孔金属支撑体的制备。

薄板激光打孔与粉末冶金适用性广，可控性强，是目前 MS-SOFC 多孔金属支撑体的主要加工方法。下面主要针对薄板激光打孔与金属粉末冶金两种金属支撑体制备工艺进行介绍。

1 薄板激光加工

薄板激光加工指激光经聚焦后作为高强度热源对板材进行加热，使激光作用区内材料熔化或汽化，最终形成孔洞的激光加工过程。激光束在空间和时间上高度集中，利用透镜聚焦可以将光斑直径缩小，实现 $10^5 \sim 10^{15} W/cm^2$ 的激光功率密度。如此高的功率密度几乎可对任何材料进行激光打孔。相较于其他工艺，薄板激光加工应用于 MS-SOFC 金属支撑体的制备具有以下优点：①生产周期短、生产效率高。②容易控制产品的孔结构。所制备多孔金属支撑体孔的分布、大小、形状容易控制，有效提高了金属支撑体的孔隙率和透气性，降低电池的浓差极化，继而提高电池的输出性能。③产品表面状态较好。孔隙分布均匀、大小均一，为电池功能层的制备提供了良好的表面状态，有助于后期电极、电解质功能层的制备。④成品率高。由于工序简单、生产周期短，产品的成品率也较高。

Ceres Power 公司最先使用激光打孔技术制备不锈钢支撑体[32]，如图 2-11 所示。Ceres Power 采用的铁素体不锈钢含有 Cr 元素（质量分数为 15%～24%）以及其他合金元素（如 Mn、Ti、Nb、Ni、Al、Zr 和 La 等），基体厚度为 100～1000μm。不锈钢支撑体多孔区域孔横向尺寸约 30μm，间隔为 200～300μm。可以沿着燃料气体的流向通过调整孔大小、孔密度，或同时调整孔密度和大小来控制孔隙率。孔隙率根据所使用燃料气体种类、流动路径、流速、多孔区域上电极的孔隙率和泄漏率、金属支撑体的厚度来进行调整。

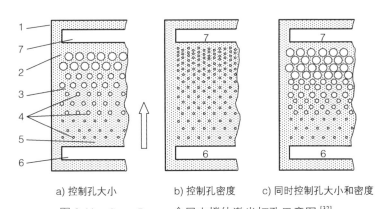

a) 控制孔大小　　b) 控制孔密度　　c) 同时控制孔大小和密度

图 2-11　Ceres Power 金属支撑体激光打孔示意图[32]

1—金属基体　2—非多孔区域　3—多孔区域　4—孔　5—反应气体流动方向
6—燃料气体入口区域　7—燃料气体出口

2 粉末冶金技术

粉末冶金是采用金属粉末（或金属粉末与非金属粉末的混合物）作为原料，经过成形和烧结，制造金属材料、复合材料以及各种类型制品的工艺技术。粉末冶金法与生产陶瓷有相似之处，均属于粉末烧结技术。相比其他的冶金技术，粉末冶金技术制备的材料具有优异的理化特性，可以用于齿轮、刀具、凸轮、轴承等产品的制作，并且其综合性能要优于传统冶金技术制作的产品。利用粉末冶金技术制造的产品能够得到致密或者半致密的结构，通过调整制备工艺参数，依靠粉末冶金技术也可以制备出致密度大于98%的材料，因此，依托粉末冶金技术可以同时制备多孔金属支撑体与连接体。

目前粉末冶金技术广泛应用于SOFC金属支撑体的制备。与薄板激光加工相比，粉末冶金方法具有以下优点：①设备简单、成本低。采用常规的压力机和气氛烧结炉等设备即可完成制备，极大地降低了生产成本。②金属成分易控制。如果需要对金属支撑体的材料成分进行优化，只需要改变金属原始粉末，不需要过多改动其他工艺参数。③制备的多孔金属支撑体比表面积高，在燃料气体的吸附方面具备一定的优势。④高的结构可调性。多孔金属支撑体的孔隙率与渗透率可以通过调整烧结过程中造孔剂的含量来进行精准调控[4]。

和Ceres Power的激光打孔不同，粉末冶金制备的多孔金属支撑体表面粗糙度较高，因此，除了流延成型与丝网印刷等薄膜沉积方法，还可以采用超低压等离子喷涂（VLPPS）、大气等离子喷涂（APS）、超音速火焰喷涂（HVOF）等工艺进行金属支撑固体氧化物燃料电池制备。此外，基于粉末冶金的多孔金属支撑体表面较高的粗糙度也在一定程度上增大了支撑体与阳极的接触面积，从而降低了接触电阻。然而，过高的粗糙度对燃料电池功能层的制备也会带来不利影响。因此，通常需要使用小尺寸的金属粉末颗粒进行支撑体制备，而一般的小尺寸的金属颗粒又很容易发生过烧结，降低多孔金属支撑体的孔隙率，选择合适尺寸的金属粉末颗粒对于多孔金属支撑体的制备来说至关重要。

奥地利Plansee公司和德国于利希研究中心（Jülich）采用粉末冶金的方法制备了ITM合金Fe26Cr（Mo，Ti，Y_2O_3）支撑体，该合金为Fe-Cr氧化物弥散强化合金，孔隙率高达约45%（体积分数），厚度约1mm，如图2-4所示[17]。在高达850℃的工作温度下，该合金支撑体提高了机械性能和长期化学稳定性。在多孔金属支撑体上，采用物理气相沉积（PVD）、丝网印刷和烧结等适当工艺制备了MS-SOFC，在0.7V下电池的电流密度可达$2A/cm^2$。

西安交通大学李成新教授课题组提出了一种依靠梯度孔隙结构来减少多孔支撑体表面粗糙度，以提高电池性能的多孔金属支撑体。该多孔金属支撑体具备大孔隙多孔金属基体与小孔隙表面粗糙度调整层。其显微结构如图2-12所示。该多孔金属支撑体由大孔隙的多孔支撑层与支撑体表面小孔隙的多孔过渡层组成。大孔隙层主要用于气体扩散传质，同时由大颗粒的金属颗粒烧结而成的多孔金属基体具有较好的抗氧化特性；表层流延形成的小孔隙金属层可以很好地减少表面粗糙度，无论是依托喷涂法还是流延法进行薄膜制备，薄膜的表面质量均可以得到很好的保证。

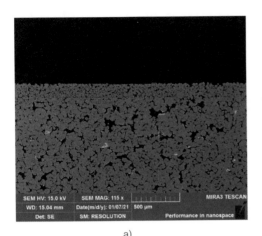 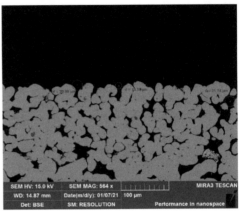

图 2-12　西安交通大学梯度多孔支撑体

粉末冶金技术除了可以设计并制备具有特定孔隙率的多孔金属支撑体以外，还可以通过合适的粉末配比以及粉末设计进行烧结形成 MS-SOFC 的连接体。当前 MS-SOFC 的制备工艺中，常常会将多孔金属支撑体与金属双极板（即连接体）分开加工制备，在组成单电池的过程中，再将其通过焊接技术进行封接，这无疑增加了 SOFC 金属基体的制备复杂度与加工成本。

在传统的 SOFC 金属连接体－支撑体焊接工艺中，钎焊与激光焊具有焊接速度快、焊接成本低的特点，因此曾被广泛使用。用于平板 SOFC 封接的钎焊金属一般为耐高温、抗氧化的 Pd、Au、Ag 等贵金属。钎料多使用二元或多元合金而较少使用纯金属，且多为共晶成分或接近共晶，以获得较低的钎焊温度和较好的流动性。然而，由于金属钎焊时使用的主要材料为贵金属，成本较高，并且使用时必须对电池组件做绝缘处理，这些都限制了金属钎焊密封在商业化中的应用。另外，金属焊接过程中，多孔金属支撑体与金属连接体之间的焊接应力分布不均匀等缺陷常常制约了焊接密封在 MS-SOFC 中的应用。

焊接技术涉及了多孔金属基体与连接体之间的连接过程，该过程的本质依然是多孔金属材料之间的互联互通。而粉末冶金技术可以在粉末结构与成分设计的条件下，实现不同材料之间的烧结成型，因此，如果将多孔金属支撑体、致密金属连接体之间的烧结成型及其二者之间的焊接过程结合在一起，将会大大降低制造成本与制造周期。

西安交通大学采用粉末冶金技术制备了具有一定孔隙率的多孔金属支撑体，同时采用粉末压制－烧结一体化方式制备了金属支撑体－连接体一体化结构，如图 2-13 所示，在保证多孔支撑体孔隙率与连接体致密度的同时，该一体化结构在金属支撑固体氧化物燃料电池的密封方面也颇具成效。基于等离子喷涂技术，该种粉末压制－烧结一体化多孔金属支撑体－连接体结构可以有效实现燃料侧气体的密封。除此之外，在传统的焊接密封中，由于钎料材料和金属连接体/多孔支撑体属于不同的材料体系，因此在电池高温运行过程中可能会因材料热膨胀系数与氧化特性的差异，导致电池出现相容性问题与热应力集中问题。而基于粉末冶金技术制备的一体化结构的金属支撑体－连接体，可以很好地解决上述问题，实现支撑体与连接体之间的良性结合，有效提高了 MS-SOFC 的运行稳定性。依托等离子喷涂的薄膜沉积制备技术，该金属支撑结构下的 SOFC 在后续的单电池测试与电堆性能测试中均展示出良好的性能与稳定性。

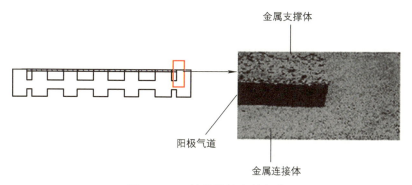

图 2-13　一体化结构密封方式

虽然粉末冶金技术在制备 MS-SOFC 金属支撑体方面有诸多优势，但相较于激光打孔，其难以实现孔隙率的精确控制，此外金属支撑体的气氛烧结/中温烧结在能源节约上还存在一定的不足，因此该技术在能耗以及精确控制化方面还有待进一步优化。

2.2.3　连接体

连接体是 SOFC 的关键组件，在电堆中连接体与两个电极（即阳极和阴极）相连，其有两大基本功能：一是传导电流，实现相邻两个电池单元间的电连接；二是隔绝气体，均匀分配电堆内的燃料气和氧化气。连接体是影响 SOFC 电堆稳定性及运行寿命的关键部件，其需要满足如下条件[4]。

1）在氧化和还原气氛中具有足够高的导电性，面接触电阻小于 $0.1\Omega/cm^2$。

2）在服役条件下具有良好的稳定性，包括结构稳定、化学稳定、晶型稳定、物相稳定。

3）优异的气密性，或者仅包含少量非贯通孔隙，为氧化剂和燃料剂提供物理阻碍屏障。

4）匹配的热膨胀系数（接近于 $10.5 \times 10^{-6}/K$，YSZ），最大限度减少热应力。

5）与电池相邻组件的化学惰性。

6）良好的抗氧化、抗炭化及抗硫化性能。

7）足够的机械强度和抗蠕变性能。

8）易加工性及低成本。

上述严格的基本要求限制了连接体材料的选择范围，当下能够满足金属支撑 SOFC 连接体要求的材料主要分为两类：一是陶瓷材料，二是金属合金材料。陶瓷连接体材料更适用于高温（1000℃）SOFC 电堆运行，而对于运行温度更低（600～800℃）的 MS-SOFC 来说，连接体采用金属合金材料更为匹配。

1 金属连接体主要材料

金属支撑 SOFC 连接体材料主要有以下几类：Cr 基合金、Ni 基合金和 Fe 基合金，其晶体结构及热膨胀系数见表 2-2。目前，作为 SOFC 连接体广泛使用的铁素体不锈钢有 Crofer22 APU、ZMG232、T441、SUS430 等。Crofer22 APU 是由 Thyssen Krupp 公司专为 SOFC 研究设计的一种高温铁素体不锈钢，其 Cr 质量分数为 20%～24%，Mn 质量分数通常在 0.5% 左右，在高温氧化的过程中表面会形成双层的氧化层，表层为（Mn，Cr）$_3$O$_4$ 尖晶石，底层为 Cr_2O_3。（Mn，Cr）$_3$O$_4$ 尖晶石的电导率比 Cr_2O_3 的高出近 2 个数量级，因此其在高温下相比于其他合金具有更高的电导率。但由于合金中的 Cr 含量较高，Cr 的挥发问题及经济效益影响了 Crofer22 APU 在连接体材料中的普适性。SUS430 合金成本低廉、制备简单、可加工性良好，作为目前较为适用的商用合金，Cr 质量分数为 17% 左右，相对低的 Cr 质量分数使其在高温下的 Cr 挥发相较与 Crofer22 APU 有所减缓，但同时也在一定程度上降低了其抗高温氧化性。

表 2-2 金属合金连接体材料

合金	晶体结构	热膨胀系数 /10^{-6}/K 室温约 800℃
Cr 基合金	BCC	11.0～12.5
Ni 基合金	FCC	14.0～19.0
Fe 基合金	BCC	11.5～14.0

西安交通大学自主开发了 SOFC 用 NYBR25 铁素体不锈钢材料。使用 JMatpro 对铁素体不锈钢的成分进行模拟，计算不同元素对其热膨胀系数的影响。计算结果表明，在铁素体不锈钢中，改变 Cr 和 Mn 的含量对热膨胀系数影响较大，而改变 Ni 和 Nb 的含量对热膨胀系数影响较小。综合考虑热膨胀系数和抗氧化能力两方面的因素，调整 Cr、Mn、Ni 和 Nb 等含量构建了最优的金属材料体系。然而，在金属支撑 SOFC 电堆长期运行的过程中，采用金属合金作为连接体材料

不可避免地会出现两个问题：一是金属连接体的高温氧化；二是 Cr 挥发导致的阴极毒化。金属连接体在高温氧化下表面会产生氧化层，从而使得界面电阻大幅增加；同时，随着时间的变化氧化层持续增长，在热应力及生长应力的作用下，与基体热匹配性较差的氧化层会产生破裂剥落，最终导致连接体自身的损耗失效。金属合金连接体的第二个问题即 Cr 挥发导致的阴极毒化，这是由于在 SOFC 高温运行环境下，连接体表面的 Cr_2O_3 会进一步与 H_2O、O_2 反应生成 CrO_3、$CrO_2(OH)_2$。这些具有高挥发性的化合物会随着气流进入多孔阴极中，进而沉积在阴极表面及阴极侧的三相界面（TPB）处，重新还原为固态的 Cr_2O_3，减小有效 TPB 面积及阴极活性位点，阻塞氧化气体扩散路径，造成阴极 ORR 催化活性降低，最终导致电池性能衰减。为了克服金属合金连接体在服役条件下的一系列问题，在金属合金连接体表面制备一层抗氧化的高温导电涂层是非常必要的。

2 金属支撑 SOFC 连接体保护涂层

在金属合金连接体表面制备保护涂层的主要作用为降低铁素体不锈钢连接体的氧化速率、提高氧化层电导率、提高氧化层与基体间的界面结合，并有效抑制 Cr 自氧化层向涂层的外扩散及渗透。因此，连接体保护涂层必须具备以下特性。

1）足够高的电子电导率，以保证电子的传导。
2）良好的致密性，或者仅包含少量非贯通气孔。
3）在氧化和还原双气氛中均具有较好的化学稳定性。
4）与电池其他功能层具有相匹配的 CTE 及良好的化学相容性。

目前，被作为连接体保护涂层进行研究的材料主要包括活性元素氧化物（REO）、稀土钙钛矿、导电尖晶石。

（1）REO 涂层

研究表明[33-36]，通过添加少量以离散颗粒形式存在的活性元素（Y、La、Ce、Hf 等）及其氧化物，能够有效提高氧化层与金属间的结合力，降低界面接触电阻，此外还能够抑制氧化层增长，从而有效降低高温合金的氧化速率。关于活性元素对提高高温合金抗氧化性能的机制还不完全明了，目前认可度较高的一种机制为：稀土元素能与硫形成稳定的化合物，从而抑制硫的迁移及界面偏析；同时，稀土元素与氧具有很强的亲和力，能通过氧化层晶界迁移至氧活力最高的表面，使得具有高反应活性的离子在氧化物晶界偏析，阻止 Cr 等氧化物形成元素的短路扩散通道，这些元素的外扩散被抑制，从而抑制界面空位注入及界面孔的生成。通常，REO 涂层都很薄，厚度在 1μm 以下。最常用的 REO 涂层制备技术包括溶胶凝胶法和金属有机化学气相沉积。

（2）稀土钙钛矿涂层

稀土钙钛矿具有 ABO_3 结构通式，A 表示离子半径较大的三价稀土阳离子

（La、Y等），B通常表示离子半径较小的三价过渡金属阳离子（Cr、Ni、Fe、Co、Cu、Mn等）。在氧化气氛下，稀土钙钛矿呈现P型半导体性质；在低氧分压条件下，仍能保持结构稳定，但是氧空位的形成会留下电子，使得电子空穴被消耗，因此电导率明显降低。除了具备一定的电子电导性能及合适的热膨胀系数，稀土钙钛矿涂层还能为氧化层提供活性元素，从而提高基体的抗氧化性能。近年来研究较为广泛的稀土钙钛矿涂层材料主要包括未掺杂的铬酸镧（$LaCrO_3$）、铬酸锶镧（$La_{1-x}Sr_xCrO_3$，LSC）[37]、锰酸锶镧（$La_{1-x}Sr_xMnO_3$）、钴酸锶镧（$La_{1-x}Sr_xCoO_3$）[38]、铁酸锶镧（$La_{1-x}Sr_xFeO_3$，LSF）等。目前，通常采用射频磁控溅射技术在不锈钢基体上进行钙钛矿涂层的制备。

（3）导电尖晶石涂层

立方尖晶石具有AB_2O_4结构通式，其中，A、B表示二价、三价或四价阳离子，位于八面体及四面体点阵位置；O离子位于面心立方（FCC）点阵位置。尖晶石具有良好的电子导电性能、较低的Cr离子扩散及含Cr氧化物传输系数，且其热膨胀系数与铁素体不锈钢以及SOFC其他功能层均非常匹配。此外，尖晶石结构致密，因此具有良好的抗氧化性能。常见的尖晶石热膨胀系数和电导率见表2-3。就热特性而言，含Fe尖晶石的热膨胀系数与铁素体不锈钢最为接近；就电性能方面，$Cu_{1.3}Mn_{1.7}O_4$、$Mn_{1.5}Co_{1.5}O_4$和$MnCo_2O_4$尖晶石具有最高电导率[39-42]。

表2-3　常见尖晶石热膨胀系数和电导率[43]

	Mg	Mn	Co	Ni	Cu	Zn
Al	$MgAl_2O_4$	$MnAl_2O_4$	$CoAl_2O_4$	$NiAl_2O_4$	$CuAl_2O_4$	$ZnAl_2O_4$
σ①	1×10^{-5}	1×10^{-2}	1×10^{-4}	1×10^{-3}	0.05	1×10^{-5}
α②	9.00	7.90	8.70	8.10	—	8.70
Cr	$MgCr_2O_4$	$Mn_{1.2}Cr_{1.8}O_4$	$CoCr_2O_4$	$NiCr_2O_4$	$CuCr_2O_4$	$ZnCr_2O_4$
σ	0.02	0.02	7.40	0.73	0.40	0.01
α	7.20	6.80	7.50	7.30	—	7.10
Mn	$MgMn_2O_4$	Mn_3O_4	$CoMn_2O_4$	$NiMn_2O_4$	$Cu_{1.3}Mn_{1.7}O_4$	$ZnMn_2O_4$
σ	0.97	0.10	6.40	1.40	225（750℃）	—
α	8.70	8.80	7.00	8.50	12.20	—
Fe	$MgFe_2O_4$	$MnFe_2O_4$	$CoFe_2O_4$	$NiFe_2O_4$	$CuFe_2O_4$	$ZnFe_2O_4$
σ	0.08	8.00	0.93	0.26	9.10	0.07
α	12.30	12.50	12.10	10.80	11.20	7.00
Co	—	$MgCo_2O_4$	Co_2O_4	—	—	—
σ		60.00	6.70			
α		9.70	9.30			

① σ是电导率（S/cm）。
② α是热膨胀系数（10^{-6}/K）。

目前连接体表面尖晶石涂层的制备方法主要有料涂法、电镀沉积法、喷雾法、磁控溅射法、热喷涂法等。料涂法制备尖晶石涂层是通过有机黏结剂将尖晶石粉末进行混合后均匀涂覆在基体上。电镀沉积是通过外加电流，使得电解液中的金属离子被还原，从而沉积在导电阴极表面。通过电沉积可以获得金属涂层前驱体，随后经热处理（氧化）可原位生成一层均匀、致密、与基体结合良好的氧化物涂层。该工艺对阴极要求较高：阴极表面需要具有导电性和化学活性，且必须洁净、无氧化膜或钝化膜，以便在表面形成连续与基体具有较强结合力的薄膜[44]。喷雾法是通过压缩气体使悬浮液滴由喷嘴喷出，在气体介质中分散、碎裂后沉积在基体之上，它是一种简单、低成本的涂层制备工艺。磁控溅射是利用荷能粒子轰击靶材表面，轰击出目标粒子以实现在基片上沉积薄膜的技术，是一种可以获得非常薄的金属涂层的方法。热喷涂是利用热源将材料加热至熔融或半熔融状态，使熔化粒子以高速喷向基体表面而形成涂层的一种方法，该方法沉积效率高、自动化程度高、灵活性高，可以实现低成本和较厚涂层的制备。以上方法均可在金属合金连接体上成功制备保护涂层。

西安交通大学采用 $Mn_{1.5}Co_{1.5}O_4$（MCO）尖晶石作为金属连接体保护涂层的初步研究结果表明[45-48]，通过等离子喷涂方法可获得致密的 MCO 高温防护涂层，其表观孔隙率可降至 $(2.32 \pm 0.29)\%$，气体泄漏率仅为 $1.96 \times 10^{-7} cm^4/(gf \cdot s)$，显著提高了金属连接体的抗长时氧化性能，并有效抑制了 Cr 挥发。经过 1200h 测试后，MCO 涂层及 LSM 阴极中均未检测到 Cr 元素，且 T441 表面自生氧化层厚度仅为 2μm 左右，运行 1200h 后的体系面积比电阻（ASR）仅为 $13.6 mΩ \cdot cm^2$。

2.3 电解质制备方法

当 SOFC 支撑体由陶瓷支撑体转化为金属时，虽然带来热启动速度的优势，但对于其制备技术带来了新的挑战。传统的 SOFC 制备方法主要为高温烧结法，即通过流延、喷雾、浸渍、电解沉积或丝网印刷等方法在支撑体表面覆盖电极及电解质粉末或粉末前驱体，随后通过高温烧结形成多孔或致密结构[4]。高温烧结制备工艺主要存在以下问题。

(1) 界面反应

界面反应是高温烧结法制备 SOFC 面临的共性问题，通常发生在电极与电解质界面，如 YSZ 电解质高温下会与阴极 LSCF[49] 或 LSM[50] 发生反应生成 $La_2Zr_2O_7$、$SrZrO_3$；LSGM 电解质高温下会与 Ni 发生反应[51]。MS-SOFC 通常为了防止金属支撑体氧化而在还原气氛下进行烧结，此时阳极中的 Ni 元素与连接体中的 Cr 元素会发生互扩散，损害电极性能。

(2) 材料稳定性问题

一些电解质材料如 GDC[52] 与 LSGM[53] 在高温还原性气氛下相结构不稳定；BZCY 系列质子导体在 1400℃下 BaO 会发生显著挥发[54]，然而其烧结温度却高达 1600℃；LSM 与 LSCF 等金属氧化物阴极材料在高温还原气氛下会发生分解。此外，在还原性气氛下进行高温烧结还会导致阳极的金属 Ni 颗粒团聚长大，降低电极催化性能[55]。

(3) 金属支撑体氧化问题

金属支撑体在高温下会发生严重的氧化，因此需要在还原性气氛保护下进行高温烧结。

为规避高温烧结制备 MS-SOFC 所产生的问题，目前主要有两种低温制备方案，分别是低温烧结方法与热喷涂方法。

2.3.1 低温烧结制备技术

对于传统的 SOFC 烧结制备工艺，为了保证电解质层的完全致密，通常需要在高温下进行长时间的烧结，比如对于氧化铈基电解质材料，通常需要在 1500℃下进行长时间的高温烧结才能得到完全致密的电解质层[56, 57]。而高温烧结电解质的制备方法会给金属支撑 SOFC 带来巨大的挑战。一方面，在 1200℃以上经过长时间的烧结很有可能会使得阳极中氧化镍颗粒的过分长大，从而降低阳极的电导率和催化活性；另一方面，电解质的高温烧结容易使得电解质内部晶粒过分长大，电解质中的杂质全都富集在晶界处，大幅降低晶界处的电导率。此外，对于 MS-SOFC，电池在 1200℃以上进行高温烧结会导致金属支撑体氧化脱皮，同时也会发生严重的变形，难以保证电池的平整度，不利于电池的成型。因此，有必要探索电解质材料的低温烧结致密工艺。

1 电解质的低温烧结

低温烧结法是通过加入烧结助剂，将电解质的烧结温度降至金属支撑体可承受温度的一种制备方法。低温烧结避免了高烧结温度下晶粒过分长大导致的材料性能下降，此外也大大降低了电极电解质共烧的难度。

低温烧结的机制主要分为本征机制与非本征机制。本征机制意义在于不改变电解质材料的本征物化特性，而非本征机制则是通过对电解质材料进行固溶处理及引入第二相等达到低温烧结的效果。为实现低温化烧结，常用的工艺方式包括降低材料颗粒尺寸、辅助外场强化低温烧结等。

降低颗粒尺寸是主要的低温化烧结方式之一，其原理在于降低初始粉体的颗粒尺寸至纳米级别以达到高的烧结活性。在纳米颗粒存在的条件下，电解质材料的烧结驱动力增强，从而使烧结速率增快、致密化温度得以降低。辅助外场强化烧结通常是通过在烧结过程中施加外加辐源，增强烧结驱动力，使材料的致密化速率增大[58]。外场强化烧结主要分为压力辅助烧结和电场辅助烧结两种方式。压力辅助烧结的机制在于同时加温加压有助于颗粒的接触与扩散、流动等传质过程，抑制晶粒长大，显著降低烧结温度和烧结时间[59]；电场辅助烧结的机制是材料颗粒在外加电场作用下颗粒间隙存在强局部电场或烧结颈被反复充电放电，大大提升了烧结速度，促进致密化。目前外场强化烧结技术尚不成熟且成本较高，不适用于广泛商业化生产。

依靠低温烧结的非本征机制实现陶瓷材料的低温化烧结的主要方式包括掺杂低熔点组元形成液相烧结、掺杂其他组元与主相形成固溶体产生低温化烧结、第二相烧结助剂加强粉末颗粒表面扩散从而增强烧结性能。

1）掺杂低熔点组元形成液相烧结：一般地，在陶瓷烧结中，如果掺杂了氧化钴、氧化锂这类低熔点组元，在烧结过程中形成液相的烧结方式通常称为液相烧结。液相烧结的优势在于粉末颗粒可以通过液相的组成部分进行很好的滑动，从而使粉末颗粒进行自动最密堆积重排，实现足够致密的状态；此外，液相的存在也可以实现粉末颗粒表面物质的快速运输，加快了烧结的表面扩散。

2）掺杂其他组元与主相形成固溶体产生低温化烧结：其原理在于当掺杂剂与电解质主相离子的价态和离子半径相差较大时，晶格或晶界处的点缺陷浓度发生变化，从而提高主相离子的扩散系数；掺杂剂含量较大时，电解质材料出现非本征缺陷，产生溶质偏析或溶质拖拽效应，引起晶界处传质速率发生变化；掺杂剂改变了电解质坯体表面能与晶界能的比值，增强烧结驱动力促进致密化过程。

3）第二相助烧也称为引入烧结助剂助烧，主要的机制为：烧结过程中第二相以固相存在时，固相结构的钉扎作用阻碍晶界迁移，抑制晶粒生长；烧结过程中第二相以液相存在并浸润主相时，烧结机制变为"液相烧结"，流动传质速率要高于扩散传质，因此致密化速率更快，烧结温度更低。以氧化钴作为烧结助剂为例，氧化钴在900℃形成1～2nm液相薄膜包裹GDC晶粒，摩尔分数为2%的掺入量促使GDC在1000℃烧结致密度达到95%以上[60]。当烧结过程中第二相元素在母相中有着较大的溶解度时，常常会加快烧结时颗粒表面的扩散作用，从而促进烧结，其中最为典型的例子为 Al 促进 ZrO_2 烧结，由于 Al 在 ZrO_2 中具有一定量的溶解度，因此在烧结过程中 Al 会扩散进入 ZrO_2 的晶格，此时加强了 ZrO_2 颗粒的表面物质交换过程，因此起到了助烧作用。

Han 等[61]在 YSZ 中加入摩尔分数为 7% 的低熔点 Bi_2O_3，在 850℃下无压烧结出相对密度为 96% 的块材；Kleinlogel 等[62]采用 20nm 的超细 GDC 粉末为 $Co(NO_3)_2$ 烧结助剂，在 900℃下烧结的块材相对密度达到 99%；Bu 等[52]通过在 BZCY 中加入 NiO，将 BZCY 的烧结温度降至 1300℃，且电导率达到块材的水平。英国 Ceres Power 将低温烧结作为其 MS-SOFC 的制备方法，以 Co_3O_4 为烧结助剂[6]，在 1000℃左右成功制备了致密的 GDC 电解质，密度可达理论值的 95%。

虽然依托烧结助剂可以降低陶瓷材料的烧结温度，但是烧结助剂的添加量需要仔细斟酌。如果烧结助剂的添加量过少，则助烧效果不明显；如果烧结助剂的添加量过多，则有可能适得其反，反而起到了造孔的作用。因此，针对不同电解质材料需要进行大量研究，从而找到最优的烧结助剂种类与含量。

2 MS-SOFC 电解质低温烧结技术的典型应用

在本章概述中已经提及，金属支撑 SOFC 由于金属基体的特点，难以在较高温度下进行烧结。低温烧结可以降低金属支撑体高温条件下的形变，同时也可以减少烧结过程中的 Cr 挥发现象，最重要的是可以在空气中实现电解质的低温致密化烧结。其中最典型的应用是英国 Ceres Power 制备的金属支撑 SOFC 电堆。

英国 Ceres Power 以铁素体不锈钢箔为基体，采用激光打孔在箔片中心形成多孔区域，而边缘保持为致密区域[5-7]。在多孔支撑体区上采用丝网印刷（SP）沉积阳极 - 厚 GDC/ 薄 YSZ/ 薄 GDC 电解质层 - 阴极活性层/集流层等功能层，其中阳极被电解质完全包围以实现结构的密封性。通过向 GDC 中添加烧结助剂，可以使电解质在空气气氛中 1000℃左右烧结致密，电解质显微截面如图 2-14 所示。基于 GDC 电解质低温烧结技术，Ceres Power 已成功组装了 MS-SOFC 电堆，比功率达到 0.12kW/kg，连续运行 6400h 电池性能衰减速率为（0.3%～0.45%）/kh。Ceres Power 组装的电堆可在 550℃中温下运行，启动速度快，抗热震性好，将来可应用于车辆的辅助动力装置（APU）。

下面对 Ceres Power 的 GDC 电解质低温烧结技术进行简要介绍。CeO_2 基电解质在空气中需要在 1400℃进行长时间烧结才可以达到完全致密，而当 CeO_2 处于还原性气氛中时，Ce^{4+} 会被还原为 Ce^{3+}，Ce 的还原会带来电子电导，此外还会带来晶格膨胀。以上问题严重限制了 CeO_2 基电解质的应用。而为了实现金属支撑 MS-SOFC 电解质薄膜低温致密化制备，主要有以下两种方式：①通过掺杂烧结助剂，在空气中低温条件（<1150℃）下，通过制定合适的烧结制度实现薄膜烧结致密化。②通过添加烧结助剂，在保护气氛下进行中低温烧结（<1300℃），通过调整烧结助剂中二价阳离子和三价阳离子的比例，来保证烧结致密化。

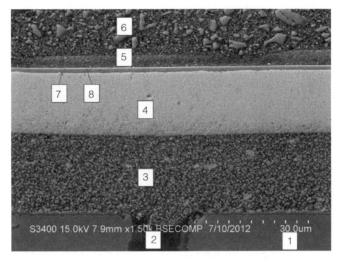

图 2-14　金属支撑固体氧化物燃料电池显微截面

1—铁素体不锈钢基体　2—基体中间多孔区域　3—阳极　4—电解质　5—阴极活性层
6—阴极集流层　7—稳定氧化锆层　8—掺杂氧化铈层

根据上述介绍可知，为了实现电解质烧结致密化，通常需要加入烧结助剂。对于空气中烧结致密化的方式，常常采用的烧结助剂材料种类为 CoO、Fe_2O_3、CuO、Bi_2O_3。其中，氧化铋由于其熔点较低，因此也经常被用作制备复合电解质的材料，然而 Bi_2O_3 易被氢气还原，因此在作为电解质助烧层面，常常需要再制备一层阻挡层构成双层电解质。Fe_2O_3 与 CuO 均为过渡族金属氧化物（TMO），因此往往具备较好的助烧效果。研究表明，添加适量 Fe_2O_3 作为烧结助剂可以将电解质的烧结温度降低 200℃左右。氧化钴是 Ceres Power 所使用的烧结助剂，其熔点较低，在熔化过程中还会发生钴价态的转变，因此在烧结过程中，氧化钴的状态变化会给烧结过程带来很大的推动作用。Ceres Power 公司通过在电解质烧结过程中加入质量分数为 0.5%~5% 的氧化钴烧结助剂，在保证助烧效果的前提下不会过分牺牲电解质电导率，并结合特殊的烧结手段，将 GDC 的烧结温度降低至 1000℃，厚度为 30μm 的电解质薄膜实现了 96% 的致密度。由于液相的存在，使得电解质的烧结致密化温度大大下降，相比于其他的过渡族金属氧化物的助烧效果，氧化钴的助烧效果是最好的，仅次于氧化锂的助烧效果。西安交通大学在先前的研究中表明，在添加氧化钴烧结助剂后，在 1100℃ 的烧结条件下 GDC 电解质可以实现 98% 的致密度。然而，添加氧化钴烧结助剂的电解质烧结后会出现晶界电导率下降的问题，这是由于烧结过程中 Co 会在晶界富集，改变了晶界附近的双电层结构，导致氧空位的迁移发生了变化，从而降低了晶界电导率。

在空气环境下进行电解质烧结要求金属支撑体在烧结过程中不发生剧烈的氧化与变形，因此通常要求烧结温度不能过高，然而目前国内可以在氧化性气氛下耐受 1000℃高温的不锈钢还处于研发阶段，因此为了保证支撑体的质量，金属支撑 SOFC 的电解质通常需要在 Ar/N_2 的保护气氛中进行烧结。对此，Ceres Power 公司也进行了一定的研究并给出了烧结致密化的判据：在烧结过程中，二价阳离子摩尔分数减去调整后的三价阳离子摩尔分数在 0.01%～0.1%，否则电解质在约 1000℃的还原性气氛中将很难实现致密化。原因主要有以下几个方面：①在惰性气氛或者氧化还原气氛中，金属基体中的 Cr 会挥发至电解质表面或者其内部，在烧结过程中 Cr 的存在会抑制电解质的致密化。②在保护气氛或者还原气氛中，阳极材料中的 NiO 会有一部分发生氧化还原反应，可能产生很大的体积变化，该体积变化所产生的应力将抑制电解质的致密化。③二价阳离子确实有利于电解质的致密化，但是三价离子可能会和二价离子产生新相阻碍电解质的表面扩散，从而限制了电解质的致密化。对于在具有惰性保护气氛与还原性气氛环境中电解质低温致密化的机制还在研究中，相关的具体机理还有待进一步探索。

2.3.2 涂层制备技术

1 等离子喷涂技术原理

等离子喷涂是一种采用非转移刚性等离子弧作为热源，将喷涂的材料送入射流中加热加速形成熔融液体，最终沉积在基体上形成涂层的过程，其工作原理如图 2-15 所示。工作时喷枪内通入氩气、氢气、氮气、氦气等气体之一或它们的混合气体，借助高频电火花引燃电弧，工作气体进入弧柱区域发生电离并产生等离子体。在机械压缩效应、热压缩效应以及自磁压缩效应的作用下，等离子体从喷嘴中喷出，形成高温高速的等离子射流。等离子射流中心温度可达 32000K，射流从喷嘴中离开时温度也超过了 15000K[63, 64]。因此，等离子喷涂理论上可以熔化一切具有物理熔点的材料。

等离子喷涂不仅是一种表面涂层技术，而且也被认为是一种典型的自下而上的增材制造技术。等离子喷涂过程主要包含以下几个步骤：①粉末进入射流；②粉末在射流中加速加热形成粒子流；③熔融或半熔液滴（粒子）相对独立地撞击基体或者已沉积涂层的表面；④液滴撞击基体表面并铺展成盘状；⑤展平的液滴快速凝固形成扁平粒子；⑥粒子不断沉积形成涂层。

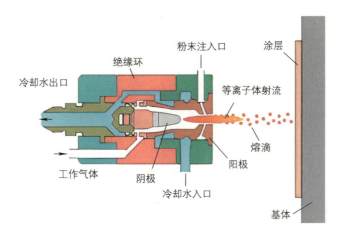

图 2-15　等离子喷涂的工作原理

在等离子射流中，液滴可以被加热到材料的熔点以上，粒子的飞行速度一般也大于 200m/s，在一些特殊的等离子喷涂方法（如层流等离子喷涂和超音速等离子喷涂）中，粒子温度也可以被加热到远高于熔点[65, 66]，粒子速度也可以高达 600m/s[67, 68]。影响最终涂层结构的主要喷涂参数包括喷涂粉末的物理性质、粉末的形貌与粒径分布、喷枪的结构设计和几何形状、工作气体的种类和压力、等离子弧功率、涂层的沉积距离以及基体的预热温度等。西安交通大学李长久教授认为影响等离子喷涂涂层沉积最直接的参数包括沉积前粒子的温度、速度以及粒子直径，其他参数通过影响粒子的速度和温度来影响涂层的结构和质量。在喷涂的过程中，通过调整各个喷涂参数从而实现对涂层内结构的调控，进而改变涂层的热导率、电导率、杨氏模量、结合强度以及断裂韧性等物理性质，最终获得满足服役性能的涂层[69-71]。等离子喷涂陶瓷涂层因其优秀的性能被广泛应用于耐磨防腐涂层、太阳能电池、SOFC、热障涂层等重要领域。

热喷涂制备的陶瓷涂层曾经被认为是层状结构简单堆叠的多孔结构。因此，热喷涂涂层的孔隙率也往往在百分之几到 20% 左右。李长久等人[72, 73]通过在 Al_2O_3 等离子涂层内部电镀铜，将层状结构间难以观测到的界面形象地表征了出来。典型的 Al_2O_3 涂层电镀铜后的微观结构如图 2-16 所示，图中白色的带状结构为电镀到涂层内部的铜，可以清楚地观察到陶瓷涂层中层状结构间的未结合界面与垂直裂纹。

涂层中的孔隙包括一些较大的气孔、层间未结合的界面以及单个层状结构中的垂直裂纹。孔隙依靠单个粒子的垂直裂纹互相贯通[74]，形成贯通孔隙，该贯通孔隙成为气体穿过涂层的通道。该特点保证气体可以从电极表面扩散到电极 - 电解质界面，因此热喷涂涂层可以用作 SOFC 的电极，但同时也因为电解质层难以完全致密，限制了涂层直接用于 SOFC 电解质。因此，APS 首先因为可用于制备 SOFC 的阳极[75]和阴极[76, 77]而受到广泛关注。

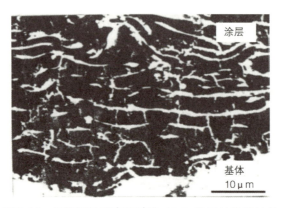

图 2-16　电镀铜的等离子喷涂 Al_2O_3 涂层的微观结构

一般来说，小尺寸的粉末难以应用于传统的等离子喷涂过程中，因为送粉存在着很大的问题。图 2-17a 所示为传统等离子喷涂的过程，当使用大尺寸粉末时，涂层内会产生大尺寸的缺陷；图 2-17b 所示是超低压等离子喷涂（VLPPS）的喷涂过程示意图，通过 VLPPS 技术与粉末设计的结合，实现了小尺寸颗粒的沉积。由于等离子体射流时间较长，可以将软团聚的粉末爆裂为小尺寸颗粒。小尺寸粒子沉积有助于减少缺陷、空隙、裂纹和未结合界面，从而提高涂层的致密度。

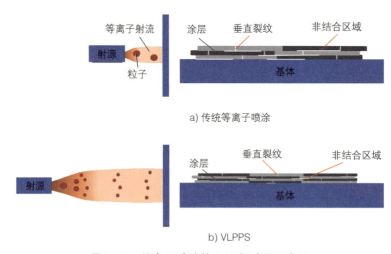

图 2-17　等离子喷涂粒子沉积过程示意图

2 致密电解质的低温制备技术

（1）涂层后处理致密

1）高温烧结致密：因为涂层固有的层状结构特征，大气等离子喷涂制备电解质涂层中存在大量气孔，因此 APS 直接制备的电解质涂层的致密度难以满足 SOFC 的使用需求，制备的电池性能也会严重衰减。通过涂层高温烧结后处理可以获得高致密、高电导率的电解质薄膜。热处理一般采用的方法有高温烧结法、放电等离子烧结和微波烧结[78-80]等。喷涂态的 YSZ 经过高温烧结后，贯通孔隙消失，形成球形闭气孔，因此电解质层气密性显著增加。

在空气气氛下，烧结 3h 的过程中喷涂态的 YSZ 涂层气体泄漏率在 1000～1550℃间随温度变化的关系如图 2-18 所示，涂层的气体泄漏率在 1500℃时突然急剧减小，在 1550℃时泄漏率小于 $1\times10^{-8} cm^4/(gf \cdot s)$。涂层气体泄漏率在 1550℃时的突然降低可能是因为 YSZ 在达到烧结温度后，内部的连通孔隙结构转化为球形闭气孔。此外，烧结后的电池的开路电压接近电池理论电压也说明了电解质层致密度的大幅增加。因此，通过喷涂态涂层的高温烧结工艺可以显著提升电解质的致密度[78]。

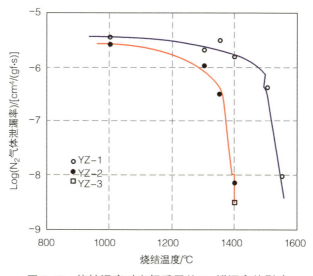

图 2-18　烧结温度对电解质层的 N_2 泄漏率的影响

采用放电等离子烧结、微波烧结等快速烧结方法同样可以获得高度致密的涂层。采用放电等离子烧结在 1500℃下热处理 9min 后的 YSZ 涂层的结构如图 2-19 所示，涂层中层状结构彻底消失，重新生长为尺寸约 10μm 均匀分布的粒状晶，通过交流阻抗谱测得的烧结后的涂层极化阻抗与喷涂态相当[79]。

2）低温化学浸渗致密方法：等离子喷涂后，虽然可以通过高温烧结后处理获得性能接近块材的致密的陶瓷涂层，但高温烧结时氧化锆基电解质和钙钛矿结构电极会发生严重的界面反应，显著降低电池性能。对于 APS 制备的电解质涂层进行低温化学致密处理则可以避免上述的问题[81]。锆和钇的硝酸盐水溶液可以在较低的温度下（400℃）挥发分解，析出 YSZ 纳米颗粒，因此可以采用化学浸渗致密法作为 APS 喷涂的 YSZ 涂层的后续致密处理工艺。通过将锆和钇的硝酸盐水溶液反复地浸渗到电解质层中，再加热到 400℃使溶剂挥发，硝酸盐分解，析出的纳米颗粒会填充涂层中的间隙，多次后可以得到较为致密的电解质[82]。

图 2-19　放电等离子烧结法 1500℃烧结后的 YSZ 涂层微观结构

浸渗次数对于电池气体泄漏率的影响规律如图 2-20 所示。电解质的气体泄漏率随着浸渗次数的增加而减小，5 次浸渗后，气体泄漏率从初始的 $1.1 \times 10^{-6} cm^4/(gf \cdot s)$ 降低到 $1.9 \times 10^{-7} cm^4/(gf \cdot s)$，在浸渗 12 次后降低到 $7.9 \times 10^{-8} cm^4/(gf \cdot s)$，这表明化学致密处理可以显著提升电解质气密性[71]。多次浸渗处理后电池的开路电压值接近理论电压，电解质中的贯穿孔隙基本完全消失。但是，浸渗处理后的涂层电导率与喷涂态的涂层相比仅提高了 25%。图 2-21 所示为 YSZ 涂层经过致密化处理后的涂层的断面结构，从图中可以看到，虽然硝酸盐分解后析出的 YSZ 纳米颗粒几乎完全填充了涂层的未结合界面，但颗粒间仍然存在大量的纳米孔隙，严重限制了涂层电导率的提升[83]。

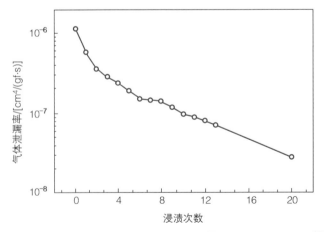

图 2-20　浸渗次数对 APS 制备 YSZ 涂层气体泄漏率的影响[71]

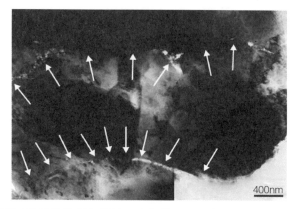

图 2-21 致密化处理后的涂层的断面结构：扁平粒子界面为硝酸盐分解形成的 YSZ 颗粒填充

同样对超音速大气等离子喷涂（SAPS）沉积的 ScSZ 电解质涂层按照 10%ScSZ（摩尔分数）的比例配制硝酸钪与硝酸锆的混合溶液进行致密化处理[67, 84]。图 2-22 为致密化前后电解质抛光断面组织。对比可知，经过化学致密化后，电解质层的孔隙率明显下降，且微裂纹消失。在致密化过程中，渗入到孔隙、未结合界面及微裂纹内的硝酸盐在 400℃ 加热条件下分解成纳米级的 ScSZ 颗粒而沉积在孔隙之中。经过多次致密化处理后，纳米级颗粒不断填充与堆积，使得贯通孔隙逐渐减少直到最后完全消失。然而，涂层内部存在一些硝酸盐溶液无法进入的封闭孔隙，这些孔隙无法通过浸渍消除，因此被保留了下来。图像法测量结果表明，致密化前与致密化后电解质的孔隙率分别为 2.6% 与 0.6%。泄漏率测试结果表明，致密化后的电解质的气体泄漏率为 $3.6 \times 10^{-9} cm^4/(gf \cdot s)$，而致密化前电解质泄漏率为 $7 \times 10^{-8} cm^4/(gf \cdot s)$。相比于直接喷涂态电解质，致密化处理后电解质层气体泄漏率降低了一个数量级以上，因此电池的开路电压得到明显提升并接近理论值，如图 2-23 所示。

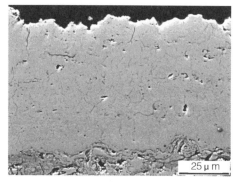
a) 致密化前

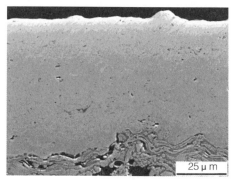
b) 致密化后

图 2-22 SAPS 在 600℃ 下沉积的 ScSZ 电解质致密化前后组织结构[84]

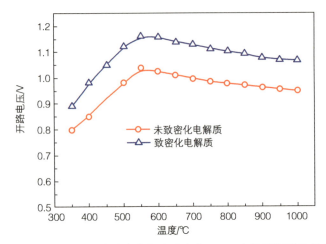

图 2-23 SPAS 在 600℃下沉积的致密化与未致密化 ScSZ 电解质组装的单电池开路电压

（2）基体预热温度和粒子飞行速度控制[85]

随着扁平粒子堆叠层数的增加，涂层厚度增加，涂层中的贯通孔隙率显著降低。在涂层厚度相当的情况下，也可以通过提高飞行粒子的速度来降低层片结构的厚度，从而降低涂层的气体泄漏率[86]。超低压等离子喷涂（VLPPS）是近年来发展起来的一项新技术，它结合了 APS 的高沉积效率和电子束物理气相沉积（EB-PVD）的高应变耐受性[87-90]。VLPPS 与常规等离子喷涂之间的区别在于，VLPPS 的工作压力低至 100Pa。在这种情况下，等离子体在腔体内低压的作用下大幅扩张，等离子体速度高于 APS。因此 VLPPS 射流中粒子的飞行速度高于 APS，制备的涂层也更加致密。VLPPS 技术在很早以前就被报道用于制备 YSZ 电解质[91-94]。但是，目前鲜有成功制备了可直接用于 SOFC 电解质的报道。VLPPS 制备电解质涂层的工艺必须经过优化，在消除涂层中固有的贯通气孔后，才能直接用于 SOFC 电解质。其中可以优化的工艺参数包括提高粒子速度、减小粉末直径、提高基体的预热温度等。

三菱重工（Mitsubishi Heavy Industries，MHI）是最早从事 VLPPS 制备电解质涂层的机构之一[95]。VLPPS 制备的涂层与 APS 涂层的气体泄漏率随着粉末粒度的变化规律如图 2-24 所示，VLPPS 涂层的气体泄漏率在同等条件下比 APS 小一个数量级以上，并会随着粉末直径的减小进一步减小。但由于受供粉系统的限制，喷涂粉末直径难以小于 5μm，因此 MHI 采用粒度为 5~10μm 的粉末获得了相对最致密的涂层。文献 [95] 中虽然并未公开报道电池的开路电压和预热温度，但是 MHI 基于该工艺制备的 20 kW 电堆已经成功示范运行，这表明 VLPPS 制备的 100μm 左右的电解质完全可以直接用于 SOFC。

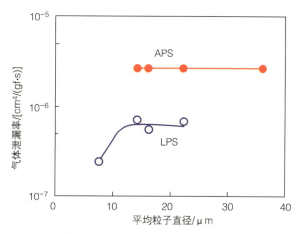

图 2-24 粒子尺寸对于 YSZ 涂层气体泄漏率的影响

提高喷涂基体预热温度有助于改善涂层内的界面结合。已沉积表面的温度不会因为后来液滴的铺展沉积显著升高，而且液滴与已沉积表面的润湿性也不足以形成界面化学结合，因此常规喷涂涂层中层状结构的结合率很难提高，涂层电导率也很难提升。通过保持基体较高的预热温度可以增加扁平粒子沉积表面的温度，增加粒子的润湿性和扁平化程度，进而提高层状结构的结合率[90]。图 2-25 所示为在喷涂功率 38.5kW、喷涂粉末尺寸 5~25μm、基体预热温度 800℃条件下等离子喷涂沉积的 YSZ 涂层的断面结构，与常规等离子喷涂的陶瓷涂层相比，在涂层的厚度方向出现了柱状晶结构。当涂层沉积的基体温度预热到 800℃以上时，虽然内部仍存在一些未结合界面（B）、垂直裂纹（C）、气孔（D），但是已经开始出现穿过扁平粒子界面，连续外延生长的柱状晶。该涂层与常规喷涂相比，离子电导率提升大约 3 倍[23]。

通过对喷涂过程中参数的调整和设备的改进可以调控粒子的飞行速度，获得更高性能的涂层。德国宇航中心（DLR）开发了具有类似拉瓦尔喷嘴的先进等离子喷枪[83]。在低压下该等离子喷枪产生的等离子射流速度更快，同时由于减小了与周围冷空气的交互作用，因而与标准喷嘴相比，显著提高了粒子的飞行速度，如图 2-26 所示。DLR 采用该技术制备的 30μm 的 YSZ 涂层孔隙率仅为 1.5%~2.5%。

西安交通大学李成新教授课题组采用 VLPPS 也成功制备了致密的电解质[23]。图 2-27 所示为西安交通大学采用 VLPPS 在喷涂距离为 350mm 处制备的 YSZ 涂层断面结构。从图中可以看出，涂层的微观组织结构致密且几乎没有裂纹和未结合的界面，涂层的厚度约为 7μm。在涂层中未观察到扁平粒子间的未结合界面，这表明涂层内部界面之间形成了良好的结合。

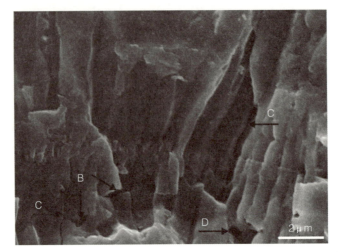

图 2-25 基体预热 800℃时等离子喷涂沉积 YSZ 涂层的断面结构[23]

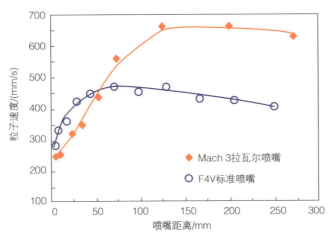

图 2-26 不同喷嘴形状对于 YSZ 粉末速度的影响[91]

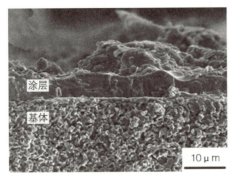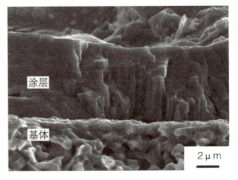

图 2-27 YSZ 涂层断面形貌[23]

有研究者报道了 APS、SPS、电子束物理气相沉积（Electron Beam Physical Vapor Deposition，EB-PVD）和低压等离子体喷涂（LPPS）制备的涂层的气体泄漏率分别为（15~90）×$10^{-7}cm^4$/(gf·s)、9.02×$10^{-7}cm^4$/(gf·s)、9.78×$10^{-7}cm^4$/(gf·s)和6.62×$10^{-7}cm^4$/(gf·s)，相对而言，VLPPS 制备得到的涂层的泄漏率最小。图 2-28 所示为不同方法制备的陶瓷涂层的气体泄漏率对比图[21]。西安交通大学李成新教授课题组基于 VLPPS 制备的涂层的气体泄漏率与 APS 制备的涂层经过 10 次浸渗 [1.0×$10^{-7}cm^4$/(gf·s)] 处理后在一个数量级。有文献指出应用于 SOFC 的 YSZ 电解质要求气体泄漏率小于 1.0×$10^{-6}cm^4$/(gf·s)[96]。由此可见，VLPPS 所制备的涂层非常适合作为 SOFC 电解质层使用。

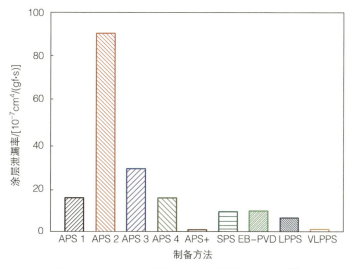

图 2-28　不同方法制备涂层气体泄漏率比较[22]

张山林等人[67]通过对超音速等离子喷涂（Supersonic Air Plasma Spraying，SAPS）涂层的致密化研究认为，当采用 SAPS 时，相对 APS 由于粒子速度和温度的显著提升，以及粒子冲击力和液体表面张力的降低增加了液滴的填缝能力，从而获得了电解质的致密化。但需要说明的是，填缝能力只能减少涂层中宏观孔洞的数量以及大小，并不能提高涂层的层间结合。在常规 APS 涂层沉积时，液滴与基体碰撞时局部的压力可以达到 1GPa 以上[97]，但陶瓷界面仍然表现出与基体界面随机结合。

姚树伟和李长久教授等人基于前人的研究基础和对 TiO_2、Al_2O_3、LCO、LZO 与 8YSZ 等陶瓷涂层的研究[98-102]，提出扁平粒子－基体的界面温度是决定界面结合的关键因素，且基体需要预热到足够高的温度以达到临界界面温度。该临界界面温度理论很好地解释了随着沉积温度的提高，涂层的致密化[98]以及传统等离子涂层的结合率一般小于32%[103]。界面温度主要由基体初始温度、液滴初始温度以及液滴与基体间的界面热阻决定，分别对应于界面结合的初始条件：基体初始条件、液滴初始条件以及基体与液滴的接触状态。

粒子温度可以显著影响沉积的界面温度，可能是决定低压等离子喷涂致密化的关键因素。在常规APS的短射流内，任何能够提高粒子温度的方法都会导致粒子速度增加并降低颗粒在等离子射流内的停留时间，难以显著提高陶瓷颗粒温度均值[100]。当沉积压力降低时，等离子射流急剧扩张，等离子射流拉长，因此粒子加热加速的过程发生变化，导致最终决定粒子沉积的关键参数如粒子温度、粒子速度等将发生显著变化。由于低压下射流迅速拉长到1m以上，从而提高了粒子在射流内的驻留时间，进而有望获得更高的粒子温度。

（3）粒子温度控制

如前所述，VLPPS涂层致密化的主要原因是粒子温度显著提高，从而导致界面温度提高，促进了涂层内部层间的结合。对于ScSZ材料而言，液滴温度为2680℃和沉积基体温度为700℃的界面温度与粒子温度为3100℃和沉积基体温度为300℃时的界面温度相当，因此，提高粒子温度有望通过低温预热或者不预热的手段直接实现电解质的致密化。

李成新教授课题组通过改变喷涂功率来研究粒子温度对于涂层界面结合的影响规律[104]。图2-29a所示为不同功率下采用APS制备LSGM电解质时粒子的温度随喷涂距离的变化，图2-29b所示为不同功率下在沉积距离80mm处飞行粒子的温度分布，其粒子温度分布几乎都遵循典型的高斯分布，在24kW时平均温度为1881℃，而30kW下平均温度为2043℃，说明增大喷涂功率可以显著提高粒子温度。

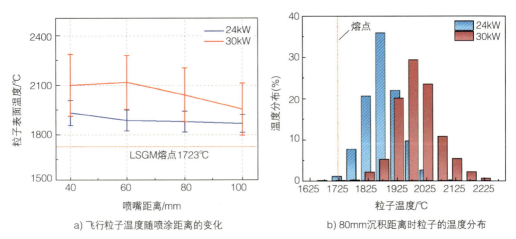

a) 飞行粒子温度随喷涂距离的变化　　b) 80mm沉积距离时粒子的温度分布

图2-29　电功率为24kW和30kW时粒子温度的对比

图 2-30 所示为不同沉积功率下的涂层的抛光断面结构。在沉积功率为 24kW 时，可以清楚地观察到涂层内部的未结合界面和垂直裂纹，此外涂层内部还存在着大量由于涂层界面的不完全润湿和液滴在粗糙表面的不完全填充而形成的孔洞[105]，这些未结合界面、垂直裂纹与孔洞相互连通，形成连续裂纹网络，从而造成电解质气密性的降低；当沉积功率增加到 30kW 时，由于液滴的平均温度提高了近 200℃，未结合界面和垂直裂纹的数量降低，同时孔洞的数量也大幅减少，涂层致密度得到提升。以上研究结果充分说明了提高粒子温度有利于促进等离子喷涂电解质的致密化。进一步，在实验测试中对比了不同沉积功率制备的电池开路电压，当 LSGM 电解质喷涂功率为 24kW 时，单电池开路电压在 550～750℃ 的温度范围内仅为 0.91～0.94V；而当喷涂功率提升至 30kW 时，单电池开路电压提高到了 1V 左右。

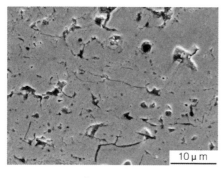
a) 24kW

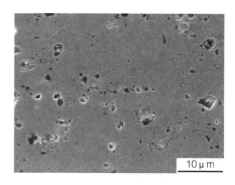
b) 30kW

图 2-30　不同沉积功率下的涂层的抛光断面结构

图 2-31 所示为不同沉积温度和粒子温度下的界面温度演变及其对界面结合状态的影响。首先，如图 2-31a 所示，提高基体温度（T_s）与粒子温度（T_p）均有利于提升粒子的界面温度，粒子温度或沉积温度越高，其界面温度也越高，且在临界沉积温度之上的时间也越长，从而为化学键的形成提供充足的动力学时间，有利于涂层的进一步致密化。其次，即使是在不预热的条件下（$T_s = 25℃$），当粒子温度达到 LSGM 熔点时（$T_p = 1723℃$），其界面温度的最高值也接近 LSGM 沉积的临界界面温度。图 2-31b 所示为沉积温度和熔融粒子温度对 LSGM 粒子及其同质基体界面的最高温度的影响。从图中可以看到，界面最高温度几乎随着粒子的温度和沉积基体温度线性增加。此外，界面温度几乎始终大于临界界面温度，因此熔融粒子－基体界面能够形成化学结合，这也解释了为什么等离子喷涂制备的 LSGM 涂层内部很少能观察到典型的层状结构[50, 105-107]。此外，研究表明，当 LSGM 涂层界面温度达到临界温度后，继续提高界面温度可以进一步提升涂层的致密度。因此，可以认为界面达到的最高温度越高，其涂层内界面结合越好，涂

层会更加致密。

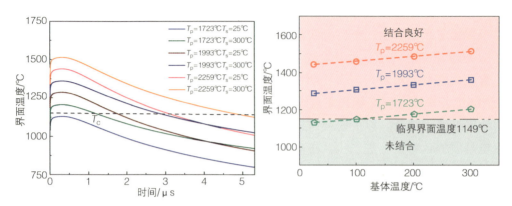

a) 沉积温度和粒子温度对于界面温度演变的影响　　b) 沉积温度和粒子温度对于界面结合状态的影响

图 2-31　不同沉积温度和粒子温度下的界面温度演变及其对界面结合状态的影响

（4）气-液相共沉积

苏尔寿美科公司基于热喷涂技术（高沉积效率、低成本）和腔体控制技术，并结合物理气相沉积（Physical Vapor Deposition，PVD）技术的优点提出了等离子物理气相沉积（Plasma Spray Physical Vapor Deposition，PS-PVD）技术[108]。该技术可以快速制备 1～100μm 的致密薄膜，可以用于 SOFC 电解质层和分离隔膜的制备。LPPS 的工作压力一般为 5000～20000Pa，而 PS-PVD 的工作压力通常为 50～200Pa。随着腔体压力的降低，等离子体迅速扩张，长度超过 2m，直径约 200～400mm，因此喷涂沉积的有效面积显著增大。同时，在扩张后的等离子体的横截面上粒子温度和速度分布也更加均匀。在高喷涂功率和极低压力条件下，即使一些高熔点的陶瓷材料也会发生完全或部分汽化。根据沉积时条件的不同，涂层形成气相沉积的柱状晶或扁平化沉积的层状结构或两者的混合结构。

当沉积的材料完全汽化时，涂层将以 PS-PVD 的生长方式形成典型的 PVD 柱状结构[109, 110]。如果在等离子射流中，大部粉末发生了汽化，其余熔化的部分以扁平粒子的方式发生沉积，将形成典型的气相和液相混合沉积的微观结构，如图 2-32 所示。Coddet 等人[108]发现 PS-PVD 每次喷涂沉积层平均厚度约 0.1～0.5μm，与常规喷涂的厚度相比约小一个数量级。根据材料

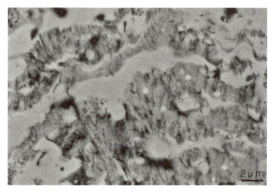

图 2-32　PS-PVD 制备的 YSZ 涂层的 SEM 断面形貌[111]

和基体表面粗糙度不同，最终沉积形成的涂层的表面粗糙度也会有所差别，一般来说当涂层平均厚度为 10~20μm 时，涂层表面粗糙度 Ra<（2~3）μm。

根据以上分析，基于 PS-PVD 技术有可能实现厚度小于 20μm 的致密电解质的制备，但是该技术目前仍存在一定的问题。该方法的关键技术问题在于要求粉末必须能在等离子体中完全汽化，并且连续均匀分布。但是由于不同粒度的粉末在等离子体中的停留时间不同，较大的粉末会有部分仍为液相无法完全汽化，因此粉末粒度必须严格筛选；此外，为保证粉末的完全汽化，需要采用更细小均匀的粉末，因此送粉载气的流量也要更高，然而载气速度过高会严重影响等离子体的稳定性，导致涂层性能严重恶化，因此必须合理选择粉末粒度与载气流量；为了精确控制 PS-PVD 涂层的微观结构，还必须解决粉末粒度过小时粉末的流动性问题和送粉器精确控制等问题[112]。

3 等离子喷涂钙钛矿结构氧化物的成分和晶体结构的控制

钙钛矿材料目前已经广泛应用于 SOFC 阴极材料，但通过常规手段喷涂钙钛矿结构的阴极材料，钙钛矿材料在接近熔点时，尤其在还原性气氛下极易分解为低价氧化物[113]。尽管在铬酸镧中掺杂锶可以提高该材料在还原气氛和氧化气氛中的高温稳定性，但是在等离子喷涂铬酸锶镧时，部分元素仍会在等离子弧中挥发，导致涂层的化学成分发生改变，进而使涂层性能严重下降[113]。而对于除铬酸锶镧以外其他用于 SOFC 的钙钛矿材料，即使在低于 1000℃ 的还原性气氛中也会有分解的倾向。为了避免这一系列的分解反应，Harris 等人[114]通过减小等离子气体中的含氮量减小了等离子弧的功率，减缓了阴极材料分解。此外，减小弧电流和等离子气体速度也可以达到同样的效果。Henne 等人[115]研究发现在较高的氧分压下，将材料在等离子体中的停留时间减小至 1ms 以下也可以减缓材料的分解。

除材料分解问题外，在喷涂过程中钙钛矿材料还有可能发生严重的失氧问题。研究发现，因为初始粉末在等离子体中会被加热到很高的温度，所以喷涂态的钴酸锶镧涂层的含氧量会显著减少，高浓度的氧空位进而会导致热喷涂涂层中的晶体结构发生转变，诱导生成新的四方相结构。氧乙炔火焰的温度比等离子弧的温度低得多，所以在氧乙炔火焰喷涂过程中材料的失氧量一般小于等离子喷涂，但是研究发现，等离子和火焰喷涂都会导致钴酸锶镧和钐酸锶镧涂层发生明显的失氧，进而导致涂层的电导率减小。通过对涂层进行 1000℃ 热处理可以有效解决材料喷涂过程中的失氧问题，由于氧空位的消失，晶体结构又会从四方相转变回钙钛矿结构的立方相，SSC（$Sm_{0.5}Sr_{0.5}CoO_3$）涂层的电导率也可以恢复到之前的水平[116]。

西安交通大学李成新教授课题组采用等离子喷涂制备 LSGM 电解质的过程

中，发现在喷涂时会发生 Ga 的选择性蒸发现象[117]。Ga 的缺失程度与原始粉体尺寸及喷涂距离有密切关系，如图 2-33 所示。对于直径大于 30μm 的粒子，Ga 的蒸发损失可以忽略不计；对于直径小于 30μm 粒子，当喷涂距离小于 30mm 时，Ga 的蒸发可以忽略，当喷涂距离在 30～70mm 内时，Ga 的蒸发损失量随喷涂距离的增加而增加。当喷涂距离大于 70mm 时，Ga 的蒸发损失量不再随喷涂距离的变化而变化。总体来看，Ga 的蒸发损失量随粒子直径的增加而降低。

在等离子喷涂过程中，高温射流将 LSGM 粉末粒子加热到完全熔化的高温状态，而 Ga 元素会在高温下优先蒸发（在高温液相条件下以气态的 Ga、Ga_2O 及 GaO 的形式蒸发）。李成新教授课题组采用数值模拟的方法对 LSGM 粒子在等离子射流中的加热加速行为进行了研究。在粒子飞行过程中，由于 LSGM 熔融液滴与等离子射流存在速度差，导致液滴内部存在对流运动，进而加剧 Ga 的蒸发；而当粒子处于半熔状态时，内部的未熔化固态颗粒将阻碍对流运动，从而减少 Ga 的蒸发损失。

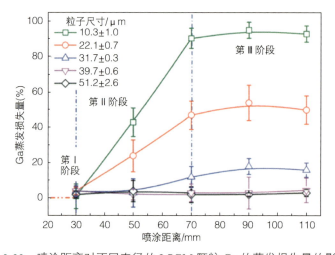

图 2-33 喷涂距离对不同直径的 LSGM 颗粒 Ga 的蒸发损失量的影响

Ga 的蒸发导致电解质内出现贫 Ga 区及 $LaSrGaO_4$ 第二相，进而使电解质电导率大幅下降。采用含较多尺寸小于 30μm 宽尺度粉末制备的 LSGM 电解质电导率在 800℃时仅为 0.004S/cm，约为烧结块体的 4%；而采用颗粒尺度大于 30μm 的粉末制备的电解质的电导率在 800℃时达到 0.075S/cm，达到了烧结块体的 78%。如图 2-34 所示，采用含小于 30μm 细粉的宽尺度粉末制备的电解质的单电池的最大输出功率密度在 800℃时仅为 95mW/cm^2，而采用粒度大于 30μm 的粉末制备电解质组装的单电池的最大输出功率密度在 800℃达到 712mW/cm^2。由于在电解质表面存在贫 Ga 层及第二相，使阴极三相界面减少，从而增加了电池的阴极极化，导致电池输出性能显著降低。

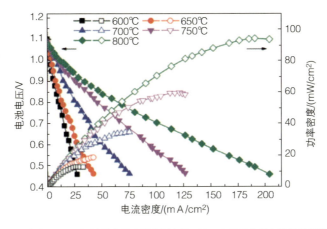

a) 含小于30μm细粉的宽尺度粉末制备的LSGM电解质的单电池输出性能

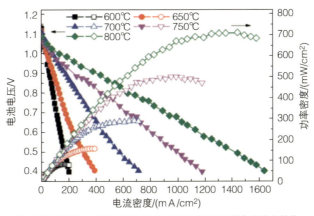

b) 粒度大于30μm的粉末制备LSGM电解质组装的单电池输出性能

图 2-34　由两种不同电解质组装的单电池输出性能

4 等离子喷涂技术的典型应用

（1）德国宇航中心（DLR）

德国宇航局在热喷涂设备和涂层供应商苏尔寿美科公司（Sulzer Metco）的支持下，开发了基于等离子喷涂的金属支撑 SOFC 的致密电解质制备路线。在 2010 年之前，德国宇航中心（DLR）已经将热喷涂工艺用于制造 SOFC[118]。原始电池基于 NiO + YSZ/YSZ/LSM，在 800℃下 0.7V 时产生的功率密度为 150mW/cm^2。DLR 通过与宝马集团的进一步合作开发出了金属支撑 SOFC，在 800℃下电池峰值功率密度为 0.6W/cm^2，其设计概念图如图 2-35 所示。DLR 开发的电池各功能层的材料、厚度和制备工艺见表 2-4。该电池的支撑体是约 1mm 厚的多孔铁素体钢，通过热喷涂/等离子喷涂（PS）方法将电池功能层依次沉积在支撑体表面；在钢支撑体和阳极之间还引入了扩散阻挡层（DBL），用于防止 Cr、Fe 和 Ni 元素从基体向阳极功能层互扩散，这一创新使电池的耐久性超过 2000h；通过将多孔金属基体 Plansee ITM 合金与两个冲压板进行激光焊接，可将电池组装成电堆，实现更大的功率输出。

除了传统的 APS 之外，DLR 还开发了低压等离子喷涂（LPPS）和真空等离子喷涂（VPS）两种技术用于 SOFC 的制备。在通入 20L/min 的 50%H_2/50%N_2 的燃料气体（体积分数）和 20L/min 空气的测试条件下，采用 LPPS 制备的电解质的电堆电压为 7.39V，最大输出功率密度为 222mW/cm^2，电堆功率为 180W；而采用 VPS 制备的电解质的电堆电压为 7V，最大输出功率密度为 306mW/cm^2，电堆功率达到 250W。其中 VPS 电解质的电堆输出性能较高，可能是因为 VPS 制备的电解质的气密性更高[119]。

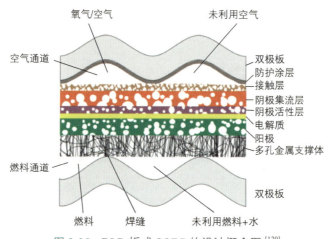

图 2-35　DLR 板式 SOFC 的设计概念图[120]

表 2-4　DLR 开发的 SOFC 各功能层的材料、厚度和制备工艺

功能层	材　料	厚度/μm	制备工艺
基体	Fe-26Cr-Mn、Mo、Ti、Y_2O_3	950～1050	粉末冶金
扩散阻挡层	$La_{0.6}Sr_{0.2}Ca_{0.2}CrO_3$	10～30	大气等离子喷涂
	$La_{1-x}Sr_xMnO_3$	2～3	物理气相沉积
阳极	NiO-YSZ（体积比 1∶1）	40～60	大气等离子喷涂
电解质	YSZ 的摩尔分数为 8%	35～50	真空等离子喷涂 超低压等离子喷涂

（续）

功能层	材 料	厚度/μm	制备工艺
阴极	$La_{0.6}Sr_{0.4}MnO_3$ $La_{0.6}Sr_{0.4}Co_{0.2}Fe_{0.8}O_3$	20~30	大气等离子喷涂 悬浮等离子喷涂 胶体喷涂

（2）Cummins-GE

美国通用电气（GE）燃料电池公司自 2004 年起开发了一套面向金属支撑 SOFC 的等离子喷涂工艺来替代之前的烧结工艺，随后实现了 50kW 电站的示范运行。事实上，早在 2000 年前后 Siemens Westinghouse 公司和三菱重工（MHI，MPHPS 的前身）均已经采用过等离子喷涂制备电解质。Siemens 在接手了 Westinghouse 的管状 SOFC 后，采用等离子喷涂技术来推进 SOFC 的低成本化生产。而 GE 于 2014 年建立了 GE Fuel Cells，其主要目的是将该技术商业化。GE 公司采用大气等离子喷涂技术手段制备的金属支撑 SOFC 其电池开路电压在 700℃下为 1.02V，最大功率密度达到 200mW/cm²，且利用喷涂工艺大规模快速制备的优势，生产了 1~200kW 的电堆，并且在 50kW 电堆上成功进行了 500h 的示范运行，证明了利用喷涂工艺制造出的电池的长期稳定性，最终于 2016 年在 Malta NY 开展商业化生产。随后 GE 的 SOFC 业务被 Cummins 收购。在 2021 年，Cummins 获得了美国能源部（DOE）的资助，用于开发自动化等离子喷涂产线的金属支撑固体氧化物电池（SOEC）。

（3）西安交通大学（XJTU）

西安交大在等离子喷涂领域具有 20 余年的研究积累，在金属支撑体上开发的 LSGM、BZCYYb、ScSZ、YSZ 低温制备技术已经取得了重大突破，电解质电导率、电解质泄漏率、电解质薄膜厚度控制都得到了有效解决，尤其是对于难烧结电解质体系，如质子导体 BZCY 的等离子喷涂低温制备提供了可行的解决方案，为将来高效金属支撑 SOEC 电解水制氢技术提供了可能。

该团队提出了基于基体温度和粒子温度控制的致密电解质制备技术，实现了致密电解质的低温直接制备技术，制备的电解质泄漏率可以直接满足 SOFC 的需求。团队于 2000 年最早开始采用浸渍和预热基体的手段进行致密氧化锆涂层的等离子喷涂制备，后续又于 2015 年开发了基于低压等离子喷涂技术直接制备电解质的方法。在实验室规模的生产中，产品的成品率接近 100%。该实验室自 2000 年起持续开发等离子喷涂制备技术，将致密电解质制备中的基体温度降低到了 600℃以下，能够满足金属支撑体的耐温需求，制备的电解质涂层经科技部专家验收满足 3000m²/年的产能。针对 LSGM、BZCYYb 等电解质的喷涂制备，团队通过动力学控制方法成功抑制了低饱和蒸汽压组元元素的挥发问题，解决了烧结过程元素挥发和杂相抑制的难题。

2.4 电堆集成及应用

2.4.1 典型金属支撑电堆集成关键技术

MS-SOFC 电堆的典型代表为英国 Ceres Power 公司设计生产的电堆,其中关于连接体、多孔支撑体、电解质、阳极、阴极、电堆集成结构等方面有诸多技术要点,每种结构中的每个要点之间均有严密的联系,同时也在电堆集成中起到了至关重要的作用。下面针对英国 Ceres Power 公司 MS-SOFC 电堆中的堆叠结构与预紧结构的设计进行简要介绍。

1 MS-SOFC 电堆阴极电流引出方式与电池堆叠结构设计

在固体氧化物燃料电池堆的运行过程中,各单体电池的阴阳极之间需要保证良好的绝缘性,而上一个电池的空气极需要与下一个电池的燃料极或者支撑燃料极的金属基体有着良好的接触,以减少由于接触不良所带来的接触电阻。因此在制备与组装电堆的过程中,通常需要在电堆的上部设计具有一定刚性结构的端板,然后在端板上施加压力预紧系统,一方面保证电堆内单体电池的电极之间可以有良好的接触,从而确保电堆运行时的输出性能与输出效率,另一方面也可以使得电堆在运输与运行过程中有较好的几何结构和机械稳定性。然而,采用端板对电堆施加预紧也会给电堆的结构设计与实际运行带来一些问题。一方面,电堆预紧端板往往较厚,而且体积和重量较大,会大大增加电堆的实际重量,不利于电堆质量功率密度和体积功率密度的提升;另一方面,较大的端板给电堆的设计带来了极大的不便,增加电堆设计复杂度的同时也提高了电堆的成本。此外,为了保证相邻单体电池之间有较好的接触,需要在端板上施加一定的预紧力。常用的施加预紧力的方式是通过螺栓紧固直接在电池表面施加载荷,但由于电堆内单体电池几何尺寸在水平方向的不均一性,这种预紧方式很容易在电池的电极内部造成应力集中,有可能在后续电堆的运行与启停过程中带来灾难性的破坏。

根据以上分析可知,减少电堆的内阻与增大电堆的预紧力之间往往是矛盾的。金属支撑 SOFC 的工作温度处于中低温，而由于金属材料具有良好的导电性，因此，在中低温环境（550～750℃）下，上述问题很可能得到有效的解决。一方面，由于金属基体具有良好的延展性与导电性，在电极接触方面便不需要太大的接触应力。英国 Ceres Power 联同帝国理工大学基于金属支撑电堆的优势，开发出了一款具有小的预紧力与良好接触的电堆结构，并且可以大大降低电堆重量[121]，其主要依赖的技术之一为电堆的集电技术，下面对该集电技术进行介绍。

图 2-36 所示为 Ceres Power 公司的金属支撑 SOFC 电堆的截面示意图。图中 1a、1e、1c 分别表示燃料电池的阳极（燃料极）、电解质和阴极（空气极），2、3、4、5 分别表示单体电池的金属集电器、导电互连板（金属连接体）、导电支撑板（多孔金属支撑体）和绝缘间隔片。

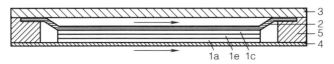

图 2-36　单体电池截面示意图

在 Ceres Power 金属支撑 SOFC 电堆的单体电池结构中，导电互连板和导电支撑板通过导电间隔件焊接的方式连接在一起（图中未表示出），一方面为燃料气体提供了气体流道，另一方面使得单体电池整体具有一定的支撑强度；绝缘间隔片则起到防止相邻电池之间短路的作用；导电金属集电器的延伸部分通过焊接或者压力接触的方式与导电互连板连接，多孔气体扩散部分则与燃料电池的空气极在共同的烧结条件下形成紧密接触，并将上一个电池空气极的电流传输至下一个单体电池的阳极，实现电堆内部的导电通路。

该电堆集成结构的特点在于其导电集电器为非常薄的金属箔，而电堆压力预紧几何位置处于电池电极的边缘，其独特的结构设计也给电堆组装带来许多优势。首先，在导电集电器与导电互连板的接触方面，导电集电器可以通过焊接或者压力接触的形式与电池的连接体实现良好的接触，其中常用的焊接方式包括点焊、激光焊等。由于导电集电器具备金属的高导电性与良好的延展性，因此，这种接触方式使得集电器与导电互连板之间具有很小的接触电阻，并且这种接触方式易于实现而且十分可靠。在导电集电器与阴极接触方面，在电池的制备过程中会将阴极与导电集电器通过丝网印刷或者流延成型的方式制备在一起，从而实现导电集电器与阴极之间的良好接触。

该种电堆集成结构在电堆预紧方面也具有很多优势。首先，该种预紧结构在电池的预紧过程不影响电极结构，电堆预紧力并没有直接作用于阳极、电解质、阴极的有效区域，这在实现电极结构的零应力施加的同时可以保证良好的电池预紧；此外，该种电堆集成方式大大减少了预紧的面积，从而大大降低电堆预紧力，进而降低端板的刚性要求，并且预紧处仅在电堆边缘，因此端板的其他区域不必设置封闭的刚性区域，这也进一步减少了端板的重量，此外电堆预紧力的减小也大大降低了对预紧螺栓的苛刻要求；除了以上的优势外，施加导电集电器与边缘预紧的电堆集成技术还可以实现单体电池之间的灵活串并联，从而大大减少由于单体电池的失效所带来的整个电堆失效问题。

2 MS-SOFC 预紧压缩结构设计与优化

在电堆的制备以及运行过程中，为了在不损害电极的条件下实现电堆中相邻电池之间的良好接触，电堆的预紧力必须是在一定范围内可靠且稳定的。目前，为保证电堆具有足够的预紧力以保证良好的接触与气密性，目前主要是基于螺杆预紧方式进行预紧。

螺杆预紧是通过相应的系杆贯穿电堆各电池后，再在电堆两端通过螺母预紧的方式对电堆进行预紧，具体预紧步骤如下：首先，将一片片单体电池及其电池组件堆叠在电堆的基板上，并通过底座上的组装杆实现对齐；在堆叠完成后盖上电堆的另外一块端板，然后通过预紧系统施加预紧力实现整个电堆的预紧；之后拔出组装杆，改为直径较小的预紧系杆，再通过系杆上的螺母将整个电堆固定住，在撤去了预紧系统的预紧力后，整个电堆会在张应力条件下保持紧固状态。Ceres Power 电堆的螺栓预紧方式如图 2-37 所示。

图 2-37 Ceres Power 电堆的螺栓预紧方式

螺母预紧的方式原理简单，但主要存在以下一些缺点。

1）预紧系杆通常是金属螺杆，由于系杆与电堆内部单体电池金属支撑体相邻，因此在运行过程中极易在电堆内部造成短路。

2）预紧力的施加较为困难，此外预紧力施加的大小会受到机械制造过程中误差的影响，从而产生较大的差异，这在电堆后续运行中会对电极结构带来不同程度的影响，增大了电堆失效的可能性。

3）预紧螺栓孔往往在单体电池内部，进一步增加了单体电池与电堆结构设计的复杂性，而螺栓孔内置也同时限制了单体电池的发电面积。

4）电堆在运行过程中电池各组件之间的热膨胀系数存在差异，电堆在不同工作温度下也存在不同的膨胀状态，因此在不同温度下预紧螺杆会具有不同的应力状态。一般地，由于金属材料的热膨胀系数相对较大，而电堆内部也往往具有非金属绝缘垫片及非金属绝缘阻隔片，这些部件的热膨胀系数都比金属材料的热膨胀系数小，因此在电堆受热膨胀过程中，预紧螺杆的膨胀量一般比整个电堆的膨胀量要大，此时电堆整体的预紧力就会减小，因此单一的系杆预紧设计无法满足电堆膨胀的复杂工况。

为了解决由于预紧螺杆带来的诸多问题，Ceres Power 在该方面进行了相关改进[122]，采用"U"形限位框（下面称为"裙带"）焊接+膨胀板的方式，该预紧方式的结构如图 2-38 所示。

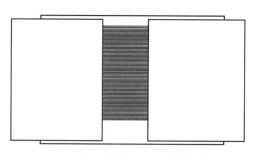

图 2-38　Ceres Power 金属支撑 SOFC 电堆裙带预紧方式的结构

图 2-38 中电堆的上下部位为两块端板，端板的下部与膨胀板相邻，膨胀板则与导电绝缘件紧密贴合，在导电绝缘件之间夹着电堆的核心部件，包括电解质、阳极、阴极、支撑板、双极板和绝缘压缩件。"U"形限位框——"裙带"则接于上下两块端板上，依靠其受到的张应力进行预紧。

Ceres Power 将膨胀板置于电堆的端板与电堆之间，其中端板的热膨胀系数大于整个电堆工作区域的平均热膨胀系数与裙带的热膨胀系数，而电堆小于预紧系杆/裙带的膨胀量将会由膨胀板进行补充，从而形成"膨胀差补"，减少甚至消除由于膨胀差异带来的预紧力差异性。膨胀板的厚度是由电堆中单体电池个数及整个电堆工作区域的平均膨胀系数所决定的。电堆中部分部件在 450~650℃下的热膨胀系数见表 2-5。

表 2-5　电堆中部分部件的热膨胀系数

组　件	材　料	热膨胀系数（650℃）
端板	铁素体不锈钢 3CR12	11.9
金属支撑板	铁素体不锈钢 441 系	10.5
金属双极板	Crofer22APU	11.4
绝缘压缩件	Thermiculite 866（英国福莱希）	8.04
云母垫片	云母	8.7
裙带	铁素体不锈钢 441 系	10.5
膨胀板	沃斯田铁系不锈钢	18

相比于传统利用螺杆预紧方式的电堆，Ceres Power 改进后依靠裙带+膨胀

板的预紧方式具有以下优势。

1）裙带连接方式有效地降低了电堆组装过程中的复杂性，使得电堆在裙带的张力下实现了预紧作用，这也简化了螺杆预紧时带来的预紧控制问题。

2）通过调整膨胀板的厚度来调整电堆的预紧过程，能够针对不同层数下电堆的实际状况灵活调整电堆的预紧力大小，有效提高了电堆预紧的可靠性。

3）裙带结构和螺杆相比，质量占比更小。

4）将预紧结构布置于电堆的外侧，可以有效地减少电堆的热惯性，这更有利于电堆的快速启动，也更容易简化电池与电堆的结构。

2.4.2 电堆集成现状

1 英国 Ceres Power 金属支撑电堆

Ceres Power 开发了两种规格的单体电池，分别为小面积的 SteelCell® original 和大面积的 SteelCell® plus，并基于上述两种电池生产了 1kW 和 5kW 电堆[5]，如图 2-39 所示。Ceres Power 的 5kW 电堆电流从顶部引出，气体连接口位于底部，电堆放置于一个方形盒内，歧管的密封以及电池间绝缘通过压缩垫圈实现，电池和连接体之间采用焊接方式连接，以实现更好的热循环及鲁棒性。

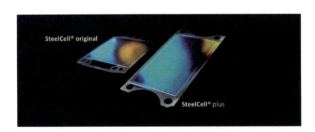

a) 两种规格的单体电池

b) 1kW电堆　　　　　　　c) 5kW电堆

图 2-39　英国 Ceres Power 公司金属支撑电池与电堆

2 美国 GE 公司金属支撑电堆

GE 公司设计了 3 种规格的 MS-SOFC 单体电池并实现了电堆集成[118]，如图 2-40 所示。其中 1kW 的电堆由 50 片 4in（面积为 103cm^2）单体电池组成；14kW 电堆由 170 片 8in（面积为 412cm^2）单体电池组成，单个电堆高约 2ft（1ft = 0.3048m），底部端板直径约为 16ft；28kW 电堆由 250 片 9.25in（面积为 550cm^2）单体电池组成。GE 采用 4 个 14kW 电堆构成 50kW 的发电模组，即每个电堆的输出功率为 12.5kW。

a) 1kW电堆

b) 14kW电堆

c) 4个14kW电堆构成50kW模组

图 2-40　美国 GE 公司金属支撑电堆[122]

1kW 电堆在以 H_2/N_2 作为进料、燃料利用率为 50%、空气利用率为 20%、电流密度为 0.24A/cm^2 的条件下进行测试，电堆输出功率达到 1.019W，单体电池平均输出功率为 20.4W，功率密度为 0.2W/cm^2。

3 DLR 金属支撑电堆

DLR 采用等离子喷涂方式制备了面积为 100cm^2 的 MS-SOFC 单体电池，并对 10 个单体电池组堆进行测试，如图 2-41 所示。在 800℃下，电堆开路电压达到 10.11V，电堆在 7V 工作电压下的输出功率为 250W，功率密度为 307mW/cm²，燃料利用率为 24.8%[122]。

图 2-41　DLR 短堆 MSC-10-30[119]

4　奥地利 Plansee 金属支撑电堆

奥地利 Plansee 基于 DLR 的 MS-SOFC 结构，采用烧结法制备 SOFC，但相比 DLR 电池的整体厚度 120～140μm，Plansee 电池整体厚度为 80～90μm[16]。在 NextGen MSC 项目支持下，Plansee 在 5cm×5cm 单体电池基础上制备了 7cm×14cm 单体电池，并制备了由 2 片电池并联连接的短堆，如图 2-42 所示。在 800℃条件下，电堆开路电压达到 1V，单体电池在 0.7V 工作电压下的功率密度达到 430mW/cm²。

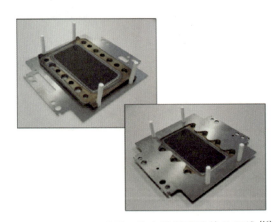

图 2-42　Plansee 采用 2 片电池并联连接的短堆 [16]

5　韩国 KAIST 金属支撑电堆

KAIST 制备的短堆包含 5 片 5cm×5cm（活性面积为 4cm×4cm）的单体电池，如图 2-43 所示。电堆的阳极侧采用将金属支撑体和极板焊接的方式进行密封，阴极侧采用云母作为密封材料[11, 123, 124]。短堆的开路电压为 3.0V，最大功率为 23.1W。短堆在 2.16A 下恒流放电 120h，初始电压为 2.0V，120h 后短堆电压降低至 1.81V，电堆性能衰减率为 9.5%[123]。

图 2-43　KAIST 制备的 5 片电池组成的短堆[11]

6　丹麦 Topsoe 金属支撑电堆

Topsoe 生产的 18cm×18cm 电堆包含 25 片 12cm×12cm 单体电池[125]，如图 2-44 所示。电堆输出功率约为 3.2kW，以天然气为燃料进行了 3000h 长周期测试，电流密度为 $0.2A/cm^2$ 条件下燃料利用率为 65%，并进行 4～8A/min 拉载降载测试，2.5～5min 时段内，电堆负荷率从 20%（5A）到 100%（25A）循环，350 次循环后未见明显衰减。在 18cm×18cm 电堆基础上，Topsoe 进一步设计了 18cm×30cm 电堆以实现更大的功率输出。

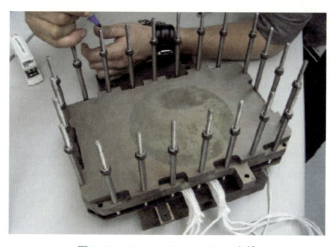

图 2-44　Topsoe 18cm×18cm 电堆

参 考 文 献

[1] TUCKER M C. Progress in metal-supported solid oxide fuel cells: A review [J]. Journal of Power Sources, 2010, 195(15): 4570-4582.

[2] KRISHNAN V V. Recent developments in metal-supported solid oxide fuel cells [J]. Wiley Interdisciplinary Reviews: Energy and Environment, 2017, 6(5):246-251.

[3] POWER C. Phil Caldwell and his executive team host a tour of Ceres' new manufacturing facility in Redhill [R].Redhill: Gatton Park Business Centre Wells Place, 2019.

[4] 高圆, 李智, 李甲鸿, 等. 金属支撑固体氧化物燃料电池技术进展 [J]. 综合智慧能源, 2022, 8(44): 1-24.

[5] LEAH R T, BONE P A, SELCUK A, et al. Latest results and commercialization of the ceres power SteelCell® technology platform [J]. Ecs Transactions, 2019, 91(1): 51-61.

[6] BANCE P, BRANDON N P, GIRVAN B, et al. Spinning-out a fuel cell company from a UK University—2 years of progress at Ceres Power [J]. Journal of Power Sources, 2004, 131(1-2): 86-90.

[7] BALLARD T D A, REES L, NOBBS C, et al. Development of the 5kWe SteelCell® Technology Platform for Stationary Power and Transport Applications [J]. Ecs Transactions, 2019, 91(1): 117-122.

[8] NIELSEN J, PERSSON A H, MUHL T T, et al. Towards High Power Density Metal Supported Solid Oxide Fuel Cell for Mobile Applications [J]. J Electrochem Soc, 2018, 165(2): F90-F6.

[9] ROEHRENS D, PACKBIER U, FANG Q P, et al. Operation of Thin-Film Electrolyte Metal-Supported Solid Oxide Fuel Cells in Lightweight and Stationary Stacks: Material and Microstructural Aspects [J]. Materials, 2016, 9(9):762-767.

[10] KONG Y H, HUA B, PU J A, et al. A cost-effective process for fabrication of metal-supported solid oxide fuel cells [J]. Int J Hydrogen Energ, 2010, 35(10): 4592-4596.

[11] BAE J. A Novel Metal Supported SOFC Fabrication Method Developed in KAIST: a Sinter-Joining Method [J]. Journal of the Korean Ceramic Society, 2016, 53: 478-482.

[12] LEAH R, BONE A, HAMMER E, et al. Development Progress on the Ceres Power Steel Cell Technology Platform: Further Progress Towards Commercialization [J]. Ecs Transactions, 2017, 78(1): 87-95.

[13] ROBERT L, MIKE L, ROBIN P, et al. Process for forming a metal supported solid oxide fuel cell :us 2015/0064596A/[P]. 2015-03-05.

[14] LEAH R, BONE A, SELCUK A, et al. Development of Highly Robust, Volume-Manufacturable Metal-Supported SOFCs for Operation Below 600℃ [J]. Ecs Transactions, 2011, 35(1): 351-367.

[15] ATKINSON A, BARON S, BRANDON N P, et al. Metal-supported solid oxide fuel cells for operation at temperatures of 500-650℃ [J]. Fuel Cell Science, Engineering and Technology, 2003, 1759: 499-506.

[16] FRANCO T, HAYDN M, WEBER A, et al. The Status of Metal-Supported SOFC Development and Industrialization at Plansee [J]. Ecs Transactions, 2013, 57: 471-480.

[17] HAYDN M, ORTNER K, FRANCO T, et al. Development of metal supported solid oxide fuel cells based on powder metallurgical manufacturing route [J]. Powder Metall, 2013, 56(5): 382-387.

[18] UDOMSILP D, RECHBERGER J, NEUBAUER R, et al. Metal-Supported Solid Oxide Fuel Cells with Exceptionally High Power Density for Range Extender Systems [J]. Cell Rep Phys Sci, 2020, 1(6):418-435.

[19] CHRISTIANSEN N, PRIMDAHL S, WANDEL M, et al. Status of the Solid Oxide Fuel Cell Development at Topsoe Fuel Cell A/S and DTU Energy Conversion [J]. Solid Oxide Fuel Cells 13 (Sofc-Xiii), 2013, 57(1): 43-52.

[20] HICKEY D, ALINGER M, SHAPIRO A, et al. Stack Development at GE-Fuel Cells [J]. Ecs Transactions, 2017, 78(1): 107-116.

[21] GAO J T, LI J H, WANG Y P, et al. Performance and Stability of Plasma-Sprayed 10 × 10cm^2 Self-sealing Metal-Supported Solid Oxide Fuel Cells [J]. J Therm Spray Techn, 2021, 30(4): 1059-1068.

[22] GAO J T, LI C X, WANG Y P, et al. Study on the Fabrication and Performance of Very Low Pressure Plasma Sprayed Large-area Porous Metal Supported Solid Oxide Fuel Cell [J]. International Thermal Spray Conference and Exposition (Itsc 2018), 2018: 665-669.

[23] GAO J T, WANG Y P, LI C X, et al. Study on the Fabrication and Performance of Very Low Pressure Plasma Sprayed Porous Metal Supported Solid Oxide Fuel Cell [J]. Ecs Transactions, 2017, 78(1): 2059-2067.

[24] GHIARA G, PICCARDO P, BONGIORNO V, et al. Characterization of Metallic Interconnects Extracted from Solid Oxide Fuel Cell Stacks Operated up to 20,000 h in Real Life Conditions: The Air Side [J]. International Journal of Hydrogen Energy, 2021, 46(46): 23815-23827.

[25] BIANCO M, OUWELTJES J P, VAN HERLE J. Degradation analysis of commercial interconnect materials for solid oxide fuel cells in stacks operated up to 18000 hours [J]. Int J Hydrogen Energ, 2019, 44(59): 31406-31422.

[26] WU J W, LIU X B. Recent Development of SOFC Metallic Interconnect [J]. J Mater Sci Technol, 2010, 26(4): 293-305.

[27] YANG Z, PAXTON D, WEIL K, et al. Materials Properties Database for Selection of High-Temperature Alloys and Concepts of Alloy Design for SOFC Applications [R/OL](2002-11-24)[2022-10-20]https://doi.org/10.2172/15010553.

[28] CHO H J, CHOI G M. Fabrication and characterization of Ni-supported solid oxide fuel cell [J]. Solid State Ionics, 2009, 180(11-13): 792-795.

[29] SOLOUYEV A A, RABOTKIN S V, SHIPILOVA A V, et al. Solid oxide fuel cell with Ni-Al support [J]. Int J Hydrogen Energ, 2015, 40(40): 14077-14084.

[30] XU N, CHEN M, HAN M F. Oxidation behavior of a Ni-Fe support in SOFC anode atmosphere [J]. J Alloy Compd, 2018, 765: 757-763.

[31] WANG X, LI K, JIA L C, et al. Porous Ni-Fe alloys as anode support for intermediate temperature solid oxide fuel cells: I. Fabrication, redox and thermal behaviors [J]. Journal of Power Sources, 2015, 277: 474-479.

[32] AHMET S. METAL SUBSTRATE FOR FUEL CELLS:EP2038950A1[P]. 2009-03-05.

[33] 江舟，文魁，刘太楷，等．固体氧化物燃料电池金属连接体防护涂层研究进展 [J]．表面技术，2022,51(4):14-23.

[34] SAEIDPOUR F, ZANDRAHIMI M, EBRAHIMIFAR H. Evaluation of pulse electroplated cobalt/yttrium oxide composite coating on the Crofer 22 APU stainless steel interconnect [J]. Int J Hydrogen Energ, 2019, 44(5): 3157-3169.

[35] JUN J, KIM D, JUN J. Effects of REM Coatings on Electrical Conductivity of Ferritic Stainless Steels for SOFC Interconnect Applications [J]. Solid Oxide Fuel Cells 10 (Sofc-X), Pts 1 and 2, 2007, 7(1): 2385-2390.

[36] QU W, JIAN L, IVEY D G, et al. Yttrium, cobalt and yttrium/cobalt oxide coatings on ferritic stainless steels for SOFC interconnects [J]. Journal of Power Sources, 2006, 157(1): 335-350.

[37] LENKA R K, PATRO P K, SHARMA J, et al. Evaluation of La0.75Sr0.25Cr0.5Mn0.5O3 protective coating on ferritic stainless steel interconnect for SOFC application [J]. Int J Hydrogen Energ, 2016, 41(44): 20365-20372.

[38] PRZYBYLSKI K, BRYLEWSKI T, DURDA E, et al. Oxidation properties of the Crofer 22 APU steel coated with La0.6Sr0.4Co0.2Fe0.8O3 for IT-SOFC interconnect applications [J]. J Therm Anal Calorim, 2014, 116(2): 825-834.

[39] ZHU J H, CHESSON D A, YU Y T. Review-(Mn,Co)(3)O-4-Based Spinels for SOFC Interconnect Coating Application [J]. J Electrochem Soc, 2021, 168(11): 116508-116517.

[40] BABA Y, KAMEDA H, MATSUZAKI Y, et al. Manganese-Cobalt Spinel Coating on Alloy Interconnects for SOFCs [J]. High-Temperature Oxidation and Corrosion 2010, 2011, 696: 406-418.

[41] HOSSEINI S N, KARIMZADEH F, ENAYATI M H, et al. Oxidation and electrical behavior of CuFe2O4 spinel coated Crofer 22 APU stainless steel for SOFC interconnect application [J]. Solid State Ionics, 2016, 289: 95-105.

[42] HU Y Z, YUN L L, WEI T, et al. Aerosol sprayed Mn1.5Co1.5O4 protective coatings for metallic interconnect of solid oxide fuel cells [J]. Int J Hydrogen Energ, 2016, 41(44): 20305-20313.

[43] PETRIC A, LING H. Electrical conductivity and thermal expansion of spinels at elevated temperatures [J]. J Am Ceram Soc, 2007, 90(5): 1515-1520.

[44] 胡莹珍, 李成新, 张山林, 等. Mn-Co 尖晶石涂层对铁素体不锈钢的高温防护 [J]. 热喷涂技术, 2017, 3: 8-20.

[45] HU Y Z, LI C X, ZHANG S L, et al. The Microstructure Stability of Atmospheric Plasma-Sprayed MnCo2O4 Coating Under Dual-Atmosphere (H-2/Air) Exposure [J]. J Therm Spray Techn, 2016, 25(1-2): 301-310.

[46] HU Y Z, YAO S W, LI C X, et al. Influence of pre-reduction on microstructure homogeneity and electrical properties of APS Mn1.5Co1.5O4 coatings for SOFC interconnects [J]. Int J Hydrogen Energ, 2017, 42(44): 27241-27253.

[47] 李成新, 王岳鹏, 张山林, 等. 先进陶瓷涂层结构调控及其在固体氧化物燃料电池中的应用 [J]. 中国表面工程, 2017, 30(2): 1-19.

[48] GAO J T, LI J H, FENG Q Y, et al. High performance of ceramic current collector fabricated at 550 degrees C through in-situ joining of reduced Mn1.5Co1.5O4 for metal-supported solid oxide fuel cells [J]. Int J Hydrogen Energ, 2020, 45(53): 29123-29130.

[49] SZYMCZEWSKA D, KARCZEWSKI J, CHRZAN A, et al. CGO as a barrier layer between LSCF electrodes and YSZ electrolyte fabricated by spray pyrolysis for solid oxide fuel cells [J]. Solid State Ionics, 2017, 302: 113-117.

[50] TSEPIN TSAI S A B T. Effect of LSM-YSZ cathode on thin-electrolyte cell performance [J]. Solid State Ionics, 1996, 93: 207-217.

[51] HWANG C, TSAI C H, LO C H, et al. Plasma sprayed metal supported YSZ/Ni–LSGM–LSCF ITSOFC with nanostructured anode [J]. Journal of Power Sources, 2008, 180(1): 132-142.

[52] KIM K J, CHOI G M. Phase stability and oxygen non-stoichiometry of Gd-doped ceria during sintering in reducing atmosphere [J]. J Electroceram, 2015, 35(1-4): 68-74.

[53] YI J Y, CHOI G M. The effect of reduction atmosphere on the LaGaO3-based solid oxide fuel cell [J]. J Eur Ceram Soc, 2005, 25(12): 2655-2659.

[54] BU J, JöNSSON P G, ZHAO Z. The effect of NiO on the conductivity of BaZr0.5Ce0.3Y0.2O3-δ based electrolytes [J]. Rsc Adv, 2016, 6(67): 62368-62377.

[55] TANASINI P, CANNAROZZO M, COSTAMAGNA P, et al. Experimental and Theoretical Investigation of Degradation Mechanisms by Particle Coarsening in SOFC Electrodes [J]. Fuel

Cells, 2009, 9(5): 740-752.

[56] BALAZS G B, GLASS R S. Ac-Impedance Studies of Rare-Earth-Oxide Doped Ceria [J]. Solid State Ionics, 1995, 76(1-2): 155-162.

[57] STOJMENOVIC M, ZUNIC M, GULICOVSKI J, et al. Structural, morphological, and electrical properties of doped ceria as a solid electrolyte for intermediate-temperature solid oxide fuel cells [J]. J Mater Sci, 2015, 50(10): 3781-3794.

[58] 关丽丽. $Ce_{(0.9)}Gd_{(0.1-x)}Bi_xO_{(1.95-\delta)}$ 固体电解质烧结过程与离子传导机理的研究 [D]. 哈尔滨：哈尔滨工业大学, 2016.

[59] 刘维良. 先进陶瓷工艺学 [M]. 武汉：武汉理工大学出版社, 2004.

[60] KLEINLOGEL C, GAUCKLER L J. Sintering of nanocrystalline CeO_2 ceramics [J]. Adv Mater, 2001, 13(14): 1081-1092.

[61] HAN J, ZHANG J, LI F, et al. Low-temperature sintering and microstructure evolution of Bi_2O_3-doped YSZ [J]. Ceramics International, 2018, 44(1): 1026-1033.

[62] KLEINLOGEL C, GAUCKLER L J. Sintering and properties of nanosized ceria solid solutions [J]. Solid State Ionics, 2000, 135(1-4): 567-573.

[63] MCPHERSON R. A Review of Microstructure and Properties of Plasma Sprayed Ceramic Coatings [J]. Surf Coat Tech, 1989, 39(1-3): 173-181.

[64] LUGSCHEIDER E, BARIMANI C, ECKERT P, et al. Modeling of the APS plasma spray process [J]. Comp Mater Sci, 1996, 7(1-2): 109-114.

[65] WANG Y P, LIU S H, ZHANG H Y, et al. Structured La0.6Sr0.4Co0.2Fe0.8O3-delta cathode with large-scale vertical cracks by atmospheric laminar plasma spraying for IT-SOFCs [J]. J Alloy Compd, 2020, 825:153865-153872.

[66] LIU S H, LI C X, LI L, et al. Development of long laminar plasma jet on thermal spraying process: Microstructures of zirconia coatings [J]. Surf Coat Tech, 2018, 337: 241-249.

[67] ZHANG S L, LI C X, LI C J, et al. Scandia-stabilized zirconia electrolyte with improved interlamellar bonding by high-velocity plasma spraying for high performance solid oxide fuel cells [J]. J Power Sources, 2013, 232: 123-131.

[68] ABBAS M, SMITH G M, MUNROE P R. Microstructural investigation of bonding and melting-induced rebound of HVOF sprayed Ni particles on an aluminum substrate [J]. Surf Coat Tech, 2020, 402: 205-211.

[69] LI C J, LI C X, LONG H G, et al. Performance of tubular solid oxide fuel cell assembled with plasma-sprayed Sc_2O_3-ZrO_2 electrolyte [J]. Solid State Ionics, 2008, 179(27-32): 1575-1578.

[70] LI C J, NING X J, LI C X. Effect of densification processes on the properties of plasma-sprayed YSZ electrolyte coatings for solid oxide fuel cells [J]. Surf Coat Tech, 2005, 190(1): 60-64.

[71] LI C X, LI C J, YANG G J. Development of a Ni/Al_2O_3 Cermet-Supported Tubular Solid Oxide Fuel Cell Assembled with Different Functional Layers by Atmospheric Plasma-Spraying [J]. J Therm Spray Techn, 2009, 18(1): 83-89.

[72] OHMORI A, LI C J. Quantitative Characterization of the Structure of Plasma-Sprayed Al_2o_3 Coating by Using Copper Electroplating [J]. Thin Solid Films, 1991, 201(2): 241-252.

[73] ARATA Y, OHMORI A, LI C J. Study on the Structure of Plasma Sprayed Ceramic Coating by Using Copper Electroplating [J]. Proceedings of International Symposium on Advanced Thermal Spraying Technology and Allied Coatings (ATTAC'88), 1988: 205-210.

[74] OHMORI A, LI C J, ARATA Y, et al. Dependence of the connected porosity in plasma sprayed ceramic coatings on structure [J]. J Jpn High Temp Soc, 1990, 16: 332-340.

[75] YANG Y C, CHEN Y C. Influences of the processes on the microstructures and properties of the plasma sprayed IT-SOFC anode [J]. J Eur Ceram Soc, 2011, 31(16): 3109-3118.

[76] BARTHEL K, RAMBERT S, SIEGMANN S. Microstructure and polarization resistance of thermally sprayed composite cathodes for solid oxide fuel cell use [J]. J Therm Spray Techn, 2000, 9(3): 343-347.

[77] HARRIS J, KESLER O. Atmospheric Plasma Spraying Low-Temperature Cathode Materials for Solid Oxide Fuel Cells [J]. J Therm Spray Techn, 2010, 19(1-2): 328-335.

[78] OKUMURA K, AIHARA Y, ITO S, et al. Development of thermal spraying-sintering technology for solid oxide fuel cells [J]. J Therm Spray Techn, 2000, 9(3): 354-359.

[79] KHOR K A, YU L G, CHAN S H, et al. Densification of plasma sprayed YSZ electrolytes by spark plasma sintering (SPS) [J]. J Eur Ceram Soc, 2003, 23(11): 1855-1863.

[80] ZHOU X B, HAN Y H, ZHOU J, et al. Ferrite multiphase/carbon nanotube composites sintered by microwave sintering and spark plasma sintering [J]. J Ceram Soc Jpn, 2014, 122(1430): 881-885.

[81] MIRAHMADI A, VALEFI K. Densification of Plasma Sprayed SOFC Electrolyte Layer Through Infiltration With Aqueous Nitrate Solution [J]. Journal of Fuel Cell Science and Technology, 2012, 9(1).316-328.

[82] KNUUTTILA J, SORSA P, MANTYLA T. Sealing of thermal spray coatings by impregnation [J]. J Therm Spray Techn, 1999, 8(2): 249-257.

[83] NING X J, LI C X, LI C J, et al. Modification of microstructure and electrical conductivity of plasma-sprayed YSZ deposit through post-densification process [J]. Mat Sci Eng a-Struct, 2006, 428(1-2): 98-105.

[84] 张山林. 等离子喷涂 SOFC 电解质与掺杂 SrTiO3 阳极组织结构调控及性能的研究 [D]. 西安：西安交通大学, 2015.

[85] 李成新，王岳鹏，张山林，等. 先进陶瓷涂层结构调控及其在固体氧化物燃料电池中的应用 [J]. 中国表面工程, 2017, 2: 1-19.

[86] ZHANG C, LI C J, LIAO H, et al. Effect of in-flight particle velocity on the performance of plasma-sprayed YSZ electrolyte coating for solid oxide fuel cells [J]. Surf Coat Tech, 2008, 202(12): 2654-2660.

[87] CHEN Q Y, LI C X, WEI T, et al. Controlling grain size in columnar YSZ coating formation by droplet filtering assisted PS-PVD processing [J]. Rsc Adv, 2015, 5(124): 102126-102133.

[88] HARDER B J, ZHU D. Plasma Spray-Physical Vapor Deposition (Ps-Pvd) of Ceramics for Protective Coatings [J]. Advanced Ceramic Coatings and Materials for Extreme Environments, 2011, 32: 73-84.

[89] GORAL M, KOTOWSKI S, NOWOTNIK A, et al. PS-PVD deposition of thermal barrier coatings [J]. Surf Coat Tech, 2013, 237: 51-55.

[90] MARCANO D, MAUER G, VASSEN R, et al. Manufacturing of high performance solid oxide fuel cells (SOFCs) with atmospheric plasma spraying (APS) and plasma spray-physical vapor deposition (PS-PVD) [J]. Surf Coat Tech, 2017, 318: 170-177.

[91] LANG M, HENNE R, SCHAPER S, et al. Development and characterization of vacuum plasma sprayed thin film solid oxide fuel cells [J]. J Therm Spray Techn, 2001, 10(4): 618-625.

[92] BELLOY L, VILEI E M, GIACOMETTI M, et al. Characterization of LppS, an adhesin of Mycoplasma conjunctivae [J]. Microbiol-Sgm, 2003, 149: 185-193.

[93] FAISAL N H, AHMED R, KATIKANENI S P, et al. Development of Plasma-Sprayed Molybdenum Carbide-Based Anode Layers with Various Metal Oxides for SOFC [J]. J Therm Spray

Techn, 2015, 24(8): 1415-1428.

[94] ZHANG C, LIAO H L, LI W Y, et al. Characterization of YSZ solid oxide fuel cells electrolyte deposited by atmospheric plasma spraying and low pressure plasma spraying [J]. J Therm Spray Techn, 2006, 15(4): 598-603.

[95] TSUKUDA H, NOTOMI A, HISATOME N. Application of plasma spraying to tubular-type solid oxide fuel cells production [J]. J Therm Spray Techn, 2000, 9(3): 364-368.

[96] LI C J, NING X J, LI C X. Effect of densification processes on the properties of plasma-sprayed YSZ electrolyte coatings for solid oxide fuel cells [J]. Surface and Coatings Technology, 2005, 190(1): 60-64.

[97] HALLER K K, VENTIKOS Y, POULIKAKOS D. Wave structure in the contact line region during high speed droplet impact on a surface: Solution of the Riemann problem for the stiffened gas equation of state [J]. J Appl Phys, 2003, 93(5): 3090-3097.

[98] YAO S W, LI C J, TIAN J J, et al. Conditions and mechanisms for the bonding of a molten ceramic droplet to a substrate after high-speed impact [J]. Acta Mater, 2016, 119: 9-15.

[99] VARDELLE A, THEMELIS N J, DUSSOUBS B, et al. Transport and chemical rate phenomena in plasma sprays [J]. High Temperature Material Processes, 1997, 1(3): 295-313.

[100] LI C J, YANG G J, LI C X. Development of Particle Interface Bonding in Thermal Spray Coatings: A Review [J]. Journal of Thermal Spray Technology, 2012, 22(2-3): 192-206.

[101] WANG J, LUO X T, LI C J, et al. Effect of substrate temperature on the microstructure and interface bonding formation of plasma sprayed Ni20Cr splat [J]. Surface and Coatings Technology, 2019, 371: 36-46.

[102] MORKS M F, TSUNEKAWA Y, OKUMIVA M, et al. Splat morphology and microstructure of plasma sprayed cast iron with different preheat substrate temperatures [J]. Journal of Thermal Spray Technology, 2002, 11(2): 226-232.

[103] YAO S W, TIAN J J, LI C J, et al. Understanding the Formation of Limited Interlamellar Bonding in Plasma Sprayed Ceramic Coatings Based on the Concept of Intrinsic Bonding Temperature [J]. J Therm Spray Technol, 2016, 25(8): 1617-1630.

[104] WANG Y P, GAO J T, LI J H, et al. Preparation of bulk-like La0.8Sr0.2Ga0.8Mg0.2O3-delta coatings for porous metal-supported solid oxide fuel cells via plasma spraying at increased particle temperatures [J]. Int J Hydrogen Energ, 2021, 46(64): 32655-32664.

[105] LI C X, XIE Y X, LI C J, et al. Characterization of atmospheric plasma-sprayed La0.8Sr0.2Ga0.8Mg0.2O3 electrolyte [J]. J Power Sources, 2008, 184(2): 370-374.

[106] ZHANG SL, LIU T, LI CJ, et al. Atmospheric plasma-sprayed La0.8Sr0.2Ga0.8Mg0.2O3 electrolyte membranes for intermediate-temperature solid oxide fuel cells [J]. J Mater Chem A, 2015, 3(14): 7535-7553.

[107] MA X Q, ZHANG H, DAI J, et al. Intermediate temperature solid oxide fuel cell based on fully integrated plasma-sprayed components [J]. J Therm Spray Techn, 2005, 14(1): 61-66.

[108] CODDET P, LIAO H L, CODDET C. A review on high power SOFC electrolyte layer manufacturing using thermal spray and physical vapour deposition technologies [J]. Advances in Manufacturing, 2014, 2(03): 212-221.

[109] REFKE A, GINDRAT M, NIESSEN K V, et al. LPPS Thin Film: A Hybrid Coating Technology between Thermal Spray and PVD for Functional Thin Coatings and Large Area Applications [C]//TSC2007.BEIJING:ITSC2007, 2007: 705-710.

[110] YOSHIDA T. Towards a new era of plasma spray processing [J]. Pure Appl. Chem, 2006, 78(6): 1093-1107.

[111] HOSPACH A, MAUER G, VAßEN R, et al. Characteristics of Ceramic Coatings Made by Thin Film Low Pressure Plasma Spraying (LPPS-TF) [J]. J Therm Spray Techn, 2012, 21(3): 435-440.

[112] WANG X H, EGUCHI K, IWAMOTO C, et al. High-rate deposition of nanostructured SiC films by thermal plasma PVD [J]. Science and Technology of Advanced Materials, 2002, 3(4): 313-317.

[113] RAY E R, SPENGLER C J, HERMAN H. Solid oxide fuel cell processing using plasma arc spray deposition techniques. Final report [R/OL].(1991-06-01)[2022-10-11].https://doi.org/10.2172/10169590.

[114] HARRIS J, KESLER O. Atmospheric Plasma Spraying Low-Temperature Cathode Materials for Solid Oxide Fuel Cells [J]. J Therm Spray Techn, 2010, 19: 328-335.

[115] HENNE R, SCHILLER G, BORCK V, et al. SOFC Components Production - An Interesting Challenge for DC- and RF-Plasma Spraying [J].ITSC, 1998, 09(33):933-938.

[116] GAO M, LI C J, LI C X, et al. Microstructure, oxygen stoichiometry and electrical conductivity of flame-sprayed $Sm_{0.7}Sr_{0.3}CoO_{3-\delta}$ [J]. Journal of Power Sources, 2009, 191(2): 275-279.

[117] ZHANG S L, LIU T, LI C J, et al. Atmospheric plasma-sprayed $La_{0.8}Sr_{0.2}Ga_{0.8}Mg_{0.2}O_3$ electrolyte membranes for intermediate-temperature solid oxide fuel cells [J]. J Mater Chem A, 2015, 3(14): 7535-7553.

[118] SZABO J A, FRANCO T, GINDRAT M, et al. Progress in the Metal Supported Solid Oxide Fuel Cells and Stacks for APU [J]. Ecs Transactions, 2009, 25(2): 175-185.

[119] ANSAR A, SZABO P, ARNOLD J, et al. Metal Supported Solid Oxide Fuel Cells and Stacks for Auxilary Power Units-Progress, Challenges and Lessons Learned [J]. Ecs Transactions, 2011, 35: 147-155.

[120] ANSAR A, SZABO P, ARNOLD J, et al. Metal Supported Solid Oxide Fuel Cells and Stacks for Auxiliary Power Units - Progress, Challenges and Lessons Learned [J]. Solid Oxide Fuel Cells 12 (Sofc Xii), 2011, 35(1): 147-155.

[121] HICKEY M A, SHAPIRO A, BROWN K, et al. Stack Development at GE–Fuel Cells [J]. Ecs Transactions, 2017, 78(1): 107-116.

[122] SCHILLER G. Progress in Metal-Supported Solid Oxide Fuel Cells [R].Cologne: German Aerospace Center, 2011.

[123] JANG Y H, LEE S, SHIN H, et al. Development and Evaluation of 3-layer Metal Supported Solid Oxide Fuel Cell Short Stack [J]. Ecs Transactions, 2017, 78(1): 2045-2050.

[124] JANG Y H, LEE S, SHIN H Y, et al. Development and evaluation of a 3-cell stack of metal-based solid oxide fuel cells fabricated via a sinter-joining method for auxiliary power unit applications [J]. Int J Hydrogen Energ, 2018, 43(33): 16215-16229.

[125] CHRISTIANSEN N, HANSEN J B, HOLM-LARSEN H, et al. Status of Development and Manufacture of Solid Oxide Fuel Cells at Topsoe Fuel Cell A/S and Riso DTU [J]. Solid Oxide Fuel Cells 11 (Sofc-Xi), 2009, 25(2): 133-142.

第 3 章

管式 SOFC

如第 1 章所述，SOFC 可分为平板式和管式两大类[1]，与平板式 SOFC 相比，管式 SOFC 因其具有机械强度高、抗热冲击性能好、密封简单、易模块化集成等特点，所以适合于建设大容量发电系统，特别是大尺寸管式 SOFC。根据支撑体不同，管式 SOFC 可以分为阴极支撑型、阳极支撑型和电解质支撑型，见表 3-1[2, 3]。应用于未来动力系统的 SOFC 需具有寿命长、稳定性好和可靠性高等特点，其中寿命至少要达到 4 万 h[4]。电解质支撑型管式 SOFC 采用电解质作为支撑管，电解质管内侧的阳极或阴极材料难以涂覆均匀，若规模化放大制备，很难保证电池管的质量，所以研究和应用较少[5]。西门子－西屋公司采用电化学气相沉积法制造了第一个用于商业生产的阴极支撑型管式 SOFC[6]，其组装的 100kW 电站系统进行了 3 万 h 以上运行试验并且单管电池进行了 9 年以上运行试验，证明了阴极支撑型管式 SOFC 的稳定性较好。但阴极支撑型管式 SOFC 工作温度高（900～1000℃），制备技术和过程复杂，成本较高，功率密度也远低于新发展的阳极支撑型管式 SOFC，限制了其在动力系统中的商业化应用[7]。因此，近年来工作温度低并且容易制造的阳极支撑型管式 SOFC 得到了快速发展。基于管式 SOFC 的技术特点，本章重点介绍阴极支撑和阳极支撑管式 SOFC 材料与制备工艺、管式 SOFC 组堆与系统集成技术以及其应用。

表 3-1 不同结构管式电池比较[2]

电池结构	阴极支撑型	阳极支撑型	电解质支撑型
阴极 电解质 阳极			
优点	·抗氧化还原稳定性良好 ·抗积炭性能良好（因为阳极层薄）	·电池性能高，工作温度低，欧姆电阻低（因电解质层薄） ·材料成本低 ·易制造	·机械强度高 ·氧化还原循环稳定性良好 ·易气体扩散（因为电极层薄）
缺点	高极化电阻（由于氧还原反应动力学过程慢）	机械强度低（由于多孔）	高欧姆电阻（由于电解质层厚）

3.1　发展概况

阴极支撑管式 SOFC 技术的主要开发商是美国西门子-西屋公司和日本东陶公司。美国的西屋公司（后来的西门子公司）最早开发了阴极支撑管式 SOFC。西屋公司于 1962—1963 年首先在"套筒接头"电堆中进行了阴极支撑管式 SOFC 电池设计的实验验证，由于其稳定性差、制备工艺复杂，因此采用了钙掺杂二氧化锆的圆柱形多孔支撑管来支撑其他功能层，后来进一步改良采用多孔阴极来代替上述多孔支撑管[8]。1977 年，电化学气相沉积技术（EVD）被发明后，西屋公司采用 EVD 技术开发了 0.4～200kW 的阴极支撑管式 SOFC 发电系统，但 EVD 工艺最大的缺点就是成本高。西门子收购西屋公司的管式 SOFC 技术后，经过大量的研究积累，昂贵且不利于生产的 EVD 工艺逐渐被大气等离子喷涂（APS）工艺取代[9]。采用 APS 工艺制备阴极支撑管式电池为基础的发电系统在宾夕法尼亚州以天然气为燃料进行了超过 10000h 的运行演示。

经过半个多世纪的发展，西门子-西屋公司开发了世界上第一个 100kW 级固体氧化物燃料电池-热电联供（SOFC-CHP）系统和第一个 200kW 级固体氧化物燃料电池/涡轮发电（SOFC/GT）系统，以及其独特的阴极支撑管式 SOFC 技术，然而高成本是其商业化的主要挑战。低成本先进材料和制造技术的应用是 SOFC 降低成本和提高性能的有效手段。将工作温度从 900～1000℃降低到 600～800℃是降低成本的一个可行方法，因为在这一温度范围内，可以采用低成本模块材料，同时提高电池的可靠性。因此，阳极支撑管式 SOFC 得到了快速发展和广泛的应用研究[10]。阳极支撑管式 SOFC 为采用多孔阳极管作为支撑体制备成的管式电池，由于常用的金属陶瓷阳极和电解质的化学相容性好，可在高温下共烧，因此阳极支撑管式 SOFC 可采用廉价的湿化学法替代 EVD 和 APS 等方法制备电解质和连接体薄膜。阳极支撑管式 SOFC 可通过低成本的制备方法实现电解质薄膜化，降低工作温度，不仅能降低成本、缩短制备周期、提高效率，还可实现电池在 600～800℃的中低温下工作，有利于实现长期稳定运行、快速启动、延长发电系统寿命，以及使用经济高效的气体密封材料和连接体材料。中国科学院大连化学物理研究所程谟杰研究团队和韩国三星公司[9]等在大尺寸阳极支撑管式固体氧化物燃料电池方面开展了广泛深入的研究，并取得了重要进展。

3.2 管式 SOFC 材料与制备工艺

管式 SOFC 的性能和稳定性是其商业化应用的两个重要指标，而在影响电池性能和稳定性的众多因素中，材料的特性和电池的制备工艺起到决定性作用。电池材料的表面形貌结构、电子电导率及离子电导率等都可能直接影响电池性能，而其抗烧结性、抗积炭性、相容性、热膨胀匹配性等更是直接影响电池的稳定性。另外，制备工艺决定了管式电池的弯曲度、圆度、强度以及孔隙率等特性，而这些特性又会间接影响电池的性能和稳定性。

3.2.1 阴极支撑管式 SOFC

阴极支撑管式 SOFC 是采用阴极管作为支撑体制备成的电池，主要由以下基本组件组成：阴极、电解质、阳极和连接体，其中阴极和阳极是多孔层，而电解质和连接体是分隔空气和燃料的致密层[8]。西门子-西屋公司阴极支撑管式 SOFC 如图 3-1 所示[11]，它是采用一端封闭和一侧为连接体将阴极电流传输出来的管式结构。本节将以西门子-西屋公司的阴极支撑管式 SOFC 为例，详细介绍其材料及相关制备工艺。

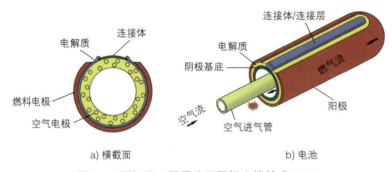

图 3-1 西门子-西屋公司阴极支撑管式 SOFC

1 材料

电池材料的选择主要基于几个关键指标：电导率、热膨胀系数和化学相容性等。西门子-西屋公司的阴极支撑管式 SOFC 采用了西屋公司从 20 世纪 60 年代到 20 世纪 80 年代中期开发的先进电池材料，其功能部件采用的材料及厚度见

表 3-2[12]。对于阴极材料，锶掺杂的钙钛矿氧化物通常比钙掺杂的钙钛矿氧化物具有更高的电导率和电催化活性，但其热膨胀系数更高[13]，因而钙掺杂的钙钛矿氧化物与氧化锆基电解质热膨胀匹配性更好。基于电池性能和热膨胀匹配性综合考虑，西门子－西屋公司选择钙作为阴极锰酸镧（$LaMnO_3$）和连接体铬酸镧（$LaCrO_3$）的掺杂剂。基于强度、电导率及可靠性等多方面因素综合考虑，西门子－西屋公司阴极支撑管式 SOFC 采用的阴极厚度为 2.2mm，电解质厚度为 40～60μm，阳极和连接体厚度均为 100μm。

表 3-2　西门子－西屋公司阴极支撑管式 SOFC 各部件采用的材料和厚度 [12]

部件	材料	厚度
阴极	钙和铈掺杂的锰酸镧	2.2mm
阳极	镍－电解质金属陶瓷	100μm
电解质	氧化钇或氧化钪掺杂的氧化锆	40～60μm
连接体	钙和铝掺杂的铬酸镧	100μm

2 制造工艺

管式 SOFC 中每个功能层的制造过程在很大程度上取决于管式 SOFC 的设计。采用特定制造技术需要综合考虑成本效益、大规模生产和自动化的可行性、加工重复性和精度等。下面以西门子－西屋公司阴极支撑管式 SOFC 为例介绍阴极支撑管式 SOFC 的相关制造工艺。

1）基底：固体氧化物燃料电池的基底起到机械支撑的作用，作为载体，在上面可以制备其他功能层，因此，要求其具有良好的机械强度、化学稳定性，并与其他层匹配性好。西门子－西屋公司开发的管式阴极基底是通过模具将陶瓷浆料挤压至理想的直径（包括内径和外径）和长度[14]，浆料由阴极粉末、溶剂、有机黏合剂、增塑剂和造孔剂等混合而成。挤压成型的阴极支撑管先经过适当干燥后，再经过两步烧结过程：低温水平半固态烧结和高温悬挂烧结，从而获得具有良好微观结构的陶瓷圆管，其中包含足够的孔隙率和良好的元素分布，最重要的是具有良好的机械强度。为了确保基底的质量，在每批生产过程中，都要密切监测基底的化学成分、尺寸、机械强度、热膨胀系数、热循环收缩率和孔隙率等。

2）电解质薄膜：在 SOFC 生产的所有阶段中，制备高质量的电解质薄膜是最重要的一步。致密的薄层电解质膜对传统陶瓷薄膜制造技术提出了挑战。常用的陶瓷薄膜制备技术可分为三类：气相沉积（如电化学气相沉积和物理气相沉积）、热喷涂（如大气等离子喷涂）和浆料涂覆（如胶体沉积、注浆、丝网印刷、电泳沉积等）。西门子－西屋公司采用的电解质薄膜制造技术经历了从 1977 年发明的早期 EVD 工艺到 2000 年开发的 APS 工艺的逐渐过渡[14]。EVD 工艺的主要缺点是大规模生产过程中产生的材料、废物处理和维护成本高，这种成本高昂的技术后来被自动化程度更高的 APS 技术所取代。等离子喷涂是一种成熟的技术，可以在不同基底上制备各种涂层，在本书第 2 章中已进行过详细介绍。这项技术的主要优点是能够生产黏结良好的高密度涂层[15]，制备过程包括电离气体形成高温气流，同时注入待沉积粒子，由此产生的熔融或热软化颗粒随后以高速向基板推进，并在基板表面快速固化。

3）连接体薄膜：连接体提供从一个电池阳极到另一个电池阴极的电流传导通路，这就要求连接体具有一些基本特性，如足够的电子导电性和可忽略的离子导电性，在氧化和还原气氛中的稳定性、致密性，匹配良好的热膨胀系数和良好的化学兼容性等。铬酸镧是最常见的连接体材料，但由于 Cr-O 物种在烧结过程中容易挥发，使得陶瓷 $LaCrO_3$ 基连接体材料通常很难烧结，容易颗粒粗化，阻碍致密化[16]。为了缓解 Cr-O 物种挥发问题，通过调控 $LaCrO_3$ 中的 A 位过量或 B 位 Cr 不足，以形成多相铬酸盐来促进烧结[17]。西门子－西屋公司采用 EVD 和 APS 技术较好地解决了连接体薄膜的致密化问题。图 3-2 所示为多孔阴极基底上采用 APS 工艺制备连接体薄膜的微观结构，连接体薄膜的致密性较好，只有一小部分封闭的孔隙，这样完全可以有效阻止燃料气和空气的互窜[11]。

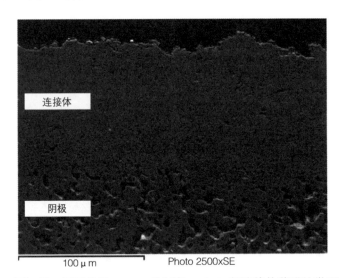

图 3-2　西门子－西屋公司 APS 工艺制备 $LaCrO_3$ 基连接体薄膜的微观结构[11]

4）阳极层：在早期西屋公司阴极支撑管式 SOFC 系统中，阳极层的制备也是采用 EVD 技术。当 APS 技术替代了 EVD 技术后，阴极支撑管式 SOFC 的阳极层便采用 APS 技术来制备，主要采用金属 Ni、造孔剂和 YSZ 粉体作为原料，其特点是不需要进一步进行烧结[8]。为了降低成本，日本东陶公司采用了浸渍的方法来制备阳极，但采用此方法制备电池需要先进行干燥，干燥之后再进行烧结。

3.2.2 阳极支撑管式 SOFC

阳极支撑管式 SOFC 为采用多孔阳极管作为支撑体制备成的管式电池,主要由以下基本组件组成:阳极、电解质、阴极和连接体等,其中阳极和阴极为多孔电极,而电解质和连接体是分隔空气和燃料气的致密层。

1 材料

1)阳极和电解质:中低温 SOFC 可以较好地解决传统高温 SOFC 稳定性和成本等问题,固其具有可以使用金属合金作为内部连接部件、易于密封、制造以及维护成本低等优点。对于管式 SOFC,有效的电流收集和高电导率是实现高性能的重要保证,镍基阳极具有较高的电子导电性和催化活性,因此典型的阳极支撑管式 SOFC 通常选择镍基金属复合陶瓷阳极作为支撑体。与降低工作温度相关的另一个问题是氧化锆基电解质的欧姆电阻较大,为了降低中低温下的欧姆电阻,制备薄层电解质膜或合成具有高离子导电性的材料得到了广泛的研究和关注[18-21],如镧锶镓镁(LSGM)、氧化钆掺杂的氧化铈(GDC)、氧化钇稳定的氧化锆(YSZ)、氧化钪稳定的氧化锆(ScSZ)等高氧离子导体电解质以及掺杂型铈酸钡($BaCeO_3$)等质子导体电解质等,见表 3-3。而 YSZ 因其价格较低、稳定性好且电子电导率可忽略,成为应用最为广泛的电解质材料。为了制造致密的电解质薄膜,开发了多种薄膜制备工艺,如电化学气相沉积[22]、磁控溅射[23]和等离子喷涂[24],但这些技术的制备成本较高。与上述薄膜制备技术相比,浸涂等湿化学技术对于制备薄而致密的电解质膜来说简单且成本低,因此阳极支撑管式 SOFC 通常采用低成本的湿化学法制备电解质薄膜。

表 3-3 SOFC 电解质的导电性比较[18-21]

电解质	800℃时电导率/(S/cm)	600℃时电导率/(S/cm)
$BaCeO_3$	0.079	0.003
LSGM	0.085	0.02
GDC	0.1	0.02
YSZ	0.02	0.001
ScSZ	0.1~0.2	0.03

2)阴极:传统电子导体型钙钛矿材料 $La_{1-x}Sr_xMnO_{3+\delta}$(LSM)作为 SOFC 阴极时由于几乎无离子电导,氧还原反应(ORR)被限制在阴极|电解质|气体三相界面(TPB)而产生较大极化电阻。进一步改进设计的 LSM-YSZ 复合型阴极与氧化锆基电解质膜匹配性较好,且可以大大拓展氧还原反应的三相界面,因而多采用多孔 LSM-YSZ 复合阴极作为阳极支撑管式 SOFC 的阴极,但 YSZ 的加入会导致复合阴极电子电导率降低,所以阳极支撑管式 SOFC 需要制备较厚的阴极

层或者在阴极层表面再涂上电导率较高的材料进行电流收集；另外，也可以选择高活性和高电导率的富钴钙钛矿阴极材料（如镧锶钴[25-27]、镧锶钴铁[28-30]等）作为阴极以提高管式SOFC在中低温下的性能[31]，但这类材料与氧化锆基电解质膜匹配性较差，因此需要在氧化锆基电解质膜和钴基阴极之间增加氧化铈基电解质薄膜作为隔层改善其界面相容性。

3) 连接体：阳极支撑管式SOFC与阴极支撑管式SOFC相似，同样需要连接体提供从一个电池阳极到另一个电池阴极的电流传导通路，从而把多个电池串联，以及从一个电池的阳极到另一个电池的阳极以获得电池的并联，从而得到较高的电压和电流，这同样要求连接体具有足够的电子导电性和可忽略的离子导电性，并且在氧化和还原气氛中有较好的稳定性、较高的致密度、匹配良好的热膨胀系数和良好的化学兼容性[32]等。铬酸镧材料和镧掺杂钛酸锶（LST）是最常见的连接体候选材料。铬酸镧在还原性气氛中表现出良好的化学和物理稳定性，并与其他SOFC组件具有适当的兼容性，但烧结性能较差，还原性气氛中表现出较差的导电性[33]，温度高于1000℃时存在Cr蒸发问题[34]。与其形成对比，LST在氧化气氛中表现出较好的烧结性能，但同样导电性较差。为解决这些问题并开发适合的连接体，有学者提出了n型和p型材料组合形成双层连接体，其中n型层暴露在还原性气氛中，p型层暴露在氧化性气氛中[35]。使用双层陶瓷连接体，该连接体在还原和氧化气氛下具有选择稳定性，即一侧在还原气氛下稳定，另一侧在氧化气氛下稳定。LST是固体氧化物燃料电池的一种合适的n型阳极材料，因为它在高温、宽氧分压下具有很高的化学稳定性和相稳定性[36]。采用双层连接体，其中阳极侧采用完全烧结的LST作为阻挡层，以防止H_2的外扩散，另一侧采用不可穿透的阻挡层暴露在空气中，从而得到稳定性较好的连接体。

4) 集电材料：为了提高SOFC发电系统的输出功率，使其在更多的场合具有应用价值，通过串并联方式将多个单体电池连接在一起，是SOFC系统的基本组装方法，这就需要良好的集电材料将单体电池连接，并实现电流收集和传输。由于阳极支撑管式SOFC采用薄层电解质膜，电池的工作温度可降低到800℃以下，因此使用具有高导电性、低成本和易于制造等特点的金属集电材料成为可能。铁素体不锈钢是金属集电材料的良好候选材料，因为其具有较好的导电性能且导热性好、抗氧化性好，更重要的是其热机械稳定性高、热膨胀系数（TEC）与SOFC陶瓷组件匹配性好，另外，还具有良好的可加工性和广泛的可用性。金属集电部件工作在高温氧化气氛中，由于合金的高温氧化，集流部件表面氧化层的增厚和面比电阻（ASR）的持续增高是导致SOFC电堆发电性能降低的原因之一。因此，选择合适的耐热合金并通过表面修饰来提高合金的抗氧化性能，是提高集电部件热稳定性的关键。SUS430（Fe-17Cr）、ZMG232L（Fe-22Cr）、Inco-

nel625（Ni-20Cr）等含铬合金在800℃下都具有一定的抗氧化性能，可用于中低温SOFC作为金属连接部件，三种合金的性能比较见表3-4。从表3-4可以看到，SUS430合金和SOFC单元的热膨胀匹配性好且价格低廉，因此适合作为电池单元间的连接部件。Inconel625和ZMG232L抗氧化性能优于SUS430，但它们的价格较高。

表3-4 三种合金的性能比较

牌号	抗高温氧化	高温力学强度	TEC（30~800℃）	价格
SUS430	良	低	12.0×10^{-6}/K	低
ZMG232L	优	低	11.5×10^{-6}/K	高
Inconel625	优	高	15.5×10^{-6}/K	高

SUS430表面形成氧化层后面比电阻很高，不能满足金属部件的集电和导电要求，同时氧化层中Cr扩散到阴极后会造成阴极活性下降，因此，需要在合金表面涂覆导电性能良好的抗氧化涂层。区定容等人[37]研究了$MnCo_2O_4$-MnO_2作为涂层修饰SUS430的性能，发现$MnCo_2O_4$-MnO_2材料TEC为11.6×10^{-6}/K（30~800℃），与Fe-Cr铁素体合金的TEC（约12×10^{-6}/K）匹配良好，说明$MnCo_2O_4$-MnO_2材料适合于用作SUS430的涂层材料。对经过1000h热处理后的样品进行截面扫描电镜观察，如图3-3所示，经过1000h处理后保护层的厚度在12~15μm左右，保护层和基体结合紧密，没有发现开裂。热处理后的元素分布结果显示热处理过程中涂层和基体的结合面上没有出现明显的内氧化层。图3-4所示是无涂层的SUS430合金和涂覆$MnCo_2O_4$-MnO_2涂层样品的面比电阻随加热时间变化的曲线，可以看出SUS430合金涂覆$MnCo_2O_4$-MnO_2后面比电阻较小且稳定，表明涂层抗氧化性能和导电性能都很好。对涂层样品进行了12次800℃/50h的热循环处理，样品的氧化增重如图3-5所示[38]，可以看到，样品的重量在经过1个热循环之后就达到稳定

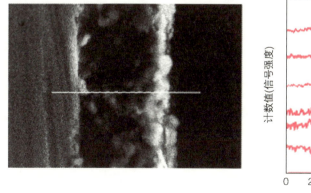

a) 截面形貌

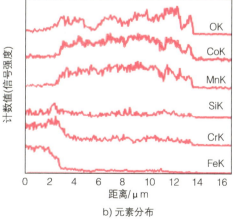

b) 元素分布

图3-3 $MnCo_2O_4$-MnO_2涂层经过800℃/1000h热处理后的截面形貌和元素分布[37]

状态，经过 12 个热循环、累计 600h 的热处理之后，涂层没有出现开裂或剥落现象。与无涂层样品相比，涂层样品的氧化速率明显下降，说明涂层具有良好的抗氧化性能，能有效抑制 SUS430 在 800℃下的氧化以及由此造成的金属部件导电性能下降。

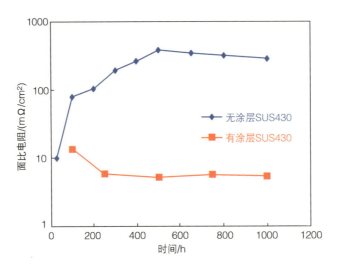

图 3-4　无涂层的 SUS430 合金和涂覆 $MnCo_2O_4$-MnO_2 涂层样品的 ASR 比较[37]

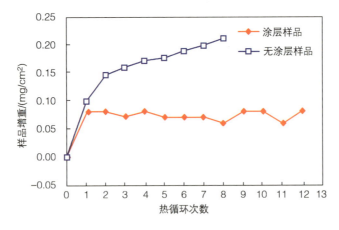

图 3-5　无涂层的 SUS430 合金和涂覆 $MnCo_2O_4$-MnO_2 涂层样品多次热循环处理的增重情况[38]

2　制造工艺

管式 SOFC 中的电流路径比平板式电池中的电流路径长得多，为了实现阳极支撑管式 SOFC 的高电池性能，电流收集仍然是最受关注的问题之一。电流流动的长路径问题限制了管式 SOFC 的几何形状，改进管式 SOFC 的几何设计可以优化电流分布，使电池性能更好。制备工艺对管式 SOFC 的性能及发电系统组装非常重要，由于阳极支撑管式 SOFC 由多层组成，包括阳极支撑层（含阳极活性层）、电解质和连接体薄膜、阴极层（含阴极活性层和阴极集流层）等，因此阳极支撑管式 SOFC 的制造通常需要通过多步完成，而要制备出性能高且一致性好的阳极支撑管式 SOFC，这些制备步骤都要严格控制。不同工艺路线之间的最显著差异体现在支撑基材的制造方法，然后是其他层，这些层可以通过浸涂[39]、真空辅助浸涂[40]和喷涂技术[41]等涂覆在支撑管上。SOFC 阳极支撑管及每个功能层的制造过程的选择需要综合考虑成本效益、大规模生产和自动化的可行性、加工重复性和精度等。

1）支撑管制备：阳极支撑管是燃料催化转化和电化学反应的主要场所，因此，制备高孔隙率和高机械强度的阳极支撑管具有重要意义。挤压法因其成本低、技术成熟而成为阳极支撑管生产中报道最为广泛的方法，并在其他研究领域得到了广泛应用。这种方法具有许多优点，如可以确保密度分布均匀，能够形成复杂的横截面和长而薄的管层，更重要的是制造成本较低[42]。通常阳极支撑管的尺寸特征主要随模具而变化，此外还受挤出过程中一些可控参数的影响，包括制备的陶瓷浆料的成分、挤出速度以及湿度和温度等。然而挤压过程中也存在一些问题，如在干燥和烧结过程中，前驱体的直度和圆形很难保持。近年来，还开发了一些新的方法来制备阳极支撑管，如凝胶注模[43]、冷冻注模[44]和等静压[45]等方法。凝胶注模法是一种原位成形工艺过程，将有机单体或少量添加剂基材浆料倒入多孔模具中，然后通过多孔表面抽出，利用化学反应原位凝固成形，形成所需厚度的基材形状，然而均匀性通常很难控制，导致产品一致性较差。等静压可以提供均匀的压力，但生产率较低。通过挤压和涂覆方法制备阳极支撑管式 SOFC 仍然是目前最常用的技术。

2）电解质和连接体薄膜制备：中低温 SOFC 具有寿命长、可以使用金属合金内部连接体、易于密封、成本低等优点，为了减少中低温下电池的欧姆损耗，薄膜电解质和连接体制备工艺至关重要。电化学气相沉积、磁控溅射和等离子喷涂等技术都可以制备致密的电解质和连接体薄层，但这些技术所采用的设备都很昂贵且运营成本高，会大大增加电池的制造成本。浸涂法对于制备薄而致密的电解质和连接体膜层来说工艺简单且成本低，并且在涂覆具有复杂几何形状的组件时也有很高的灵活性。与阴极支撑管式 SOFC 电池不同，金属陶瓷阳极支撑体和氧化锆基电解质的化学相容性较好，可以通过高温共烧得到致密的电解质薄膜，因此阳极支撑管式 SOFC 可采用低成本的湿化学制备技术来制备电解质和连接体薄膜。图 3-6 所示为湿化学法制备并烧结得到的 YSZ 电解质薄膜的扫描电镜图，从图上可以看出，电解质膜致密性较好，可以有效地阻隔阳极燃料气和阴极氧化气的互窜。另外，真空浆料涂覆工艺也是一种制备薄而致密的氧化锆基电解质膜的有效技术，可以通过调控真空度修补缺陷，优化致密电解质薄膜，如图 3-7 所示。

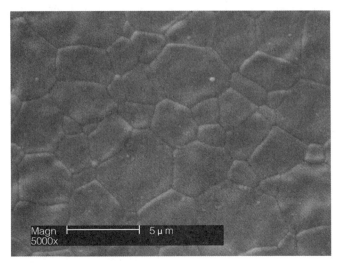

图 3-6　湿化学法制备并烧结的电解质膜扫描电镜图

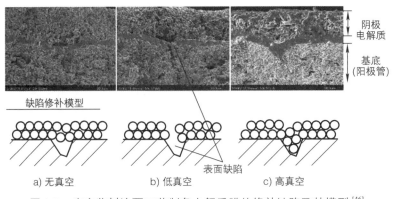

图 3-7　真空浆料涂覆工艺制备电解质膜的修补缺陷及其模型[46]

3）阳极支撑管式 SOFC 批量制备：管式电池批量制备关键是通过控制电池的制备工艺，确保电池有较好的一致性，避免劣质电池组装到电堆中，影响电堆的总体性能和稳定性。阳极支撑管式 SOFC 批量化制备工艺技术包括粉料处理、阳极支撑管成型、电解质制膜、连接体制膜、薄层阴极涂覆等，以及管式电池烧结机制和相关技术。关键步骤包括阳极支撑管成型、干燥、初烧，涂覆电化学层、涂覆电解质膜和连接体薄膜、烧结制备阳极支撑管，最后制备阴极，获得成型阳极支撑管式 SOFC。在阳极支撑管式 SOFC 批量制备过程中要建立严格的筛选制度，如管式电池的直径、圆度、直度以及电解质薄膜和连接体薄膜的致密度等，从而批量制备出一致性较好的阳极支撑管式 SOFC。通过控制电池管的圆度、直度等，控制阳极支撑管式电池的一致性，便于组装电池束和电堆。通过控制电池各层的均匀性和一致性，保证电池输出性能接近，可避免在电堆中不同单体电池输出性能差异较大的问题，从而改善电堆的稳定性。

3.3 管式 SOFC 组堆与系统集成技术

3.3.1 组堆技术

单个管式电池产生的电压较低，几乎没有实际用途，为了使 SOFC 成为一种有用的发电设备，需要将多个管式电池进行串并联组合组成管束，串联以提高电压，并联以提高电流。管式 SOFC 电堆组装不同于平板式电堆，需要设计合理的电流收集和传输部件以减少电池性能损失，本节将重点介绍阴极支撑和阳极支撑管式 SOFC 的组堆技术。

1 阴极支撑管式 SOFC 组堆技术

西门子-西屋公司开发的阴极支撑管式 SOFC 系统，通常是将由 3 个电池并联，然后 8 组并联电池串联组成的管束（称为"3×8 管束"），作为放大系统的构建模块[47]，如图 3-8 所示，结构为由下至上并 3 串 8，24 根单管电池组成管束。管束内管间并联是采用镍毡将左侧与右侧电池阳极连接，管间串联是通过镍毡将下方电池的连接体与上方电池的阳极相连。

阴极支撑管式电堆是由管束列进一步串联组装而成的，电堆内管束靠镍毡串联形成管束列，管束列的阴、阳极两端为镍板[5]。管束的组装数量和组装结构可根据电堆设计的容量和结构进行优化调整。电堆组装、拆卸及单管电池更换时，通常以管束为单元，所以管束加工制备很重要。

在圆管式 SOFC 中，电流需要绕圆周流动才能导出，这样电池的欧姆阻抗较大，为了避免这些问题，提高电池性能，西门子-西屋公司不断提出新的替代设计方案。如图 3-9 所示，首先设计了扁管式电池，也称之为高功率密度电池（HPD），将管状的截面变成了矩形截面，上下两个平面采用脊骨式来支撑，从而大大缩短了电流的流动路径，脊骨支撑体形成的气腔作为空气流动的气道[8]。扁管式电池越宽、越薄，其表面积就越大，且电流传导路径也会变短，功率密度以及最终的单体电池输出功率就会增大。但是，在这样的设计中，电池的机械强度会变低，长期稳定性较差。针对这一问题，西门子-西屋公司又开发了瓦楞形（Delta）电池，作为 HPD 电池的衍生设计，Delta 电池的输出功率和功率密度也非常高，这种瓦楞形设计本身就为空气和燃料气留下了流动的气道。

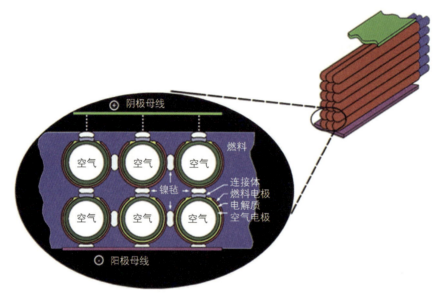

图 3-8 西门子-西屋公司开发的阴极支撑管式 SOFC 管束示意图[11, 12]

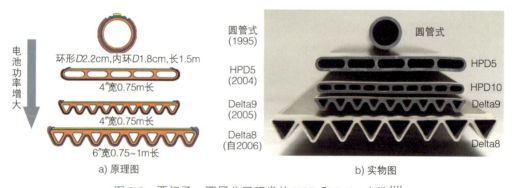

图 3-9 西门子-西屋公司研发的 HPD 和 Delta 电池[11]

对于扁平管式电池进行组堆，由于其几何尺寸的限制，扁管式电池之间很难进行并联，因此所有的电池都是串联的，这样电堆的设计就简单了。一个电堆中单体电池的数量由发电装置的尺寸以及电池的机械强度和组装难易程度来决定。图 3-10 所示为一个由 Delta 8 电池组装的电堆，由 8 个 Delta 8 电池并联组装而成，输出功率约为 5kW。

图 3-10　Delta 8 电池按照 1×8 并联的方式组装的 5kW 电堆[11]

2 阳极支撑管式 SOFC 组堆技术

阳极支撑管式 SOFC 可通过多个单体电池并联组装成管式电池排，然后管式电池排再串联组装成管式电池束，如图 3-11 所示，进而通过电池束的串并联组合组装成电堆，形成多级装配结构，以便于检修拆装。对于电堆的组装，管式电池集电部件和管间连接部件至关重要，直接关系到电池输出性能。对于提高管式 SOFC 性能而言，需要考虑多方面因素，包括电化学反应、电荷传输和传质等，电流收集也是重要的因素。通过二维数学模型研究不同几何形状的阳极支撑管式 SOFC 的电输运和物质输运行为，有助于设计合理的电池结构，以获取最佳电池

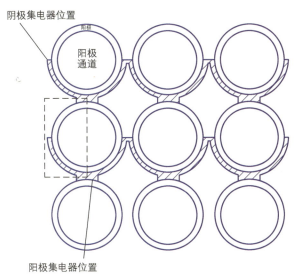

图 3-11　阳极支撑管式 SOFC 电池连接示意图[48]

性能。阳极较薄的阳极支撑管式SOFC则需要更大的阳极集电面积，才能获得更高的性能。电池直径越大，电流越大，因此，为了获得更高的电池性能，从阳极到阴极的流动需要更宽的路径，以及更厚的阳极支撑体。

集电部件是直接和管式电池单元相连接的部分，起到从电池管收集电流的作用。阳极支撑管式SOFC不同于阴极支撑管式SOFC，其集电部件安置在空气气氛中，普通的集电部件容易被不断氧化使集电性能逐渐变差，因此对集电部件提出了更高的要求。图3-12所示为一种阳极支撑管式SOFC电堆的端部连接部件的示意图[49]，其中图3-12a是与阳极支撑管式电池外部电极相连接的集电部件，在其垂直于管式SOFC轴向方向的截面上有弯曲起伏的结构，这些结构与管式SOFC的外部电极结构相对应，起到收集阳极支撑管式SOFC电流的作用。图3-12b是和管式SOFC陶瓷连接体相连接的部件，集电部件一侧为具有一组连接平板的平面，通过焊接或其他连接方式与连接平板相连；另一侧在集电部件平行于管式SOFC的轴向方向上有凸起，其凸起的形状与管式SOFC上的陶瓷连接

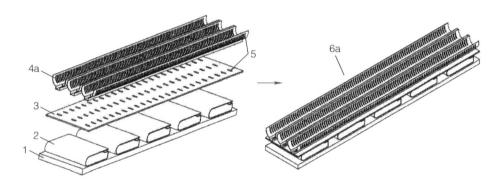

a) 管式电池单元外部电极相连接的部件

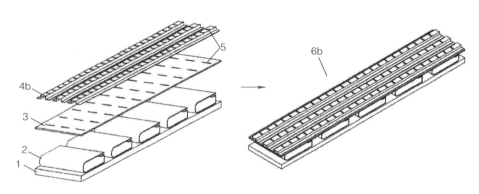

b) 管式电池单元陶瓷连接体相连接的部件

图3-12 管式SOFC电堆端部连接部件示意图[49]

1—电端板 2—弹性组件 3—连接平板 4a、4b—集电组件 5—通孔 6a、6b—端部连接部件

体相匹配。在连接平板和集电部件上设有通孔，一方面作为气体通道，使气体可以畅通地到达外部电极，另一方面可以吸收部分沿管式SOFC轴向方向的热膨胀，减小由于电池管和端部连接部件热膨胀差异造成的变形和损坏。另外，根据工作气氛和温度的需要，连接部件需要在其表面上涂覆阻止金属或合金高温氧化的涂层，以提高连接部件的抗高温氧化能力。

最后，对于管式SOFC电堆的组装还要考虑建立可靠的空气和燃料气腔、气道，建立可靠的阻隔燃料和空气互窜的密封结构，防止燃料气和空气混合引起爆炸；管式电池可使其一端封死，形成盲管状结构，这样可以使电池密封变得非常简单，与平板式电池相比，这是管式电池最大的一个优势，因为平板式电池需要在电池四周都进行密封。通过确立燃料和空气进出高温区的温度等控制参数，优化管式电堆的燃料和空气的流场分布、高温区的温度分布以及电流收集效果，这将有助于电堆的高效稳定运行。

3.3.2　系统集成技术

在管式SOFC发电系统中，电池是陶瓷部件，如果内部存在过大的温度梯度，会导致电池内部产生较大的应力而使得陶瓷电池破碎。同样，其他的金属和陶瓷部件也会因温度梯度过大产生应力过大而出现问题。另外，管式SOFC稳定发电需要维持比较稳定的工作温度，以便进行电化学反应。因此，进入SOFC的空气和燃料气的温度要接近电池工作温度，而离开燃料电池的气体温度也不能太高。因此，SOFC系统集成需要重点解决以下几个问题：①进入电池的气体必须预热到接近燃料电池工作温度后再进入电池，以免造成电池内产生较大的温度梯度；②在气体预热器或系统中也要防止温差过大引起的应力过大而导致结构破坏；③进出电池的气体要有良好的热交换，以实现系统的热稳定；④尽量采用低成本的部件材料；⑤发电系统需要有辅助启动单元，使得系统不需要外接电力加热而启动。完整的管式SOFC发电系统通常由三个主要子系统组成：电堆、模块和辅助系统（Balance-of-Plant，BOP）。电堆是发电系统的核心，是由前面介绍过的电池束通过串并联组装而成。模块包括隔热材料、燃料重整器、燃料喷嘴、燃烧室、燃料腔以及电堆周围的其他组件。

1　阴极支撑管式SOFC发电系统[13]

图3-13所示为西门子-西屋公司的阴极支撑管式SOFC系统。首先对采用的天然气燃料进行脱硫处理，以防止燃料重整催化剂和电池阳极出现硫中毒；天然气重整过程设置了两步，即堆外预重整和堆内重整。天然气经脱硫、催化预重

整后进入电池腔,在电池腔内进一步发生堆内重整。空气先经预热后进入电池管内的空气导管,空气导管通入电池底部,空气在通过空气导管的过程中进一步和电池之间进行热交换,最后进入电池阴极,此时空气温度与电池温度接近,从而避免了在电池上产生较大的温差。未反应的尾气在电池管出口处燃烧。BOP系统通常包括过程控制、电源调节、脱硫和气体供应等功能。

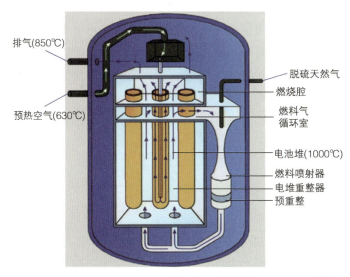

图3-13 西门子-西屋公司的阴极支撑管式SOFC系统[11]

西门子-西屋公司在美国、日本和欧洲研发并示范验证了多套阴极支撑管式SOFC发电系统,主要的几次成功示范在2003年之前,都是基于EVD技术制备的电池。从1998年西门子公司获得西屋公司SOFC技术之后,就偏向于开发比EVD更加适于大批量生产的APS技术,并且在5kW热电联供(CHP5)系统中示范验证了APS技术制备SOFC组件的可行性,CHP5系统包含2×11电池堆(长为87cm的单体电池),输出功率为5kW。发电系统采用天然气作为燃料,成功在美国宾夕法尼亚约翰斯敦进行了长达15000h的运行测试验证,图3-14所示为CHP5系统的整体外观。虽然CHP5系统获得了成功,但基于APS技术的大功率SOFC系统在放大过程

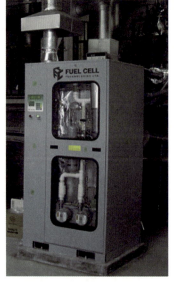

图3-14 CHP5阴极支撑管式SOFC发电系统[11]

中受到了严峻的挑战。

西门子-西屋公司具有里程碑意义的高效阴极支撑管式 SOFC 发电系统演示是 100kW 级 SOFC-CHP 系统，如图 3-15 所示，这是第一个使用商用阴极支撑电池（直径 22mm、有效长度 150cm、有效面积 834cm^2）和叠层重整器的现场装置。它由一个 24 单元阵列（"3×8 管束"）组成，采用天然气为燃料运行，提供 105~110kW 的交流电。固体氧化物燃料

图 3-15　西门子-西屋公司 100kW 级阴极支撑管式 SOFC 发电系统[11]

电池还可以与燃气轮机、蒸汽轮机等集成在一起，构成发电效率更高的能源系统，在这方面管式固体氧化物燃料电池因其容易密封而具有绝对的优势。世界上第一个固体氧化物燃料电池和燃气轮机复合电站系统在加州大学国家燃料电池中心建立[50]，该系统采用西门子-西屋公司的阴极支撑管式固体氧化物燃料电池模块、Ingersoll-Rand Energy Systems 的微型燃气轮机，系统总发电功率 220kW，其中燃料电池发电功率 200kW，微型燃气轮机发电功率 20kW，成功完成了 1000h 的运行（2002 年 3 月完成有关运转试验），发电效率达到 58%[14,51]。图 3-16 所示为 200kW 的加压式混合阴极支撑管式 SOFC/ 微型汽轮机发电系统。

图 3-16　200kW 加压式混合阴极支撑管式 SOFC/ 微型汽轮机发电系统[11]

2 阳极支撑管式 SOFC 发电系统[52]

图 3-17 所示为一个阳极支撑管式 SOFC 发电系统的断面结构图，发电系统主要包括保温外裹、燃料气的多级预热结构、空气的多级预热结构、在燃料流道

管内的燃料重整反应器、燃料尾气的燃烧腔、电池反应腔、辅助启动单元、余热回收单元等。燃料经过一个位于顶部的燃料分配腔进入燃料流通管,经过尾气预热段、尾气燃烧和重整反应的热耦合段,再经过进出管式电池的燃料气热交换段后进入电池,进行发电,发电后流出电池。空气首先经过一个金属换热器与流出的低温尾气进行热交换预热,然后经过设置在系统顶部尾气燃烧腔的热交换器,进行热交换预热,之后经过位于电池反应发电腔内的热交换管进行热交换,最后通过在底部的空气公共流腔分配进入电池反应的空气腔。辅助启动单元主要是利用燃料燃烧启动一个燃料重整器,燃料经水蒸气重整产生重整气,重整气经过发电系统燃料气路到达系统内部的燃烧腔后,与空气发生催化燃烧并释放热量,从而加热系统的各个部分,特别是分布在燃料分配管内的主重整器。当主重整器达到工作温度后,系统就可以启动。同时,辅助启动单元在管式SOFC系统停车时为系统提供保护气,以便控制管式电池安全平稳降温。

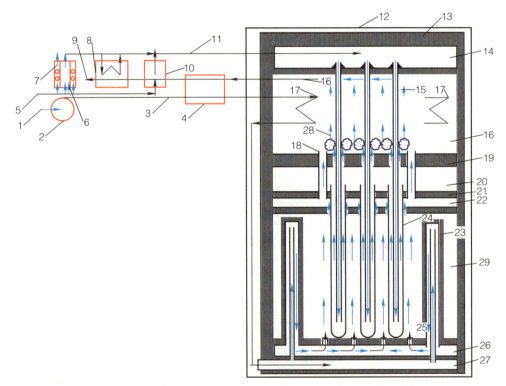

图3-17 一个阳极支撑管式SOFC发电系统的断面结构图[52]

1—空气 2—鼓风机或扇风机 3—空气管道 4—低温换热器 5—燃料气 6—空气管道
7—电站启动和停用单元 8—尾气余热回收产生热水单元 9—尾气出口 10—水蒸气汽化器
11—燃料管道 12—外壳 13—保温外裹 14—燃料气公共流腔 15—高温燃料管 16—催化燃烧腔
17—高温空气热交换器 18—流道管 19—耐高温隔板 20—燃料收集腔 21—耐高温隔板
22—空气尾气收集腔 23—空气换热器 24—阳极支撑管式电池 25—空气分配孔道
26—空气公共分配腔 27—空气公共流腔 28—催化燃烧催化剂 29—电池反应腔

阳极支撑管式SOFC为发电系统的核心部件，其一端开口，一端封闭；阳极支撑管式SOFC的开口端向上，垂直排列在电池反应腔中；每一个阳极支撑管式电池都有陶瓷连接体，用于管式电池的串并联。在催化燃烧反应腔内含有燃烧催化剂，一部分位于燃料分配管的外壁，一部分位于壳体内腔壁上，用于从电池中流出的空气和未反应的燃料进行尾气催化燃烧反应，释放热量，加热流向电池反应腔的空气和/或燃料，为燃料重整反应提供热量。在发电系统壳体外还有用于系统启动和停止的辅助启动单元；另外，还有回收尾气的余热产生热水的单元。

在阳极支撑管式SOFC发电系统的构建方面，还要考虑绝热和保温外裹，以维持电堆的高温，燃料和空气与尾气通过多级热交换，可以实现不同温度区间采用不同材料，同时防止温差过大引起部件内应力过大的问题。另外，将燃料、空气和尾气各个进出口的温度控制在合理的范围，减少或防止在电堆启动、运行和停止过程中燃料和空气流动引起的热震，特别要防止燃料与空气的混合，以免引起爆炸。

管式SOFC发电系统除包含电堆组件外，还包含燃料供给单元、水供给单元、空气供给单元、燃烧器、换热器及控制器等其他单元。管式SOFC控制系统对电堆的关键点温度及输出电压电流值进行测量，通过控制燃料、水及空气的供给，实现对电堆运转全过程的控制和管理。控制系统主要由以下几部分组成：

1）气体供给子系统，含燃料供给单元、水供给单元、空气供给单元及氮气供给单元等。

2）负载子系统，可进行负载调节。

3）仪器仪表及控制子系统。系统采用计算机控制，通过软件编程实现。使用相关仪器仪表采集电堆温度、燃烧室温度、电堆输出电压及电堆输出电流等变量值。

将系统运转分成不同子状态，包括初始化状态、等待状态、启动状态、运行状态、正常关闭状态、紧急关闭状态、待机状态以及相应的故障处理等，每个子状态执行特定控制操作，各子状态发生指定动作可进行相互转换，构成整个系统控制流程，每个状态出现故障后将会启动相应的故障处理程序。根据实时测量的电堆关键点温度及输出电压电流值，通过对气体流量计、水泵等的控制，设定相应的燃料、水及空气的流量值，实现对发电系统运转全过程的控制和管理。

3.4 稳/动态特性

3.4.1 管式SOFC单元参数分布特性[53]

通过模拟研究认识管式电池中的电流分布、电压分布、温度分布和燃料浓度分布以及电池的稳定运行工作区间等，对设计管式SOFC、优化管式SOFC运行策略、改善电池稳定性非常重要。本书第5章将详细介绍管式SOFC多物理场耦合模型的建立过程，本节将简要介绍多物理场模型预测的电池内部关键参数分布，从而为电池的设计及优化运行提供参考。图3-18所示为管式SOFC径向断面的电流流向及氢气摩尔分数等高线。箭头表示电流流动方向，长度与电流密度值成正比。氢气摩尔分数分布由等高线表示，从红色到蓝色逐渐降低。从图3-18可以看出，电流在阳极支撑管内围绕圆管进行传递，流动方向与电解质面平行，路径较长。图3-18的底部为阴极电流收集器，可以看出由于电流最终汇集到阴极电流收集器中，在靠近阴极收集器时电流流动阻力较小，所以在靠近阴极收集器附近的内部阳极层氢气浓度相对稀薄，这也说明了该处的电化学反应相对剧烈。

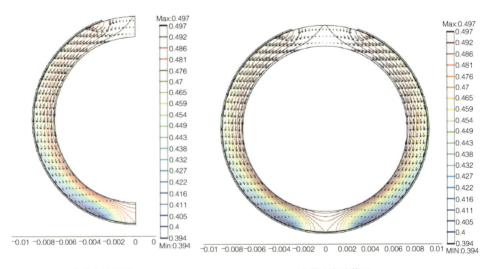

a) 半电池截面　　　　b) 整个电池截面

图3-18 管式SOFC径向断面的电流流向及氢气摩尔分数等高线[53]

图 3-19a 和图 3-19b 所示为阳极通道和多孔阳极中氢气和水蒸气的摩尔分数。在阳极/电解质界面消耗氢气产生水，氢气摩尔分数沿燃料流动方向逐渐降低，水摩尔分数沿燃料流动方向逐渐增加。沿管道径向（r）的氢气和水摩尔分数的变化比其沿燃料流方向剧烈。多孔阳极中的组分传递阻力会明显降低燃料的传递速度，由此导致电池性能降低。图 3-20 所示为阳极、阴极、电解质的电势分布和电解质中电流方向。由于阳极电流收集器的电势假设为 0V，所以多孔阳极的电势为负值，而且从电流收集器至阳极/电解质界面呈现降低趋势。因阳极电导率较高，所以其中的电势绝对值较小。多孔阴极的电势是正值并且从阴极/电解质界面向阴极电流收集器降低。由于多孔阴极较薄而且其电导率值不低，所以阴极电势变化非常小。电解质的电势接近能斯特电势，与能斯特电势分布表现出相同的趋势。图 3-20c 显示在 r 方向电解质中电势变化比管道纵深（Z）方向更显著。因电解质的电导率较低，图 3-20d 显示电解质中的电流以最短路径垂直流过电解质。全部阴极的外表面都与阴极的电流收集器连接，使电解质与阴极的电势差远大于在电解质 z 方向的电势差。

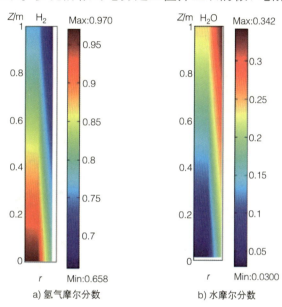

a) 氢气摩尔分数　　b) 水摩尔分数

图 3-19　阳极通道中的氢气和水蒸气的摩尔分数[53]

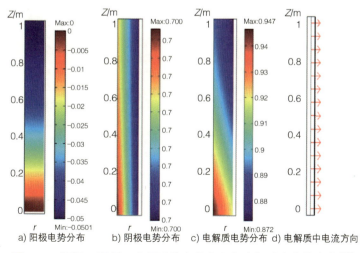

a) 阳极电势分布　b) 阴极电势分布　c) 电解质电势分布　d) 电解质中电流方向

图 3-20　阳极、阴极、电解质的电势分布和电解质中电流方向[53]

3.4.2 管式 SOFC 发电特征

和平板式SOFC相比，管式SOFC的功率密度要低很多，多年以来，西门子－西屋公司在产品开发方面一直把提高电池性能放在首要位置，图 3-21 所示为西门子－西屋公司开发的圆管和 HPD 管式单体电池的放电曲线，可以看出通过采用性能更好的阴极过渡层或者采用导电性更好的 ScSZ 电解质都可以提高电池的性能；另外，通过改进电池结构设计也可以大幅度提高电池功率，西门子－西屋公司开发的 Delta 8 电池在 950℃，燃料利用率（U_f）为 80%，空气利用率（U_o）为 20%，放电电压为 0.65V 条件下，放电电流可以达到 900A 以上。西门子－西屋公司研发的阴极支撑管式电池还有一个非常重要的特性，即长期稳定性非常好，他们研制的 HPD10 电池在 900℃、燃料利用率为 80%、放电电流为 322A 的条件下进行了 26000h 的稳定性测试，衰减率只有 0.02%/1000h[11]。

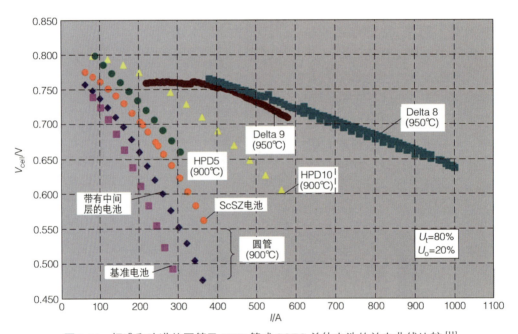

图 3-21 标准和改进的圆管及 HPD 管式 SOFC 单体电池的放电曲线比较[11]

SOFC 可将燃料的化学能直接转化为电能，同时还会有部分化学能转化为热能，且在不同发电状态下转化为电能和热能的比例不同[54]，其发电状态受燃料利用率、放电电压、工作温度等多方面因素影响。通过对管式 SOFC 不同状态下发电特征进行研究，包括变载、待机、启停、工况循环、大负荷下的电池瞬态和稳态行为特征以及对电池的影响，根据运行规律，选择最佳运行条件可优化改善电池稳定运行性能。图 3-22 给出了中国科学院大连化学物理研究所研制的阳极支撑管式SOFC（电池有效长度约为1m，外径约为23mm）不同工作电压下的运行结果[55]，可以看出，电池放电状态由低电压调向高电压时，输出电流首先快速降低，再逐步升高直到稳定，这主要是由于低电压时燃料利用率较高，所以刚调至高电压时，电池性能偏低，输出电流快速降低（比稳定值低），而当在高电压时燃料利用率逐渐降低趋于稳定时，电池输出性能也逐步提高并趋于稳定。相反由高电压调向低电压时，输出电流先快速升高，再逐步降低直到稳定，这主要是由于高电压时燃料利用率较低，所以刚调至低电压时，电池性能偏高，输出电流快速升高（比稳定值高），而当在低电压燃料利用率逐渐升高趋于稳定时，电池输出性能逐步降低并趋于稳定。电压进一步降低到0.6V时，输出电流可达到100A以上，电池性能先快速升高再降低，稳定后又缓慢升高，这可能是由于低电压高电流放电时，电池的热效应明显，使得管式电池的电化学反应区温度升高导致电池的输出性能缓慢升高，这样将不利于电池的长期稳定性。通过对管式SOFC发电特征的研究，认识电池的稳定运行区间和不利于电池稳定运行的条件，从而可以调控发电系统处于稳定运行区间，使得管式SOFC发电系统可以高效、可靠、安全运行。

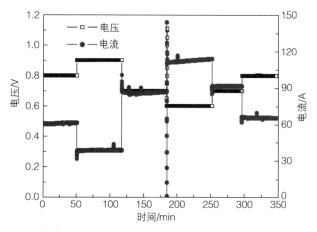

图3-22 管式SOFC在不同工作电压下放电电流随时间变化曲线

固体氧化物燃料电池的发电功率、放电电压、放电电流、燃料利用率、电压效率、电流效率、电池总效率等参数是密切相关的。SOFC发电系统在独立运行时，既要有适量的燃料进行发电，同时还需要有部分燃料发热，提供热能以维持系统的正常高温运行。因此基于在燃料供给和燃料利用率约束下的电流、电压和发电功率的变化规律，建立发电功率和发电效率约束的工况控制区间，对于确保固体氧化物燃料电池正常可靠的稳定运行十分重要。图3-23所示为阳极支撑管式电池在不同燃料利用率下对应的发电功率和发电效率之间的关系。可以看出，在相同燃料利用率条件下，随着放电电流增加，电池输出功率随之提高，但发电效率逐渐降低，这是由于在相同燃料利用率下增加放电电流，提高输出功率，会使放电电压降低，使得电池的电压效率降低，从而导致电池的发电效率降低。Guerra 等人[56]研究了阳极支撑管式 SOFC 采用沼气/二氧化碳体积比为 1∶1 时电池性能与发电效率之间的关系，如图 3-24 所示，电池发电效率随着发电功率的增加而降低，这主要是由于管式 SOFC 的长电子传输路径特性导致的高欧姆损耗，对于高燃料利用率和高电流密度，由于燃料传输限制，使得阳极浓差极化显著。

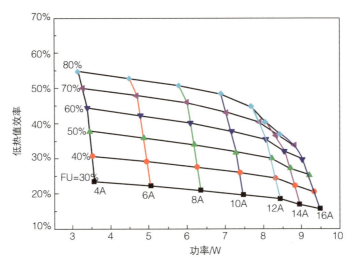

图 3-23 阳极支撑管式电池发电功率和发电效率之间的关系

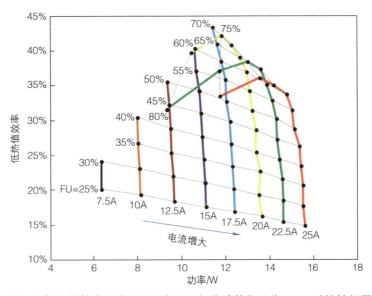

图 3-24 阳极支撑管式电池采用沼气/二氧化碳体积比为 1∶1 时的性能图[56]

3.4.3 管式 SOFC 发电系统稳/动态特性

对管式 SOFC 发电系统放电过程的控制也非常重要，特别是大功率发电系统在不同运行状态时需要的燃料量和释放的热量差别很大，如果控制不合理，非常容易导致系统温度波动过大，从而使得电池因应力过大而破裂。图 3-25 所示为中科院大连化学物理研究所程谟杰研究团队组装的阳极支撑管式 SOFC 发电系统，团队采用天然气为燃料进行了发电示范研究。天然气先经过水蒸气重整后进入管式电池，由于水蒸气重整过程为强吸热过程，而电池发电过程和尾气燃烧过程为放热过程，为保持热量均衡和温度分布合理，设计电池发电过程中放出的热量和尾气燃烧产生的热量供给水蒸气重整。

图 3-25　中科院大连化学物理研究所阳极支撑管式 SOFC 发电系统

图 3-26 所示为中科院大连化学物理研究所阳极支撑管式 SOFC 发电系统采用天然气燃料时的输出性能，在放电电压为 70.1V 时，放电电流达到 223.6A，输出功率达到 15.7kW。天然气与水蒸气经过燃料重整管催化重整后得到的重整燃料气进入电堆，在电堆内进行稳定的发电试验，图 3-27 和图 3-28 所示为中科院大连化学物理研究所阳极支撑管式 SOFC 发电系统的测试运行结果和发电系统内温度的变化情况，图 3-28 中曲线

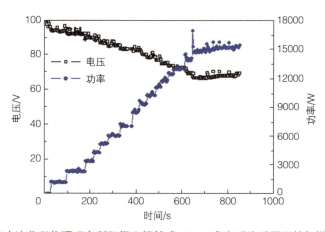

图 3-26　中科院大连化学物理研究所阳极支撑管式 SOFC 发电系统采用天然气燃料时的输出性能

1—5 为设置在电堆内不同管束间的温度测试点的温度测试结果，测试过程电堆内的温度均匀正常，电堆运行稳定，没有出现因燃烧和放电发热导致的局部过热现象，也没有因为强吸热的天然气水蒸气重整反应而导致电堆内出现局部温度迅速降低的现象，说明在整个发电系统内天然气重整系统与电池发电系统实现了良好的耦合。从发电系统的总体性能测试结果来看，通过燃料重整、放电反应和尾气燃烧三个反应的能量耦合控制，采用天然气为燃料发电，无论在电堆变载测试性能过程还是恒载稳定性测试过程，基于合理的试验设计控制，均可实现电堆的性能和温度的平稳可控。

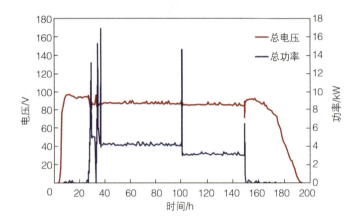

图 3-27　中科院大连化学物理研究所阳极支撑管式 SOFC 发电系统的总体性能测试结果

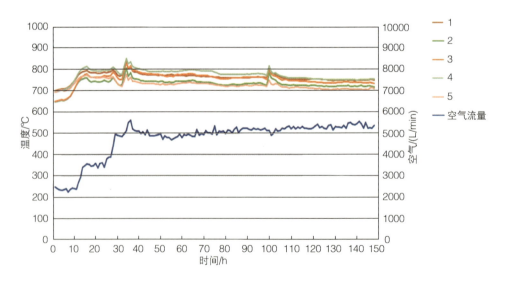

图 3-28　中科院大连化学物理研究所阳极支撑管式 SOFC 发电系统试验过程电堆内不同点温度的变化情况

3.5 动力系统中的典型应用

SOFC 在高温（600~1000℃）下运行，其排出的高温气体带有很大的能量，结合燃气轮机或者蒸汽机进行混合发电，能使排出气体中的废热得到有效利用，提高系统的整体效率。增压型 SOFC 与带回热器和中间冷却器的燃气轮机组成的系统发电效率可达到 70% 或更高，在分布式能量系统应用上，微型燃气轮机与 SOFC 组成的发电系统效率也可达到 65%[57, 58]。西门子-西屋公司在南卡罗来纳电力的资助下进行了加压管式 SOFC/微型汽轮机混合系统示范，SOFC 电堆的发电功率为 190kW，微型汽轮机的功率为 30kW，净交流电效率为 53%[8]。西门子-西屋公司的 5kW 发电系统在匹兹堡植物园成功进行了超过 5000h 的示范运行，采用天然气作为燃料气，将产生的 CO_2 和 H_2O 用于供给温室花园使用。

管式 SOFC 的特有优点，决定了其具有更为广泛的应用领域。无论是大型还是小型的管式 SOFC 发电系统，为了避免运输损失，并大大提高燃料利用率，减少浪费，都可以在现场提供电力，即众所周知的分布式或分散式发电，并节省大量一次能源输入。同时，SOFC 在发电效率上具有很大的优势，并且安装地点灵活。在轮船、海岛及边远地区等现有柴油发电机的使用场景中，都可以采用绿色、无污染、无噪声的 SOFC，其发电成本比柴油内燃机更加经济[59]。在各种类型的 SOFC 中，管式 SOFC 具有结构强度高、抗热震性强、密封简单、高模块化集成等特点，具有快速启动和良好的循环性能优势，结合 SOFC 固有的燃料适用性广、效率高、噪声小等特点，以及其可以实现百瓦到兆瓦级供电，灵活性高，使得管式 SOFC 系统可广泛应用于固定电站、热电联供、分散电站、中心电站、辅助电源装置、备用电源以及基站电源等场所。基于管式 SOFC 系统固有的高发电效率和灵活性，可以大大降低军事防御应用中的燃料消耗经济成本；同时，系统的低噪声决定了 SOFC 技术具备战略作战的固有优势，而产生的水作为副产品对部队更有价值，因为它可以成为士兵的清洁水源，因此管式 SOFC 发电系统在军事防御应用方面也有很高价值，可广泛用作海面舰艇的辅助动力电源、无人潜航器和潜艇驱动动力电源等。如 Atrex Energy 与美国能源部（DoE）合作研究和开发了利用管式 SOFC 的商业可行的远程发电机，其制造的单体电池设计外径为 22mm、内径为 20mm、长度为 450mm，有效长度和表面积分别为 410mm 和 226cm^2。Atrex Energy 有输出功率分别为 250W、500W、1000W 和 1500W 四种 SOFC 产品组合，在满足北美日益增长的需求的同时，Atrex Energy 已将系统运往欧洲和亚洲[3]。

　　管式 SOFC 发电系统不仅是发展分布式发电、热电联供的核心技术基础，也是燃料电池与燃气轮机构成联合循环，提高集中发电效率的技术基础之一，其既可以利用现有化石燃料，提高能源利用效率（包括发电和热的利用），也可以利用生物质气等可再生能源资源，拓展新能源资源。管式 SOFC 技术的产业化，将会极大促进节能技术发展，降低二氧化碳排放，产生良好的经济和社会效益。

参 考 文 献

[1] WACHSMAN E D, LEE K T. Lowering the temperature of solid oxide fuel cells[J]. Science, 2011, 334(6058): 935-939.

[2] JAMIL S, AHMAD S H, AB RAHMAN M, et al. Structure Formation in Anode and Its Effect on the Performance of Micro-Tubular SOFC: A Brief Review[J]. Journal of Membrane Science and Research, 2019, 5(3): 197-204.

[3] LI G, GOU Y, QIAO J, et al. Recent progress of tubular solid oxide fuel cell: From materials to applications[J]. Journal of Power Sources, 2020, 477: 228693.

[4] STEELE B C H, HEINZEL A. Materials for fuel-cell technologies[J]. Nature, 2001, 414(6861): 345-352.

[5] 周利, 程谟杰, 衣宝廉. 管型固体氧化物燃料电池技术进展 [J]. 电池, 2005, 35(1): 3.

[6] PAL U B, SINGHAL S C. Electrochemical Vapor Deposition of Yttria-stabilized zirconia films[J]. ECS Proceedings Volumes, 1989, 1989(1): 41.

[7] MINH N Q. Ceramic fuel cells[J]. Journal of the American Ceramic Society, 1993, 76(3): 563-588.

[8] 黄克勤, 朱腾龙, 杨志宾, 等. 阴极支撑管式固体氧化物燃料电池 [J]. 中国工程科学, 2013, 15(2): 15-26.

[9] GEORGE R A, BESSETTE N F. Reducing the manufacturing cost of tubular solid oxide fuel cell technology[J]. Journal of power sources, 1998, 71(1-2): 131-137.

[10] HASSAN S H A, EL-RAB S M F G, Rahimnejad M, et al. Electricity generation from rice straw using a microbial fuel cell[J]. international journal of hydrogen energy, 2014, 39(17): 9490-9496.

[11] HUANG K, SINGHAL S C. Cathode-supported tubular solid oxide fuel cell technology: A critical review[J]. Journal of power sources, 2013, 237: 84-97.

[12] GEORGE R A. Status of tubular SOFC field unit demonstrations[J]. Journal of Power Sources, 2000, 86(1-2): 134-139.

[13] SUN C, HUI R, ROLLER J. Cathode materials for solid oxide fuel cells: a review[J]. Journal of Solid State Electrochemistry, 2010, 14: 1125-1144.

[14] GEORGE R A, BESSETTE N F. Reducing the manufacturing cost of tubular solid oxide fuel cell technology[J]. Journal of power sources, 1998, 71(1-2): 131-137.

[15] KESLER O. Plasma spray processing of solid oxide fuel cells[C]. Materials science forum. Trans Tech Publications Ltd, 2007, 539: 1385-1390.

[16] SINGHAL S. C., KENDALL K. High-temperature solid oxide fuel cells: fundamentals, design and applications[M]. Amsterdam: Elsevier, 2003.

[17] CHICK L A, LIU J, STEVENSON J W, et al. Phase transitions and transient liquid-phase sintering in calcium-substituted Lanthanum Chromite[J]. Journal of the American Ceramic Soci-

ety, 1997, 80(8): 2109-2120.
- [18] ORMEROD R M. Solid oxide fuel cells[J]. Chemical Society Reviews, 2003, 32(1): 17-28.
- [19] GOODENOUGH J B. Oxide-ion electrolytes[J]. Annual review of materials research, 2003, 33(1): 91-128.
- [20] KREUER K D. Proton-conducting oxides[J]. Annual Review of Materials Research, 2003, 33(1): 333-359.
- [21] ZHIGACHEV A O, RODAEV V V, ZHIGACHEVA D V, et al. Doping of scandia-stabilized zirconia electrolytes for intermediate-temperature solid oxide fuel cell: A review[J]. Ceramics International, 2021, 47(23): 32490-32504.
- [22] YOUNG J L, ETSELL T H. Polarized electrochemical vapor deposition for cermet anodes in solid oxide fuel cells[J]. Solid State Ionics, 2000, 135(1-4): 457-462.
- [23] NAGATA A, OKAYAMA H. Characterization of solid oxide fuel cell device having a three-layer film structure grown by RF magnetron sputtering[J]. Vacuum, 2002, 66(3-4): 523-529.
- [24] SCHILLER G, HENNE R, LANG M, et al. Development of solid oxide fuel cells by applying DC and RF plasma deposition technologies[J]. Fuel Cells, 2004, 4(1-2): 56-61.
- [25] ADLER S B. Mechanism and kinetics of oxygen reduction on porous $La_{1-x}Sr_xCoO_{3-\delta}$ electrodes[J]. Solid State Ionics, 1998, 111(1-2): 125-134.
- [26] CAI Z, KUBICEK M, FLEIG J, et al. Chemical Heterogeneities on $La_{0.6}Sr_{0.4}CoO_{3-\delta}$ Thin Films Correlations to Cathode Surface Activity and Stability[J]. Chemistry of materials, 2012, 24(6): 1116-1127.
- [27] TSVETKOV N, LU Q, SUN L, et al. Improved chemical and electrochemical stability of perovskite oxides with less reducible cations at the surface[J]. Nature materials, 2016, 15(9): 1010-1016.
- [28] JIANG S P. Development of lanthanum strontium cobalt ferrite perovskite electrodes of solid oxide fuel cells-A review[J]. International Journal of Hydrogen Energy, 2019, 44(14): 7448-7493.
- [29] BRITO M E, MORISHITA H, YAMADA J, et al. Further improvement in performances of $La_{0.6}Sr_{0.4}Co_{0.2}Fe_{0.8}O_{3-\delta}$-doped ceria composite oxygen electrodes with infiltrated doped ceria nanoparticles for reversible solid oxide cells[J]. Journal of Power Sources, 2019, 427: 293-298.
- [30] LIU Y, CHEN K, ZHAO L, et al. Performance stability and degradation mechanism of $La_{0.6}Sr_{0.4}Co_{0.2}Fe_{0.8}O_{3-\delta}$ cathodes under solid oxide fuel cells operation conditions[J]. International journal of hydrogen energy, 2014, 39(28): 15868-15876.
- [31] AHMAD M Z, AHMAD S H, CHEN R S, et al. Review on recent advancement in cathode material for lower and intermediate temperature solid oxide fuel cells application[J]. International Journal of Hydrogen Energy, 2022, 47(2): 1103-1120.
- [32] CHOI H J, KWAK M, KIM T W, et al. Redox stability of $La_{0.6}Sr_{0.4}Fe_{1-x}Sc_xO_{3-\delta}$ for tubular solid oxide cells interconnector[J]. Ceramics International, 2017, 43(10): 7929-7934.
- [33] YASUDA I, HIKITA T. Electrical conductivity and defect structure of calcium-doped lanthanum chromites[J]. Journal of the Electrochemical Society, 1993, 140(6): 1699.
- [34] YOKOHAWA H, SAKAI N, KAWADA T, et al. Chemical thermodynamics consideration in sintering of $LaCrO_3$-based perovskite[J]. J. Electrochem. Soc, 1991, 138(4): 1018-1027.
- [35] HUANG W, GOPALAN S. Withdrawn: Bi-layer structures as solid oxide fuel cell interconnections[J]. Solid State Ionics, 2006, 177(3-4): 347-350.
- [36] PILLAI M R, KIM I, BIERSCHENK D M, et al. Fuel-flexible operation of a solid oxide fuel cell with $Sr_{0.8}La_{0.2}TiO_3$ support[J]. Journal of Power Sources, 2008, 185(2): 1086-1093.
- [37] OU D R, CHENG M, WANG X L. Development of low-temperature sintered Mn–Co spinel coatings on Fe–Cr ferritic alloys for solid oxide fuel cell interconnect applications[J]. Journal of power sources, 2013, 236: 200-206.

[38] 区定容，程谟杰. 一种用于金属表面的复合涂层材料及其应用：ZL201110111717.X [P]. 2014-12-24.

[39] CORREAS L, ORERA V M. Long-Term Stability Studies of Anode-Supported Microtubular Solid Oxide Fuel[J]. Fuel Cells, 2013, 13: 1116-1122.

[40] ZHANG L, YOU C, WEISHEN Y, et al. A direct ammonia tubular solid oxide fuel cell[J]. Chinese Journal of Catalysis, 2007, 28(9): 749-751.

[41] MAT A, CANAVAR M, TIMURKUTLUK B, et al. Investigation of micro-tube solid oxide fuel cell fabrication using extrusion method[J]. International Journal of Hydrogen Energy, 2016, 41(23): 10037-10043.

[42] SAMMES N M, DU Y. Fabrication and characterization of tubular solid oxide fuel cells[J]. International journal of applied ceramic technology, 2007, 4(2): 89-102.

[43] MIRAHMADI A, VALEFI K. Study of thermal effects on the performance of micro-tubular solid-oxide fuel cells[J]. Ionics, 2011, 17: 767-783.

[44] DU Y, HEDAYAT N, PANTHI D, et al. Freeze-casting for the fabrication of solid oxide fuel cells: A review[J]. Materialia, 2018, 1: 198-210.

[45] MAHATA T, NAIR S R, LENKA R K, et al. Fabrication of Ni-YSZ anode supported tubular SOFC through iso-pressing and co-firing route[J]. International journal of hydrogen energy, 2012, 37(4): 3874-3882.

[46] SON H J, SONG R H, LIM T H, et al. Effect of fabrication parameters on coating properties of tubular solid oxide fuel cell electrolyte prepared by vacuum slurry coating[J]. Journal of Power Sources, 2010, 195(7): 1779-1785.

[47] HUANG K, SINGHAL S C. Cathode-supported tubular solid oxide fuel cell technology: A critical review[J]. Journal of power sources, 2013, 237: 84-97.

[48] CUI D, TU B, CHENG M. Effects of cell geometries on performance of tubular solid oxide fuel cell[J]. Journal of Power Sources, 2015, 297: 419-426.

[49] 区定容，程谟杰. 一种管型固体氧化物燃料电池端部连接部件及其应用：ZL201310175114.5 [P]. 2017-06-30.

[50] 赵红罡，简弃非. 固体氧化物燃料电池与燃汽轮机混合系统技术现状 [J]. 节能技术，2008, (2): 155-158.

[51] CASANOVA A. A consortium approach to commercialized Westinghouse solid oxide fuel cell technology[J]. Journal of power sources, 1998, 71(1-2): 65-70.

[52] 程谟杰，涂宝峰，艾军. 一种由阳极支撑管型固体氧化燃料电池构建的电站：ZL201110197802.2 [P]. 2015-01-07.

[53] 崔大安. 管型固体氧化物燃料电池其发电系统的模拟研究 [D]. 大连：中国科学院大连化学物理研究所，2010.

[54] TU B, QI H, YIN Y, et al. Effects of methane processing strategy on fuel composition, electrical and thermal efficiency of solid oxide fuel cell[J]. International Journal of Hydrogen Energy, 2021, 46(52): 26537-26549.

[55] 王诚. 燃料电池技术开发现状及发展趋势 [J]. 新材料产业，2012, (2): 37-43.

[56] GUERRA C, LANZINI A, LEONE P, et al. Experimental study of dry reforming of biogas in a tubular anode-supported solid oxide fuel cell[J]. International Journal of Hydrogen Energy, 2013, 38(25): 10559-10566.

[57] 蔡浩，陈洁英，邓奎，等. 固体氧化物燃料电池系统及其应用 [J]. 当代化工，2014, 43(7): 3.

[58] 安连锁，张健，刘树华，等. 固体氧化物燃料电池与燃汽轮机混合发电系统 [J]. 可再生能源，2008(1). 3.

[59] 陈烁烁. 固体氧化物燃料电池产业的发展现状及展望 [J]. 陶瓷学报，2020, 41(5): 6.

第 4 章

微管式 SOFC

微管式 SOFC（μT-SOFC）是在管式结构上的微型化。相较于其他管式 SOFC，它拥有更小的管径（直径＜10mm）和电流通道，能有效减少电流在收集与传输时造成的损失，提高电池的放电功率。同时，更小的尺寸能够最大限度地减少热梯度带来的影响，从而能快速启动并减少热冲击带来的机械故障。与传统管式 SOFC 类似，根据支撑体的功能结构不同，微管式 SOFC 可分为阴极支撑型、电解质支撑型和阳极支撑型。支撑结构影响着电池的机械强度、功率密度乃至启动时间，所以在设计时，不仅需要一定厚度，还需要考虑物质的传输和导电性[1]。目前，研究者和产业界对阳极支撑结构更加青睐，因为含 Ni-YSZ（或者 GDC、ScSZ）的阳极陶瓷支撑管具有良好的机械强度和导电性，并且容易在其表面制备一层薄（约 10μm 厚）而致密的电解质，可大幅降低电池的欧姆极化和操作温度。微管式结构因其具备高抗热震性，所以在便携性和移动性电源方面开辟了广阔的应用空间。本章将对微管式 SOFC 的制备、批量化生产、组堆等关键技术进行介绍。

4.1 发展概况

20 世纪 90 年代，英国伯明翰大学 Kevin Kendall 博士最早提出了电解质支撑型 μT-SOFC 概念并进行测试[2-4]。通过直径 2mm，壁厚 200μm 的管状模具挤出电解质（8YSZ）管，干燥并烧结到 1450℃。在内部置入镍金属陶瓷作为阳极，阴极由 LSM 涂层组成。在 900℃操作时，最高功率密度约为 $0.027W/cm^2$。Yang 等[5]采用相转化法，制备出以 Ni-YSZ 为阳极支撑管、LSM-YSZ 复合阴极的 μT-SOFC，并对阳极微管的形貌、孔隙率、强度及电导率进行了研究。其制备的微管式电池在 800℃温度下，放电功率密度达到 $0.38W/cm^2$。随后的研究中，Yang 等[6]制备出 LSM-SDC-YSZ 复合阴极，在 800℃温度下，电池的最大功率密度达到 $0.78W/cm^2$。

Zhang 等[7]制备出相似结构的 μT-SOFC，以 $(La_{0.75}Sr_{0.25})_{0.95}Cr_{0.5}Mn_{0.5}O_{3-\delta}$-$Sm_{0.2}Ce_{0.8}O_{1.9}$-YSZ 为阴极材料，在 800℃下，功率密度达到 $0.41W/cm^2$。后采用 $(Pr_{0.5}Nb_{0.5})_{0.7}Sr_{0.3}MnO_{3-\delta}$-YSZ 为阴极[8]，在相同温度情况下，电池放电功率密度达到 $0.46W/cm^2$。Zhou 等[9]通过相转化纺丝技术，制备出具有梯度指型状孔结构的阳极，其做成的电池在 800℃下，功率密度达到 $0.71W/cm^2$。Sun 等[10]使用 ScSZ 为电解质，添加 Ni-ScSZ 阳极功能层，Ni-YSZ 为阳极支撑层，其电池性能在 800℃的放电功率密度可达 $1.0W/cm^2$。

另外，日本产业综合研究所（AIST）中部中心的 Suzuki 等[10]通过使用挤出成形技术，制作出以 Ni-GDC 为阳极的支撑管、GDC 为电解质、LSCF-GDC 为阴极的微管式 SOFC，其性能在 550℃的最大功率密度达到 $1W/cm^2$。随后又在阳极管内侧引入由 CeO_2 构成的功能层，并在 449℃温度下，使用 CH_4 和 H_2O 为内部重整燃料，达到 $0.1W/cm^2$ 的放电功率密度[12]。此外，使用相同的方法制备了 Ni-ScSZ（阳极）/ScSZ（电解质）/GDC（阴极隔离层）/LSCF-GDC（阴极）材料体系的阳极支撑型 μT-SOFC[13]，其在 600℃温度下的放电功率密度也达到了 $1W/cm^2$ [1]。该课题组[14]还制备了阴极支撑的 μT-SOFC，使用 LSM 为阴极材料，ScSZ 为电解质，电解质层厚度约为 15μm，但该类型的 μT-SOFC 功率密度较低，在 650℃、750℃时分别仅为 $0.16W/cm^2$、$0.45W/cm^2$。

4.2 制备工艺

相对于大管式 SOFC，微管式 SOFC 直径的减少会对其制备工艺提出新的要求。首先，如果使用挤出成形法制备陶瓷管，对于挤出磨具的精度和泥胚的准心度要求会极高，尤其当直径和壁厚分别降低至 1mm 和 0.5mm 以下时；其次，在挤出成形或者干燥过程中，任何未释放掉的应力，很容易造成微管变形、扭曲乃至开裂，需特别注意；最后，在微管支撑体成形或管体表面镀膜时，由于陶瓷浆料混合了较多的热塑性聚合物黏结剂，需要进行干燥及排胶，若陶瓷管直径较小，溶剂分子蒸发面积较小，在排胶过程中，直径较小的颗粒容易随着液体的迁移流动一起移向模具与坯体的界面附近，而较大的颗粒则不易移动，最终造成坯体表面附近小颗粒富集，而坯体中心部分大颗粒相对较多，甚至出现空心，在胚体表面形成薄层，在干燥过程中因与内部收缩差异太大而发生开裂。本节将主要介绍 μT-SOFC 的支撑体制备、电解质膜的制备以及支撑体-电解质的共烧结工艺。

4.2.1 支撑体制备

1 注浆成形法

注浆成形是一种胶态浇注成形的方式，属于湿法成形工艺。将陶瓷原料、金属粉体与黏结剂等助剂混合炼制得到挤制胚料，采用辅助设备提供一定的压力，将胚料经模具压制得到相应形状的胚体。由于浆液需在磨具内固化成形，因而要求浆料必须具备较高的固相含量以及良好的流动性。此种方法具有简便易操作的优点，但是因为模具制备是这种工艺的关键，对于短管、板管、锥管状支撑体需要特殊定制，因此在大规模生产时效率比较低下。模具的形状和精度直接决定μT-SOFC支撑体外形与尺寸的准确程度。

2 浸渍法

浸渍法是一种固化成型再脱模工艺。一般是在管式模具表面先涂覆一层易脱模的固化剂（如石蜡），在预先制备的SOFC浆料中，缓慢地匀速提拉该模具。在重力和黏着力的共同作用下，会在模具表面形成一层液膜，之后在恒温环境下让液膜固化成形，上述过程重复几次可控制SOFC支撑胚体的厚度。此方法具有成本低廉、操作简单、极小的形变和均匀的微观结构等优点。预制的陶瓷胚体浆料是一种将陶瓷原料、金属氧化物粉体与黏结剂、溶剂等混合制备成具有一定黏度的悬浮浆液。由此方法制备的胚体厚度可高达数毫米，制备极其方便，方便在实验室开展。

3 挤出成形法

挤出成形法作为一种常见的陶瓷胚体的制备方法，是将粉料、造孔剂、黏结剂、润滑剂等与适量溶剂均匀混合，然后将塑性物料挤压出刚性模具即可得到管状、柱状、板状以及多孔柱状成形体。挤出机分活塞式和螺杆式，有的挤出机还配备抽真空系统，以减少泥料中的气体含量，提高密实度。挤出成形工艺均是通过向泥料施加一定压力，利用机头特制模具制成各种微管式、排管式、空心式SOFC支撑体。挤出成形法具有可连续生产、效率高、投资少等一系列优点，适合挤出管状或柱状的SOFC胚体或者配件，配以合适的切割、混干、成形模块，尤其适合大规模制备符合要求且具有一定机械强度的多孔管式阳极或者阴极基体。

4 相转变法

相转变法是将一种均相的高分子铸膜液通过一定的物理方法使溶液中的溶剂与周围环境中的非溶剂发生传质交换，改变溶液的热力学状态，发生相分离。相转化法在中空纤维陶瓷膜制备上具有过程简单易控制、成本低、制备的膜微观结构可控和可通过一步成型获得非对称结构的高渗透性膜等优点。中空管径可以通过静电纺丝等工艺控制，而均相的高分子膜液一般由原料粉体（3YSZ、8YSZ、CSZ等）、分散剂、溶剂、黏结剂、造孔剂等组成，具有较好的稳定性和流动性，并且有一定的黏度。通过该方法可以制备管径数百微米的超细型微管式SOFC支撑体。

4.2.2 电解质膜制备

致密电解质薄膜的制备对于电极支撑型 SOFC 的成功制备极其关键，膜厚度的均匀性和致密性直接决定单体电池乃至电堆的开路电压、功率和寿命。由于 μT-SOFC 直径较小，常用的方法有浸渍法、气相沉积法、喷涂法、电泳沉积法、共挤出法以及相转化法等，下面介绍其中主要的三种技术。

1 浸渍法

使用一定孔隙率和烧结收缩率的多孔电极，利用此方法可制备超薄且致密的 YSZ、ScSZ、GDC 等电解质膜。浆料的黏度、配方、样品的提拉速度、温度、气氛都是挂浆膜的厚度的影响因素。如图 4-1 所示，在操作过程中，支撑管的拉伸速度对胚体上电解质膜厚度有很大影响，对于 10μm 级 MT-SOFC 电解质膜浸渍过程而言，一般速度越快，薄膜越厚。浸渍后的管胚体-陶瓷基膜再一起共烧结，利用基膜的烧结收缩特性，在烧结过程中使陶瓷膜受到挤压力，从而获得高致密度、大晶粒的电解质膜层。此种方法所制备的陶瓷膜厚度与浆料的挥发速度和提拉速度有关。一般情况下，当提拉速度小于 1mm/s 时，速度越慢，陶瓷膜厚度越薄，而当提拉速度大于 1mm/s 时则反之[15]。日本 AIST 的 Suzuki 等[12] 采用浸浆和共烧结技术，成功在 1.8mm 阳极管上制备出厚度仅约为 5μm 电解质膜，并在 600℃ 操作时，输出最大功率密度 >1W/cm^2。

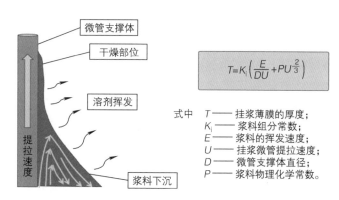

图 4-1 浸渍法中影响薄膜厚度的各种参数以及背后的支配方程

式中 T——挂浆薄膜的厚度；
K_i——浆料组分常数；
E——浆料的挥发速度；
U——挂浆微管提拉速度；
D——微管支撑体直径；
P——浆料物理化学常数。

$$T = K_i\left(\frac{E}{DU} + PU^{\frac{2}{3}}\right)$$

2 气相沉积法

气相沉积主要是指各种物理和化学气相沉积法，这类方法往往需要昂贵的沉积设备，目前的研究主要包括电泳沉积（EPD）、电子束真空沉积（EVD）、物理气相沉积（PVD）和化学气相沉积（CVD）。EVD 是利用电势梯度把金属氧化物沉积在多孔的支撑体上形成电解质膜，成膜厚度一般在 0.1mm 内。利用气相沉积法制备 YSZ 电解质薄膜是美国西屋电气公司首先发展起来的，也是美国西屋电气公司一直沿用制作管状燃料电池的主要方法。日本研究人员 Yamazaki 等[16]用 EVD 技术，成功制备了 1~25μm 不同厚度的 8YSZ 电解质，并研究了电解质电阻与厚度的关系。Sasaki 等[17]利用该技术成功制备出 18μm 厚的 10YSZ 电解质薄膜，分别以 Ru-YSZ、LSM 为阳极、阴极在 1000℃操作时，最大功率密度高达 0.9W/cm²。

3 喷涂法

喷涂法主要包括空气等离子体喷涂（APS）、热喷涂等方法。APS 法与 CVD 法类似，是将电解质前驱体的盐溶液雾化后喷涂于热的基体表面，热解后得到电解质薄膜。等离子喷涂是一种一步完成的高温过程，后面不需要再进行烧结。改进的热喷涂法往往是将电解质粉体加入盐溶液中一同雾化，以提高薄膜的制备效率。这种方法也可以大幅减低制备成本，在大型管式 SOFC 领域被广泛使用，如本书第 2 章详细介绍了喷涂法在金属支撑 SOFC 制备中的应用。

4.2.3 烧结特性

电极支撑型 μT-SOFC 目前主流的烧结技术为共烧结，而对于电解质管支撑型 μT-SOFC 鲜有报道。将成膜的电解质和阳极管（或者阴极管）置入预设温度曲线的加热器，然后烧成一个集成式的带致密电解质层陶瓷微管。为了实现较低的浓差极化，一般混入一定比率的造孔剂，以达到支撑体多孔的效果。如图 4-2 所示，如果阳极和电解质独立烧结的话，随着造孔剂含量的增加，阳极管支撑体的收缩率在 1250℃开始快速增加，而 GDC 电解质薄膜的收缩率则缓慢降低[18]。由于在没有造孔剂的阳极内部，晶粒之间的接触更好，晶粒可以快速融合变大，导致在 1320℃之前，没有造孔剂的阳极会比有造孔剂的阳极收缩得更快，在 1320℃之后则反之。总之，NiO-GDC 阳极（加入适当造孔剂）更快的收缩会增强 GDC 电解质的致密化行为。一般而言，致密化电解质烧结的温度窗口处于 1200~1400℃。如图 4-3 所示，电解质的致密化行为发生在这个温度区间，当温度低于 1300℃时，阳极和电解质内部的晶粒之间有大量均匀分布的

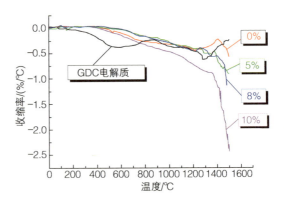

图 4-2 NiO-GDC 阳极和 GDC 电解质薄膜在不同温度下的收缩率

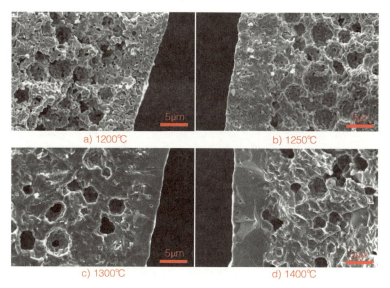

图 4-3 Ni$_{0.95}$Fe$_{0.05}$-YSZ 阳极和 YSZ 电解质在不同共烧结温度下的截面图

微孔（数十纳米），阳极内部由于造孔剂挥发、升华而形成的圆孔还未收缩；当温度大于 1350℃ 时，阳极晶粒间微孔收缩，具备一定机械强度，电解质内部残留少许随机的闭孔，电解质逐渐致密。温度高于 1400℃，电解质会变得更加致密，但阳极孔隙率会减小，导致浓度差极化增加，从而降低 μT-SOFC 的电化学性能。如图 4-4 所示，无论是还原前还是还原后，在共烧结的温度

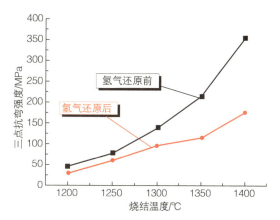

图 4-4 不同共烧结温度下，还原前和还原后阳极微管的三点抗弯强度对比

窗口，随着温度的增加，阳极微管的抗弯强度在逐渐增加，未还原微管从 50MPa 增加至约 7 倍，到 350MPa，与此同时，还原后由于 NiO 会部分变成 Ni，造成阳极微观结构发生变化致使抗弯性能降低。值得注意的是，即便在还原后，1400℃ 烧制的阳极微管其抗弯强度仍约 3 倍于还原后的阳极微管。电解质致密化是 μT-SOFC 成功制备的关键一步，控制其烧结温度极其重要。在完成电解质的制备后，一般还需涂覆阴极隔离层和阴极，其烧结温度分别为约 1200℃ 和 1100℃，如图 4-5 所示。阴极隔离层的作用是阻隔 μT-SOFC 在烧结过程中或长时间高温操作时，诸如铈锆固溶体[19-21]、锆酸锶[22-24] 等高欧姆电阻相的产生。例如，在 800℃ 时，Ce$_{0.37}$Zr$_{0.38}$Gd$_{0.18}$Y$_{0.07}$O$_{1.87}$（铈锆固溶体的一种晶相）的离子电导率为 0.00125S/cm，

而电解质 $Zr_{0.85}Y_{0.15}O_{1.93}$、$Ce_{0.80}Gd_{0.20}O_{1.90}$ 则分别为 0.054S/cm、0.087S/cm，低约 1 个数量级[20]。又如，$SrZrO_3$ 作为 SOFC 长时间操作过程中形成的第二相，特别容易出现在 O_2/LSCF/GDC 三相边界，乃至进入 8YSZ 电解质[25]。

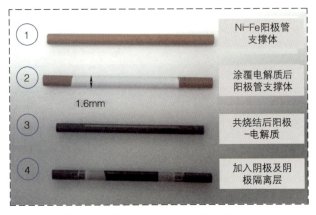

图 4-5 μT-SOFC 在不同制备阶段的实物图（其中共烧结温度为 1350℃，含铁阳极管在共烧结后颜色变黑，电解质变透明）

4.3 批量化生产

批量生产可降低 μT-SOFC 成本，推动行业发展，其量产过程一般要求连续性、可控性、可检测性。在 μT-SOFC 批量化生产各环节中，阳极（阴极或者电解质）管批量制备、制膜工艺、批量烧结和大规模还原是四个关键节点。

从考虑批量生产连续性、可控性的角度，μT-SOFC 阳极（阴极或者电解质）管一般采取挤出成形工艺。挤出成形工艺过程大致可以分为两个阶段，即泥料制备和挤出成形[26]。陶瓷泥料的制备包括混料、捏合、泥练三步，分别由相关专业机器完成。完成捏合的泥料经真空反复泥练后，泥料中空气体积可降低到 0.5%～1%，泥料的成分和水分趋于均匀一致。再经过螺旋刀片的切割、挤压，泥料的可塑性、结合性以及干坯强度大大提高。与此同时，烧成后产品的机械强度、电气性能、化学稳定性等都会有明显改善。挤出成形即为泥料的挤出过程，可分为活塞式挤出成形和螺杆式挤出成形。以螺杆式挤出成形为例，其过程可描述为先在料筒中投入适量的泥料，然后保持螺杆处于内部旋转状态，利用液压刀轴来持续推动，通过与螺杆刚性连接的墩头和料筒内壁产生的正压力和剪切力推动泥料向料筒内壁运动，进一步挤压泥料。泥料慢慢被均匀挤入机头模具内，挤出后形成最初设计的微管式形状，便得到陶瓷素坯制品。在上述过程中，保持有泥部位一定的真空度（0.090～0.095MPa），对于数百微米厚的支撑管胚体显得尤为重要。因为如果没有真空系统，支撑体中大量的圆形、扁圆形、长条状等气泡的存在，会在干燥、烧结、测试过程中逐渐长大为裂纹，使得μT-SOFC直通率大幅降低。

支撑管胚体被挤出磨具后，从生产连续性、可检测性和量产的角度，需配备自动切割和多工位干燥卡槽，如图4-6所示。被切割管胚长度一般应比μT-SOFC设计长度大1～2cm，在涂覆电解质前，经再次进行定长加工（头尾切割）为成品。根据实际产能设计需求，干燥卡槽的运转速度应适配相应干燥工艺。μT-SOFC可选用的干燥工艺种类较多，从自然干燥、室式烘房干燥到新型的各种热源的连续式干燥器、远红外干燥器、太阳能干燥器和微波干燥技术。

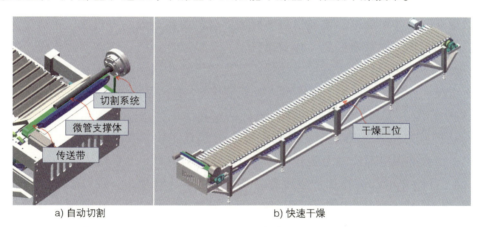

a) 自动切割　　　　　　　　b) 快速干燥

图4-6　μT-SOFC量产工艺中与挤出成形配套的两个重要步骤

目前在μT-SOFC量产工艺中，一般采用远红外干燥模块和微波干燥模块。两种模块高效快干、节省时间、使用方便、干燥均匀，可与挤出、切割等工艺模块集成在一起，保证管胚生产的连续性、可控性和可检测性。待微管胚体干燥至恒重，一般会测量其干燥抗折强度来判断管胚质量，以方便进行下一步。干燥抗折强度公式为

$$P = \frac{3P_\mathrm{o} \times 10}{2bh^2}$$

式中　P——抗折强度（kgf/cm^2）；

　　　P_o——压裂管胚所施加的力（kgf）；

　　　b——管胚壁厚；

　　　h——管胚的直径。

在实际操作过程中，P 可以设定为某值（如 0.2kgf/cm²），大于该值则合格，否则反之。

下面以管径为 5.7mm 的阳极支撑型 μT-SOFC 量产为例，具体描述其生产过程。

4.3.1 挤出成形法制备阳极管

1）混料：将 NiO 与 8YSZ 按照重量比为 6∶4 的比例进行搅拌，再加入一定量聚甲基丙烯酸甲酯（PMMA）和少量羟丙基甲基纤维素、油酸、糊精。将上述粉体倒入混料机的物料容器里，在搅拌过程中需要一直加入适量的水，最终得到均匀稳定且具有一定塑性的泥料。

2）真空炼泥：将混料后得到的泥料在 4~15℃ 的环境下陈化 24h，陈化过程可以使陶瓷中的塑化剂、水及粉料更好地混合，提高泥料的可塑性。泥料经真空练泥机的搅拌、脱除空气后，会变得致密。干燥后泥胚强度高，不会开裂，不变形。然后将陈化泥料投入真空泥练机，圆柱形泥块从出泥口被手动切断后，将泥块再次投入到真空练泥机的入泥口，反复操作 3~5 次后，得到密实的泥块[26]。

3）挤管：安装好管式挤出成形模具后，将密实的泥块放入料筒，通过总控台旋钮控制好微管挤出速率，得到浅绿色长管式泥管。在此过程中，需保证螺杆、挤出头等关键部位的温度适中，及留意有泥部位真空度参数波动。

4）干燥整形：将挤出的管子放入带有凹槽的干燥模上，通过干燥模块加热至恒重，干燥温度设定以造孔剂、黏结剂、分散剂等不软化、少分解为原则，对于水系体系的泥料，干燥温度一般设定在 105~110℃。

4.3.2 功能薄膜

1 电解质层制备

电解质浆料的配制一般在超净室中进行，将 8YSZ 粉末、甲苯、酒精溶剂、聚乙烯醇缩丁醛（PVB）和分散剂混合，球磨 24h，形成电解质浆料[26]。采用浸渍法涂覆电解质，将批量的阳极管（20~50 根/次）置于电解质溶液中静置一段时间（10~20s），而后以恒定（0.1~2mm/s）的速度提拉，缓慢地拉离浆料，达到电解质挂浆的目的。电解质干燥的过程在室式烘房进行，电解质与阳极管界面存在大量结合液面。结合液面是存在于阳极管坯体微毛细管（直径小于 0.1μm）内及胶体（造孔剂等）颗粒的溶剂液体表面，与坯体结合比较牢固（属于物理化学作用）。当结合溶剂排出时，如果坯体表面蒸汽分压太小，则会阻止阳极界面溶剂排出，干燥过程即停止，溶剂不能继续排出。因此，在排出阳极附近的结合液时，会在室式烘房按指定程序，以较快的速度烘干。除了浆料的黏度不同，阴极隔离层的制备和电解质制备工艺基本相同。阴极隔离层主要由氧化铈基材料组成，膜厚一般控制在 1μm。一般而言，阴极隔离层的黏度会比电解质浆料低，浆料的流动性好。但干燥时易发生涂层龟裂、浆料颗粒团聚、面密度一致性不理想等问题，在浆料配置、制备工艺等环节应尽量规避。

2 阴极制备

阴极浆料由功能粉体 LSCF 和 GDC（重量比为 3∶1~1∶1）、高黏度溶剂体系（松油醇、松油脂等）、分散剂、黏结剂等组成。μT-SOFC 阴极浆料是一种固-液相混合流体，属于非牛顿流体，要求有优异的稳定性、流平性和流变性。阴极薄膜厚度一般控制在 20μm，粉体粒径约为数百纳米，在实际生产中，采用多工位（用于放置已经烧结好阳极/电解质/隔离层的微管）旋转管涂覆法。每个工位的上方配备一个相应的软毛刷，其边缘植入适量阴极浆料，在旋转的同时（阴极挂浆），整管在电动机的驱动下做横向（沿着管轴方向）移动，以达到均匀涂覆阴极的效果。旋转涂覆法可根据产能设计而灵活调整工位数量，每个工位的阴极涂覆速度约为 1 管/min，快速而高效。在操作工程中，需注意保持阴极浆料的流动性、流平性，控制环境温度、湿度等，避免因外界条件变化而引入阴极缺陷。高黏度阴极一般自然干燥，应控制好干燥室内的风速，避免阴极表面出现龟裂。除了旋转管涂覆法，阴极薄膜的量产工艺也可以采用多工位浸浆法，其具体过程与电解质的制备大致相同，通过控制提拉速度来控制阴极薄膜的厚度。浸浆法所采用的浆料是以乙醇、甲苯、丁酮等为溶剂的低黏度体系，完成涂覆后，一般需修边。

4.3.3 批量烧结

在 μT-SOFC 批量化烧结过程中，根据产能大小可以采用间歇式炉窑烧结技术或者连续性炉窑烧结技术。

间歇式炉窑一般为箱式电阻加热炉。在阳极管排胶阶段（温度为 500~800℃），电炉采用高电阻合金丝（或带）为加热体，电炉最高工作温度 1200℃；阳极-电解质共烧结阶段（温度为 1300~1500℃），电炉采用二硅化钼棒为加热体，电炉最高工作温度 1600℃；在阴极及阴极隔离层烧结阶段（温度为 1050~1250℃），电炉采用硅碳棒为加热体，电炉最高工作温度 1400℃。箱式炉的炉膛恒温区需大于 μT-SOFC 设计长度，阳极-电解质共烧结升降温时间约 48h，产量

100 根 / 天。阴极与阴极隔离层烧结温度相对较低,升降温时间约 24h。

连续式炉窑一般为单通道微型隧道窑(长度 <12m、横截面积 <0.05m²),加热方式为电加热。炉温在 1200℃ 以下采用镍铬丝或者铁铬钨丝,炉温为 1350~1400℃ 采用硅碳棒,炉温为 1600℃ 采用二硅化钼棒作为电热体。隧道窑微管制品的移动速度可以调节,可以是连续运动,也可以是间歇式运动。如图 4-7 所示,由于负压区的存在,冷空气流动方向和制品移动方向相反。由于隧道窑可以利用烟气来预热微管胚体,使排出废气温度降低至 200℃,也能利用制品和窑车冷却时释放出来的热量加热空气,使烧成微管离窑温度低至 80℃。由于微型隧道窑可连续操作,所以基本无蓄热损失,经济又环保。隧道窑出窑制品可达 1000 根/次,1 次循环需 72h。在目前 μT-SOFC 市场需求不是很大的前提下,一般在阳极 - 电解质共烧结阶段采用微型单通道电加热隧道窑烧制,而在阴极、隔离层、功能层烧结以及管胚排胶阶段则建议采用间歇式箱式电炉完成。

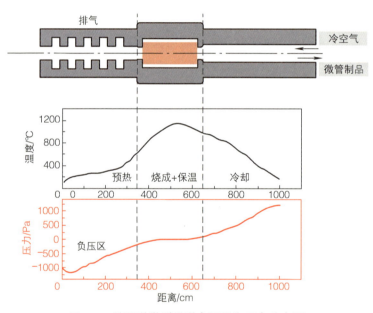

图 4-7 单通道微型隧道窑温区和压力分布图

总体而言,在阳极支撑型 μT-SOFC 制备过程中,阳极 - 电解质共烧结温度为 1350~1420℃,阴极隔离层烧结温度为 1200~1250℃,而阴极的烧结温度最低,为 1050~1100℃。保温时间可根据被烧制制品的数量来调节,一般为 2~4h。冷却时,在 1000℃ 至 800℃,建议用程序降温,降温速率较慢,300℃ 可采用自然冷却。图 4-8 所示为批量化制备的管径为 5.7~5.8mm 的 μT-SOFC,电解质厚度约为 10μm,阴极有效长度为 100mm,而阳极支撑管长度则更长,为 150~160mm。

图 4-8 批量化制备的 μT-SOFC（阳极、电解质、阴极隔离层、阴极的材料分别为 NiO-YSZ、YSZ、GDC、LSCF-GDC）

4.4 组堆技术

  μT-SOFC 电堆是整个系统的核心部件，主要由单管电池、气体分配器、阴阳极集流体以及密封部件构成。其特殊的管式结构，某些情况下电堆还包括嵌入式重整器、尾气催化燃烧器等。电堆输出性能会受到元素扩散、催化剂中毒、炭沉积、杂相生成等诸多因素影响。本节将围绕组堆关键技术及界面相互作用展开介绍，为读者学习多类型、高效率 μT-SOFC 电堆的搭建提供参考。基本而言，组堆关键技术包括密封体材料选择与结构设计、阴阳极取电方式及材料选择、气体分配与尾气处理。

4.4.1 密封解决方案

  μT-SOFC 由于其特殊的几何结构，在密封时，如图 4-9 所示，既可采用平板式 SOFC 常用的高温密封方案（可参考相关书籍，本节不再详述），亦可采用特殊低温区密封方案。在低温密封解决方案中，通过将轴向方向的温度梯度引到低温区乃至常温区密封，可使用常规材料如硅胶、氟化橡胶、聚四氟乙烯、聚氨酯等。被选择的密封材料一般应具有稳定的冷热循环性能、良好的机械性能、回弹性高（低温端密封时）、压缩永久变形小、密封可靠、加工方便和使用寿命长等特点。

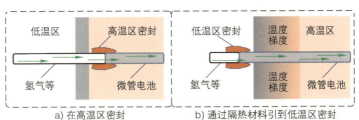

a) 在高温区密封　　b) 通过隔热材料引到低温区密封

图 4-9 μT-SOFC 两大类典型的密封解决方案

1 高温端密封

在 μT-SOFC 电堆中，电池和其他组件（如其他分配器、尾气收集装置等）之间需要密封材料来阻隔燃料和氧化剂，并且避免电池间的短路。阳极支撑型 μT-SOFC 电堆工作的温度区间为 650~800℃，所使用的材料在这个温度区间需具备良好的热性能、绝缘性、化学性能和气密性能。一般而言，密封材料标准要求密封材料的漏气量要低于进气量的 1%（约为 0.4sccm/cm）为合格。高温端密封材料应在电堆启动过程、保温发电过程、多次启动过程、温度梯度引起压强变化、燃料与氧化剂间有气压差等状态均保持极低的漏气率。另外，密封材料还需有良好的绝缘性。具体而言，在运行温度下，电阻率应大于 $10^4 \Omega \cdot cm$。在 μT-SOFC 电堆运行环境（0.8V，100~400mA/cm^2）下，密封材料电阻率应大于 $500 \Omega \cdot cm$。同时，在电堆数万小时工作过程中，密封材料的电导率不会受高温和氧化还原环境的影响而出现明显衰减引起内短路。

常用的高温密封材料根据连接特性可分为三类：施力密封材料，刚性密封材料和柔性密封材料。施力密封材料主要有云母－金属基复合密封材料、Al_2O_3-SiO_2 陶瓷纤维材料、Al_2O_3-Al 粉体材料等。这一类材料在电堆高温工作时，需持续加载恒定外力保证气密性，而长时间工作过程中，材料与相邻组件界面处的热适配，会令缺陷密度增加，导致燃气泄漏。相对而言，陶瓷纤维和粉体材料的密封性会优于云母基材料。刚性密封材料主要有磷酸盐玻璃基材料、硼酸盐玻璃基材料、硅酸盐玻璃基材料、玻璃陶瓷复合材料。通过设计刚性密封材料的网络结构、修饰体和中间氧化物以及添加剂的组分，控制密封材料的 T_g（相转变温度）、T_s（玻璃相软化温度）和附近组件的热膨胀系数（CTE）等，达到密封效果。陶瓷相（YSZ、Al_2O_3 等）的加入，可有效提高机械强度。密封玻璃材料的转化温度在约 600℃，析晶温度在 900℃左右。由于玻璃在 600℃附近开始发生软化，此时升温速率不宜过快。有文献报道[27]，使用 Al_2O_3 复合 50%（质量分数）玻璃相，在 750℃下，通气压力在 3.5~10.5kPa 之间，具有良好的热循环稳定性，气体泄漏率均低于 0.021sccm/cm。在单体电池测试中，经 6 次高低温循环（200~750℃），开路电压仍然可稳定在 1.16 V。柔性密封材料为在氧化还原氛围下都表现很好的贵金属材料，如铂（Pt）、金（Au）[28, 29]、银（Ag）[30]或者贵金属－铜涂层等，通过其优良的延展性，减少了由热膨胀系数不匹配造成的热应力，达到密封效果。

在阳极支撑型 μT-SOFC 电堆组堆过程中，如采用高温密封解决方案，一般采取加热施压密封材料和硬密封材料的方式。下面以加热施压密封为例进行组堆说明。蛭石（含镁、铁质硅酸盐的云母）最初于 1824 年在马萨诸塞州温塞司脱岩体附近的矿床中被发现，并于 1861 年被命名为一种新矿物。硅氧四面体面和镁氧八面体面交替连接，其晶胞属于单斜晶系，重量轻、导热系数小，在焙烧脱水过程中具有特殊的膨胀性能，体积膨胀甚至能达到 20 倍以上，可用于 µT-SOFC 电堆密封。如图 4-10 所示，电堆中电池管头可插入气体分配器的管芯中，用膨胀蛭石－滑石基复合材料作为填充垫圈，在电堆升温过程中，垫圈受热膨胀，垫圈加在 µT-SOFC 和陶瓷配件中间并产生应力，一般垫圈应力越大，泄漏现象越少，但当垫圈应力过大时，垫片将会被破坏，因而需根据需求调节蛭石－滑石粉配方。图 4-10b 所示的"界面泄漏"发生在垫圈和附件配件之间，电池管微变形（制备过程中）、外界振动变形、蠕变松弛等都会造成"界面泄漏"。"渗透泄漏"则易发生在垫圈材料内。由于材料本身致密性较差，且内部组织稀疏，在受压力作用下易被介质浸透，进而通过材料内部的空隙渗透出来。对于 µT-SOFC 电堆，由于气体分配器和阳极管内燃气气压相差不大，更应注意防止"界面泄漏"。如图 4-11b 所示，蛭石－滑石粉复合材料垫圈的体积膨胀率（排水银法），在 1000℃时达 14 倍多，且在 600℃以后体积膨胀率增速降低，其值趋于稳定。如图 4-11a 所示，用直径为 5.8mm 的微管单体电池，氢气流速为 100mL/min，工作在 700℃时，测得的漏气率在经历 20 个热循环后，其数值依旧维持在初始值的 80%，可以忽略不计。一般在 µT-SOFC 组堆时，当单体电池数小于 50 根时，可以考虑这种密封方式，而且这种密封方式对管形均匀度要求不是很高。

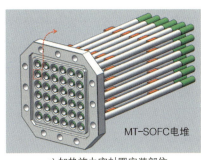

a) 加热施力密封圈安装部位

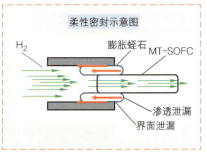

b) 加热施力密封原理示意图

图 4-10　µT-SOFC 电堆高温密封解决方案

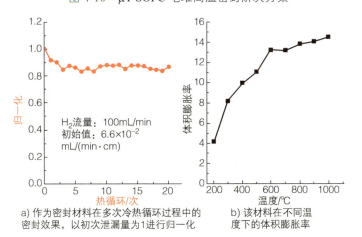

a) 作为密封材料在多次冷热循环过程中的密封效果，以初次泄漏量为1进行归一化

b) 该材料在不同温度下的体积膨胀率

图 4-11　蛭石－滑石基复合材料的功能特性

2 低温端密封

μT-SOFC 由于其特殊的管式结构，亦可考虑在轴向方向增加隔热层，在低温端密封，通过外接硅胶管，接入氢气、合成气等进行发电。如图 4-12 所示，通过添加 3~4 层隔热层，使得轴向温度从 μT-SOFC 的工作温度降低至 150℃以下，从而可采用硅胶密封。上述方案中，在材料体系选择上一般有以下三条原则：①第一壁材料要求耐高温、无尘，与管壁的接触性好；②中间填充层要求有极低的热导率和较低的密度；③隔热层之间以及隔热层和管壁之间的 CTE 差别不能太大，尽量避免热应力的产生。图 4-13 所示为通过添加隔热层使电堆引导至低温端密封的一个实例。从图中可以看出，无论是氢气还是甲烷-空气合成气，通过添加约 3cm 厚的隔热层，入气口的温度均降至 150℃左右，而隔热层挨着电炉的温度则分别为 390℃（氢气为燃料，OCV 操作）、387℃（氢气为燃料，0.7V 操作）、513℃（甲烷：空气 =1∶1（体积比），部分氧化重整，0.7V 操作）、664℃（甲烷：空气 = 1∶2.4（体积比），部分氧化重整，0.7V 操作）。从图 4-13a 和图 4-13b 可以看出，当以氢气为燃料时，μT-SOFC 在不同操作电压下，温度分布变化不大。当以甲烷-空气部分氧化重整合成气为燃料时，一般会在隔离层靠近高温区部分放置嵌入式催化部分氧化重整（CPOX）反应器，利用部分氧化所释放的热量，再次加热靠近隔离层电池部分的温度。从图 4-13d 来看，中心炉膛温度为 673℃，出气口处为 660℃，CPOX 段为 664℃，而入气口的温度仅为约 150℃。电池发电段的温度差维持在 20℃以内。这样的设计既可采用普通硅胶管等作为密封材料，又能保证电池发电部位处于合适工作温度且温度梯度不大，而且还可以使用甲烷、丙烷等碳氢燃料，完美展示了 μT-SOFC 技术优势。

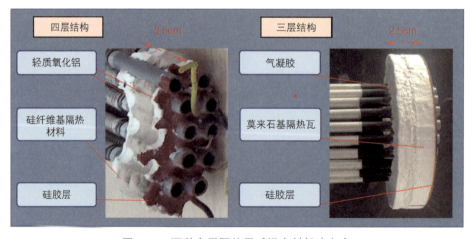

图 4-12　两种多层隔热层减温密封解决方案

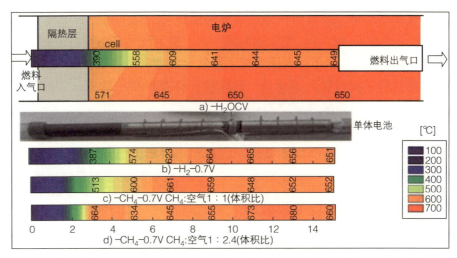

图 4-13 带有隔热层的 μT-SOFC 轴向方向的温度梯度分布图,其中图 a 为 H_2 为燃料的温度分布,图 b ~ 图 d 为 CH_4- 空气部分氧化时的温度分布

4.4.2 集流设计及实施

μT-SOFC 电堆的集流可分为阳极集流和阴极集流。集流体材料可以大体分为陶瓷基材料和金属材料(包括合金)。从公开报道的资料来看,如图 4-14 所示,集流体材料使用银和镍是较为频繁的。铬元素一般作为掺杂元素用于陶瓷基和合金(镍铬合金、铁铬合金)集流体材料。对于合金而言,适量加入铬,可使得合金具有与电解质、电极材料相匹配的 CTE,此外,此类合金还具有高的抗渗碳和氧化性,以及高的热稳定性,尤其蠕变破裂强度良好,可用于负极集流以及阳极集流体的保护层。然而,铬在高温下容易挥发,从而沉积到负极引起负极材料中毒,所以铬材料的使用量一般控制在负极集流体材料重量比的 18% ~ 22% 为佳。当使用不锈钢作为集流体乃至连接体时,研究人员还使用 (Mn、Co)$_3$O$_4$ 作为保护层,组织铁氧化层快速生长。金属材料作为集流体还有一个优点就是容易与其他连接体材料进行焊接或者熔接,实现 μT-SOFC 电堆快速高效组装。

对于 μT-SOFC 电堆而言,由于其电极有效面积不是很大,如图 4-14 所示,银毫无疑问是使用频率最高的集流体材料(尤其在阴极)。但在使用过程中,需控制好电堆恒温区的温度(尽量在低于 700℃下操作),以避免银在长时间高温过程中的扩散、升华和挥发。在密封部分的银材料,氢气、空气还容易渗透到银内部,形成水蒸气微腔,并随着时间推移变成裂纹,导致燃料泄漏,造成银的烧蚀。使用银作为连接体和集流体材料时,银迁移是另外一个不可忽视的导致电堆功率下降的因素。银迁移经常发生在阳极和阴极内部,在电极-电解质界面聚集,有时甚至可以穿过电解质本身,造成局部短路。如果操作温度超过800℃,银线亦会软化造成连接松动,使接触电阻增大。镍一般用在还原氛围下的电极集流材料,在高温氧化氛围下,表面会被逐渐氧化而损失电导率。但也可以在镍表面包覆其他材料来提高其耐氧化性、耐久性。这类材料包括银、金、铬基合金和钙钛矿化合物,而包覆技术则有印刷、浸浆、喷涂、气相沉积。Kendall 等[2]曾经报道 LaCoO$_{3-\delta}$ 钙钛矿材料镍基细线(Nimonic 90)可满足一个 12cm 长的 μT-SOFC 在 900℃大电流测试的要求,取得和银制集流线一样的效果。钙钛矿涂层在高温下某种程度上阻隔了铬的迁移,但电化学表现没有银材料出色。μT-SOFC 电堆常用的集流体-连接体材料及相关参数见表 4-1。

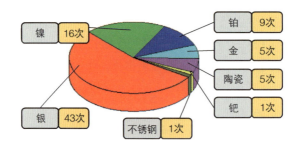

图 4-14 2015—2020 年公开报道的资料用于 μT-SOFC 电堆集流体-连接体材料种类分布

表 4-1 常用的 μT-SOFC 电堆集流体-连接体材料的物理化学性能参数

集流体-连接体材料	CTE 热膨胀系数 /10^{-6}/K	电导率/(S/cm)	熔点/℃	备注
Ni-YSZ	11~13	300@800℃		阳极材料
LaCrO$_3$	9.5	0.34@700℃	2510	
Crofer 22 铁素体不锈钢	11.5~12.5	8700@800℃	1510~1530	德国产 在表面形成铬-锰氧化物层
Haynes 23 镍基高温合金材料	15.2@800℃	7700@800℃	1301~1371	
Ducrolloy 新型铬合金(Cr-5Fe-1Y$_2$O$_3$)	11.8~12@800℃	10000@800℃	1700	
银(99.9%)	19~22@800℃	1600000@800℃	961	贵金属
镍	12~13.5@800℃	25000@800℃	1455	
铂	10@800℃	23000@800℃	1769	贵金属
金	16.6@800℃	110000@800℃	1064	贵金属
钯	12.3@800℃	25500@800℃	1552	

到目前为止,阴极集流一般均采用阴极表面添加银涂层和银线、网方式,也有少数采用镍网的设计。如 Co$_3$O$_4$ 尖晶石(约 200nm 厚)和 LaMnO$_3$ 钙钛矿(约 1μm 厚)双涂层保护的镍网曾被报道用于 μT-SOFC 电池阴极集流[31],相比没有

涂层的阴极镍网集流,在800℃操作时,电池功率密度在0.7V的工作电压下,分别为0.50W/cm^{2}和0.52W/cm^2。1000h的长时间测试结果显示,由欧姆阻抗导致的电池功率衰减,相比无涂层阴极集流设计的1.4%每小时,减少到0.067%每小时。对比阴极集流,科研工作者在电堆集流设计思路的不同更多地体现在阳极侧集流。对于SOFC而言,Ni-YSZ金属陶瓷(600~850℃)、镍线(750℃)、阴极(以LSCF为例)的电导率分别为(0.1~1)×10^{6}S/m、2.7×10^6 S/m、1×10^4 S/m。由于阳极电导率比阴极高约一个数量级,理论上阳极的集流应该更简单,但是由于其特殊的微管式结构,考虑到阻碍燃料流动、水蒸气分压的变化(沿轴向方向)等,阳极的取电设计五花八门。按照与管壁和燃料接触界面的远近可分为内部取电[32]和外部取电[33-35];按照与入气口的远近可分为端口取电和中间取电;按照电解质在阳极表面覆盖形状不同可分为方形取电[36]、环形取电(Kendall发明)、条形取电[37]。

下面用两个重点例子具体描述阳极取电思路的巨大差异。美国AMI公司的工程师设计了一种截面如花瓣状且涂有催化剂层的阳极内部取电集流体,如图4-15所示,花瓣状集流末端相比微管内径有较大余地的长度,在紧贴微管内壁的同时,可尽量降低电堆在冷热循环操作时集流线圈收缩-膨胀导致接触松动,减少接触电阻增加。花瓣状镍基末端从径向收集的电流汇集到一根轴向粗银线,然后插入到邻近的条纹状阴极银线,实现单体电池之间的串联。花瓣状集流末端在制备过程中,统一朝向燃料流动方向倾斜,此设计可引导燃料的流动以及与阳极管内壁的接触,减少燃料湍流[38]。相比空的燃料流道,被证实(如质子交换膜燃料电池,PEMFC)可提高41%的电化学性能。使用这种阴阳极连接的电堆,在以丙烷-空气部分氧化重整合成气为燃料700℃操作时,可实现300根微管单体电池的串联以及多达20余次的冷热循环。另外一个例子为佛山索弗克氢能源有限公司工程师设计的双凸台阳极导电块串联μT-SOFC电堆。在长度为120mm的单体电池上均匀布置2个长宽分别为7mm和1mm的方向导电块,如图4-16a所示,导电块的材料为Ni-YSZ,该材料与微管阳极材料,除镍含量不同外,几乎一样。导电块与阳极基体的CTE、化学性质完美匹配,除了与阴极接触部位,其他部分被致密电解质材料覆盖,如图4-16b和图4-16c所示,保证了阳极燃料的气密性。阳极凸台与阴极的接触面,可以涂覆银质量分数为5%~10%的镍浆,提高电导率,在与阴极(表面涂覆一层数十微米厚的银浆)连接后,接触部用玻璃陶瓷密封,实现单体电池串联。采用这种阳极集流方式的设计,可实现单体电池(加装取电凸台)批量制备和电堆高效搭建。基于这种阴阳极串联的160管μT-SOFC电堆,在700℃操作时,氢气流量为10L/min的情况下,其OCV为173V,在7A和10A恒流条件测试时,输出功率分别高达903W和1162W。

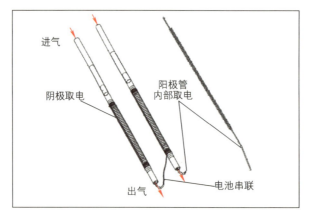

图 4-15　美国 AMI 公司 μT-SOFC 电堆中电池单体阳极取电及电池串联示意

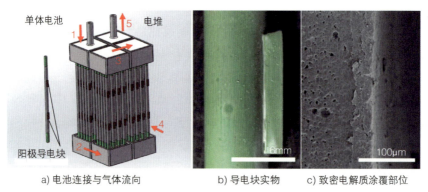

a) 电池连接与气体流向　　　b) 导电块实物　　c) 致密电解质涂覆部位

图 4-16　佛山索弗克氢能源有限公司产 μT-SOFC 电堆结构

4.4.3　尾气催化处理

采用 μT-SOFC 电堆为核心的便携式电源在实际应用中，有很多案例是在密闭的室内或者商业场所。当使用碳氢燃料重整后的合成气为燃料时，经过电池的电化学反应后，尾气中除包含大量的 H_2O、CO_2 外，仍然存在少量未反应的 H_2、CO，以及 N_2、O_2。CO 等的直接排放会导致环境污染，当人长时间处于 CO 泄漏的密闭空间内，会导致呼吸困难。美国国家研究委员会也相继发布了多个指导文件，包括 NRC 1985、NRC 1996、NRC 2002 等，规定了密闭空间内包含 CO、CO_2 和 SO_2 在内多种毒害性气体在特定时间内人体最高的暴露浓度。我国发布了相关标准 GJB 4129—2000《潜艇舱室空气组分应急容许浓度》。标准规定 1h 内应急容许浓度对于 CO_2 而言不超过 4%（体积分数），对于 CO 不超过 500mg/m³。美国海军规定潜艇 1h 紧急暴露指导水平对于二氧化碳不超过 4%，对于一氧化

碳浓度不超过 400×10^{-6}。催化燃烧利用催化剂可实现更宽的可燃范围和更低的反应温度，在贫氧或富氧条件下均可进行氧化反应[39]，CO 低温催化氧化是目前清除 SOFC 尾气内 CO 最简单和有效的方法，可确保 μT-SOFC 电堆在密闭空间内使用。相比 Ni 等过渡金属催化剂，Pd 基催化剂[40, 41] 被认为是催化碳基燃料燃烧最有效的催化剂，具有催化活性高、耐水性好和使用周期长等优点。但是其活性成分 PdO 在高温下不稳定，造成催化剂失活。除了 Pd，也有很多关于 Au 基[42-44]和 Pt 基[45] 催化剂的研究。Pt 在水蒸气和含硫气氛中更稳定，可以抑制 PdO 与水蒸气的反应，Pd-Pt 双金属催化剂[46] 比 Pd、Pt 单金属催化剂具有更好的 SOFC 尾气的催化燃烧性能，在 200℃时基本可以去除 CO。另外，Rh 的加入可以抑制 Pd 催化剂的烧结，因此，Pd-Pt-Rh 三金属催化剂是商业化较成熟的催化剂。如图 4-17 所示，在 μT-SOFC 电堆尾气出口处放置 Pd-Pt-Rh 负载的泡沫镍，用于去除未燃烧的 H_2 和 CO，当反应温度从 215℃升到 275℃，CO 的转化率从 80% 迅速地增加到 92%。由于贵金属催化剂价格昂贵、制备工艺要求苛刻，研究人员同时着手于低成本的非贵金属 CO 催化剂的研究，这类 CO 催化剂主要有 Co_3O_4[47, 48]、CuO[49] 和 MnO_x[50] 等。然而，非贵金属催化剂在 CO 氧化反应中催化活性一般低于贵金属催化剂，一般用于大型管式、平板式 SOFC 系统。在 CO 催化剂实际应用过程中，环境气氛中含有的 H_2O、CO_2、SO_x、NO_x 等都会对催化剂性能产生影响，且不同类型的催化剂影响不尽相同。其中，水蒸气对于部分贵金属催化剂活性起促进作用，而对众多非贵金属催化剂起抑制作用；CO_2 的存在则对大多数贵金属和非贵金属催化剂存在抑制作用。需根据 μT-SOFC 电堆合成气成分、操作温度等条件不同而调整催化剂配方。

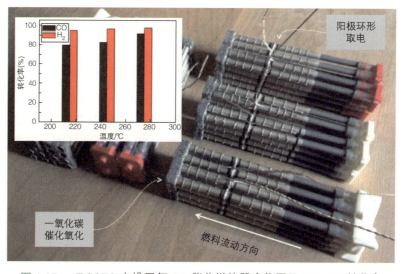

图 4-17　μT-SOFC 电堆尾气 CO 催化燃烧器实物图及 CO、H_2 转化率

4.5 稳态/动态性能

4.5.1 启动时间和冷热循环

随着电池直径的减小，燃料电池性能会发生一些有趣的变化，主要表现在：①相比粗管，传输燃料气体的压力差变大；②电流通道的长度减小，电池的内阻变小；③保持单体电池抗弯强度所需壁厚降低；④单位体积内电极活性面积显著增长。以上这些内在特性会显露一些潜在的优势，如密封简单、结构稳定性强、体积能量密度高、抗热震性好、启动时间快等。μT-SOFC 相比其他类型的 SOFC（包括管式 SOFC）而言，最显著的技术特点即快速启动和经得住多次冷热循环。

2010 年，那不勒斯腓特烈二世大学的 Restucccia 等人曾实现在 450℃ 温度下以氢气为燃料，50s 内快速启动一根直径、壁厚分别为 1.8mm、0.3mm 的 μT-SOFC[51]。该电池为阳极支撑型 μT-SOFC，所使用的阳极、电解质、阴极材料分别为 NiO-GDC、GDC、LSCF-GDC。该电池在 450℃、500℃ 时的最大功率密度分别达到 0.263W/cm^2 和 0.518W/cm^2。2015 年，清华大学的王雨晴等人使用多元扩散火焰燃烧器（Multi-Element Diffusion flame Burner，MEDB）和直接火焰燃料电池（Direct Flame Fuel Cells，DFFC）相结合的技术，实现在 120s 内启动一根直径为 5.0mm 的 μT-SOFC，在该实验中所使用的燃料和氧化剂分别为甲烷和氧气，OCV 接近于 1V[52]。2022 年，广东工业大学梁波等人，使用 3D 打印技术制备的不锈钢连接体（含钛、铝等）成功组装三段串接式 μT-SOFC。电池单体的直径、壁厚、长度分别为 10mm、0.8mm、50mm，在使用氢气为燃料（200mL/cm^2）的情况下，700℃ 时实现 1500~1800s 启动。OCV 为约 3.1V，该数值符合三根单体电池串联的预期。值得注意的是，单体电池还原后串接会比还原前串接所需时间更短，少大约 300s，如图 4-18 所示。以上三个极具代表性的实例说明，μT-SOFC 在快速启动方面有着非常优越的表现，而随着电池长度、壁厚、数量的增加，启动时间会相应地增加。

对于平板式 SOFC 而言，成功实现 50 次冷热循环是一个令人印象深刻的性能表现，然而对于 μT-SOFC 来说，经受上百次乃至数千次冷热循环都有文献报道。近些年 μT-SOFC 在冷热循环方面的研究结果见表 4-2。从表中可以看出，平板式 SOFC 在进行多次冷热循环测试的时候，其升、降温速率会控制在 50℃/min 及以下，而 μT-SOFC 对升、降温速率要求会大大放宽。美国雪城大学 Milcarek

等人[53]对μT-FFC电堆（9根单体电池组成）实现数百摄氏度每分钟的快速升温（966℃/min）、降温（353℃/min）测试。在以甲烷/空气合成气为燃料的情况下，在753℃工作时，实现3000次冷热循环，功率密度为0.36W/cm²，OCV的衰减率仅为0.0018V每百次循环。美国Nano Dynamics Energy公司Du等人[54]对YSZ电解质基阳极支撑型μT-SOFC单体进行冷热循环测试。结果显示在0.56V放电时，单体电池可以在2h内实现快速冷热循环（200~800℃），升温、降温速率分别为350℃/min和550℃/min。电堆在累计千小时约57个冷热循环测试中，无输出功率衰减，在前845h，输出功率（80W附近）甚至还增加8.9%。尽管不同研究人员使用的材料体系、燃料体系、测试条件等不尽相同，但由于具有特殊的微管式结构，μT-SOFC单体及电堆在快速冷热循环过程中的稳定表现是毋庸置疑的。

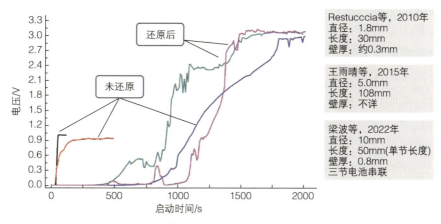

图 4-18　三种典型μT-SOFC的典型启动时间

表 4-2　各种μT-SOFC以及参比对象平板式SOFC冷热循环性能参数

	加热速度/（℃/min）	冷却速度/（℃/min）	最高温度/℃	最低温度/℃	最高温停留时间/min	冷热循环次数	材料体系	参考文献
平板式SOFC	50	50	800	200	未知	50	Ni-YSZ, YSZ, LSCF	[55]
μT-SOFC	200	未知	800	300	未知	50	未知	[56]
μT-SOFC	150	未知	800	300	未知	17	未知	[56]
μT-SOFC	361	553	850	200	<2	11	未知, YSZ, 未知	[54]
μT-SOFC	50	未知	800	200	未知	400	未知, YSZ, 未知	[54]
μT-SOFC	40	未知	850	N/A	未知	未知	未知	[57]
μT-SOFC	10	30	800	400	30	100	Ni-YSZ, YSZ, LSM-YSZ	[58]
μT-SOFC	100	100	750	400	未知	56	Ni-YSZ, YSZ, LSM	[59]
μT-SOFC	83.3	27.8	400	150	0	5	Ni-GDC, GDC, LSCF-GDC	[60]
μT-SOFC	25	未知	700	300	30	100	Ni-YSZ, YSZ, SDC, LSCF	[61]
μT-SOFC	966	353	753	282	1	3000	Ni-YSZ, YSZ, LSM-YSZ	[53]

4.5.2 稳态-动态性能

μT-SOFC 具有能量转化效率高、结构紧凑、启动迅速、反应动力学好、对参数变化响应快等特点。以 μT-SOFC 为核心的系统是一个涉及气、热、水、电等复杂的强耦合、非线性系统，且面临着高低温循环、变载和高负荷等频繁变化的工况。要保证 μT-SOFC 高效稳定地运行，须对电堆的稳态-动态性能有足够的认识。在 μT-SOFC 运行过程中，电池稳定运行与动态操作是重要的两个方面。动态操作主要是描述当影响 μT-SOFC 电堆性能某个参数（温度、流量、燃料成分等）随时间发生变化时，其他项参数以及输出性能的动态响应。而稳态性能则相对简单，即恒定参数下的稳定性（恒压、恒流等）曲线与极化曲线，参数（温度、流量、燃料成分等）不随时间改变的非时间函数。μT-SOFC 电堆的动态性能一般是在电堆工作温度小范围波动，在恒流或者恒压条件下，配合锂离子电池等储能系统，满足负载大范围功率变化需求。当负载功率需求增大时，通过电控系统从储能电池借调所欠缺功率，补足负载需求；而当负载功率需求较小时，则通过电控系统以适当的电流对储能系统充电。以上控制思路可使得 μT-SOFC 电堆与电池模组均处于最佳工作状态，在本节的最后段落将会阐述相关知识点。

μT-SOFC 输出功率随着温度的变化规律与其他类型的 SOFC 基本一致，随着温度升高，欧姆阻抗、极化阻抗随之降低，功率密度逐渐升高。而不同点是随着尺寸的减少，电解质和电极的厚度可适当减小，使得 μT-SOFC 系统可向低温操作方向发展。日本产业技术综合研究所 Suzuki[33] 等人成功制备并测试了一根外径为 1.6mm 阳极支撑型 μT-SOFC，所使用的阳极、电解质、阴极分别为 NiO-GDC、GDC、LSCF。该电池以 20% 的 H_2 为燃料，在 450℃、500℃、550℃、570℃ 操作时的最大功率密度分别达到 $0.07W/cm^2$、$0.14W/cm^2$、$0.30W/cm^2$、$0.35W/cm^2$。当电池工作在 500℃ 时，随着阳极气压的逐渐升高（从 0.005MPa 增加到 0.022MPa），最大功率也提高 30%（从 0.14W 增加到 0.18W）。以此结果为依据，1 个 5×5 微管电池组成的电堆，在 570℃ 工作时其体积功率密度可高达 $8.7W/cm^3$，具有极高的体积功率密度（8.7kW/L）。因此，对 μT-SOFC 而言，无论是单体电池还是电堆，功率密度随温度和燃料端压力升高而增加。

由于可快速启动、可耐多次冷热循环，μT-SOFC 电堆还有一个很大的优势在于其可以使用丙烷等碳氢燃料来制备便携式电源。韩国能源研究机构 Lim 等人[62] 曾系统地研究以丙烷部分氧化重整合成气为原料 150W 级 μT-SOFC 电堆的性能表现。对于部分氧化重整来说，为了避免催化剂的额外烧结，重整温度一般上限为 800℃，催化剂一般为纳米 CeO_2-ZrO_2 支撑的贵金属（Pt、Ru 等）。值得注意的是在系统操作过程中，如图 4-19 所示，重整器子系统、电堆、阴极空气、阳极管尾气的实时温度均不一样，而且相互之间差别不应太大，阴极空气和阳极尾气的温度差应该控制在 200℃ 之内。在实际应用中需至少对这四部分温度进行实时采集，防止温度突变的情况出现，如有，根据需要对系统进行软、硬件关机。该机构的实验结果表明当碳氧原子数量比为 0.66 时，丙烷转化率最高。固定在最佳碳氧比，在

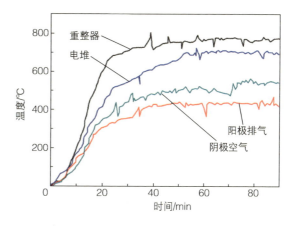

图 4-19　C/O 为 0.66 的丙烷部分氧化重整自持式 150W 级 μT-SOFC 电堆系统各关键子系统温度随时间变化曲线[62]

750℃ 操作时，丙烷的转换效率最高可达 79.2%；在 800℃ 操作时，合成气中 H_2、CO 的体积分数分别为 31.1%、16.5%，有充裕的高质量燃料供 μT-SOFC 电堆发电。一般而言，在部分氧化重整过程中，丙烷转化率与氢气含量，在 450～550℃ 的温度区间内会有较大的变化，低于该温度区间，部分氧化重整效果极差。由于部分氧化重整温度和 μT-SOFC 电堆操作温度相近，两种技术可以直接耦合进行稳态－动态测试。在便携式 μT-SOFC 电源设计中，阴极端空气需要预热，否则会在电池阴极－阳极间引入较大热应力，该过程可通过部分氧化重整释放热量进行加热。相比使用氢气为燃料气，使用丙烷部分氧化重整合成气时，电堆最大功率会适当降低。对于一个 75 根管组成的电堆，在 750℃ 和 800℃ 操作时，分别从 173.2W 和 201.0W 降低到 142.8W 和 161.2W。造成以上结果的原因主要有两个：首先是 CO-O 电化学氧化速率较 H-O 更慢，尤其是在 750℃ 及以下[63]；其次是合成气中有 N_2 和 CO_2 等存在，降低了 H_2、CO 的浓度。以合成气为原料操作时，炭沉积（重整反应器和阳极 Ni 表面）、窜气（造成银烧蚀）等会影响电堆的寿命。Mn、Sr、Ag 等元素在高温长时间操作过程中的元素扩散和 $SrZrO_3$、$LaCrO_3$ 等高欧姆电阻相生成也会使电堆功率衰减。此外，在对一个 YSZ 电解质基（10μm 厚）阳极支撑型 SOFC 长达 93000h 的老化测试分析中[64]，发现前 43000h 的衰减主要是由于 Cr 中毒和连接体老化造成，后 50000h，则更多的归因于密封和阳极活性退化。该测试为恒流测试（$0.5A/cm^2$），以氢气为燃料，燃料利用率和氧气利用率均为 40%，操作温度 700℃。虽然是平板式 SOFC，但其长时间退化机理，仍然适用于具有相同材料体系的 μT-SOFC。对于功率更大的 μT-SOFC 电堆[65]，如 1 个峰值功率为 700W 的电堆，启动需要的时间会更长（6℃/min，约 2h），但可

以实现更大电流（50A@750℃）的稳定输出。

在以氢气为燃料方面，如图4-20所示，广东工业大学梁波等人联合佛山索弗克氢能源有限公司，采取阳极双凸台取电方式，实现在700℃温度下80管电堆和160管电堆峰值输出功率分别为0.56kW和1.14kW。该电堆阴、阳极集流体材料分别为Ag和Ni。在7A恒流放电时，80管串联堆，在350h测试过程中，功率衰减率为20%，从479.5W衰减为380.8W。

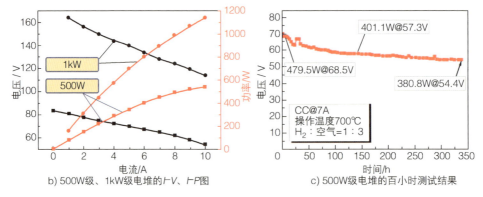

图4-20 采用氢燃料的不同功率级电堆及测试结果

在使用合成气为原料方面，美国Nano Dynamics Energy公司Schwartz等人[66]还发现硫的存在对于一键启动式的丙烷基μT-SOFC电堆电化学性能非常敏感。商业用的丙烷燃料中含有240×10^{-6}的硫成分，包括H_2S、$C_4H_{10}S$、C_2S等。如果不有效除硫，以其公司的催化剂体系进行丙烷部分氧化重整（O_2/C为0.58，温度为800℃），合成气中氢气含量会在不到40h内快速地从大约30%衰减到15%，催化剂体系发生硫中毒。而使用碳基除硫剂后，可以保证催化剂体系在390h内稳定运行。部分氧化重整系统和μT-SOFC电堆联合运行时，如图4-21所示，以普通商业丙烷为燃料在720～820℃实现55W左右的1000h稳定输出。值得注意的是，当影响电堆功率的温度、流量发生变化时（瞬时特性），μT-SOFC-锂离子电池混合的输出功率可以不受外界参数影响,而实现功率稳定输出。通过良好的隔热设计,该电源系统除在丙烷进气口处,其他地方热辐射可以忽略不计。通过和锂离子电池组、电控系统的配合在电堆没有达到 800℃以及电堆输出功率大幅度波动的情况下,可以实现电源系统 50W@12V 的稳定输出,电源的响应时间为 200μs。除了合成气中的硫含量对 μT-SOFC 电堆电化学性能很重要外,氢气中的水蒸气含量也有很大影响。在氢没有加湿前,文献 [67] 报道对于一个千瓦级电堆单体电池的 OCV 在 1.095~1.145 V,而掺有 3% 含量的水蒸气时,由于氧分压的增加,单体电池 OCV 则会降低到相对更加稳定的范围(1.075~1.085V)。以氢气为燃料,阳极端水蒸气体积分数为 50% 时,电堆的衰减会比其含量为 1%~3% 时更慢。当氢气相对较干,在低的燃料利用率情况下(<10%),经过 1000h 750℃测试功率衰减了约 5%[68]。

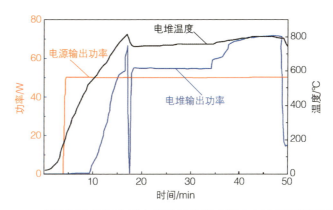

图 4-21 μT-SOFC-锂离子电池混合动力系统的输出功率及电堆温度随时间变化特性[66]

4.6 移动便携系统中的典型应用

微型化的 SOFC 管式结构具备启动快速、燃料种类多、热稳定性能好以及方便密封等优点,特别是优异的抗热震性,能够承受较大的温度梯度,对于固体氧化物燃料电池的快速启动及快速停止是非常重要的参数。解决了启动时间等关键问题,固体氧化物燃料电池就能够从固定发电装置转向便携式移动发电电源等应用。

目前基于 μT-SOFC 的便携式移动发电电源,已经在多个领域实现了小规模的应用。美国对于便携式 μT-SOFC 发电系统的研究由来已久。其中，美国 Ultra Electronics AMI 公司作为当前军用便携式电源最具代表性的公司，代表了目前该领域的最高技术水平，开发并掌握了多款高性能的 SOFC 便携式电源。其开发的一款 D350 型 350W 便携式电源，可使用丙烷燃料，经受了高海拔、振动、冲击、冷、热、雨、沙尘和雨滴等环境适应性测试。该电源还可在 $-20 \sim 50$℃宽温区条件下正常工作，峰值功率可达 400W，而质量、体积分别仅为 5.1 kg、12.6L，与传统便携式移动电源相比有显著的比功率优势。相比于传统内燃机较大的噪声特征，D350 中唯一的运动部件是小的内部冷却风扇，额定功率运行时，噪声仅为 60dB。该装置启动时间为 15min，燃料充足时，可连续运行 600h，专门为野外训练、远程作战等军事任务而设计。如图 4-22b 所示，当电源系统质量为 1.9kg 时，整个电源系统（包括燃料系统）所储藏的能量为 3.05kW·h，换算成比能量为 1.6kW·h/kg，约为锂离子电池系统（按照 250W·h/kg 计算）的 6.4 倍。AMI 公司开发的 D245XR 质量则更轻且带有减振设计。D245XR 作为轻量级的便携式移动电源是无人机（UAVs）和无人地面车辆（UGV）平台的理想动力来源。D245XR 同样可使用丙烷作为燃料，能够抵抗空中细粉尘及雨水，大幅度延长无人机续航里程，大幅度提高部队战斗力。以美国为代表的军用便携式 μT-SOFC 供能技术的迅速发展，发挥了 SOFC 技术可以碳氢燃料为原料的独特优势，使其在军用领域率先实现小规模的应用。

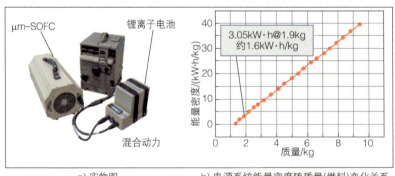

a) 实物图　　　　b) 电源系统能量密度随质量(燃料)变化关系

图 4-22　美国 Ultra Electronics AMI 公司推出的型号为 D350 的军用 μT-SOFC 电源

锂离子聚合物二次电池通常被用作无人机电源。由于无人机的功耗与载荷成正比，因此无人机无法搭载较多的二次电池，使得续航时间仅仅为 15～30min。日本研究机构 AIST 的 Sumi 等人成功研发了一种高功率、轻型液态丙烷内部重整固体 μT-SOFC 电堆。以其为基础的燃料电池电源作为无人机的动力系统，成功令无人机实现了 1h 以上的续航时间。该电堆所使用的材料体系为 NiO-YSZ/YSZ/GDC/LSCF，电解质厚度约为 10mm。英国 Adelan 公司 Kendall 等人使用丙烷作为燃料,在一架总重量为 6kg 的 UAV(2m 翼展)上,对由 μT-SOFC 电堆 - 锂聚合物电池组成的混合动力系统进行测试,并展示了其优势。μT-SOFC 电堆、UAV、锂电池、控制器的实物如图 4-23a 所示。μT-SOFC 电堆所使用电池单体的管径为 7mm,电解质厚度 10mm,单管功率约 5.4W,电源系统燃料利用率为 25%,输出功率为 250W,启动时间为 10min。如图 4-23b ~ 图 4-23d 所示,无人机在起飞和爬升阶段所需功率需求很大,超过 2000W,而巡航和着陆所需功率则很小,在巡航阶段所需功率仅为 250 ~ 500W,电流 10 ~ 20A。因此,在设计 μT-SOFC 电堆时,其额定功率可限定在该值附近。通过添加锂聚合物电池则可满足诸如起飞、加速等过程所需大功率需求。对于燃料电池动力系统在无人机应用方面,在续航时间要求不高(4h 内)、UAV 重量不大(3.5kg 以下)的情况下,丙烷(铝罐)基 μT-SOFC 电源相比氢(70MPa 储氢罐)基 PEMFC 具有优势[67],超出此范围则氢基 PEMFC 系统更具优势。Adelan 公司还曾公开报道过一款可在 10s 内快速启动的 μT-SOFC 系统,该系统以丁烷为燃料,可驱动风扇叶片工作。该展示所使用的单体电池约 3cm 长,几乎实现了瞬间启动,而且在 μT-SOFC 工作温度范围内(室温至 800℃),最高承受了 4000℃/min 的热冲击[56]。

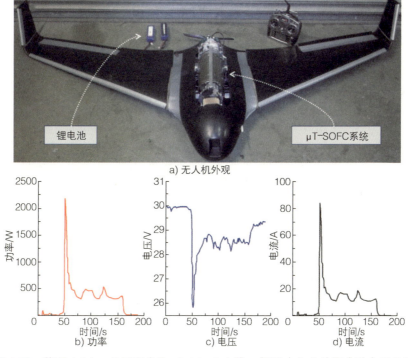

图 4-23 英国 Adelan 公司研发的 μT-SOFC 电堆 - 锂聚合物电池混合动力系统及无人机飞行过程中实时的功率、电压、电流参数

我国在 μT-SOFC 技术领域起步较晚，但也有一些能源公司在技术及商业化上取得了突破。佛山索弗克（Isofc Dynamic）氢能源有限公司在 2018 年成功研发出国内首款"铅笔式"燃料电池，电池直径 5.7mm，长度从 100～200mm 不等，成为国内第一个产业化的 μT-SOFC 企业。该公司具备从百瓦到千瓦级各种型号 μT-SOFC 电堆的设计、制备、老化测试能力，以 μT-SOFC 为基础制备了各类型的便携式电源及微型热电联供系统。该公司还联合广东工业大学、清华大学研发了一款甲醇基 μT-SOFC 小型教学仪器[68]供高校本科教学使用。浙江氢邦（H_2-BANK）科技有限公司具备千瓦级平管式 SOFC 电堆及系统生产能力。该公司商业化的单体电池宽、长分别为 60mm、140mm，电池在 750℃工作时，输出功率大于 30 W@0.8V。另外，山东理工大学、中国科学院大连化学物理所、华南理工大学、清华大学等科研院所也致力于 μT-SOFC 技术的发展与应用推广。

参 考 文 献

[1] 姚越. 微管式固体氧化物电池（SOC_s）电化学性能研究 [D]. 广州：广东工业大学，2022.

[2] HATCHWELL C E, SAMMES N M, KENDALL K. Cathode current-collectors for a novel tubular SOFC design[J]. Journal of power sources, 1998, 70(1): 85-90.

[3] LOCKETT M, SIMMONS M J H, KENDALL K. CFD to predict temperature profile for scale up of micro-tubular SOFC stacks[J]. Journal of Power Sources, 2004, 131(1-2): 243-246.

[4] STANIFORTH J, KENDALL K. Biogas powering a small tubular solid oxide fuel cell[J]. Journal of Power Sources, 1998, 71(1-2): 275-277.

[5] YANG C, LI W, ZHANG S, et al. Fabrication and characterization of an anode-supported hollow fiber SOFC[J]. Journal of Power Sources, 2009, 187(1): 90-92.

[6] YANG C, JIN C, CHEN F. Micro-tubular solid oxide fuel cells fabricated by phase- inversion method[J]. Electrochemistry Communications, 2010, 12(5): 657-660.

[7] ZHANG X, LIN B, LING Y, et al. An anode-supported micro-tubular solid oxide fuel cell with redox stable composite cathode[J]. International journal of hydrogen energy, 2010, 35(16): 8654-8662.

[8] ZHANG X, LIN B, LING Y, et al. An anode-supported hollow fiber solid oxide fuel cell with (Pr0. 5Nd0. 5) 0.7 Sr0. 3MnO3-δ-YSZ composite cathode[J]. Journal of alloys and compounds, 2010, 497(1-2): 386-389.

[9] ZHOU D, PENG S, WEI Y, et al. Novel asymmetric anode-supported hollow fiber solid oxide fuel cell[J]. Journal of alloys and compounds, 2012, 523: 134-138.

[10] SUN W, ZHANG N, MAO Y, et al. Fabrication of anode-supported Sc2O3-stabilized-ZrO2 electrolyte micro-tubular solid oxide fuel cell by phase-inversion and dip-coating[J]. Electrochemistry communications, 2012, 20: 117-120.

[11] SUZUKI T, FUNAHASHI Y, YAMAGUCHI T, et al. Effect of anode microstructure on the performance of micro tubular SOFCs[J]. Solid State Ionics, 2009, 180(6-8): 546-549

[12] SUZUKI T, YAMAGUCIII T, HAMAMOTO K, et al. A functional layer for direct use of hydrocarbon fuel in low temperature solid-oxide fuel cells[J]. Energy & Environmental Science, 2011, 4(3): 940-943.

[13] SUZUKI T, HASAN Z, FUNAHASHI Y, et al. Impact of anode microstructure on solid oxide fuel cells[J]. Science, 2009, 325(5942): 852-855.

[14] YAMAGUCHI T, SHIMIZU S, SUZUKI T, et al. Fabrication and characterization of high performance cathode supported small-scale SOFC for intermediate temperature operation[J]. Electrochemistry Communications, 2008, 10(9): 1381-1383.

[15] GROSSO D. How to exploit the full potential of the dip-coating process to better control film formation[J]. Journal of Materials Chemistry, 2011, 21(43): 17033-17038.

[16] IDE T, NAMIKAWA T, YAMAZAKI Y. Preparation of 8 YSZ Thin Films on Porous LSM Substrates by Electron Beam Evaporation[J]. Denki Kagaku oyobi Kogyo Butsuri Kagaku, 1996, 64(6): 681-682.

[17] SASAKI H, OTOSHI S, SUZUKI M, et al. Fabrication of high power density tabular type solid oxide fuel cells[J]. Solid State Ionics, 1994, 72: 253-256.

[18] FU C, GE X, CHAN S H, et al. Fabrication and Characterization of Anode-Supported Low-Temperature SOFC Based on Gd-Doped Ceria Electrolyte[J]. Fuel Cells, 2012, 12(3): 450-456.

[19] DUAN Z, YANG M, YAN A, et al. Ba0.5Sr0.5Co0.8Fe0.2O3-δ as a cathode for IT-SOFCs with a GDC interlayer[J]. Journal of Power Sources, 2006, 160(1): 57-64.

[20] TSOGA A, GUPTA A, NAOUMIDIS A, et al. Gadolinia-doped ceria and yttria stabilized zirconia interfaces: regarding their application for SOFC technology[J]. Acta Materialia, 2000, 48(18-19): 4709-4714.

[21] NGUYEN T L, KOBAYASHI K, HONDA T, et al. Preparation and evaluation of dopedceria interlayer on supported stabilized zirconia electrolyte SOFCs by wet ceramic processes[J]. Solid State Ionics, 2004, 174(1-4): 163-174.

[22] MALZBENDER J, BATFALSKY P, VASSEN R, et al. Component interactions after long-term operation of an SOFC stack with LSM cathode[J]. Journal of Power Sources, 2012, 201: 196-203.

[23] DEVELOS-BAGARINAO K, BUDIMAN R A, LIU S S, et al. Evolution of cathode-interlayer interfaces and its effect on long-term degradation[J]. Journal of Power Sources, 2020, 453: 227894.

[24] LEE S, MILLER N, GERDES K. Long-term stability of SOFC composite cathode activated by electrocatalyst infiltration[J]. Journal of the Electrochemical Society, 2012, 159(7): F301.

[25] DE VERO J C, DEVELOS-BAGARINAO K, KISHIMOTO H, et al. Effect of Cathodic Polarization on the La0.6Sr0.4Co0.2Fe0.8O3-delta-Cathode/Gd-Doped Ceria-Interlayer/YSZ Electrolyte Interfaces of Solid Oxide Fuel Cells[J]. Journal of the Electrochemical Society, 2017, 164(4): F259-F269.

[26] 陈瑜. 直接丙烷微管式固体氧化物燃料电池研究 [D]. 广州：广东工业大学，2019.

[27] WANG X, YAN D, FANG D, et al. Optimization of Al_2O_3-glass composite seals for planar intermediate-temperature solid oxide fuel cells[J]. Journal of Power Sources, 2013, 226: 127-133.

[28] YAMAJI K, HORITA T, ISHIKAWA M, et al. Compatibility of La0.9Sr0.1Ga0.8Mg0.2O2.85 as the Electrolyte for SOFCs[J]. Solid State Ionics, 1998, 108(1-4): 415-421.

[29] HAANAPPEL V A C, RUTENBECK D, MAI A, et al. The influence of noble-metal-containing cathodes on the electrochemical performance of anode-supported SOFCs[J]. Journal of Power Sources, 2004, 130(1-2): 119-128.

[30] SI X, CAO J, LIU S, et al. Fabrication of 3D Ni nanosheet array on Crofer22APU interconnect and NiO-YSZ anode support to sinter with small-size Ag nanoparticles for low-temperature sealing SOFCs[J]. International Journal of Hydrogen Energy, 2018, 43(5): 2977-2989.

[31] PARK B K, SONG R H, LEE S B, et al. Conformal bi-layered perovskite/spinel coating on a metallic wire network for solid oxide fuel cells via an electrodeposition-based route[J]. Journal

of Power Sources, 2017, 348: 40-47.

[32] HODJATI-PUGH O, DHIR A, STEINBERGER-WILCKENS R. Internal current collection and thermofluidynamic enhancement in a microtubular SOFC[J]. International Journal of Heat and Mass Transfer, 2021, 173: 121255.

[33] SUZUKI T, YAMAGUCHI T, FUJISHIRO Y, et al. Improvement of SOFC performance using a microtubular, anode-supported SOFC[J]. Journal of the Electrochemical Society, 2006, 153(5): A925.

[34] SUZUKI T, YAMAGUCHI T, FUJISHIRO Y, et al. Fabrication and characterization of micro tubular SOFCs for operation in the intermediate temperature[J]. Journal of Power Sources, 2006, 160(1): 73-77.

[35] DHIR A, KENDALL K. Microtubular SOFC anode optimisation for direct use on methane[J]. Journal of Power Sources, 2008, 181(2): 297-303.

[36] LIANG B, YAO Y, GUO J, et al. Propane-fuelled microtubular solid oxide fuel cell stack electrically connected by an anodic rectangular window[J]. Applied Energy, 2022, 309: 118404.

[37] JAMIL S M, OTHMAN M H D, RAHMAN M A, et al. Recent fabrication techniques for micro-tubular solid oxide fuel cell support: a review[J]. Journal of the European Ceramic Society, 2015, 35(1): 1-22.

[38] HELGADÓTTIR Á, LALOT S, BEAUBERT F, et al. Mesh twisting technique for swirl induced laminar flow used to determine a desired blade shape[J]. Applied Sciences, 2018, 8(10): 1865.

[39] PIECK C L, VERA C R, PEIROTTI E M, et al. Effect of water vapor on the activity of Pt-Pd/Al2O3 catalysts for methane combustion[J]. Applied Catalysis A: General, 2002, 226(1-2): 281-291.

[40] SATSUMA A, OSAKI K, YANAGIHARA M, et al. Activity controlling factors for low- temperature oxidation of CO over supported Pd catalysts[J]. Applied Catalysis B: Environmental, 2013, 132: 511-518.

[41] LI Y, YU Y, WANG J G, et al. CO oxidation over graphene supported palladium catalyst[J]. Applied Catalysis B: Environmental, 2012, 125: 189-196.

[42] ZHANG C, CUI X, YANG H, et al. A way to realize controllable preparation of active nickel oxide supported nano-Au catalyst for CO oxidation[J]. Applied Catalysis A: General, 2014, 473: 7-12.

[43] WANG L C, LIU Q, HUANG X S, et al. Gold nanoparticles supported on manganese oxides for low-temperature CO oxidation[J]. Applied Catalysis B: Environmental, 2009, 88(1-2): 204-212.

[44] ARAB L, BOUTAHALA M, DJELLOULI B, et al. Characteristics of gold supported on nickel-containing hydrotalcite catalysts in CO oxidation[J]. Applied Catalysis A: General, 2014, 475: 446-460.

[45] LI N, CHEN Q Y, LUO L F, et al. Kinetic study and the effect of particle size on low temperature CO oxidation over Pt/TiO2 catalysts[J]. Applied Catalysis B: Environmental, 2013, 142: 523-532.

[46] HOQUE M A, LEE S, PARK N K, et al. Pd-Pt bimetallic catalysts for combustion of SOFC stack flue gas[J]. Catalysis today, 2012, 185(1): 66-72.

[47] LOU Y, WANG L, ZHAO Z, et al. Low-temperature CO oxidation over Co3O4-based catalysts: Significant promoting effect of Bi2O3 on Co3O4 catalyst[J]. Applied Catalysis B: Environmental, 2014, 146: 43-49.

[48] FENG Y, LI L, NIU S, et al. Controlled synthesis of highly active mesoporous Co3O4 polycrystals for low temperature CO oxidation[J]. Applied Catalysis B: Environmental, 2012, 111: 461-466.

[49] DI BENEDETTO A, LANDI G, LISI L, et al. Role of CO2 on CO preferential oxidation over CuO/CeO2 catalyst[J]. Applied Catalysis B: Environmental, 2013, 142: 169-177.

[50] WANG Y, ZHU X, CROCKER M, et al. A comparative study of the catalytic oxidation of HCHO and CO over Mn0. 75Co2.25O4 catalyst: The effect of moisture[J]. Applied Catalysis B: Environmental, 2014, 160: 542-551.

[51] CALISE F, RESTUCCCIA G, SAMMES N. Experimental analysis of micro-tubular solid oxide fuel cell fed by hydrogen[J]. Journal of Power Sources, 2010, 195(4): 1163-1170.

[52] WANG Y, SHI Y, CAI N, et al. Performance characteristics of a micro-tubular solid oxide fuel cell operated with a fuel-rich methane flame[J]. ECS Transactions, 2015, 68(1): 2237.

[53] MILCAREK R J, GARRETT M J, WELLES T S, et al. Performance investigation of a micro-tubular flame-assisted fuel cell stack with 3,000 rapid thermal cycles[J]. Journal of Power Sources, 2018, 394: 86-93.

[54] DU Y, FINNERTY C, JIANG J. Thermal stability of portable microtubular SOFCs and stacks[J]. Journal of the Electrochemical Society, 2008, 155(9): B972.

[55] MATUS Y B, DE JONGHE L C, JACOBSON C P, et al. Metal-supported solid oxide fuel cell membranes for rapid thermal cycling[J]. Solid State Ionics, 2005, 176(5-6): 443-449.

[56] BUJALSKI W, DIKWAL C M, KENDALL K. Cycling of three solid oxide fuel cell types[J]. Journal of Power Sources, 2007, 171(1): 96-100.

[57] LAWLOR V, GRIESSER S, BUCHINGER G, et al. Review of the micro-tubular solid oxide fuel cell: Part I. Stack design issues and research activities[J]. Journal of Power Sources, 2009, 193(2): 387-399.

[58] HANIFI A R, TORABI A, ZAZULAK M, et al. Improved redox and thermal cycling resistant tubular ceramic fuel cells[J]. ECS Transactions, 2011, 35(1): 409.

[59] HOWE K S, HANIFI A R, KENDALL K, et al. Performance of microtubular SOFCs with infiltrated electrodes under thermal cycling[J]. International journal of hydrogen energy, 2013, 38(2): 1058-1067.

[60] SUZUKI T, FUNAHASHI Y, YAMAGUCHI T, et al. Cube-type micro SOFC stacks using submillimeter tubular SOFCs[J]. Journal of power sources, 2008, 183(2): 544-550.

[61] TORRELL M, MORATA A, KAYSER P, et al. Performance and long term degradation of 7 W micro-tubular solid oxide fuel cells for portable applications[J]. Journal of Power Sources, 2015, 285: 439-448.

[62] MEHRAN M T, PARK S W, KIM J, et al. Performance characteristics of a robust and compact propane-fueled 150 W-class SOFC power-generation system[J]. International Journal of Hydrogen Energy, 2019, 44(12): 6160-6171.

[63] SUKESHINI A M, HABIBZADEH B, BECKER B P, et al. Electrochemical oxidation of H2, CO, and CO/H2 mixtures on patterned Ni anodes on YSZ electrolytes[J]. Journal of the Electrochemical Society, 2006, 153(4): A705.

[64] FANG Q, BLUM L, STOLTEN D. Electrochemical performance and degradation analysis of an SOFC short stack for operation of more than 100,000 hours[J]. ECS Transactions, 2019, 91(1): 687.

[65] LEE S B, LIM T H, SONG R H, et al. Development of a 700 W anode-supported micro- tubular SOFC stack for APU applications[J]. International Journal of Hydrogen Energy, 2008, 33(9): 2330-2336.

[66] FINNERTY C, ROBINSON C, ANDREWS S, et al. Portable propane micro-tubular SOFC system development[J]. ECS Transactions, 2007, 7(1): 483.

[67] LIM T H, PARK J L, LEE S B, et al. Fabrication and operation of a 1 kW class anode- supported flat tubular SOFC stack[J]. International journal of hydrogen energy, 2010, 35(18): 9687-9692.

[68] DE HAART L G J, MAYER K, STIMMING U, et al. Operation of anode-supported thin electrolyte film solid oxide fuel cells at 800 C and below[J]. Journal of power sources, 1998, 71(1-2): 302-305.

[69] MEADOWCROFT A D, HOWROYD S, KENDALL K, et al. Testing micro-tubular SOFCs in unmanned air vehicles (UAVs)[J]. ECS Transactions, 2013, 57(1): 451.

[70] 马跃, 林蔚然, 姚越, 等. 便携式甲醇蒸汽重整制氢耦合固体氧化物燃料电池实验装置设计[J]. 实验技术与管理, 2022, 308(04): 173-177.

第 5 章

SOFC 电堆多物理场管控与检测诊断

SOFC作为高温能量转化装置，除了涉及复杂的化学/电化学反应，还包含流动、传质、传热等物理过程，这些物理和化学过程相互作用，涉及流场、组分场、温度场和电场之间互相耦合，呈现出非线性的复杂关系。借助高效的数值模型与精确的检测诊断技术，可对SOFC内部的多物理场进行检测与调控，进而优化电池与电堆结构、指导工况设计，最终实现电堆性能与寿命的提升。本章将针对SOFC电堆的多场管控与检测诊断技术进行介绍。

5.1　多尺度模拟技术

SOFC内部多场传递过程与化学/电化学反应间存在复杂的非线性耦合关系，这种作用关系很难通过实验手段对其中的某一过程单独抽离，分析其影响规律。开发高效且可靠的数学模型成为理解SOFC内部机制，优化单体电池和电堆结构，指导运行工况设计的重要手段。本节将介绍电极反应机理、电池单元和电堆三个层面的多尺度模拟技术。

5.1.1　电极反应机理模型

电极反应机理模拟针对SOFC的核心部件，即针对阳极-电解质-阴极膜电极进行模拟研究，涉及反应物和产物在多孔电极中的组分输运、电极内部导体中的电子和离子的传递及三相反应界面发生的化学/电化学反应。电极反应机理模型可以研究电极微观结构参数（如孔隙率、电极组成、颗粒半径等）对电池性能的影响，获得电极、电解质以及电化学反应活性位点周围的电流密度分布，加速模拟电极长期运行下的衰退机制，以及进一步考虑微观电化学基元反应，从而可以为极化曲线各类型损失提供理论解释。针对不同复杂程度的研究问题，可以使用不同精细程度的电极反应机理模型，如分析气体传质过程对电化学性能的影响可以使用连续介质假设的机理模型，对电极组分配比、孔隙率、颗粒半径等微观结构参数优化可以使用基于多颗粒分布假设的机理模型，研究三相界面处电流密度分布的差异可以使用考虑局部电流密度分布的机理模型，分析反应物分压与极化曲线的关系则使用引入微观反应动力学的基元反应机理模型。本小节将依据电极结构的不同，分别介绍纽扣式多孔电极模型和图案电极基元反应模型两种电极反应机理模型。

1 纽扣式多孔电极模型

纽扣电池基本结构包括阳极、电解质和阴极，其中阳极和阴极是包含电子导体、离子导体和气体通道的多孔结构，电极内部可以实现电子、离子和气体组分的传输。电化学反应在电子、离子和气相共存的三相界面处发生。以氢气是阳极的燃料气、空气为阴极的氧化剂为例，具体反应步骤为：在阴极中氧气与外电路的电子在三相界面处反应生成氧离子，氧离子依次经过阴极中的离子导体、电解质和阳极中的离子导体，而后在阳极三相界面处与氢气反应生成水蒸气和电子。阳极和阴极内发生的反应方程式分别为

$$H_2 + O^{2-} = H_2O + 2e^-$$

$$O_2 + 4e^- = 2O^{2-}$$

在计算前对模型进行以下的简化假设：①模型计算稳态情况；②燃料、氧化剂和产物使用理想气体状态方程描述；③电极中电子导体、离子导体和气孔连续均匀分布；④纽扣电池电极厚度和面积均较小，假设温度分布均匀且恒定。

该纽扣电池模型主要求解计算电荷守恒方程和质量守恒方程，电荷守恒方程包括离子守恒方程和电子守恒方程，离子守恒方程作用于阳极、阴极和电解质，电子守恒方程作用于阳极和阴极。电荷守恒方程见表 5-1。质量守恒方程的作用域包括阳极和阴极。在阳极考虑 H_2、CO 的电化学氧化反应以及水气变换反应；在阴极考察氧气的电化学还原反应。质量守恒方程见表 5-2。

表 5-1　膜电极电荷守恒方程

类型	作用域	控制方程
离子守恒方程	阳极	$-\nabla(\sigma_{ion,an}^{eff}\nabla V_{ion}) = Q_{ion,an} = i_{trans,an}S_{TPB}$
离子守恒方程	阴极	$-\nabla(\sigma_{ion,ca}^{eff}\nabla V_{ion}) = Q_{ion,ca} = -i_{trans,ca}S_{TPB}$
离子守恒方程	电解质	$-\nabla(\sigma_{ion,el}^{eff}\nabla V_{ion}) = Q_{ion,el} = 0$
电子守恒方程	阳极	$-\nabla(\sigma_{elec,an}^{eff}\nabla V_{elec}) = Q_{elec,an} = -i_{trans,an}S_{TPB}$
电子守恒方程	阴极	$-\nabla(\sigma_{elec,ca}^{eff}\nabla V_{elec}) = Q_{elec,ca} = i_{trans,ca}S_{TPB}$

表 5-2 膜电极质量守恒方程

作用域	控制方程
阳极	$\nabla(\rho_{fuel}\bar{v}x_{H_2} - \rho_{fuel}\omega_{H_2}D_{H_2}^{eff}\nabla x_{H_2}) = R_{H_2} = -\dfrac{i_{trans,an,H_2}S_{TPB}M_{H_2}}{2F} + r_{shift}M_{H_2}$ $\nabla(\rho_{fuel}\bar{v}x_{H_2O} - \rho_{fuel}\omega_{H_2O}D_{H_2O}^{eff}\nabla x_{H_2O}) = R_{H_2O} = \dfrac{i_{trans,an,H_2}S_{TPB}M_{H_2O}}{2F} - r_{shift}M_{H_2O}$ $\nabla(\rho_{fuel}\bar{v}x_{CO} - \rho_{fuel}\omega_{CO}D_{CO}^{eff}\nabla x_{CO}) = R_{CO} = -\dfrac{i_{trans,an,CO}S_{TPB}M_{CO}}{2F} - r_{shift}M_{CO}$ $\nabla(\rho_{fuel}\bar{v}x_{CO_2} - \rho_{fuel}\omega_{CO_2}D_{CO_2}^{eff}\nabla x_{CO_2}) = R_{CO_2} = \dfrac{i_{trans,an,CO}S_{TPB}M_{CO_2}}{2F} + r_{shift}M_{CO_2}$ $\nabla(\rho_{fuel}\bar{v}) = R_{H_2} + R_{H_2O} + R_{CO} + R_{CO_2}$
阴极	$\nabla(\rho_{air}\bar{v}x_{O_2} - \rho_{air}\omega_{H_2}D_{O_2}^{eff}\nabla x_{O_2}) = R_{O_2} = \dfrac{i_{trans,ca}S_{TPB}M_{O_2}}{4F}$ $\nabla(\rho_{air}\bar{v}) = R_{O_2}$

纽扣电池模型的网格和边界条件如图 5-1 所示。由于纽扣电池几何结构对称，将三维的纽扣电池简化为二维轴对称。使用规则的矩形网格划分计算几何区域，共 18800 个。编号与对应的边界条件为：1、5、9 为对称轴；2、6 为内部交界边；3、7、8、11 为外部边界，4、10 为与气体和集流体接触边界。电子电势场边界条件：4、10 为恒定电势边界，2、3、6、11 设置电子电势通量为 0。离子电势场边界条件：2、6 为耦合边界，其余边界设置离子电势通量为 0。温度场边界条件：4、10 为固定温度边界，2、6 为耦合边界，其余边界为绝热边界。组分场边界条件：4、10 为固定组分边界，其余均为 0 扩散通量边界。

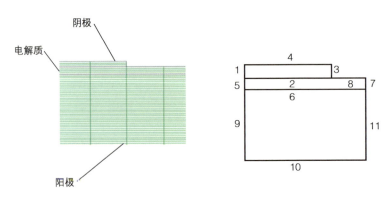

图 5-1 纽扣电池模型网格和边界条件

以燃料摩尔分数 60%H_2、40%CO，氧化剂摩尔分数 21%O_2、79%N_2，工作电压 0.8V 为例，电子电流、离子电流及各燃料组分的分布如图 5-2 所示。

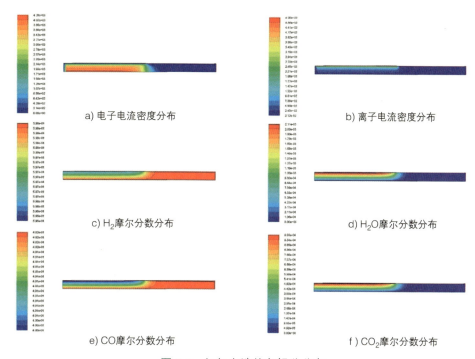

图 5-2 纽扣电池的各组分分布

2 图案电极基元反应模型

从纽扣电池模型建立和模拟结果分布图可以看到，电池性能受到电极材料、孔隙率、三相界面有效长度等诸多参数的综合影响。为了排除电极中气体扩散的影响，获得单位三相界面长度的电化学本征动力学参数，可以使用条纹形状的图案电极定量地调控三相界面的反应长度，在空间上区分电化学反应活性界面和化学反应活性界面，较大程度上消除多孔电极中气体扩散的影响，从而获得电化学本征动力学参数。本小节将介绍 Ni 图案电极在 H_2O/H_2 氛围下的基元反应机理模型。

模型几何如图 5-3 所示，图案电极 SOFC 由条纹形 Ni 阳极、YSZ 电解质和多孔 Pt 电极组成。阳极反应发生在 Ni 条纹表面、YSZ 表面和两者交界边处，因此可以分别将两者的几何简化为垂直于交界边方向的一维直线，体相中的氧离子沿着垂直于电解质平面方向传导，因此将电解质体相简化为沿电解质厚度方向的一维直线，多孔 Pt 电极也同样简化为沿厚度方向的一维直线。表面反应发生在 Ni、YSZ 和 Pt 各自表面，而电荷转移反应发生在 Ni/YSZ 和 Pt/YSZ 交界点处。

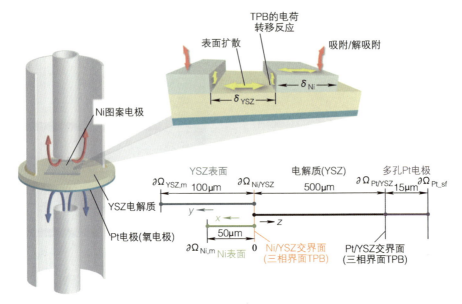

图 5-3　图案电极模型示意

本研究中，采用了 Janardhanan[1] 等学者提出的 Ni 表面多相催化反应动力学数据，以及 Vogler[2] 等学者提出的 YSZ 表面化学反应动力学数据，并结合两步电荷转移反应，建立 H_2O/H_2 气氛下 RSOC 可逆电化学转化基元反应动力学库，见表 5-3。

表 5-3　H_2O/H_2 气氛下 RSOC 可逆电化学转化基元反应动力学库

	基元反应步骤		$A(m, mol, s)^1$	n^1	$E/(kJ/mol)^1$
Ni 表面吸附/解吸附/表面反应[1]	$R1_f$	$H_2(g)+(Ni)+(Ni) \longrightarrow H(Ni)+H(Ni)$	1.000×10^{-02}②	0.0	0.00
	$R1_r$	$H(Ni)+H(Ni) \longrightarrow H_2(g)+(Ni)+(Ni)$	$2.545 \times 10^{+19}$	0.0	81.21
	$R2_f$	$H_2O(g)+(Ni) \longrightarrow H_2O(Ni)$	0.100×10^{-00}②	0.0	0.00
	$R2_r$	$H_2O(Ni) \longrightarrow H_2O(g)+(Ni)$	$3.732 \times 10^{+12}$	0.0	60.79
	$R3_f$	$H(Ni)+O(Ni) \longrightarrow OH(Ni)+(Ni)$	$5.000 \times 10^{+22}$	0.0	97.90
	$R3_r$	$OH(Ni)+(Ni) \longrightarrow H(Ni)+O(Ni)$	$1.781 \times 10^{+21}$	0.0	36.09
	$R4_f$	$H(Ni)+OH(Ni) \longrightarrow H_2O(Ni)+(Ni)$	$3.000 \times 10^{+20}$	0.0	42.70
	$R4_r$	$H_2O(Ni)+(Ni) \longrightarrow H(Ni)+OH(Ni)$	$2.271 \times 10^{+21}$	0.0	91.76
	$R5_f$	$OH(Ni)+OH(Ni) \longrightarrow H_2O(Ni)+O(Ni)$	$3.000 \times 10^{+21}$	0.0	100.00
	$R5_r$	$H_2O(Ni)+O(Ni) \longrightarrow OH(Ni)+OH(Ni)$	$6.373 \times 10^{+23}$	0.0	210.86

（续）

基元反应步骤			$A(m, mol, s)$[1]	n[1]	$E/(kJ/mol)$[1]
YSZ 表面吸附/解吸附/表面反应[2]	R6$_f$	H$_2$O(g)+(YSZ)⟶H$_2$O(YSZ)	1.200×10^{-04}[2]	0.0	0.00
	R6$_r$	H$_2$O(YSZ)⟶H$_2$O(g)+(YSZ)	$8.500 \times 10^{+13}$	0.0	41.70
	R7$_f$	H$_2$O(YSZ)+O^{2-}(YSZ)⟶2OH$^-$(YSZ)	$1.600 \times 10^{+18}$	0.0	9.60
	R7$_r$	2OH$^-$(YSZ)⟶H$_2$O(YSZ)+O^{2-}(YSZ)	$2.107 \times 10^{+16}$	0.0	47.40
YSZ 表面和 YSZ 体相的氧传递[2]	R8$_f$	O^{2-}(YSZ)+V$_O^{\cdot\cdot}$(YSZ)⟶O$_O^\times$(YSZ)+(YSZ)	$1.6 \times 10^{+18}$	0.0	90.90
	R8$_r$	O$_O^\times$(YSZ)+(YSZ)⟶O^{2-}(YSZ)+V$_O^{\cdot\cdot}$(YSZ)	$1.6 \times 10^{+18}$	0.0	90.90
三相界面处电荷转移反应	R9$_f$	H(Ni)+O^{2-}(YSZ) $\xrightarrow{SOFC}$ (Ni)+OH$^-$(YSZ)+e$^-$	$i_{0,OH}/(2Fc^{ref}_{H(Ni)}c^{ref}_{O^{2-}(YSZ)})$	0.0	$\alpha_{OH}\eta F$
	R9$_r$	(Ni)+OH$^-$(YSZ)+e$^-$ $\xrightarrow{SOEC}$ H(Ni)+O^{2-}(YSZ)	$i_{0,OH}/(2Fc^{ref}_{(Ni)}c^{ref}_{OH^-(YSZ)})$	0.0	$-(1-\alpha_{OH})\eta F$
	R10$_f$	H(Ni)+OH$^-$(YSZ) $\xrightarrow{SOFC}$ (Ni)+H$_2$O(YSZ)+e$^-$	$i_{0,H_2O}/(Fc^{ref}_{H(Ni)}c^{ref}_{OH^-(YSZ)})$	0.0	$\alpha_{H_2O}\eta F$
	R10$_r$	(Ni)+H$_2$O(YSZ)+e$^-$ $\xrightarrow{SOEC}$ H(Ni)+OH$^-$(YSZ)	$i_{0,H_2O}/(Fc^{ref}_{(Ni)}c^{ref}_{H_2O(YSZ)})$	0.0	$-(1-\alpha_{H_2O})\eta F$

注：总 Ni 表面活性位浓度为 $\Gamma_{Ni}=6.1\times10^{-5}$ mol/m^2，总 YSZ 表面活性位浓度为 $\Gamma_{YSZ}=1.3\times10^{-5}$ mol/m^2。
① Arrhenius 形式反应速率常数：表面基元反应 $k=AT^n\exp(-E/RT)$，电荷转移反应 $k=A\exp(2\alpha\eta F/RT)$。
② 黏附系数形式反应速率常数。

通过模型计算可以获得反应基元在表面的分布情况，在极化电位为 0.3V 时，表面 YSZ 和 Ni 表面的反应基元分布如图 5-4 所示，中心线为 YSZ 和 Ni 表面的交界线，左侧为 YSZ 表面，右侧为 Ni 表面。Ni 表面的主要基元为 H（Ni），其浓度在 6.03×10^{-6} mol/m^2 附近，表面覆盖率约为 10%，且沿着垂直于三相界面长度方向没有明显变化；其次是 O（Ni）基元，其浓度约为 9.57×10^{-8} mol/m^2，比 H（Ni）基元少接近两个量级，剩余 H$_2$O（Ni）和 OH（Ni）基元浓度不到 10^{-9} mol/m^2。H（Ni）和表面活性空位占 Ni 总表面活性位的 99.8% 以上，可以近似认为 H（Ni）是 Ni 表面的唯一活性基元。YSZ 表面主要基元为 O^{2-}（YSZ），浓度约为 1.18×10^{-5} mol/m^2，表面覆盖率达到 90% 以上。其次为 OH$^-$（YSZ），浓度在远离三相界面处为 1.14×10^{-7} mol/m^2，在 Ni/YSZ 三相界面附近迅速降至 7×10^{-9} mol/m^2 以下，表面覆盖率从 0.9% 降至不足 0.05%。由此可见，OH$^-$（YSZ）对电化学反应较为敏感。

进一步利用模型研究反应速率控制步骤，对电荷转移反应、表面基元反应和表面扩散过程进行敏感性分析。具体实现方法为将各电荷转移反应的交换电流密度、各表面反应的反应速率常数和基元表面扩散的扩散系数分别增大至 10 倍，计算极化电压为 0.3V 下图案电极电流密度变化率。计算结果如图 5-5 所示，可以看到电荷转移反应是 H$_2$O/H$_2$ 电化学反应的主要速率控制步骤，电荷转移反应

R9：$H(Ni) + O^{2-}(YSZ) \rightarrow (Ni) + OH^-(YSZ) + e^-$，交换电流密度增大至10倍后，图案电极电流密度提升7.89倍，而其他反应和过程对电流密度的影响在0.2%以内。

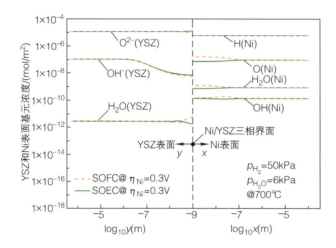

图 5-4　YSZ 和 Ni 表面基元分布

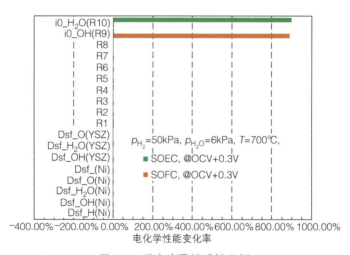

图 5-5　反应步骤敏感性分析

纽扣电池的动力学参数定义在电解质和电极颗粒单位接触面积上，而图案电极中动力学参数定义在单位三相界面线长度上，通过定义多孔电极内单位三相界面线长度对应的单位反应面积 $l(m)$，可以将图案电极模型得到的动力学参数应用在纽扣电池模型中。图 5-6 所示为不同氢气分压下图案电极模型和纽扣电池模型得到的电流密度-电压曲线，可以看到在调整 $l(m)$ 参数之后，图案电极模型的结果能较好地与纽扣电池模型对应。

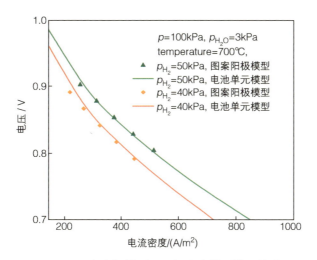

图 5-6　图案电极模型和纽扣电池模型结果关联

5.1.2　电池单元模拟

单管模型在膜电极模型的基础上加入阴阳极气体流道和集流组件，不仅考虑了电极内部的反应和传递过程，还涉及燃料和空气流道内的气体流动对质量传递过程、电化学反应过程和换热过程的影响，以及集流体几何形状和膜电极间的接触电阻对电流输出性能的影响。管式电池单元是 SOFC 电堆的最小发电单元，搭建单管模型可以获得气体组分、电流密度和温度等关键参数沿管道的分布特性，通过优化电池有效长度、电极厚度等结构参数，提升电池输出功率。优化过量空气系数、流动方式，引入热管换热，改善运行工况等方法可以提升电池温度均匀性，延长电池使用寿命。将优化好的单管模型串并联可以组成管堆阵列，和其他 BOP 组件可以联合形成燃料电池发电系统。本小节将以竹节管电池为例，构建 30W 20 节单管电池模型，获得竹节管电池温度、组分、电流密度和电压的分布特性。在此基础上优化单段的有效长度，引入热管换热提升电池的温度均匀性，可进一步研究组分消耗和温度不均对电压分布的影响规律。

1 模型计算域与模型假设

图 5-7 所示为竹节管电池结构示意图，电池主体部分由支撑管、绝缘管、阳极、电解质、阴极和连接体组成。支撑管的作用是为电池提供足够的结构强度，绝缘管则可防止电池阳极和阴极串联，阴极和阳极分别发生电化学还原反应和电化学氧化反应，电解质阻隔阴极和阳极并传导氧离子，连接体链接串联两节电池的阴阳极并传导电子。放电过程中电子从阴极集流体到阴极中被氧气电化学还原

消耗，产生的氧离子通过电解质传向阳极并在阳极内参与氢气的电化学氧化反应产生电子，电子通过连接体传递到下一级的阴极中，最终通过阳极集流层流向电池外。燃料由一根通气管供给到电池内部，空气则通过外部流道供应。

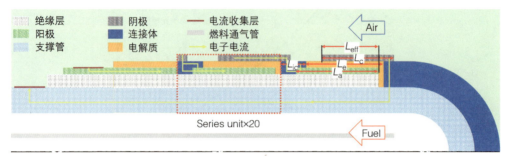

图 5-7 竹节管电池结构示意图

为了降低计算难度，模型在计算过程中采取了以下的假设来进行简化：①计算使用稳态模型；②燃料和空气在计算中被视为理想气体，由理想气体状态方程描述；③电化学反应发生在电极功能层中，电子导体和离子导体均匀连续地分布在电极中；④计算域与外界环境之间是绝热的；⑤流道和电极中的流动为层流。

2 控制方程和边界条件

连续性方程作用在流道和多孔电极中，表达式如下：

$$\nabla \cdot (\varepsilon \rho \vec{u}) = Q_m$$

式中 ε——孔隙率；

ρ——密度（kg/m^3）；

$\vec{u}$——流速（m/s）；

Q_m——净质量源项（$kg/(m^3 \cdot s)$）。

流道和电极中的组分输运方程可以由以下方程描述：

$$\nabla \cdot \left(\varepsilon \rho \omega_i \vec{u} - \rho D_i^{eff} \nabla \omega_i - \rho \omega_i D_i^{eff} \frac{\nabla M_n}{M_n} \right) = R_i$$

式中 ω_i——物质 i 的质量分数；

D_i^{eff}——有效扩散系数（m^2/s）；

M_n——流体的平均摩尔质量（kg/mol）；

R_i——物质 i 由于电化学反应引起的质量源项（$kg/(m^3 \cdot s)$）。

在流道中，气体的有效扩散系数等于分子扩散系数，可以由以下公式计算得到：

$$D_{i,j} = \frac{0.00143 T^{1.75}}{p(V_i^{1/3} + V_j^{1/3})^2} \sqrt{\frac{1}{M_i} + \frac{1}{M_j}}$$

式中 $D_{i,j}$——二元扩散系数（m^2/s），在阳极流道中考虑氢气和水蒸气的二元扩散，在阴极流道中则考虑氧气和氮气的二元扩散；

T——温度（K）；

p——压力（$10^5 Pa$）；

V_i——物质 i 的富勒扩散体积；

M_i——摩尔质量（kg/kmol）。

在多孔电极中，还需要考虑克努森扩散，其表达式为

$$D_{Kn,i}^{eff} = 97.0 \frac{\varepsilon \bar{r}}{\tau} \sqrt{\frac{T}{M_i}}$$

$$D_i^{eff} = \frac{1}{\dfrac{1}{\dfrac{\varepsilon}{\tau} D_{i,j}} + \dfrac{1}{D_{Kn,i}^{eff}}}$$

式中 $\bar{r}$——电极的平均颗粒半径（m）；

τ——曲折因子。

由电化学反应引起的质量源项可以用下面的方程式表示：

$$R_i = \frac{v_i i_{trans}}{nF} \frac{M_i}{1000}$$

式中 v_i——化学计量数；

i_{trans}——局部电荷转移反应强度（A/m^3）；

n——电化学反应中电子的系数；

F——法拉第常数（C/mol）。

动量守恒方程用稳态黏性可压缩的 NS 方程描述，并且考虑多孔介质中的达西渗流，方程如下表示：

$$\frac{1}{\varepsilon} \rho (\vec{u} \cdot \nabla) \vec{u} \frac{1}{\varepsilon} = \nabla \cdot p\mathbf{I} + \nabla \cdot \left[\mu \frac{1}{\varepsilon} (\nabla \vec{u} + (\nabla u)^T) - \frac{2}{3} \mu \frac{1}{\varepsilon} (\nabla \vec{u}) \mathbf{I} \right] - \left(\mu \kappa^{-1} + \frac{Q_m}{\varepsilon^2} \right) \vec{u}$$

式中 μ——气体混合物的动力黏度（Pa·s）；

κ——多孔电极的渗透系数（m^2）；

$\mathbf{I}$——单位矩阵。

电荷转移反应包括阳极发生的氢气电化学氧化反应和阴极发生的氧气电化学还原反应，这两个反应将作为电荷守恒方程的源项，其表达式如下：

$$H_2 + O^{2-} \longrightarrow H_2O + 2e^-$$

$$\frac{1}{2}O_2 + 2e^- \longrightarrow O^{2-}$$

电子的电荷守恒方程作用区域为阳极、阴极和连接体，表达式如下：

$$-\nabla \cdot (\sigma_{elec,an}^{eff} \nabla V_{elec}) = -i_{trans,an} S_{TPB}$$

$$-\nabla \cdot (\sigma_{elec,ca}^{eff} \nabla V_{elec}) = i_{trans,ca} S_{TPB}$$

$$-\nabla \cdot (\sigma_{elec,inter}^{eff} \nabla V_{elec}) = 0$$

而离子电荷守恒方程作用区域为阳极、阴极和电解质，表达式如下：

$$-\nabla \cdot (\sigma_{ion,an}^{eff} \nabla V_{ion}) = i_{trans,an} S_{TPB}$$

$$-\nabla \cdot (\sigma_{ion,ca}^{eff} \nabla V_{ion}) = -i_{trans,ca} S_{TPB}$$

$$-\nabla \cdot (\sigma_{ion,el}^{eff} \nabla V_{ion}) = 0$$

式中 σ^{eff}——考虑各类导体的比例之后的有效电导率（S/m）；

V_{elec}——电子电势；

V_{ion}——离子电势（V）；

i_{trans}——单位三相反应面积下的局部电荷转移强度（A/m²）；

S_{TPB}——单位体积内的三相反应面积（1/m）。

电荷转移反应的强度大小可以由 BV 方程来定量描述：

$$i_{trans} = i_0 \left[\exp\left(\alpha \frac{n_e F \eta}{RT}\right) - \exp\left(-(1-\alpha)\frac{n_e F \eta}{RT}\right) \right]$$

式中 i_0——交换电流密度（A/m²）；

α——对称系数；

R——通用气体常数；

η——局部电势（V）。

交换电流密度与温度和组分有关，表达式为

$$i_{0,H_2} = i_{0,H_2,ref} \left(\frac{p_{H_2}}{p_0}\right)^{0.25} \exp\left[-\frac{E_{act,H_2}}{R}\left(\frac{1}{T} - \frac{1}{T_{ref}}\right)\right]$$

$$i_{0,O_2} = i_{0,O_2,ref} \left(\frac{p_{O_2}}{p_0}\right)^{0.25} \exp\left[-\frac{E_{act,O_2}}{R}\left(\frac{1}{T} - \frac{1}{T_{ref}}\right)\right]$$

式中　　$i_{0,\text{ref}}$——在参考组分浓度和温度状态下的交换电流密度（A/m^2）；

p_{H_2}/p_0 和 p_{O_2}/p_0——氢气和氧气的分压（Pa）；

　　　　E_{act}——电化学反应的活化能；

　　　　T_{ref}——参考温度（1073K）。

输出电压可以通过下式计算得到：

$$V = E^{\text{Nernst}} - \eta_{\text{an}}^{\text{act}} - \eta_{\text{ca}}^{\text{act}} - \eta^{\text{ohmic}}$$

式中　E^{Nernst}——能斯特电势（V）；

　　　η^{act}——活化极化（V）；

　　　η^{ohmic}——欧姆极化（V）。

活化极化中包含了组分消耗带来的浓差极化部分。欧姆极化包含材料本身的欧姆损失以及由于电池制备工艺造成的接触电阻两部分。能斯特平衡电势可以由下式计算得到：

$$E^{\text{Nernst}} = E_0 + \frac{RT}{2F}\ln\left(\frac{p_{H_2} p_{O_2}^{1/2}}{p_{H_2O}}\right)$$

热量传递包含热传导、对流和电池边界与环境间的辐射换热，能量守恒方程如下所示：

$$\nabla \cdot \left(\rho C_p \vec{u} T\right) = \nabla \cdot \left(k_{\text{eff}} \nabla T\right) + S_h$$

式中　C_p——恒压热容（J/(kg·K)）；

　　　k_{eff}——考虑孔隙率和组分构成的有效导热系数（W/(m·K)）；

　　　S_h——热源项部分（W/m^3），包含电化学反应带来的可逆熵变和活化极化、欧姆极化引起的不可逆放热。

各类过程的边界条件设置如下。

1）流动过程：流道入口设置为固定质量流量入口，流道出口设置为压力出口。流道和多孔电极的交界设置为内部边界，多孔电极和电解质的交界面设置为零通量的壁面。

2）组分传递过程：流道入口设置为固定组分，其余设置同流动过程。

3）离子传输过程：电极和电解质交界面设置为耦合边界，其他边界设置为零通量的壁面边界。

4）电子传输过程：阳极集流面设置为接地，阴极集流面设置为恒电流密度边界。电极和连接体的交界面设置为耦合边界，其他的边界则设置为绝缘边界。

5）热量传递过程：燃料和空气的入口设置为恒定温度入口条件，流道出口设置为热量出口，其他内部边界设置为耦合边界，并且考虑电池边界和热绝缘边界之间的辐射换热。

3 模型参数

模型使用的参数见表 5-4。模型采用的几何结构和微观结构参数参考实际的竹节管 SOFC 实验中的参数。材料的物性参数依据以往的实验研究获得，气体的参数则直接使用 COMSOL 的库。

表 5-4 模型参数

参　数		值	单　位
燃料进口管 （不锈钢）	密度	8000	kg/m^3
	导热系数	21.5	$W/(m \cdot K)$
	恒压热容	500	$J/(kg \cdot K)$
支撑层/连接体 （Ni50Cr-Al_2O_3）	内径	21	mm
	厚度	1000	μm
	孔隙率	0.25/0	
	渗透率	1×10^{-10}	m^2
	电子电导率	102000	S/m
	密度	5275	kg/m^3
	导热系数	8.31	$W/(m \cdot K)$
	恒压热容	977	$J/(kg \cdot K)$
绝缘层 （$MgAl_2O_4$）	厚度	300	μm
	孔隙率	0.2	
	渗透率	1×10^{-10}	m^2
	密度	3580	kg/m^3
	导热系数	6.65	$W/(m \cdot K)$
	恒压热容	1278	$J/(kg \cdot K)$
阳极集流层 （Ni/Al_2O_3）	厚度	120	μm
	孔隙率	0.18	
	渗透率	1×10^{-10}	m^2
	电子电导率	$3.27 \times 10^6 - 1063.5T$	S/m
	密度	5477	kg/m^3
	导热系数	8.8	$W/(m \cdot K)$
	恒压热容	838	$J/(kg \cdot K)$
阳极功能层 （Ni/8YSZ）	厚度	30	μm
	孔隙率	0.18	
	渗透率	5.78×10^{-14}	m^2
	电子电导率	$3.27 \times 10^6 - 1063.5T$	S/m
	离子电导率	$33400\exp(10300/T)$	S/m
	密度	6870	kg/m^3
	导热系数	6.23	$W/(m \cdot K)$
	恒压热容	420	$J/(kg \cdot K)$

（续）

参　　数		值	单　位
电解质 （8YSZ）	厚度	55	μm
	离子电导率	33400exp（10300/T）	S/m
	密度	5938	kg/m³
	导热系数	2.1	W/(m·K)
	恒压热容	636	J/(kg·K)
阴极功能层 （LSM/8YSZ）	厚度	25	μm
	孔隙率	0.2	
	渗透率	5.78×10^{-14}	m²
	电子电导率	$8.885 \times 10^7/T \exp(-1082.5/T)$	S/m
	离子电导率	33400exp（10300/T）	S/m
	密度	5800	kg/m³
	导热系数	9.6	W/(m·K)
	恒压热容	594	J/(kg·K)
阴极集流层 （LSM/LSC）	厚度	150	μm
	孔隙率	0.2	
	渗透率	1×10^{-10}	m²
	电子电导率	76000	S/m
	密度	6027	kg/m³
	导热系数	8.47	W/(m·K)
	恒压热容	696	J/(kg·K)
轴向几何参数	L_{ic}	5	mm
	L_a	16	mm
	L_e	15	mm
	L_c	14	mm
	L_{eff}	11	mm

4 计算步骤和模型验证

使用商业有限元软件 COMSOL 对此二维轴对称模型的控制方程进行求解。整个 SIS-SOFC 计算域被划分为 221160 个矩形网格单元。网格独立性在运行电流 3A、工作温度 800℃ 的条件下验证，当径向和轴向网格数量分别增加为 1.5 倍时，电解质中线的最高温度变化不超过 0.16K。使用全耦合求解器对模型控制方程进行求解，求解步骤如图 5-8 所示：在初始化之后，首先求解质量、动量和电荷守恒方程；在收敛条件满足之后，加入组分输运方程共同求解；最后，耦合质量、动量、组分、电荷和能量守恒方程共同求解，在误差小于 10^{-5} 量级后停止计算并输出结果。

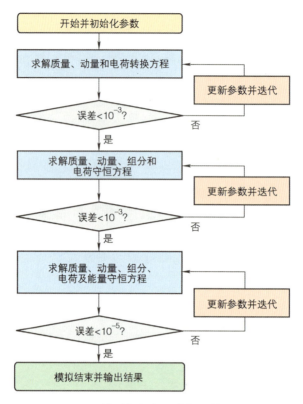

图 5-8　模型控制方程求解计算步骤

将模型计算结果与实验数据进行对照验证，其中模型的材料、几何构型以及运行工况等关键参数设置与实验一致。燃料组分为 97% H_2 和 3% H_2O（摩尔分数），流量为 0.5L/min。阴极使用氧气为氧化剂，流量为 0.8L/min。20 节串联的竹节管 SOFC 运行温度为 600℃、700℃ 和 800℃，燃料和氧气流动方向为顺流布置。模型使用的动力学参数见表 5-5，其中 $i_{0,\text{ref}} S_{\text{TPB}}$ 和接触阻抗为可调参数。验证结果如图 5-9 所示，模拟的 I-V 曲线与实验结果呈现良好的一致性，各温度下的均方根误差小于 5%，见表 5-6。

表 5-5　模型动力学参数

参数	数值	单位
阳极电荷传递系数	0.5	—
阳极活化能	120000	J/mol
阳极 $i_{0,\text{ref}} S_{\text{TPB}}$	2.50×10^9	A/m³
阴极电荷传递系数	0.5	—
阴极活化能	130000	J/mol
阴极 $i_{0,\text{ref}} S_{\text{TPB}}$	1.26×10^9	A/m³
接触阻抗	$5 \times 10^5 \exp(1070T - 1070/873.15)$	$\Omega \cdot m^2$

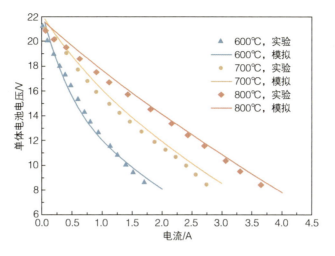

图 5-9 模拟与实验 I-V 曲线

表 5-6 不同温度下模拟与实验结果的均方根误差

温度	组分（摩尔分数）	S
600℃		3.29%
700℃	97%H_2，3%H_2O	4.81%
800℃		2.96%

5 结果讨论

本小节将对单管电池在工作状态下的组分、电流和温度分布结果进行讨论，并讨论几种优化温度分布的方法。模型计算工况如下：①工作压力设定为101325Pa。②燃料管入口温度设置为1073K，空气入口温度设置为1058K。③燃料入口管流量设置为 1.4×10^{-6}kg/s，燃料入口组分设置为摩尔分数 97% H_2 和 3% H_2O，阴极入口组分为空气，流量为 3.6×10^{-4}kg/s。④输出电流分别设置为2A 和 3A，对应单管电池电压为 0.7V 和峰值功率的电压。

在 2A 和 3A 运行电流下温度和温度梯度分布如图 5-10 所示。在电化学反应发生的区域，SIS-SOFC 的温度随着空气流动方向逐步上升，而在集流区域温度略微下降。在 3A 运行条件下电池温度变化范围为 1098～1209K，在 2A 的运行电流下温度变化范围为 1079～1139K。由于电池反应活性区域并不连续，电池在运行过程中的放热也不均匀，电池温度呈现条纹状分布。在 3A 运行电流下，电池最大温度梯度为 41K/cm，在 2A 运行电流下最大温度梯度为 36K/cm。在电解质与阴极空气交界面处存在较大的温度梯度，并且周期性地分布在整个电池中。

在 2A 和 3A 运行电流下的电解质中线的温度分布如图 5-11a 所示。对于每一个串联单元，电化学反应放热，电化学反应活性区域内温度逐渐升高，并在电解质

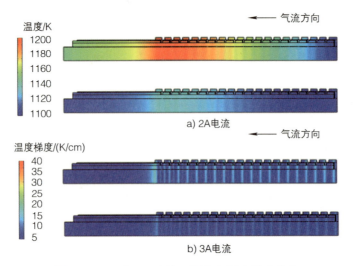

图 5-10 2A 和 3A 电流下温度和温度梯度分布

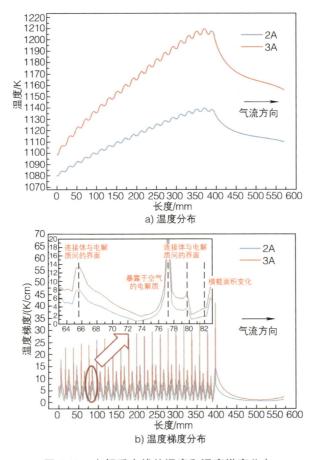

图 5-11 电解质中线的温度和温度梯度分布

中部达到最高值，随后在接近连接体的区域内温度逐渐下降。电池产生的热量主要由空气带走，在空气入口温度较低而空气出口温度升高，因此在电池串联区域内温度呈现波浪式升高，在集流区温度下降为空气主流的温度。电池最高温度出现在第 19 节串联的电池处。电解质中线的温度梯度分布如图 5-11b 所示，温度梯度随着运行电流的增大而增加。以串联第 5 节电池为例分析温度梯度变化规律，温度梯度在 65mm 位置处增加，此处为连接体和电解质的交界面。此后温度梯度逐渐下降直到 77cm 的位置开始迅速上升，此处对应了电解质直接暴露在空气中的位置。在 80mm 位置的电解质和连接体交界面处温度梯度逐渐下降，当到达 82mm 处时因连接体截面积改变导致温度梯度上升。

在 3A 运行电流下，氢气的摩尔分数从 0.97 变化至 0.35。由于串联结构电化学反应区域不连续，氢气只在阳极功能层被消耗而在连接体和电解质接触的区域不发生反应，所以在流道和多孔介质中呈现条纹分布。每一个串联单元消耗的氢气量相同，但是由于上游的氢气浓度远高于下游，每一个单元的燃料利用率是不同的。氧气摩尔分数从 0.21 变化至 0.17，其分布也呈现出条纹的形状，但是条纹影响的区域更小，这是因为阴极直接暴露在空气流道中，因此具有更小的传输阻力。由于空气供给过量，氧气浓度的变化要比氢气浓度变化小，如图 5-12 所示。

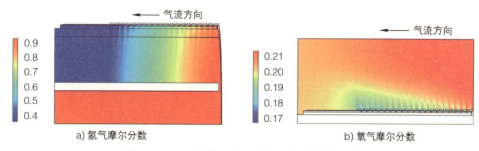

图 5-12　3A 电流运行下氢气和氧气摩尔分数

在 3A 电流下运行，电池的电子电流密度和离子电流密度分布如图 5-13a、b 所示。电子电流存在区域为阳极、阴极、连接体和支撑体，电流密度在 $0 \sim 35\text{A/cm}^2$ 范围内。电子电流主要在电极的集流层中传输，而在功能层内产生和消耗。电子沿轴向流入阴极集流层，再沿径向流入阴极功能层，在功能层中参与氧气的电化学还原反应被消耗。在阳极功能层内，氢气的电化学氧化反应产生自由电子并沿径向传导至阳极集流层中，随后在集流层中沿轴向传导至邻近的连接体中。之后电子再进入下一级串联的阴极集流层中。离子电流存在于阳极，电解质和阴极中，在 $0 \sim 0.55\text{A/cm}^2$ 范围内变化。由于离子电子主要方向为径向，而电子电流在截面较小的轴向有较大分量，所以离子电流密度较小。氧离子在阴极功能层内产生并沿着径向经过电解质层传导至阳极功能层内消耗。

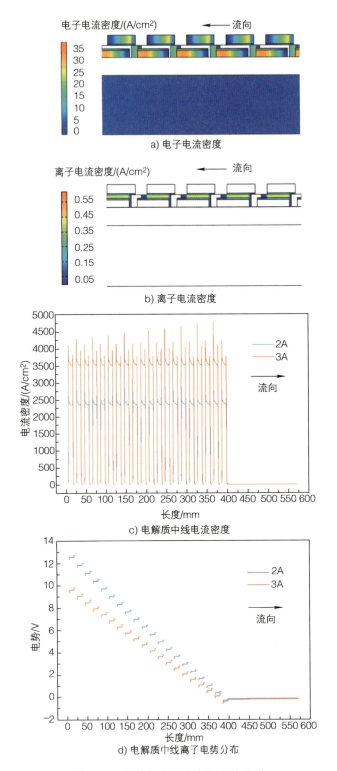

图 5-13 电池的电流密度及电势分布

在 2A 和 3A 电流运行条件下，电解质中线的离子电流密度和电势分布如图 5-13c、d 所示。对于一个串联片段，随着位置增加，电流密度略微下降，但是有两处位置电流密度突然增加。在阳极和电解质拐角的接触面仍然有氢气的电化学氧化反应发生，因此靠近此处的电解质中线电流密度会增大。另一处在靠近阴极、电解质和空气三相接触的地方，此处气体扩散阻力减小，因此氧气的电化学氧化反应强度较高，导致靠近此处的电流密度突然增加。在 3A 运行电流下，最大电流密度超过 $4500A/m^2$，平均电流密度为 $3600A/m^2$。在 2A 运行电流下，最大电流密度为 $3000A/m^2$，而平均电流密度约为 $2400A/m^2$。电解质电势从上游到下游逐渐下降，在 2A 电流下电势值在 0~10V 范围内，在 3A 电流下电势值在 0~13V 范围内。对于一个串联片段，离子电流主要沿径向传导，所以轴向电势基本保持不变，在末端电势下降是因为阴极流入了轴向电流。

电池运行电压等于能斯特平衡电势减去活化和欧姆极化。能斯特电压主要受组分浓度和温度的影响。根据 BV 方程，活化极化受温度的影响较大，除此之外组分浓度会影响交换电流密度大小。欧姆极化与材料本身的导电性能有关。通常离子导电性随着温度升高而升高，电子导电性随温度升高而下降。组分和温度的影响可以通过是否考虑计算热场来分离，如图 5-14 所示。

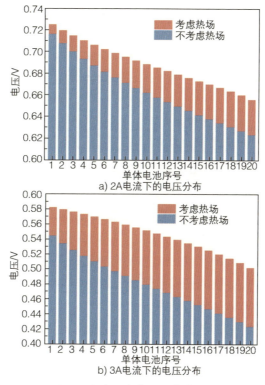

图 5-14　2A 和 3A 电流下考虑和不考虑热场的电压分布

各串联片段电压从燃料上游至下游逐渐下降，在2A电流下，变化范围在0.72～0.66V之间，3A电流下变化范围在0.58～0.51V之间。当只考虑组分浓度改变带来的影响时，整个计算域的温度固定为800℃。此时在2A电流下电压从0.71V变化至0.63V，在3A电流下电压从0.54V变化至0.43V。在每一个串联片段中消耗的氢气量相同，因此氢气浓度从上游到下游近似线性下降，这导致下游电池片段的能斯特电压下降。除此之外，下游的交换电流密度也会因为氢气浓度下降而减小，要产生相同的电流，下游的活化过电势也会更高。因此电池电压随着氢气流动方向逐渐降低。3A的燃料利用率比2A时更高，因此燃料组分消耗带来的电压下降更大。为了定量描述电压分布的均匀性，定义VU来表示各个串联片段与电池平均电压之间的偏差：

$$VU = \Delta V_{max} / V_{average} \times 100\%$$

平均电压通过单管总电压除以串联单元的数量得到。在2A电流下最大电压差异为70mV，电压不均匀性为10.2%，而3A电流下最大电压差异为79mV，不均匀性为14.5%。当只考虑组分浓度影响时，2A电流下最大电压差异为93mV，不均匀性为13.5%，而3A电流下的最大电压差异为120mV，不均匀性为22.1%。在此情况下，各串联单元的电压差异因为温度不均匀的影响而减轻了，当温度升高时，活化极化和欧姆极化减少，因此输出电压升高。电池温度沿空气流动方向逐渐升高，因此空气下游的温度效应提高输出电压更多。在3A电流下电池平均温度和温度差异更高，因此由于温度不均带来的电压差异更高，为42mV，不均匀性为7.7%，而在2A电流下温度不均带来的电压差异为24mV，不均匀性为3.5%。

电池在3A电流运行下温度差异高达111K，电池局部最高温度已经远远超过设置的工作温度，这不仅会加速电池性能衰减，还会造成较大的热应力，威胁电池安全稳定运行，需要对电池进行高效的热管理，以提升温度分布的均匀性。其中一种可行的方法是使用高温热管替代燃料进口管来对电池进行热管理。高温热管是一种具有高等温性、高导热系数的换热器，它利用液态金属相变潜热进行高效的热量交换。在平板式SOFC中，Dillig[3]等人将高温热管集成在连接板中，将使用甲烷为燃料的200mm×200mm的板式SOFC温差由296K下降至50K。相比于平板结构，在管式结构内使用热管能够避免与电池的直接接触，因此降低了集流和组装的难度。其具体的作用原理如图5-15a所示：Na-K合金液体在热端吸收热量蒸发变为金属蒸气，通过热管内部的通道输运至冷端，在冷端冷凝放热变为液态金属并通过内部的毛细管输运至热端完成循环。在SIS-SOFC中，高温热管吸收下游区域高温气体的热量，输运至温度较低的上游区域释放热量，以此强化气流上下游之间的换热。根据以往的研究，高温热管可以等效假设为导热系数为15000W/(m·K)的换热管。当使用热管对电池进行热管理后,在2A条件下电解质中线温度范围为1110~1123K,电池最大温差由60K下降至13K;在3A条件下电解质中线温度范围为1154~1179K,电池最大温差由111K下降至25K。虽然电池温度分布仍呈现条纹状,但最大温度梯度由41K/cm下降至33K/cm,由于温度分布不均造成的电压差异在2A条件下由24mV下降至4mV,在3A时由42mV下降至3mV,电压不均匀性下降至0.6%。

由于浓差极化造成的电压不均匀可以通过改变电极长度来改善。能斯特平衡电势会随着氢气浓度下降而减小,下游的浓差极化也更大。增加下游的电极长度可以提供更多的反应活性位点并减少反应的活化极化,以此来抵消平缓浓度的影响。Cui等人将五节串联的电池电极长度由1mm增加至2mm,实现了电压的均匀分布。在20节竹节电池中,首节电池单元长度为15mm,之后串联的每节电池依次增加0.45mm后,在3A运行情况下由于浓度消耗带来的电压差异由120mV下降至7mV,电压不均匀性下降至1.2%,如图5-15c所示。

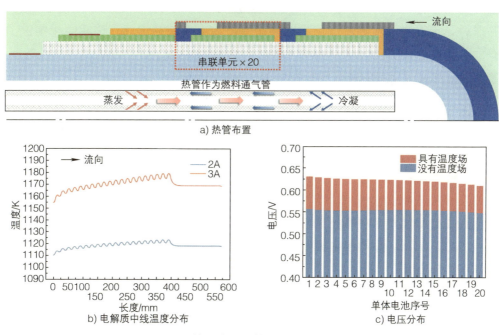

图 5-15 使用高温热管的布置形式及效果

5.1.3 电堆模拟

利用管式SOFC单电池模型可以对管式SOFC的基础电化学性能以及电池内部的物理化学过程进行研究。而燃料电池电堆是SOFC走向大功率发电的基础与核心，电堆性能直接决定了 SOFC 能否投入实际发电应用，因此在实际运用中需要考虑尺度更大的电池电堆。

管式燃料电池电堆往往由多根电池以特定的形状构型在气体分配器上排列而成。其中管式 SOFC 是电化学反应发生的场所，气体分配器起到分配燃料（氧化剂）以及固定电池的作用。在电池电堆尺度，由于管式电堆往往面向复杂、变化频繁的工况，因此存在温度、流体分布不均匀的问题，并进一步产生电池破损、性能下降以及寿命缩短等问题。

由于 SOFC 电堆结构紧凑，运行温度较高，同时需研究的参数较多，利用实验手段对电堆温度、流体不均匀性进行研究的难度较大、成本较高，因此采用模拟方法是研究电堆的必要工具。目前对管式 SOFC 电堆模拟的研究较少，且其中大多对反应机理或者结构进行简化，缺乏基于可靠机理和真实三维结构的多物理场耦合模型。

本节在上节中的单管模型上，进一步介绍针对管式 SOFC 电堆建模的过程，针对电堆中各电池单元间的气流分配与温度分布不均匀的问题进行了定量研究，并探讨了电堆中温度场、流场的控制规律，为电堆结构设计、性能优化提供了参考。

1 模拟计算域与模型假设

图 5-16 所示为燃料电池电堆模型的三维结构，其主要组成部分为多根管式 SOFC、空气流道、燃料分配器。在管式 SOFC 中涉及电荷（电子、离子）传导以及多孔电极内的气体扩散等过程，空气则在空气流道内从入口流经电池区域再由出口流出，燃料经由燃料分配器后进入管式 SOFC 阳极。

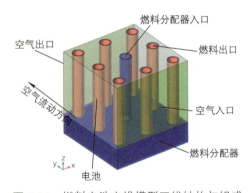

图 5-16 燃料电池电堆模型三维结构与组成

在模拟过程中，为了降低计算难度，通常需要采用一定的假设对模型进行简化，本例中采用的模型假设为：

1）稳态模型。

2）燃料、氧化剂与产物均是理想气体，混合气体物理性质根据理想气体混合定律近似。

3）离子导体、电子导体在多孔电极中分布连续且均匀，因此反应活性位点也在电极中均匀分布。

4）计算模型与环境之间是绝热的。

5）忽略了连接体实际物理结构，设置电池间电势相同代替连接体。

6）忽略辐射换热。

7）电池与流道中，电势和组分分布均匀。

接下来我们将分别介绍作用于各求解域中的控制方程及边界条件的设置。

2 控制方程和边界条件设置

电堆模型各求解域的控制方程与单管电池模型相同：连续性方程、组分守恒方程和动量守恒方程作用在燃料分配器、流道和多孔电极区域内，在多孔电极中考虑电化学反应引起的质量源项和多孔介质的达西渗流；电子电荷守恒方程作用于阴极、阳极和集流体，而离子电荷守恒方程作用于阴极、阳极和电解质区域；能量守恒方程作用于整个计算域中。具体公式参见5.1.2小节。

为了求解电荷守恒与质量守恒的偏微分方程，需要依据实验工况对图5-16所示的各边界条件进行设置。求解电子电势场、离子电势场、速度场与组分场、温度场，分别设定边界条件。

1）电子电势场：电子电势场作用于阴极、阳极。阴极与阳极设定恒定电子电势，其余边界设置电子电势通量为0。

2）离子电势场：离子电势场作用于阴极、阳极和电解质。电极（阴极、阳极）与电解质的接触面给定耦合边界条件（Coupled），其余边界均设置离子电势通量为0。

3）速度场与组分场：速度场与组分场作用于阴极、阳极和气体流道。电极（阴极、阳极）与气体流道的接触面设置为内部边界，气体流道入口设置为质量入口。给定组分摩尔分数，气体流道出口设置为压力出口，其余各边界均设置为0扩散通量。

4）温度场：温度场作用于阴极、阳极、电解质和气体流道。气体流道的入口和出口均设置为恒温边界，其余所有与外界接触的面均设置为绝热边界，剩余边界设置为耦合边界。

3 模型参数

在建模过程中还需要对模型中涉及的几何与物性参数进行设置，而模型参数的选取直接决定了模拟结果的准确性与合理性，本例中所用的模型参数取值见表5-7。

4 模拟结果分析

一个可靠的数学模型首先需要利用实验结果对模型进行验证，前一节已经证实了单管模型的可靠性，因此电堆模型中的电化学参数直接采用单管模型参数。模型建立后，即可根据计算结果对电堆的流场、热场分布进行分析与规律总结。

基础算例的运行工况见表5-8。

表 5-7 模型参数取值

名称	参数	数值	单位
燃料分配器（不锈钢）	密度	7900	kg/m^3
	导热系数	27	$W/(m \cdot K)$
	恒压热容	500	$J/(kg \cdot K)$
阳极（Ni/YSZ）	厚度	470	μm
	孔隙率	0.36	
	渗透率	1×10^{-10}	m^2
	电子电导率	$3.27 \times 10^6 - 1063.5T$	S/m
	离子电导率	$33400\exp(10300/T)$	S/m
	密度	6870	kg/m^3
	导热系数	6.23	$W/(m \cdot K)$
	恒压热容	420	$J/(kg \cdot K)$
电解质（YSZ）	厚度	8	μm
	离子电导率	$33400\exp(10300/T)$	S/m
	密度	5510	kg/m^3
	导热系数	2.7	$W/(m \cdot K)$
	恒压热容	470	$J/(kg \cdot K)$
阴极（LSCF）	厚度	35	μm
	孔隙率	0.36	
	渗透率	1×10^{-10}	m^2
	电子电导率	1000	S/m
	离子电导率	$2.57 \times 10^7/T\exp(-9622.3/T)$	S/m
	密度	3030	kg/m^3
	导热系数	9.6	$W/(m \cdot K)$
	恒压热容	430	$J/(kg \cdot K)$
流道物理参数	电池之间行距	5.5	mm
	电池之间列距	5.5	mm
	电池长度	100	mm
	燃料分配器管壁厚度	2	mm
	燃料分配器内高	30	mm

表 5-8 电池单元基础算例运行工况

参数	数值
压力 /Pa	101325
燃料入口温度 /℃	750
空气入口温度 /℃	750
燃料入口组分（摩尔分数）	99%H_2，1%H_2O
空气入口组分（摩尔分数）	99%H_2，1%H_2O
燃料入口质量流量 /Scm^3/min	728
空气入口质量流量 /Scm^3/min	16052
工作电压 /V	0.7

图 5-17 所示为各组分在阳极流道中的分布，燃料从入口进入到分配器中，再经由分配器分配给各根电池，最后从电池末端流出。在电池内部，沿着流动方向，伴随着电化学反应，H_2 的质量分数逐渐降低，而 H_2O 的质量分数逐渐升高。在此种分配器结构下，电池之间组分质量分数的分布总体差异不大，变化规律也类似。

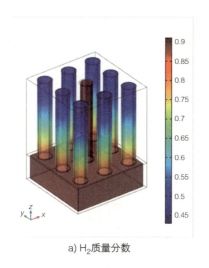

a) H_2 质量分数　　　　　　　b) H_2O 质量分数

图 5-17　阳极流道组分分布

图 5-18 所示为电解质层中截面的离子电流密度分布图。可以看出，各气流通道对应的电解质区域离子电流密度分布也较均匀。同时，电池入口对应的区域离子电流密度大于末端对应的区域，这是由于随着电化学反应的发生，燃料浓度逐渐降低，因此电流密度减少。

图 5-19 所示为电池区域温度分布图。由图可见，沿着空气流动方向上，电池温度逐渐升高，说明随着空气的流动，电池产生的热量被随之带走，从而导致靠近出口的三根电池的温度远大于靠近入口处的三根电池。同时处于同一排的电池，温度分布也存

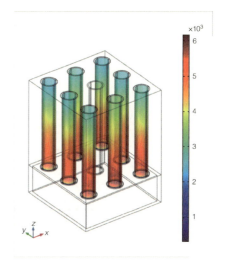

图 5-18　阳极电极电流密度分布

在差异性，位于中部的电池温度要低于靠近边缘的两根电池。导致这种情况的原因在于中部电池与边缘电池的间隙大于边缘电池与热边界的间隙，大量空气从中部电池两侧流过，电池的大部分热量被空气带走，从而导致中部电池的温度远小于两侧的电池。每根管内部的温度分布规律较为相似，沿着燃料的流向，电池温

度逐渐升高，且电池前端温度变化较大，末端仅少量上升。这是因为电池前端燃料充足，电化学反应更加剧烈，从而使电化学放出的热量也更多，因此温度上升较快，而电池末端燃料减少，电化学反应放热较少，因此温度变化比较平缓。

图 5-20 所示为空气流动区域温度分布。由图可见，空气区域与电池区域整体温度变化规律类似，也是沿着空气流动方向逐渐增大。在 zx 平面内，越靠近电池空气的温度越高，且高温区也主要分布在电池末端，这也是由于电池末端的温度更高，电池与电池的对流换热使得空气在此处温度更高。并且由图可以看出，空气与电池在 zx 平面内，存在一定的温度差，并且越靠近空气入口处，这种不均匀现象更明显。然而随着空气的流动，电池上的热量逐渐转移至空气中，使得这种不均匀现象逐渐减弱，因此越靠近出口处，zx 平面内的温度分布更加均匀。

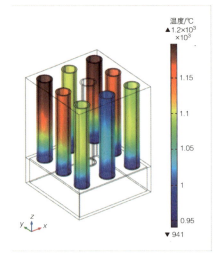

图 5-19 电池区域温度分布

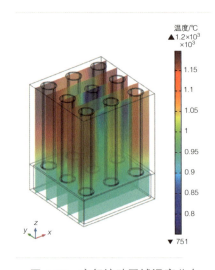

图 5-20 空气流动区域温度分布

5.2 电堆热管理

SOFC 商业化应用需要电堆具备更高的功率密度、更快的启动速度以及更良好的热循环可靠性，这对电堆的热管理系统提出了较高的要求。燃料电池发电是一个放热过程，在更高功率密度下运行会产生更多的热量，如何在紧凑的结构中将热量散出，是需要解决的问题。在电堆运行过程中各个区域的电化学反应强度、换热能力都有所不同，因此电堆的不同区域存在较大的温度差异，导致局部存在热点或较高的温度梯度，这会带来电极烧结、活性区域减少和电堆内热应力过大等问题。而在热循环过程中，快速升温启动过程也会带来电池结构失效、漏气等风险。一个高效的热管理系统需要消耗较小的能量使电堆在启动、运行和变载等不同阶段都有较小的温度梯度和较低的应力分布。本小节将介绍目前针对SOFC电堆最为常见的过量空气冷却和一些新型的热管理方法。

5.2.1 电堆产热与散热机制

电池单元产热和散热机制如图 5-21 所示。电化学反应发生在电解质和多孔电极接触的三相界面处并释放热量，电化学放热强度与电流大小和活化极化损失有关；电子和离子在传导过程中会在传导路径中产生焦耳热，与电流大小和传导路径中的电阻有关。电池在放电过程中各位置的电化学反应强度并不相同，因此放热速率沿着流动方向也不同。热量首先在膜电极中通过热传导的方式从高温区域向低温区域传输，随后通过多孔电极与流道气体的对流换热传输到流道的气流中，电池释放的热量主要由空气携带出电池。电池不同表面之间也存在辐射换热，电池边界与外界环境还存在辐射换热。

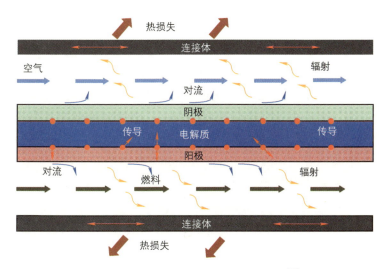

图 5-21　SOFC 产热与散热机制示意[29]

5.2.2 电堆热管理技术

过去的研究表明，SOFC 电堆在运行中存在不同区域温度差异大、温度梯度高等问题。Nishida[4] 等人使用数值模拟手段发现 Julich Mark-F SOFC 电堆活性区域内温度差异超过 80K。Kim[5] 等人分析了一个使用氢气为燃料的 30 层串联 1kW SOFC 电堆温度分布，发现电堆温度差异最大超过 100K。温度差异过大会引起局部区域出现热点和较大温度梯度等，进而导致电极烧结、分层以及密封失效等电堆常见问题。根据 Aguiar[6] 等人的研究，为了减小电堆内应力，可接受的最大局部温度梯度不能超过 10K/cm。为减小电堆温度梯度，最常见的方法是使用过量空气来进行热管理。使用氢气为燃料的电堆，依据功率密度的不同，一般会使用化学计量数 5~10 倍的空气来换热带走电堆产热。每一片电池的温度受入口空气流量和温度的影响较大。通过优化气体流道和流动方式，可以得到更加均匀的温度分布。不同几何形状的流道输运燃料和空气的能力不同，这会影响电池电化学反应的强度，进而影响电池的放热强度，除此之外空气的对流换热系数也会受到流道结构的影响，良好的流道设计能够减小气体在电极中的扩散阻力，提高电池输出功率、减少电压损耗，从而减小不可逆热源强度，并且增强气流与电极间的换热，使得电池温度分布更加均匀。有相关研究[7] 对比了长方形、梯形和三角形截面流道对温度梯度的影响，发现使用长方形截面流道拥有更高的换热系数和更小的温度梯度、倾斜角度的截面更容易出现温度过高的热点。在流道宽度固定的情况下，减小流道高度[8] 同样可以将温度梯度减小 40%。在燃料入口增加导流分配装置可以增加不同流道之间的流量均匀性，有研究表明[9]，在增加辐射状导流器之后，电池电堆最高温度可以降低 100K，且可以极大消除电池内的热点，并且实现 6% 的输出功率提升。除此之外，增加垂直于流动方向的扰流柱能够增加气体垂直于电极方向的速度分量，可以加强气体到电极-电解质界面的传输能力，Zeng[10] 等人在微管 SOFC 阳极流道中插入扰流装置增加燃料进入电极的径向速度分量，发现电池功率密度增加 30%，但是温度梯度由 12K/cm 增加至 23K/cm。空气和燃料的流动方向可以影响电池的温度分布，为了提高电池温度均匀性，不同类型的空气和燃料流动布置方式开始被研究和应用。最常见的布置方式为顺流、逆流和交叉流，Recknagle[11] 等人通过模拟计算的方法定量化对比分析了三种方式对电池温度梯度的影响，发现在顺流情况下的最大温度差异最小，而在交叉流情况下的最大温度差异最大。Kim[5] 等人在 30 层平板电堆基础上设计了一种新型结构的连接板，将平板电池分为四个三角区域，将气体流动方式从交叉流改为 V 形流动，发现新结构可以减小电池平面 35~60K 的温度差异，在垂直于电池平面的纵向方向平均温度升高 30K，但使最高温度差异减小 50K。管式电堆中没有针对每根电池专门的空气流道，因此针对空气分布均匀性的优化设计对管堆温度分布均匀更加重要，当空气在电堆各管之间不均匀时，会出现非常严重的温度不均匀问题。对于微管式电堆，电池管的直径也对温度分布有影响，有研究表明对于紧凑化的管堆，在相同的体积下减小电池直径、增加电池数量可以使空气更加均匀地分布。Chen[12]等人研究了7×7管堆外部空气流道的影响,他们发现当空气流道只有一个进口和出口时,电堆空气分布极度不均匀,当在空气入口加入4个歧管时空气和温度分布均匀性得到最好的提升,最终的空气歧管优化设计如图5-22所示。通过优化气体流道和流动方式,可以使电堆实现较好的温度均匀性,然而由于空气的热容较低,为了保持较小的温度差异,需要使用过量的空气进行热管理,鼓风机消耗的能量占系统输出功率的10%[13]。这极大地降低了系统的能量效率,因此研究者开始探索越来越多新型的热管理方法。

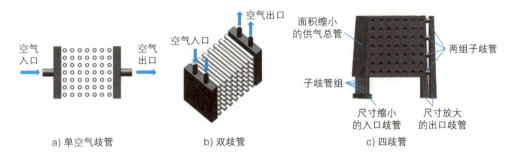

图 5-22 管式 SOFC 电堆的优化设计 [12]

可以利用碳氢燃料内重整和氨分解等吸热反应原理,吸收利用电化学反应产生的热量。Sugihara[14]等人通过实验研究了甲烷内重整反应的影响,发现重整反应主要发生在燃料出口处附近的区域内,随着加入甲烷量的增加,电池燃料入口温度明显下降。Wu[15]等人通过模拟方法研究了不同甲烷重整比例对温度分布的影响,发现加入体积分数为20%的甲烷内重整可以吸收电池50%的内部产热,最大温度差异由70K减小到22K,并且相比外重整燃料,阴极空气量可以减少75%,在预重整比例为30%～40%(体积分数)时,电池温度分布最均匀。Lai[16]等人研究了氨裂解对管式SOFC的温度影响,发现氨裂解主要发生在燃料入口处,过量且迅速的氨裂解反应会使电池温度梯度加大,将部分氨预重整能够有效减小电池最大温差。利用材料相变过程高导热系数、高等温性等优势进行高效热管理也是一种可行的方法。Dillig[3]等人将高温热管集成在连接板内部,利用液态Na、K金属汽化潜热实现15000 W/(m·K)的高导热系数,电池活性区域的温度差异下降到10K。Zeng[17]等人使用环形热管集成在管式火焰燃料电池上,实验证明热管能将电池温度梯度从31K/cm减小到13K/cm,并使功率密度从73mW/cm²提升到120mW/cm²,该热管设计还可以进一步集成在管式电堆中,提升电堆整体的温度均匀性,如图5-23所示。Promsen[18]等人则模拟研究了纯铝和铜硅锰共熔合金熔化/固化的相变过程在SOFC电堆极端载荷条件下的应用,发现使用该相变材料可以提高温度分布均匀性,并将空气利用率提高至85%,当负荷极大时，金属相变材料吸收热量延长高载荷运行时间，当负荷极小时，材料固化释放热量维持电堆运行温度。Xiao[19]等人使用热化学储能材料对管式电池进行热管理，发现在 0.75V 运行时电池表面温度差异可以减小 75.7%，燃料焓值的 18.21% 可以储存在热化学材料中，并且空气流量可以减小到 10Scm³/min，相比传统空气流量约节约 99.5% 的能量消耗。

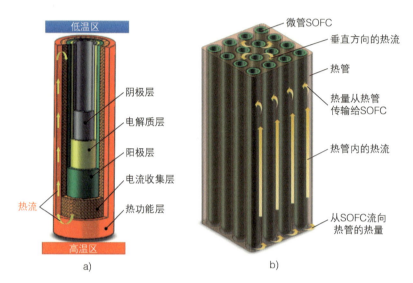

图 5-23 热管管式 SOFC 与电堆热管理示意图[17]

5.3 性能检测与故障诊断技术

　　固体氧化物燃料电池的性能好坏与其材料成分、制备工艺和运行环境等多因素有关，合适的电池性能检测技术能够帮助研究者理解电池工作原理、长时间运行下性能衰减的相关机制和影响因素，以及极端情况下电池微观结构的变化等内容，从而帮助研究者选择合适的材料成分和配比，改进电池制备加工工艺以及优化运行工况。在实际运行中，在线检测技术还能帮助预测电池健康状况、剩余使用寿命以及应对突发极端状况，提前预警以阻止不可逆破坏过程发生。目前针对 SOFC 的性能测试技术可以分为在线测试技术和离线表征两类。在线测试技术直接测试电池高温运行时的各方面性能，而离线表征是对电池运行后各部件的组分和形貌的测试。本小节将介绍电池运行中的在线测试技术，包括极化曲线测试、电化学阻抗谱法和弛豫时间分析、高次谐波分析等测试电池电化学性能的方法，以及温度、组分检测和光学检测方法。

极化曲线（I-V）测试是最常见的评估电池性能的方法，通过控制电池的电压/电流稳定在不同的数值，测试相对应的电流/电压数据，然后将获得的电流-电压数据点绘制成连续的曲线。其中常用的方法为线性扫描伏安法，即控制电压随时间线性变化，记录对应的电流变化绘制成极化曲线。为了保证电化学系统在测试时已经达到稳定状态，需要保持扫描速度足够低，因此要确定合适的扫描速度。实验中可以逐渐减小扫描速度并绘制多条极化曲线，当曲线形状不再随扫描速度有明显变化时，即可确定该扫描速度合适。随着放电电流的增加，电池的电压逐渐下降，运行电压值等于开路电压减去对应电流下的活化极化损失、欧姆极化损失和浓差极化损失。放电电流密度与活化极化呈指数对应关系，在放电电流密度较小时，电池输出电压在开路电压附近，此时电压损失主要为活化极化损失；当放电电流密度逐渐增大时，电压和电流呈近似欧姆定律的线性变化关系，此时主要的电压损失为欧姆极化损失，当放电电流持续增大，燃料利用率升高到一定程度后，三相界面附近的反应物急剧减少，放电电流密度的大小受反应界面周围组分传输的限制，此阶段的电压损失主要为浓差极化损失，极化曲线表现为电压随电流密度增大而极速下降。I-V 曲线可以定量描述电化学系统的总体性能，能定性地反映出电池密封性能、电荷转移反应强度、电子离子传输电阻和孔隙结构物质传输等因素的影响，但是更多关于电极内部复杂的耦合过程和各部分损失的定量区分需要使用更复杂的检测手段。

电化学阻抗谱（EIS）能够区分 SOFC 反应过程中内部发生的各种过程和机制。其主要原理为在稳定状态的电化学体系中施加微小振幅的正弦电流/电压扰动，记录下体系对应的电压/电流变化，通常扰动的频率范围为 0.1~100MHz 之间。在特定频率范围内，系统的阻抗可以通过下式计算得到：

$$Z(j\omega) = \frac{u_{AC} \cdot \cos(\omega t)}{i_{AC} \cdot \cos(\omega t - \phi)}$$

系统阻抗可以以复数的形式表示成实部和虚部，也可以用阻抗值大小和相位关系表示，分别对应 Nyquist 图和 Bode 图两种类型。不同的物理和化学过程对应的特征时间不同，因此电化学阻抗谱不同频率对应的阻抗幅值大小和相位角也不同，可以据此在频域上区分电荷传导、电化学反应和组分输运等过程。各类过程所对应的特征频率如图 5-24 所示[20]，可以看到电子和离子的传导过程速度较快，对应频率在 10~100kHz；电荷转移反应过程在 100~10^{4}Hz 频率范围内；燃料和空气在多孔电极中的扩散过程对应的频率在 0.1~100Hz 范围内；燃料重整过程对应的频率则小于 1Hz。

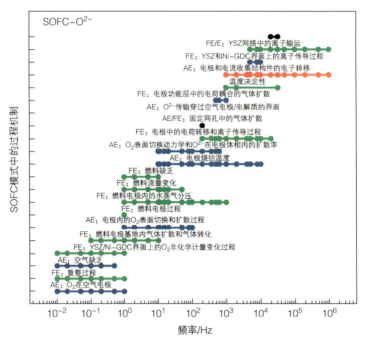

图 5-24 SOFC 各类过程对应的特征频率[20]

通过比较不同材料和制备工艺的电化学阻抗谱图，可以定量区分出其在反应活性和微观空隙间的具体差异，对比不同/同一批次电池在不同运行工况下的电化学阻抗谱图可以区分出不同电流密度、燃料利用率和运行温度下各类过程对应的损失占比，对比同一电池在不同运行时间下的阻抗谱变化可以得到电池衰减机制以及预测电池性能。然而在 Nyquist 图上的阻抗谱图各电极间的物理化学过程会有部分重合，通过分析处理 EIS 的数据获得各个过程的弛豫时间分布，可以更加有效地区分各过程的阻抗。

$$Z(f) = R_{ohmic} + R_{pol} \int_0^\infty \frac{g(\tau)}{1+i2\pi f \tau} d\tau$$

上述过程基于测试电化学系统是线性的假设，当使用正弦交流电流激励时会产生相同频率的电压响应。当激励电流的振幅变大时，系统不再满足线性假设，除了产生基频的电压响应之外，还会有高频的谐波信号。这些高频的谐波响应对各类动力学过程更加敏感，当运行工况出现异常时谐波信号会迅速增大。总谐波失真分析（Total Harmonic Distortion Analysis，THDA）是一种利用系统非线性高频响应的在线检测技术。THD 被定义为高频响应信号的幅值与基频信号幅值之比：

$$THD = \frac{\sqrt{\sum_{n=2}^\infty Y_n^2}}{Y_1}$$

它已经成功应用在质子交换膜燃料电池的故障诊断分析中。Steffy[21] 等人研究了不同故障对应的特征频率，发现可以使用 83Hz、153Hz、163Hz、166Hz 和 201Hz 的频率来区分识别阳极干涸、阳极水淹、缺氢气和阴极水淹四种故障模式。在 SOFC 故障检测领域，Moussaoui[22] 等人在纽扣电池层面研究了缺氢气和空气下 THD 的响应规律，并优化了激励电流的频率和高阶响应数量等测试参数。Subotic[23] 等人在阳极大面积支撑平板 SOFC 上分别设计出缺氢气、缺空气和积炭三种故障模式，并初步验证了 THD 区分不同失效模式的可行性。Malafronte[24] 等人将 THDA 集成到一个 6kW SOFC 发电系统中来检测燃料利用与 THD 值的关系，他们使用 0.02Hz 作为指示频率，激励电流的振幅为 2A。针对管式 SOFC，在不同燃料和空气利用率下 THD 响应也有不同，当管式电池在 6A 直流放电时施加振幅为 360mA 的交流电流，改变燃料和空气流量测试电池的 THD 响应，结果如图 5-25 所示。在燃料利用率逐渐增高至 85% 以上时，THD 值在 0.1～0.5Hz 范围内迅速增加，超过 1% 且最高达到 5% 以上；当空气流量逐渐减小到 135sccm 时 THD 值在 0.1～1Hz 区间内的部分频率点增高，最高超过 2.5%。

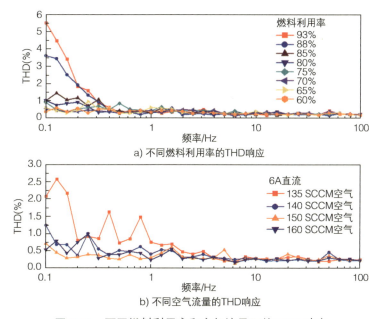

a) 不同燃料利用率的THD响应

b) 不同空气流量的THD响应

图 5-25　不同燃料利用率和空气流量下的 THD 响应

除了上述检测运行电压/电流、极化曲线、阻抗谱等电学测试方法外，还有对电堆气体组分和温度的监测技术。通过质谱、气相色谱可以检测燃料气体中的微量含磷、硫气体[25, 26]，除此之外还可以检测使用甲烷等含碳燃料在电池不同区域的反应速率。通过布置热电偶也可以检测电池运行的温度分布，以此推断出电池是否正常运行。还可以使用非介入式的光学手段来监测电池的运行状态，通过拉曼光谱峰[27]可以推断电池在使用含碳燃料时的积炭种类和积炭位置。使用太赫兹光谱分析可以诊断出电极和电解质的剥离开裂等现象[28]。

参考文献

[1] JANARDHANAN V M, DEUTSCHMANN O. CFD analysis of a solid oxide fuel cell with internal reforming: Coupled interactions of transport, heterogeneous catalysis and electrochemical processes[J]. Journal of Power Sources, 2006, 162: 1192-1202.

[2] VOGLER M, BIEBERLE-HÜTTER A, GAUCKLER L, et al. Modelling Study of Surface Reactions, Diffusion, and Spillover at a Ni/YSZ Patterned Anode[J]. Journal of the Electrochemical Society, 2009, 156(5): B663-B672.

[3] DILLIG M, PLANKENBÜHLER T, KARL J. Thermal effects of planar high temperature heat pipes in solid oxide cell stacks operated with internal methane reforming[J]. Journal of Power Sources, 2018, 373: 139-149.

[4] NISHIDA R T, BEALE S B, PHAROAH J G, et al. Three-dimensional computational fluid dynamics modeling and experimental validation of the Jülich Mark -F solid oxide fuel cell stack[J]. Journal of power sources, 2018, 373: 203-210.

[5] KIM D H, BAE Y, LEE S, et al. Thermal analysis of a 1-kW hydrogen-fueled solid oxide fuel cell stack by three-dimensional numerical simulation[J]. Energy Conversion and Management, 2020, 222: 113213.

[6] AGUIAR P, ADJIMAN C S, BRANDON N P. Anode-supported intermediate-temperature direct internal reforming solid oxide fuel cell: II. Model-based dynamic performance and control[J]. Journal of Power Sources, 2005, 147(1-2): 136-147.

[7] MANGLIK R M, MAGAR Y N. Heat and mass transfer in planar anode-supported solid oxide fuel cells: effects of interconnect fuel/oxidant channel flow cross section[J]. Journal of Thermal Science and Engineering Applications, 2015, 7(4): 114-121.

[8] JI Y, YUAN K, CHUNG J N, et al. Effects of transport scale on heat/mass transfer and performance optimization for solid oxide fuel cells[J]. Journal of Power Sources, 2006, 161(1): 380-391.

[9] DANILOV V A, TADE M O. A CFD-based model of a planar SOFC for anode flow field design[J]. International Journal of Hydrogen Energy, 2009, 34(21): 8998-9006.

[10] ZENG Z, ZHAO B, HAO C, et al. Effect of radial flows in fuel channels on thermal performance of counterflow tubular solid oxide fuel cells[J]. Applied Thermal Engineering, 2023, 219: 119577.

[11] RECKNAGLE K P, Williford R E, Chick L A, et al. Three-dimensional thermo-fluid electrochemical modeling of planar SOFC stacks[J]. Journal of Power Sources, 2003, 113(1): 109-114.

[12] CHEN D, XU Y, HU B, et al. Investigation of proper external air flow path for tubular fuel cell stacks with an anode support feature[J]. Energy Conversion and Management, 2018, 171: 807- 814.

[13] PETERS R, BLUM L, DEJA R, et al. Operation experience with a 20 kW SOFC system[J]. Fuel cells, 2014, 14(3): 489-499.

[14] SUGIHARA S, IWAI H. Measurement of transient temperature distribution behavior of a planar solid oxide fuel cell: Effect of instantaneous switching of power generation and direct internal reforming[J]. Journal of Power Sources, 2021, 482: 229070.

[15] WU Y, SHI Y, CAI N, et al. Thermal modeling and management of solid oxide fuel cells oper-

ating with internally reformed methane[J]. Journal of thermal Science, 2018, 27(3): 203- 212.
- [16] LAI Y, WANG Z, CUI D, et al. Thermal impact performance study for the thermal management of ammonia-fueled single tubular solid oxide fuel cell[J]. International Journal of Hydrogen Energy, 2023, 48(6): 2351-2367.
- [17] ZENG H, WANG Y, SHI Y, Et al. Highly thermal integrated heat pipe-solid oxide fuel cell[J]. Applied Energy, 2018, 216: 613-619.
- [18] PROMSEN M, SELVAM K, KOMATSU Y, et al. Metallic PCM-integrated solid oxide fuel cell stack for operating range extension[J]. Energy Conversion and Management, 2022, 255: 115309.
- [19] XIAO G, SUN A, LIU H, et al. Thermal management of reversible solid oxide cells in the dynamic mode switching[J]. Applied Energy, 2023, 331: 120383.
- [20] SUBOTIĆ V, HOCHENAUER C. Analysis of solid oxide fuel and electrolysis cells operated in a real-system environment: State-of-the-health diagnostic, failure modes, degradation mitigation and performance regeneration[J]. Progress in Energy and Combustion Science, 2022, 93: 101011.
- [21] STEFFY N J, SELVAGANESH S V, SAHU A K. Online monitoring of fuel starvation and water management in an operating polymer electrolyte membrane fuel cell by a novel diagnostic tool based on total harmonic distortion analysis[J]. Journal of Power Sources, 2018, 404: 81-88.
- [22] MOUSSAOUI H, HAMMERSCHMID G, SUBOTIĆ V. Fast online diagnosis for solid oxide fuel cells: Optimisation of total harmonic distortion tool for real-system application and reactants starvation identification[J]. Journal of Power Sources, 2023, 556: 232352.
- [23] SUBOTIĆ V, MENZLER N H, LAWLOR V, et al. On the origin of degradation in fuel cells and its fast identification by applying unconventional online-monitoring tools[J]. Applied energy, 2020, 277: 115603.
- [24] MALAFRONTE L, MOREL B, POHJORANTA A. Online total harmonic distortion analysis for solid oxide fuel cell stack monitoring in system applications[J]. Fuel Cells, 2018, 18(4): 476-489.
- [25] FINKLEA H O, ZHANG W, JONY M, et al. Mass spectrometry of SOFC fuel mixtures containing phosphine[J]. Journal of the Electrochemical Society, 2015, 162(9): F1101.
- [26] KHAN M A H, WHELAN M E, RHEW R C. Analysis of low concentration reduced sulfur compounds (RSCs) in air: Storage issues and measurement by gas chromatography with sulfur chemiluminescence detection[J]. Talanta, 2012, 88: 581-586.
- [27] LI X, BLINN K, FANG Y, et al. Application of surface enhanced Raman spectroscopy to the study of SOFC electrode surfaces[J]. Physical Chemistry Chemical Physics, 2012, 14(17): 5919-5923.
- [28] SATO K, YABUTA Y, KUMADA K, et al. Visualizing internal micro-damage distribution in solid oxide fuel cells[J]. Journal of Power Sources, 2023, 570: 233059.
- [29] ZENG Z, QIAN Y, ZHANG Y, et al. A review of heat transfer and thermal management methods for temperature gradient reduction in solid oxide fuel cell (SOFC) stacks[J]. Applied Energy, 2020, 280: 115899.

第 6 章

SOFC 动力系统与应用

本书第 2~4 章分别介绍了在动力系统中具有广泛应用前景的几类燃料电池及电堆技术，第 5 章介绍了电堆的多场管控与诊断技术，以辅助电堆的优化设计实现高效、长寿命运行。在以上章节的基础上，从本章起，将着重介绍系统层面的相关技术以及 SOFC 动力系统的典型应用。具体来说，本章将对 SOFC 动力系统的系统结构、典型系统设计与稳态建模过程进行介绍，并介绍有望应用于动力系统的两种新型 SOFC。在本章的基础上，随后几章将对典型的航空动力系统应用、关键燃料处理技术，以及系统控制技术进行介绍。

6.1 系统结构

SOFC 动力系统的结构取决于燃料类型、重整方式、SOFC 构型、循环方式等多种因素，典型的 SOFC 简单动力系统结构如图 6-1 所示。碳氢燃料经由燃料处理模块转化为富含 H_2 与 CO 的合成气，随后进入 SOFC 阳极，同时，阴极侧空气由鼓风机加压后通入。在 SOFC 内部，燃料与氧气发生电化学反应产生电流，部分未反应的燃料与空气进入尾燃器中燃烧。尾燃器出口高温尾气的热能经由换热器预热入口空气。在简单 SOFC 动力系统中，通常还会配有锂电池或超级电容作为储能部件。

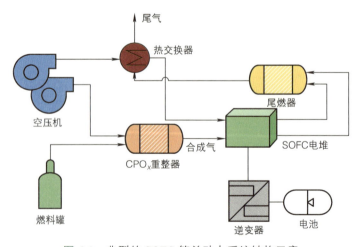

图 6-1　典型的 SOFC 简单动力系统结构示意

6.1.1 燃料供给与处理子系统

燃料供给与处理子系统用于为 SOFC 电堆提供燃料，并在燃料（除 H_2 外）进入电堆前进行预处理，此外，SOFC 出口未完全反应的燃料也需要进一步进行处理以充分利用，因此流程可分为燃料供应、前处理与后处理。本书第 8 章将对具体的燃料前处理与后处理技术进行介绍，本节仅对相应的流程进行简要概括。

目前，碳氢燃料因其具有易储存、能量密度大等特点，在 SOFC 动力系统中广泛使用。然而，碳氢燃料通常含有硫等杂质，需要气体净化部件进行脱除处理，此外，为提升 SOFC 的性能，通常需要重整器将其重整为 H_2 与 CO。SOFC 系统的重整方式主要包括蒸汽重整、催化部分氧化重整以及自热重整等，其中，蒸汽重整与自热重整均需要大量的外部水，此外，重整反应吸热需要外界热源供热，限制了其在动力系统中的应用。CPO_x 只需空气或氧气作为氧化剂，同时，其放热特性与快速响应等特点使其成为移动、便携领域广泛应用的重整方式。在典型动力系统中，燃料供应系统需要为重整及 SOFC 电堆提供所需的燃料与空气，通常，燃料气体从高压燃料罐流出，经换热器换热后进入 CPO_x 反应器中重整；空气从外部环境经气泵加压后进入换热器，随后分别进入 CPO_x 反应器和电堆阴极。在供气过程中，通过流量阀调整三股气流的流量，为 CPO_x 重整过程和 SOFC 电堆的正常工作提供充足且合适的气量。在后处理部分，未反应的尾气中含有的 H_2 与 CO 一般会通过尾燃器燃烧，燃烧后的高温气体会通入换热器为入口气体加热，以达到余热循环利用的目的。

6.1.2 发电子系统

发电子系统是系统中提供电能的部件，一般主要包括 SOFC 电堆，对于混合动力系统来说，还包括燃气轮机等热机装置。SOFC 电堆的相关技术在本书第 2～5 章已有较多介绍，本节不再赘述。对于 SOFC 与其他发电装置进行集成的相关技术将在下一节中进行具体介绍。

6.1.3 热管理子系统

热管理子系统包含热交换器、保温装置等部件，主要用于维持 SOFC 电堆及各部件的工作温度，为各子部件提供/移除热量以保证高效工作。在典型的动力系统中，SOFC 电堆一般与重整器、尾燃器以及换热器在热盒内进行集成，需要对热盒进行高效热管理以保证系统热自维持与系统紧凑性。研究表明，热交换器、保温材料以及其他热管理相关部件在系统重量、体积中占有相当大的比例，通过合适的热管理设计，可将热量从放热部件高效传导至吸热部件，以减小热管理部件的体积。在SOFC动力系统中，放热部件包括CPO_x重整器、SOFC电堆以及尾燃器，从热自维持的角度，需要上述部件的放热以供给燃料与空气进行预热，还可以覆盖对外界环境的散热。

对于小型便携式SOFC系统，对环境的散热占比较高，比如对于2kW的板式电堆模块，热损失占入口燃料化学能的9%～10%[1]。对于100W的SOFC便携式系统，热损更高达47.8%[2]。因此，热盒的保温对于实现热自维持至关重要。通常情况下，需要在热盒外包裹多层低热导率（约0.1W/m·K）的保温材料以降低热损失[3,4]，然而，此时保温材料会带来更多的系统负重，如对于百瓦级的SOFC动力系统，保温材料质量可达1kg。为了进一步降低热盒的质量，有研究者采用热导率更低（约0.02W/m·K）的微孔保温材料[5]与纳米颗粒保温材料，Kendall等利用纳米保温材料，将100W SOFC动力系统的保温材料质量降低到150g[6]。

除了降低对环境的热损之外，系统内的热量分配也会显著影响系统的性能。如前文所述，尾燃器高温烟气的热量一般通过外部热交换器回收以加热入口气体[1]。对于板式SOFC电堆来说，热交换器一般应与电堆紧密接触以保证热盒的紧凑性。对于管式SOFC，其结构与易密封的特点可使热盒设计更为紧凑。图6-2所示为典型的几类管式SOFC热盒集成方式。在Protonex的专利中，CPO_x与管式

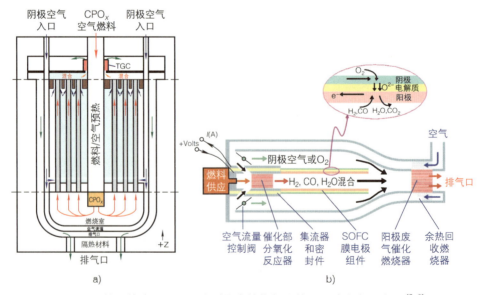

图6-2 基于管式SOFC的典型热盒结构与热管理设计方案示意图[7,9]

SOFC电堆以及尾燃器直接集成在一起，阴极空气从顶部进入热盒，并在环形热交换器中进行预热，随后沿径向流入阴极[7]。燃料/空气混合物从热盒顶部中心管道流入，在向下流到底部CPO$_x$的过程中被预热。随后，重整气体在气体分配室中进行混合并流入阳极通道。阴阳极尾气直接在管堆出口上方混合，随后进入尾燃器中燃烧。尾燃器的高温烟气沿径向向外流动，通过热交换器的环形流道向下流动。Braun等通过数值模拟发现[7, 8]，使用逆流换热器可以显著改善热量回收效果，实现高效的空气预热。图6-2b所示为逆流预热的结构。管式SOFC电堆下游的尾燃器作为换热器，将热量传递给隔壁的气体通道，以预热逆流的阴极空气[9, 10]。

6.1.4　电力调控子系统

电力调控子系统可以分为能量储存子系统、负载子系统、控制子系统。能量储存子系统负责储存燃料电池产出的多余电能；负载子系统分为内部负载和外部负载，内部负载为控制子系统提供电能，外部负载为用户提供电能；控制子系统包括控制器、传感器、流量阀等，传感器反馈回的信号反馈给控制器，控制器传出的信号作用于气泵、阀等装置，实现对系统的控制。相比固定式发电系统，用于移动、便携领域的SOFC动力系统的负载变化更为频繁，需要制定合适的控制策略以满足变负荷的需求。一般而言，控制策略主要包含热管理策略、电管理与物质管理策略。热管理策略主要用于维持各部件运行在最佳工作温度；电管理策略需要考虑负载、储存与发电的分配问题；物质管理策略则需对系统的其他关键指标（如C/O比、燃料利用率等）进行调控，以实现如抑制积炭等目的。本书第9章将针对具体的控制策略进行详细介绍，感兴趣的读者可进一步深入阅读。

6.2　典型系统设计与集成

尽管研究者致力于提升SOFC电堆的功率密度，以促进其在动力系统中的应用，但其功率密度（几百瓦每千克）仍远低于常用的热机动力（几千瓦每千克）。为了提升SOFC系统的功率密度，研究者提出采用SOFC与其他动力源耦合的动力系统,从而结合 SOFC 的高效、高燃料适应性的优势与其他动力源(如电池、热机等)快速响应、高功率密度的优势[11, 12],促进其在动力系统的应用。本节将着重介绍两种典型的 SOFC 动力系统构型:SOFC- 电池动力系统与 SOFC- 热机混合循环动力系统。

6.2.1　SOFC- 电池动力系统

　　SOFC 应用在便携电源、车用、无人机动力等领域时,一般需要与电池、超级电容等储能部件耦合,以提升其动态响应能力。典型的车用 SOFC- 电池动力系统如图 6-3 所示,此时,SOFC 与电池间的功率分配问题是系统着重需要关注的[13]。一般来说,SOFC 因其具有能量密度高的优势而被用于提供系统平稳运行时的平均功率,而电池由于其具有响应快、功率密度高的特点而被用于为启动等阶段提供峰值功率[13]。在低功率需求期间,SOFC 放电为电池充电;而在高功率需求时,由电池提供多余功率以平抑 SOFC 启动与响应慢的问题[14]。SOFC- 电池动力系统已在无人机、无人水下航行器中有所应用[15, 16],如洛克希德-马丁的 Stalker VXE 无人机采用以丙烷为燃料的 SOFC 与电池耦合的动力系统,能量密度可达 1200kW·h/kg,创下了超过 39h 的续航记录[17]。

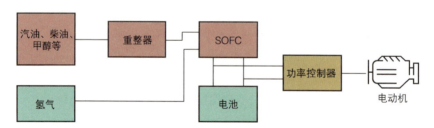

图 6-3　车用 SOFC- 电池动力系统典型结构示意图

6.2.2　SOFC- 热机混合循环动力系统

　　在功率需求较高(> 50kW)的动力系统场景,如重型货车或飞机的 APU 以及主动力电源,将 SOFC 与传统热机(如内燃机、燃气轮机等)组成混合循环动力系统可望结合二者的优势。SOFC 高温尾气的热能可被热机循环进一步利用,从而提升整体的系统效率[18],模拟结果显示,SOFC- 内燃机的混合循环系统效率可达传统内燃机的 2 倍[19]。另一方面,热机可提升系统的功率密度,SOFC- 燃气轮机(GT)混合循环动力系统的功率密度可达 SOFC 系统功率密度的 3.24 倍[20]。

SOFC-GT 系统因其具有清洁、高效等特点，在固定式发电、移动便携等领域均极具应用前景。在固定式发电领域，西门子-西屋以及三菱重工均开发了 200kW 量级的 SOFC-GT 混合循环发电系统，以天然气为燃料的系统效率可达 50% 以上。

目前针对移动动力领域的 SOFC-GT 循环系统大多仍为理论研究，研究集中于探讨不同系统构型对系统关键参数的影响规律[21-28]。图 6-4 所示为飞机动力中 SOFC-GT 系统的典型结构，燃料在进入 SOFC 电堆前经过脱硫处理及重整过程，随后在 SOFC 内部发生电化学反应，SOFC 尾气在尾燃器中燃烧后推动透平旋转做功发电[18]。该系统结构与固定式 SOFC-GT 发电系统结构类似，虽然可实现较高的系统效率，但诸多 BOP 部件的引入提升了系统的复杂度与体积。为了实现更为紧凑的系统结构，马里兰大学 Cadou 教授课题组提出将 CPO_x 以及 SOFC 直接放置于 GT 的流道内，由发动机为 CPO_x 与 SOFC 提供压缩空气与燃料，从而减少了其他外部 BOP 部件，进而提升体积功率密度[29]。此外，数值模拟结果表明，在 UAV 动力中 SOFC-GT 混合循环系统相比于单纯热机系统，可在略微牺牲体积功率密度（5%～8%）下显著降低燃料消耗（>5%），并提升电能输出潜力（> 500%）[29]。在本书的第 7 章中将对更多 SOFC-GT 动力系统在航空中的应用及具体的模拟研究进行相关介绍。整体来说，尽管研究者提出了不同的系统结构以提升 SOFC-GT 混合系统的紧凑性（以进一步提升功率密度）和效率，目前对于系统性能的评估主要集中于热力学效率的分析，而很少考虑功率密度。此外，加压操作可显著提升混合动力系统的效率与功率密度，但仍需进一步评估并增强高压操作下 SOFC 电堆的稳定性。

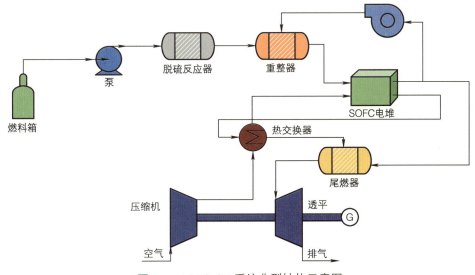

图 6-4 SOFC-GT 系统典型结构示意图

6.3 典型 SOFC 动力系统模拟

本节将以 SOFC-锂电池/GT 动力系统为例，介绍系统级 SOFC 动力系统建模的过程。选择合适复杂度的系统水平燃料电池模型是混合发电系统模拟的关键之一，目前在系统模拟中大多采用零维热力学模型对系统进行结构设计与性能评估。本章将首先介绍系统零维 BOP 部件模型建立的过程，随后介绍不同复杂度 SOFC 模型建立的过程，最后介绍耦合不同复杂度 SOFC 模型的系统模型建立过程。读者在对 SOFC 动力系统进行建模时，可参考不同复杂度模型的特点，按需选取不同的建模方式。本节系统级模型的建立是基于 gPROMS 系统仿真平台完成的，gPROMS 平台是英国帝国理工大学研发的过程建模软件，可实现模块化、图形化建模的功能。本节建模的对象包含 CPO_x 重整器、尾燃器、换热器、锂电池以及 SOFC。

6.3.1 零维 BOP 部件模型

1 CPO_x 重整器模型

本节以丙烷 CPO_x 重整器为例，介绍基于化学平衡以及元素守恒建立重整器系统模型的过程。考虑在丙烷 CPO_x 反应器中发生蒸汽重整与水气变换反应两个副反应

$$CH_4 + H_2O \longleftrightarrow CO + 3H_2 \quad (6\text{-}1)$$

$$CO + H_2O \longleftrightarrow CO_2 + H_2 \quad (6\text{-}2)$$

且上述两个反应处于平衡状态，从而主要组分摩尔分数满足

$$K_{eq,ref} x_{CH_4} x_{H_2O} = (p/p_0)^2 x_{H_2} x_{CO} \quad (6\text{-}3)$$

$$K_{eq,shift} x_{CO} x_{H_2O} = x_{H_2,a} x_{CO_2} \quad (6\text{-}4)$$

式中　$K_{eq,ref}$——重整反应的平衡常数；

$K_{eq,shift}$——水气变换反应的平衡常数；

x——组分的摩尔分数；

p 是气体总压，有

$$K_{\text{eq,ref}} = 1.0267\exp(-0.2513Z^4 + 0.3665Z^3 + 0.5810Z^2 - 27.134Z + 3.277) \qquad (6\text{-}5)$$

$$K_{\text{eq,shift}} = \exp(-0.2935Z^3 + 0.635Z^2 + 4.1788Z + 0.3169) \qquad (6\text{-}6)$$

$$Z = \frac{1000}{T_{\text{eq}} - 1}$$

式中　T_{eq}——平衡温度，$T_{\text{eq}} = T - \Delta T_{\text{eq}}$，$\Delta T_{\text{eq}} \geqslant 0$。

同时，入口组分（H_2、H_2O、CO、CO_2、C_3H_8、N_2）与出口组分（H_2、H_2O、CO、CO_2、CH_4、N_2）中的原子 C、H、O、N 的质量守恒：

$$\dot{n}_{\text{in}}(x_{\text{CO,in}} + x_{\text{CO}_2\text{,in}} + 3x_{\text{C}_3\text{H}_8\text{,in}}) = \dot{n}_{\text{out}}(x_{\text{CO}} + x_{\text{CO}_2} + x_{\text{CH}_4}) \qquad (6\text{-}7)$$

$$\dot{n}_{\text{in}}(x_{\text{H}_2\text{,in}} + x_{\text{H}_2\text{O,in}} + 4x_{\text{C}_3\text{H}_8\text{,in}}) = \dot{n}_{\text{out}}(x_{\text{H}_2} + x_{\text{H}_2\text{O}} + 2x_{\text{CH}_4}) \qquad (6\text{-}8)$$

$$\dot{n}_{\text{in}}(x_{\text{H}_2\text{O,in}} + x_{\text{CO,in}} + 2x_{\text{CO}_2\text{,in}}) = \dot{n}_{\text{out}}(x_{\text{H}_2\text{O}} + x_{\text{CO}} + 2x_{\text{CO}_2}) \qquad (6\text{-}9)$$

$$\dot{n}_{\text{in}} x_{\text{N}_2\text{,in}} = \dot{n}_{\text{out}} x_{\text{N}_2} \qquad (6\text{-}10)$$

总质量守恒方程为

$$x_{\text{H}_2} + x_{\text{H}_2\text{O}} + x_{\text{CO}} + x_{\text{CO}_2} + x_{\text{CH}_4} + x_{\text{C}_3\text{H}_8} + x_{\text{N}_2} = 1 \qquad (6\text{-}11)$$

能量守恒方程为

$$\dot{n}_{\text{in}} \sum_i x_{i,\text{in}} H_{i,\text{in}}(T_{\text{in}}) + Q = \dot{n}_{\text{out}} \sum_i x_i H_{i,\text{out}}(T) \qquad (6\text{-}12)$$

式中　$H_{i,\text{in}}$——入口气体组分 i 的摩尔比焓；

　　　$H_{i,\text{out}}$——出口气体组分 i 的摩尔比焓；

　　　T_{in}——气体入口温度；

　　　Q——总体吸收的热量，本文中 $Q = 0$。

2 尾燃器模型

燃烧器中考虑 CH_4、H_2 与 CO 的完全燃烧，同样基于元素守恒与能量守恒对各组分的摩尔分数以及燃烧器温度进行求解。原子 C、H、O、N 的质量守恒方程为

$$x_{\text{H}_2} = x_{\text{CH}_4} = x_{\text{CO}} = 0 \qquad (6\text{-}13)$$

$$\sum_j \dot{n}_{\text{in}}^j \left(x_{\text{CO,in}}^j + x_{\text{CO}_2\text{,in}}^j + x_{\text{CH}_4\text{,in}}^j\right) = \dot{n}_{\text{out}} x_{\text{CO}_2} \qquad (6\text{-}14)$$

$$\sum_j \dot{n}_{\text{in}}^j \left(x_{\text{H}_2\text{,in}}^j + x_{\text{H}_2\text{O,in}}^j + 2x_{\text{CH}_4\text{,in}}^j\right) = \dot{n}_{\text{out}} x_{\text{H}_2\text{O}} \qquad (6\text{-}15)$$

$$\sum_j \dot{n}_{in}^j \left(x_{H_2O,in}^j + x_{CO,in}^j + 2x_{CO_2,in}^j + 2x_{O_2,in}^j \right) = \dot{n}_{out} \left(x_{H_2O} + 2x_{O_2} + 2x_{CO_2} \right) \quad (6\text{-}16)$$

$$\sum_j \dot{n}_{in}^j x_{N_2,in}^j = \dot{n}_{out} x_{N_2} \quad (6\text{-}17)$$

反应的总质量守恒方程为

$$x_{H_2} + x_{H_2O} + x_{CO} + x_{CO_2} + x_{CH_4} + x_{O_2} + x_{N_2} = 1 \quad (6\text{-}18)$$

气体能量守恒方程为

$$\sum_j \dot{n}_{in}^j \sum_i x_{i,in}^j H_{i,in}^j (T_{in}^j) = \dot{n}_{out} \sum_i x_i H_{i,out}(T) + Q \quad (6\text{-}19)$$

式中 T_{in}^j——第 j 个入口的气体温度；

H——气体摩尔比焓；

Q——热量损失或做功，当绝热燃烧时，$Q = 0$。

3 换热器模型

对数平均温差法和传热有效度-传热单元数法（ε-NTU）是零维换热器模型中应用最广的两种方法。换热器在不同流动模式下的一些 ε-NTU 解析表达式见表 6-1[30]。

表 6-1 换热器在不同流动模式下的 ε-NTU 表达式

流动模式	表达式
逆流	$\varepsilon = \dfrac{1-\exp[-NTU(1-C_{min}/C_{max})]}{1-(C_{min}/C_{max})\exp[-NTU(1-C_{min}/C_{max})]}$
顺流	$\varepsilon = \dfrac{1-\exp[-NTU(1+C_{min}/C_{max})]}{1+C_{min}/C_{max}}$
交叉流，冷热流体均未混合	$\varepsilon = 1-\exp\left\{ \dfrac{\exp[-NTU(C_{min}/C_{max})NTU^{-0.22}]-1}{(C_{min}/C_{max})NTU^{-0.22}} \right\}$
交叉流，冷热流体混合	$\dfrac{1}{\varepsilon} = \dfrac{1}{NTU}\{NTU/[1-\exp(-NTU)] + (C_{min}/C_{max})NTU/[1-\exp(-NTU(C_{min}/C_{max}))]-1\}$
交叉流，具有最小热当量的流体混合	$\varepsilon = 1-\exp\{(C_{min}/C_{max})\exp[-NTU(C_{min}/C_{max})]-1\}$
交叉流，具有最大热当量的流体混合	$\varepsilon = (C_{min}/C_{max})(1-\exp\{-[1-\exp(-NTU)](C_{min}/C_{max})\})$
多程管壳式换热器中的流动	$\dfrac{1}{\varepsilon} = \dfrac{1}{2}\dfrac{\sqrt{1+(C_{min}/C_{max})^2}\left[1+\exp\left(-NTU\sqrt{1+(C_{min}/C_{max})^2}\right)\right]}{1-\exp\left(NTU\sqrt{1+(C_{min}/C_{max})^2}\right)} + 0.5(1+C_{min}/C_{max})$

对于紧凑型换热器，有一些关键变量，包括总传热面积（A）与体积（V）之比，即 $\alpha = A/V$，给定流体侧自由流动面积（A_{free}）与前沿面积（A_{fr}）之比，即 $\sigma = A_{\text{free}}/A_{\text{fr}}$，以及流道水力半径，即 $r_{\text{hyd}} = LA_{\text{free}}/A$，其中 L 为流道长度。它们之间的关系是[30]：

$$\sigma = \frac{A_{\text{free}}}{A_{\text{fr}}} = \frac{Ar_{\text{hyd}}}{LA_{\text{fr}}} = \frac{Ar_{\text{hyd}}}{V} = \alpha r_{\text{hyd}} \quad (6\text{-}20)$$

基于 Keys 和 London 的紧凑式换热器理论[19]，包成等人提出了 PEMFC 系统中散热器和冷凝器的额定值和尺寸的确定方法[31]，其中考虑了不凝气体的影响。基于 SWPC 示范系统的设计点数据，包成等人[32]将回热器反向设计为交叉流板翅式紧凑型换热器，其中 3/8-6.06 型表面和 11.11 型表面分别用于空气侧和高温废气侧[30]。

紧凑型和管壳式换热器可以在统一的框架下建模[32]。对于顺流和逆流的分布参数动力学模型，沿轴向坐标 z，热（$k = \text{h}$）或冷（$k = \text{c}$）流体和壁面的能量平衡：

$$\rho_k c_{p,k} \frac{\partial T_k}{\partial t} = -\rho_k u_k c_{p,k} \frac{\partial T_k}{\partial z} + \frac{\alpha_k}{\sigma_k} \eta_{o,k} h_k (T_\text{w} - T_k) \quad (k = \text{h,c}) \quad (6\text{-}21)$$

$$\rho_\text{w} c_{p,\text{w}} \frac{\text{d}T_\text{w}}{\text{d}t} = \kappa_\text{w} \frac{\partial^2 T_\text{w}}{\partial z^2} + \frac{1}{A_\text{w}} \sum_{k=\text{c,h}} A_{\text{free},k} \frac{\alpha_k}{\sigma_k} \eta_{o,k} h_k (T_k - T_\text{w}) \quad (6\text{-}22)$$

式中　u_k——流体密度；

　　T_k 和 T_w——流体和壁面温度；

　　h——对流传热系数；

　　η_o——整体表面温度效率。不考虑翅片的影响，有 $\eta_{o,k} = 1$ 和 $\alpha_k/\sigma_k = 1/r_{\text{hyd},k}$，式（6-21）和式（6-22）简化为管壳式换热器的典型模型。

4 锂电池模型

采用如下公式对锂离子电池的荷电状态进行估算：

$$\text{SOC} = \frac{\text{电池剩余电量}}{\text{电池总电量}} = \frac{Q_\text{m} - Q(I_\text{n})}{Q_\text{m}} \quad (6\text{-}23)$$

$$Q(I_\text{n}) = t \int I_\text{n} \text{d}t \quad (6\text{-}24)$$

式中　Q_m——最大放电容量；

　　$Q(I_\text{n})$——按照标准电流 I_n 放电 t 时刻的放电容量。

5 压缩机、透平模型

（1）等熵效率模型

等熵效率模型是涡轮机械最简单、使用最广泛的模型，即

$$\eta_c = (h_{s,c} - h_{in})/(h_{out} - h_{in})$$

$$\eta_t = (h_{in} - h_{out})/(h_{in} - h_{s,t})$$

式中　η——压缩机（c）和涡轮（t）的效率；

h——入口（in）及出口（out）气体的质量比焓；

h_s——与等熵过程相关的质量比焓。

对于理想气体，等熵出口温度 T_s 为 $T_{s,c} = T_{in}\pi_c^{(k-1)/k}$，$T_{s,t} = T_{in}\pi_t^{-(k-1)/k}$，其中 T_{in} 是进气温度，π 是涡轮机械中气体的压力比，k 是绝热指数。作为一种简单的热力学计算公式，这种方法不能解释涡轮在瞬态过程中速度的变化。

（2）性能拟合模型

燃料电池系统中的压气机和涡轮（c/t）的建模通常基于它们的性能曲线或脉谱（MAP）图。叶轮机械性能的基本参数有四个，即压比（π）、效率（η）、质量流量（$\dot{m}$）和转速（N，通常转速单位为 r/min），或者一般来说是修正质量流量（$\phi = \dot{m}\sqrt{T_{in}}p_0/p_{in}$）、修正转速（$N_{cr} = N/\sqrt{T_{in}}$）。给定这四个变量中的任意两个，就可以计算出其他的两个。

在系统级模型中，尤其是在瞬态仿真中，经常使用 $\phi = f(N_{cr},\pi)$ 和 $\pi = f(N_{cr},\phi)$ 这两个公式。在离心压缩机的典型性能中，喘振区域附近的速度等值线几乎垂直于压比轴。当压比 π 发生微小变化，$\phi = f(N_{cr},\pi)$ 中 ϕ 可能会发生很大变化，甚至出现多个值。由于性能的快速增长，在堵塞区附近，$\pi = f(N_{cr},\phi)$ 也有类似的数学问题。

（3）β 线模型

β 线模型是目前应用最广泛的一种涡轮机械性能图拟合模型。β 的值本身没有物理意义，β 线的作用是一组辅助线。为了解决上述性能曲线斜率过大的问题，β 线被设计成一组等距曲线，通常为直线或抛物线，与每条速度等高线只有一个交点[33-36]。通过在 $\beta = 0$ 和 $\beta = 1$ 处设置两条辅助线，分别对应性能图的下界和上界，可以通过等间隔插值确定中间 β 线的所有多项式系数。因此，特征变量（ϕ,π,η）可以与归一化的有效速度和 β 以非线性多项式的形式相关联：

$$\phi = \sum_{i=0,j=0}^{n_1} a_{ij}\overline{N}_{cr}{}^i\beta^j, \pi = \sum_{i=0,j=0}^{n_2} b_{ij}\overline{N}_{cr}{}^i\beta^j, \eta = \sum_{i=0,j=0}^{n_3} c_{ij}\overline{N}_{cr}{}^i\beta^j \qquad (6\text{-}25)$$

式中　$\overline{N}_{cr}$——相对于设计点的归一化速度 $\overline{N}_{cr} = N_{cr}/N_{cr,0}$；

$n_1 \sim n_3$——多项式阶数；

a_{ij}、b_{ij} 和 c_{ij}——拟合参数。

透平模型可以使用 β 线网格进行类似处理。然而，当气体压力比高于某一临界值时，透平入口的气体受到阻塞，在这种情况下，质量流量相对于压比和 β 的变化保持不变。此时，可采用椭圆形式代替多项式函数来描述质量流量的渐近特性：

$$\phi = a\left[1-\left(\frac{1-\beta}{b}\right)^z\right]^{1/z}, \qquad z = c_0 + c_1 \bar{N}_{cr} + c_2 \bar{N}_{cr}^2 \qquad (6\text{-}26)$$

式中　a、b 和 $c_0 \sim c_2$——拟合参数。

6.3.2　SOFC 模型

相对于微/介观 SOFC 模型，宏观 SOFC 机理模型更易于简化为可用于系统分析的 SOFC 模型。近年来宏观 SOFC 机理模型取得了长足的进步，已经发展到采用商业 CFD 软件求解三维瞬态模型。如本书第 5 章介绍的，在不考虑基元反应、吸附过程等更为复杂的化学和电化学反应时，SOFC 宏观机理模型可以采用通用的微分方程来描述，即采用 Navier-Stokes 方程描述动量守恒、尘气模型（DGM）或等效的对流-扩散模型描述多孔介质中的多组分气体传质过程、欧姆定律描述电荷守恒、通用的 Butler-Volmer 方程描述电化学反应、能量守恒用于温度场模拟以及在各个方程中考虑化学反应动力学、辐射换热等源项的处理。

由于计算量较大和实时性较差等问题，单电池 CFD 模型难以直接应用于系统级仿真分析，零维模型和半经验模型由于更小的计算开销，被广泛应用于系统级 SOFC 模型。基于物质流和能量流守恒，零维模型关注燃料电池系统的输入输出特性，可用于系统的热力学第一定律和第二定律分析。半经验模型则通常基于电极内部的气体传质与电荷传递机理模型框架，围绕操作条件对 SOFC 的三种极化损失的影响，进行沿传质方向的电池极化简化分析。当合理假定膜电极厚度方向等温，仅考虑沿流道方向的温度梯度，全二维 SOFC 模型可解耦为准二维模型。通过对比零维和准二维模型，结果表明：SOFC 进出口温差达到 180℃ 左右，当燃料或空气温度较低时，准二维模型能更准确地预测 SOFC 的工作状态。此时，采用沿流道长度方向（轴向）的分布式参数，SOFC 模型可避免出现透平入口温度（TIT）过高等极限工况，对于 SOFC/GT 系统控制具有重要意义。本节将介绍零维 SOFC 与准二维 SOFC 模型的建立过程。

1　电化学子模型

在 PEN 中考虑电化学子模型，假设反应发生在电极-电解质界面。界面处的电化学反应引起的组分摩尔分数通量为

$$N_i|_{\text{EE}} = -\sum_k \upsilon_{\text{elec},k,i} J_k / (n_e F A_{\text{EE}}) \qquad (6\text{-}27)$$

组分 i 在多孔电极中的传质为

$$-\nabla x_i = \sum_{j=1}^{n} \frac{x_j N_i - x_i N_j}{c_t D_{ij}^{\text{eff}}} + \frac{N_i}{c_t D_{i,K}^{\text{eff}}}, \qquad x_i|_{z=0} = x_{i,b} \qquad (6\text{-}28)$$

电池电压与电流密度之间的关系由下式计算：

$$V_{\text{cell}} = f(i, x_l, T, p) = V_{\text{OCV}} - \eta_{\text{act}} - \eta_{\text{conc}} - \eta_{\text{ohm}} \qquad (6\text{-}29)$$

式中　　V_{OCV}——开路电压，可由 Nernst 方程计算；

　　　　η_{ohm}——欧姆极化损失；

　　　　η_{act}——活化极化损失；

　　　　η_{conc}——浓差极化损失。

H_2、CO 与 O_2 的活化极化损失 η_{act} 由等效电阻半经验公式计算[37]：

$$\frac{1}{R_{\text{act},O_2}} = \frac{4F}{\Re T} k_{O_2} \left(\frac{p_{O_2}}{p_0}\right)^m \exp\left(-\frac{E_{\text{ca}}}{\Re T}\right) \qquad (6\text{-}30)$$

$$\frac{1}{R_{\text{act},k}} = \frac{2F}{\Re T} k_k \left(\frac{p_k}{p_0}\right)^m \exp\left(-\frac{E_{\text{an}}}{\Re T}\right) \qquad (k = H_2, CO) \qquad (6\text{-}31)$$

式中　　R_{act,O_2}——阴极活化极化对应的等效电阻；

　　　　$R_{\text{act},k}$——阳极活化极化对应的等效电阻；

　　　　E_{ca} 和 E_{an}——阴极和阳极的活化能；

　　　　k_{O_2} 和 k_k——该 Arrhenius 表达式的指前因子；

　　　　m——对 O_2、H_2 和 CO 气体分压的修正。

假设 H_2 和 CO 的等效电阻并联，则有

$$J_{H_2} R_{\text{act},H_2} = J_{CO} R_{\text{act},CO}, \quad J_{H_2} + J_{CO} = J_{O_2} = J \qquad (6\text{-}32)$$

由此可以得到阳极和阴极反应极化为

$$\eta_{\text{act},a} = J / (A_a / R_{\text{act},H_2} + A_a / R_{\text{act},CO}), \quad \eta_{\text{act},c} = J R_{\text{act},O_2} / A_c \qquad (6\text{-}33)$$

式中　　A_a 和 A_c——阳极和阴极的反应面积。

浓差极化则采用线性 Fick 模型计算[38]：

$$\eta_{\text{conc}} = \frac{\Re T}{n_e F} \ln\left(\frac{c_{\text{react},b}}{c_{\text{react,TPB}}}\right) \qquad (6\text{-}34)$$

2 集总参数（CSTR）SOFC 模型

在 CSTR 模型中，将整个 SOFC 看作是参数分布均匀的反应室，考虑电堆内部质量和能量守恒的动态控制方程，阴极气体组分质量守恒（$i = O_2, N_2$）和总体质量守恒方程为

$$V_c \frac{dc_{i,c}}{dt} = \frac{1}{n_{ser}n_{par}}(\dot{n}_{c,in}x_{i,c,in} - \dot{n}_{c,out}x_{i,c}) - A_c N_{i,c}|_{CC} \quad (6\text{-}35)$$

$$V_c \frac{dc_{t,c}}{dt} = \frac{1}{n_{ser}n_{par}}(\dot{n}_{c,in} - \dot{n}_{c,out}) - A_c \sum_i N_{i,c}|_{CC} \quad (6\text{-}36)$$

式中　$c_{t,c}$ 和 $c_{i,c}$——气体总体浓度和组分 i 的浓度。考虑到 $c_{i,c} = c_{t,c}x_{i,c}$，阴极气体组分质量守恒可以进一步转化为 $x_{i,c}$ 的显式表达：

$$V_c c_{t,c} \frac{dx_{i,c}}{dt} = \frac{\dot{n}_{ca,in}}{n_{ser}n_{par}}(x_{i,c,in} - x_{i,c}) - A_c(N_{i,c}|_{CC} - x_{i,c}\sum_i N_{i,c}|_{CC}) \quad (6\text{-}37)$$

类似地，阳极气体质量守恒为

$$V_a c_{t,a} \frac{dx_{i,a}}{dt} = \frac{1}{n_{ser}n_{par}}\dot{n}_{a,in}(x_{i,a,in} - x_{i,a}) + \psi_{inter}A_a\left(R_i - x_{i,a}\sum_i R_i\right) - \\ A_a\left(N_{i,a}|_{AC} - x_{i,a}\sum_i N_{i,a}|_{AC}\right) \quad (6\text{-}38)$$

$$V_a \frac{dc_{t,a}}{dt} = \frac{1}{n_{ser}n_{par}}(\dot{n}_{a,in} - \dot{n}_{a,out}) - A_a \sum_i (N_{i,a}|_{AC} - \psi_{inter}R_i) \quad (6\text{-}39)$$

式中　$c_{t,a}$——阳极气体总体浓度；
$R_i = \upsilon_{i,ref}r_{ref} + \upsilon_{i,shift}r_{shift}$——组分 i 的单位面积化学反应量。

此时，欧姆极化由下式计算：

$$\eta_{ohm} = \frac{Il_e}{\sigma_{ion}f_{ohm}} = \frac{Jl_e}{\pi(r_{ea} + r_{ec})L\sigma_{ion}f_{ohm}} \quad (6\text{-}40)$$

在集总参数 SOFC 动态模型中，仍然假设阳极、阴极气体温度和固相温度均等于电池工作温度 T，能量守恒为

$$n_{ser}n_{par}\rho_s\tilde{c}_{p,s}V_s \frac{dT}{dt} = \dot{n}_{a,in}H_{a,in} + \dot{n}_{c,in}H_{c,in} - \dot{n}_{a,out}H_{a,out} - \\ \dot{n}_{c,out}H_{c,out} - n_{ser}n_{par}JV_{cell} - Q_{loss} \quad (6\text{-}41)$$

由于气体热容量远小于固相热容量，方程左边忽略了气体的热容动态。

由理想气体状态方程，可知

$$p_a = c_{t,a} \Re T, \qquad p_c = c_{t,c} \Re T \qquad (6\text{-}42)$$

3 轴向分布式参数 SOFC 动态模型

轴向分布式 SOFC 模型沿流道方向考虑传热、传质数学模型，沿电池厚度方向考虑电化学反应以及多孔电极中的多组分气体扩散，能够用于系统稳态运行特性及参数分布规律的研究，同时可避免模型过于复杂。此时，欧姆极化采用传输线模型[39]计算如下：

$$R_{ohm} = \Delta z \left\{ \frac{\left[\left(\dfrac{\rho_{an}}{\delta_{an}}\right)^2 + \left(\dfrac{\rho_{ca}}{\delta_{ca}}\right)^2\right] \cosh(\Gamma_{elec}) + \dfrac{\rho_{an}\rho_{ca}}{\delta_{an}\delta_{ca}}\left[2 + \Gamma_{elec}\sinh(\Gamma_{elec})\right]}{2\left(\dfrac{1}{\rho_{elec}\delta_{elec}}\right)^{0.5}\left(\dfrac{\rho_{an}}{\delta_{an}} + \dfrac{\rho_{ca}}{\delta_{ca}}\right)^{1.5}\sinh(\Gamma_{elec})} + \frac{\sqrt{\rho_{inter}\delta_{inter}\left(\dfrac{\rho_{ca}}{\delta_{ca}}\right)}}{2\tanh(\Gamma_{inter})} \right\} \qquad (6\text{-}43)$$

式中，集总参数 Γ_{elec} 及 Γ_{inter} 分别计算如下：

$$\Gamma_{elec} = \frac{L_{elec}}{2}\sqrt{\frac{1}{\rho_{elec}\delta_{elec}}\left(\frac{\rho_{an}}{\delta_{an}} + \frac{\rho_{ca}}{\delta_{ca}}\right)} \qquad (6\text{-}44)$$

$$\Gamma_{inter} = \frac{L_{inter}}{2}\sqrt{\frac{\rho_{an}}{\rho_{inter}\delta_{inter}\delta_{an}}} \qquad (6\text{-}45)$$

流道控制体沿流动方向的一维质量平衡方程为

$$\frac{dN_i}{dz} = \sum_j v_{ij} r_j \qquad (6\text{-}46)$$

式中　N_i——组分 i 在垂直 z 坐标平面上的摩尔通量；

r_j——化学/电化学反应 j 的反应速率；

v_{ij}——反应 j 中组分 i 的化学计量系数（反应物消耗为负，生成物生成为正）。

单位时间内，各控制体能量平衡方程的一般形式为

$$Q_{CV} - W_{CV} + \sum_I n_i h_i \bigg|_{in} - \sum_I n_i h_i \bigg|_{out} = 0 \quad (6\text{-}47)$$

式中　Q_{CV}——通过控制体传入的能量；

　　　W_{CV}——通过控制体所做的功；方程左边第 3 项和第 4 项分别为工质进入、离开控制体时携带的能量。

每个分割单元中包括空气导管中的空气、阴极环形通道中的气体、电极－电解质固体结构及燃料流道控制体，针对各控制体可列出能量平衡方程，并变换为微分形式。

对于空气导管内空气，需考虑进气管内表面和预热空气的对流换热，能量平衡方程的微分形式为

$$\sum_i \frac{d(N_i h_i)}{dz} = \frac{2h_{air0\text{-}ind}}{r_{ind,in}}(T_{ind} - T_{air0}) \quad (6\text{-}48)$$

式中　h_i——组分摩尔生成焓；

$h_{air0\text{-}ind}$——预热空气与空气导管之间的对流换热系数；

T_{ind} 和 T_{air0}——空气导管与预热空气的温度。

对于空气导管固体结构，需考虑空气导管相邻微元之间的导热，进气管内、外表面和预热空气、阴极气体的对流换热以及空气导管与电池固体结构之间的辐射换热，能量平衡方程的微分形式如下：

$$\begin{aligned}
-\lambda_{ind}\frac{d^2 T_{ind}}{dz^2} = &-h_{air}(T_{ind} - T_{airo})\left(\frac{2r_{ind,in}}{r_{ind,out}^2 - r_{ind,in}^2}\right) - \\
&h_{ind\text{-}air0}\left(\frac{2r_{ind,out}}{r_{ind,out}^2 - r_{ind,in}^2}\right)(T_{PEN} - T_{air}) + \\
&\frac{\sigma_B}{\dfrac{1}{\varepsilon_s} + r_{ind,out}\left(\dfrac{1}{\varepsilon_{ind}} - 1\right)/r_{inner}}\left(\frac{2r_{ind,in}}{r_{ind,out}^2 - r_{ind,in}^2}\right)
\end{aligned} \quad (6\text{-}49)$$

式中　$h_{ind\text{-}air0}$——阴极空气与空气导管表面的对流换热系数；

　　　T_{PEN}、T_{air}——电池膜电极与阴极空气温度；

　　　σ_B——Boltzmann 常数；

　　　ε_s 和 ε_{ind}——膜电极和空气导管黑度。

对于环形流道中的空气，考虑空气流入、流出控制体引起的能量变化，电池固体结构内表面与空气的对流换热，空气导管与空气的对流换热以及氧气流入电池固体结构引起的能量变化，能量平衡方程的微分形式如下：

$$\sum_i \frac{\mathrm{d}(N_i h_i)}{\mathrm{d}z} = [h_{\text{s-air}}(T_s - T_{\text{air}}) - N_{\text{O}_2} h_{\text{O}_2}(T_s)]\left(\frac{2r_{\text{inner}}}{r_{\text{inner}}^2 - r_{\text{ind,out}}^2}\right) + \\ h_{\text{ind-air}}(T_{\text{ind}} - T_{\text{air}})\left(\frac{2r_{\text{ind,out}}}{r_{\text{inner}}^2 - r_{\text{ind,out}}^2}\right) \quad (6\text{-}50)$$

式中　$h_{\text{s-air}}$——阴极空气与膜电极固体结构之间的对流换热系数。

对于电池固体结构，需考虑相邻控制体之间的导热，电池固体结构与阳极气体、阴极气体的对流换热，电池固体结构与气体导管的辐射换热，重整、变换反应以及电化学反应的热效应，控制体能量平衡方程如下：

$$-\lambda_s \frac{\mathrm{d}^2 T_s}{\mathrm{d}z^2} = -h_{\text{s-fuel}}\left(\frac{2r_{\text{outer}}}{r_{\text{outer}}^2 - r_{\text{inner}}^2}\right)(T_s - T_{\text{fuel}}) - \\ h_{\text{s-air}}\left(\frac{2r_{\text{inner}}}{r_{\text{outer}}^2 - r_{\text{inner}}^2}\right)(T_s - T_{\text{air}}) + \\ \frac{\sigma_B(T_{\text{inter}}^4 - T_s^4)}{\frac{1}{\varepsilon_s} + \frac{r_{\text{ind,out}}\left(\frac{1}{\varepsilon_{\text{ind}}} - 1\right)}{r_{\text{inner}}}}\left(\frac{2r_{\text{outer}}}{r_{\text{outer}}^2 - r_{\text{inner}}^2}\right) + \\ (r_{\text{e,H}_2}\Delta h_{\text{e,H}_2} + r_{\text{e,CO}}\Delta h_{\text{e,CO}})\left(\frac{2r_{\text{outer}}}{r_{\text{outer}}^2 - r_{\text{inner}}^2}\right) + \\ (r_{\text{reform}}\Delta h_{\text{reform}} + r_{\text{shift}}\Delta h_{\text{shift}})\left(\frac{2r_{\text{outer}}}{r_{\text{outer}}^2 - r_{\text{inner}}^2}\right) \quad (6\text{-}51)$$

式中　　　　　T_{fuel}——燃料温度；

$\Delta h_{\text{e,H}_2}$、$\Delta h_{\text{e,CO}}$、Δh_{reform}、Δh_{shift}——反应生成焓，可按下式计算：

$$\begin{cases} \Delta h_{\text{e,H}_2} = h_{\text{H}_2}(T_{\text{fuel}}) + \frac{1}{2}h_{\text{O}_2}(T_{\text{air}}) - h_{\text{H}_2\text{O}}(T_{\text{PEN}}) \\ \Delta h_{\text{e,CO}} = h_{\text{CO}}(T_{\text{fuel}}) + \frac{1}{2}h_{\text{O}_2}(T_{\text{air}}) - h_{\text{CO}_2}(T_{\text{PEN}}) \\ \Delta h_{\text{reform}} = h_{\text{CH}_4}(T_{\text{fuel}}) + h_{\text{H}_2\text{O}}(T_{\text{fuel}}) - h_{\text{CO}}(T_{\text{PEN}}) - 3h_{\text{H}_2}(T_{\text{PEN}}) \\ \Delta h_{\text{shift}} = h_{\text{CO}}(T_{\text{fuel}}) + h_{\text{H}_2\text{O}}(T_{\text{fuel}}) - h_{\text{CO}_2}(T_{\text{PEN}}) - h_{\text{H}_2}(T_{\text{PEN}}) \end{cases} \quad (6\text{-}52)$$

对于燃料气体，考虑燃料流入、流出控制体引起的能量变化，反应物流入电池固体结构、生成物流出固体结构引起的能量变化以及燃料与电池固体结构间的对流换热：

$$\sum_i \frac{d(N_i h_i)}{dz} = \left(\frac{2\pi r_{outer}}{L_{fuel}^2 - \pi r_{outer}^2}\right)\left[\sum_i (N_i h_i(T_s)) - \sum_i (N_i h_i(T_f))\right] + h_{s-fuel}\left(\frac{2\pi r_{outer}}{L_{fuel}^2 - \pi r_{outer}^2}\right)(T_s - T_{fuel})$$

（6-53）

式中　h_{s-fuel}——阳极燃料与膜电极固体结构之间的对流换热系数。

6.3.3　其他 SOFC 模型及系统模拟

将模块化的部件模型进行组合，设置合理的模型参数，即可实现系统整体的模拟，6.4 节将以火焰燃料电池 -GT 动力系统为例，介绍基于上述模型的系统模拟结果。除了建立系统级的 SOFC 模型之外，由于 SOFC 为整个动力系统的核心，近年来也有研究者开始将多物理场耦合的 SOFC 模型与系统级 BOP 部件模型耦合，除了关注系统整体性能指标外，亦可以考虑详细的 SOFC 温度、组分甚至积炭等参数分布情况，从而可以辅助系统及电堆参数的优化选取。但是模型过于详细必将引入更多的方程和参数，这会增加求解难度和计算量，且复杂的数学模型难以用于某些应用场景的在线控制系统的设计[40]，因此基于多物理场耦合的 SOFC 模型在实时监测、快速响应、系统优化等方面存在固有缺陷[41]。

随着人工智能（AI）、深度学习（DL）等新一代技术的崛起，基于统计数据驱动的建模方法受到广泛关注，其中以神经网络（NN）最具代表性。NN 概念源于生物学中的神经系统，它是由大量简单的单元相互交织、连接在一起而形成的复杂网络结构，是一个高度复杂且非线性的动力学系统。其多重复杂的映射关系和信息传输方式决定了 NN 与人脑一样具有强大的学习能力，是解决不连续、不可微、高度非线性方程或方程组的各种优化问题的强大工具，因此 NN 在函数逼近、模式识别、行为预测和数据处理等方面取得了巨大的成就。

近些年随着对 NN 理论和运用的深入以及模型、算法的完善，NN 的运用更加多元、灵活、广泛。在 SOFC 模型方面，为减少模型计算时间、提高模型求解效率，学者们通过 NN 模型去逼近包含蒸汽重整与燃料电池电堆的系统模型[42, 43]、基于多物理场耦合的电堆模型[44-48]、电化学模型[49]甚至是极化曲线和电化学阻抗谱[50, 51]取得了优异的效果。而最早将 NN 作为 SOFC 建模方式的学者是瑞典隆德大学的 Arriagada[44]，他的工作是通过两层前馈网络（BP 神经网络）来学习平板式 SOFC 中的性能参数与输入条件之间的关系，经过验证基于 BP 神经网络的 SOFC 模型输出结果与物理模型计算结果的误差远低于 1%，最大误差低于 4%，并且除了具有优异的数值精度之外，BP 神经网络模型求解时间短而更易于使用，如图 6-5 所示。Song 等人[46]分别以 BP 神经网络、支持向量机（SVM）和随机森林（RF）等 AI 手段作为 SOFC 电堆预测模型，预测不同工况下电堆的输出电压，通过分析评价标准证实了 BP 神经网络具有最优的预测精度、泛化能力和最短的计算时间。

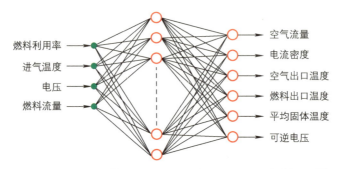

图 6-5　Arriagada 等人用于 SOFC 建模的神经网络结构图[44]

基于 NN 建立的 SOFC 模型除了在简化模型、减少求解时间方面具有显著优势之外，计算结果的准确性也得到了检验。Razbani 等人[48]通过实验进一步比较了基于多物理场建立的 SOFC 模型和基于 NN 建立的模型的计算结果，发现后者具有更高的准确性。此外，NN 也可以替代部分物理场（例如电化学过程）和守恒方程进行耦合，表现出强大的灵活性。Chaichana 等人[51]为了解决描述电化学反应的参数难以准确、合理获取的问题，提出了一个 NN 混合模型，如图 6-6 所示，其中 NN 模型用以预测 SOFC 的电化学特性，再将质量守恒方程与 NN 模型相结合来分析在直接内部重整下运行的 SOFC 的稳态行为。Sezer 等人[52]更是利用 NN 模型建立耦合煤气化制氢过程和 SOFC 的 BFBG-SOFC 综合系统，经过实验验证，该模型可以准确预测实际输出电压、电流和整体效率，同时证明 NN 可以很好地描述基于热力学的 BFBG-SOFC 系统集成，而不需要复杂的计算和昂贵的程序。

得益于 SOFC 模型的简化和计算效率的提升，对燃料电池系统性能优化、实时预测、控制等研究取得很大进展。对燃料电池结构参数的优化是提升电池性能有效的方法，Yan 等人[49]建立了优化 SOFC 电极微结构的模型框架，该框架基于 NN 模型实现对从 SOFC 电极结构（粒径、粒径分布、宽度和成孔剂含量）到电化学性能的全尺度模拟预测，再结合遗传算法（GA）来确定 SOFC 具有最佳过电位和衰减速率的电极结构。Bozorgmehri 等人[53]采用 NN 和 GA 对电池参数进行建模和优化，利用 GA 确定最佳的 SOFC 参数，包括阳极支撑厚度、阳极支撑孔隙率、电解质厚度和功能层阴极厚度，提高了单一中温固体氧化物燃料电池（IT-SOFC）的性能。在实时监测和智能控制方面，随着计算效率的提升，使得系统对给定输入参数可迅速做出预测进行系统性能实时监测，弥补了常规 SOFC 模型在快速响应方面的不足[54]。Xu 等人[41] 基于多物理场开发了一种混合模型，如图 6-7 所示，用于在电堆水平上在线分析电池性能，该模型基于传统多物理场耦合的数学模型和深度学习算法，克服了传统模型对于控制系统的复杂性，并且结合 GA 实现了在线优化，使得 SOFC 电堆在研究温度梯度和操作条件的范围内实现功率密度最大化。

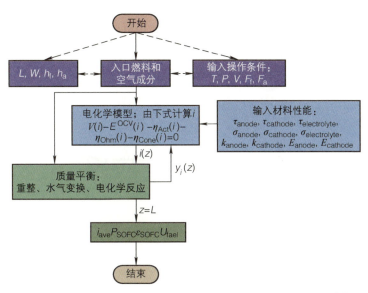

图 6-6　一种 NN 模型与物理模型结合的 SOFC 建模流程图[51]

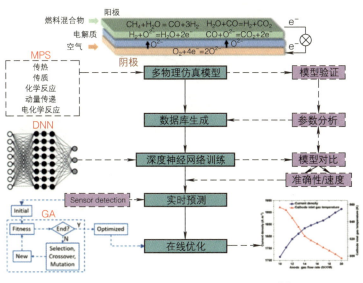

图 6-7　一种多物理场混合模型关系图[41]

值得指出的是，基于人工智能算法建立的 SOFC 模型是基于数据驱动的建模，因此它依赖于庞大的数据库，数据越丰富多样且庞大则模型预测能力越强，而通常用于训练、学习的这类数据库是基于实验或多物理场耦合的数学模型求解得到，因此和传统方法建模是有密切联系的。尽管 AI SOFC 模型具有实时性和计算开销小的优势，但基于物理方程的 SOFC 机理模型具有更为清晰的物理意义，两者可互为补充。随着人工智能在 SOFC 建模领域的应用，利用多物理场模型训练人工智能模型，进一步建立系统级模型亦成为目前系统建模的重要方法，建立这种分级模型相比于常规零维系统模型可极大提升模拟的准确度，同时，相比于详细的多物理场模型又可降低系统计算的复杂度。

6.4　新型 SOFC 与应用

6.4.1　直接火焰燃料电池

直接火焰燃料电池（Direct Flame Fuel Cell, DFFC）是一种新型燃料电池构型，最初于 2004 年由日本神钢电机株式会社堀内等研究者提出[55]，其结构如图 6-8 所示。在 DFFC 中，SOFC 阳极与富燃火焰直接耦合，富燃火焰作为 SOFC 的燃料重整器，将碳氢燃料重整为 H_2 与 CO，为 SOFC 提供燃料，同时，火焰可以作为 SOFC 的启动燃烧器，从而简化系统结构、加快启动速率、降低热管理要求，这些特点使其在动力系统中极具应用前景。近 20 年来，研究者验证了 DFFC 使用多种气体（如甲烷[56-67]、沼气[68]、丙烷[60, 69, 70]、丁烷[1, 60, 71]、LPG[72, 73]、乙烯[74]）、液体（如汽油[55]、甲醇[75]、乙醇[76]）以及固体（如石蜡[55]、焦炭[77]、木材[55]）燃料的可行性。除了将火焰与 SOFC 直接耦合，美国雪城大学的研究者提出了类似的火焰辅助燃料电池（Flame-assisted fuel cell）的概念[78-85]，使用富燃燃烧尾气作为

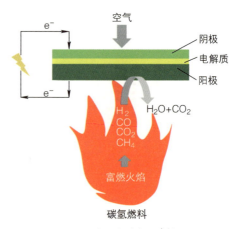

图 6-8　火焰燃料电池结构

SOFC 的燃料，通过调控燃料流速提升燃料利用率。

SOFC 与火焰的直接耦合一方面极大简化了系统结构，然而另一方面，火焰在分钟量级即将 SOFC 加热至 800℃以上高温，这种快速启动过程会导致 SOFC 内部出现极大的温度梯度与热应力，进而使陶瓷材料失效。为此，DFFC 中对于 SOFC 抗热震性的需求相比传统动力系统更为迫切。在最初的尝试中，研究者普遍采用板式 SOFC 构型，随着研究的深入，为了提升 SOFC 对快速火焰启动的抗热震性，研究者逐步将重点转向本书前几章介绍的强抗热震性构型（如微管式 SOFC）在 DFFC 中的应用。王雨晴对不同火焰启动速率下阳极支撑平板式与微管式 SOFC 的热应力与失效概率进行了计算，结果见表 6-2[86]。可以看到，在火焰升温速率下，微管式 SOFC 的最大热应力与失效概率均显著低于平板式 SOFC，特别是在极快速启动（升温时间 0.1s）条件下，微管式 SOFC 失效概率比平板式 SOFC 低 2 个数量级，可显著提升其在火焰快速启动条件下的稳定性。近几年来，除了微管式 SOFC 之外，研究者也尝试将其他强鲁棒性的 SOFC 构型应用于 DFFC 中，以实现快速火焰启动。曾洪瑜等将具有高一致性的扁管式 SOFC 与甲烷富燃火焰直接耦合，在 10min 内实现了室温到 800℃的快速启停[75]。

表 6-2　火焰操作条件下不同构型 SOFC 的最大热应力与失效概率[86]

升温时间	指标	平板式 SOFC	微管式 SOFC
0.1s	最大热应力 /MPa	83	40
	失效概率	0.76	8.5×10^{-3}
1 s	最大热应力 /MPa	18	11
	失效概率	3.2×10^{-5}	1.0×10^{-6}
50s	最大热应力 /MPa	10.8	8
	失效概率	8.9×10^{-7}	1.1×10^{-7}

在优化电池几何构型的同时，理论研究表明，支撑体结构对火焰启动下 SOFC 的拉应力及失效概率亦有较大影响，见表 6-3。在给定典型火焰操作条件下，阳极支撑平板式 SOFC 比电解质支撑 SOFC 失效概率低 2 个数量级，因此，DFFC 中的电池支撑体亦由最初的电解质支撑转变为阳极支撑。近年来，本书第 2 章介绍的金属支撑 SOFC 因其具有极高的抗热震性而受到广泛关注，美国劳伦斯伯克利国家实验室的研究者也尝试将金属支撑 SOFC 用于 DFFC 中以提升其启动速率[70]。在实验中，研究者将金属支撑 SOFC 直接置于火焰上方并反复进行了 10 次热循环实验，电池表面温度在 20s 内升至 600℃，最高启动速率可达 2000℃/min，证实了金属支撑 SOFC 极高的抗热震性[70]。在实验室研究的基础上，电源功率（Point Source Power, PSP）公司集成了初代的 DFFC 产品 VOTO[77]，将金属支撑 SOFC 与野炊火焰直接耦合，如图 6-9 所示，为野外电源提供便携式选择。VOTO 可实现在烹饪过程中产生几瓦的电能，进而为 LED 照

明或手机充电提供电源。

表 6-3 典型火焰操作条件下不同支撑体结构 SOFC 的最大拉应力与失效概率[86]

性能指标	阳极支撑	电解质支撑	
	阳极	阳极	阴极
最大拉应力 /MPa	18	35	20
失效概率	3.2×10^{-5}	3.3×10^{-3}	7.5×10^{-3}

图 6-9 PSP 公司开发的基于金属支撑 SOFC 的 DFFC 产品 VOTO[77, 87]

利用富燃火焰作为 SOFC 的部分氧化重整器可显著简化系统结构，并实现更便携、集成度高的系统。然而，燃料在富燃燃烧过程中，部分化学能不可避免地以热能形式散失，从而使得碳氢燃料转化为 H_2 与 CO 的重整转化率较低。整体来说，为提升富燃重整转化率，入口富燃当量比需提升，但在高当量比下极易发生火焰失稳以及炭烟生成等问题。王雨晴等针对 Hencken 型平焰燃烧器的稳定无炭烟富燃区间进行了测试，结果如图 6-10 所示。当当量比超过 1.3 时火焰中存在炭烟，会导致电池阳极积炭以及性能下降；而当当量比不变时，调整 N_2 流量可促进气体混合，减少炭烟生成，但当 N_2 流量过大时会造成火焰

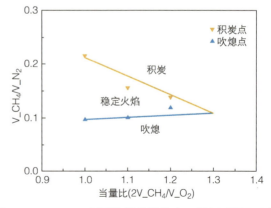

图 6-10 Hencken 型平焰燃烧器稳定无炭烟富燃工况[86]

失稳，并最终导致火焰吹熄。为了保证系统无炭烟稳定运行，采用 Hencken 型平焰燃烧器时富燃当量比不能超过 1.3，重整效率仅为 16.7%。

为了进一步拓宽稳定富燃燃烧区间，进而提升重整效率，研究者采用在自由空间火焰中引入多孔介质的燃烧方式，即多孔介质燃烧，利用多孔介质固体骨架的热回流预热来流气体以提升富燃稳定性。王雨晴等利用两段式多孔介质燃烧器实现了当量比为 1.7 的甲烷稳定富燃燃烧，重整效率可达 49%，随后通过将多孔介质燃烧器与 4 管微管电堆耦合组成火焰燃料电池，实现了 3.6W 的功率输出。然而，随着富燃当量比的提升，产物中未反应 CH_4 增多，且当量比超过 1.7 时火焰出现失稳问题。为此，曾洪瑜等在传统多孔介质燃烧的基础上，在下游多孔介质担载 Rh 催化剂，结合多孔介质热回流与催化燃烧降低反应活化能的优势，如图 6-11 所示，进一步将甲烷富燃重整效率提升至 64.8%。

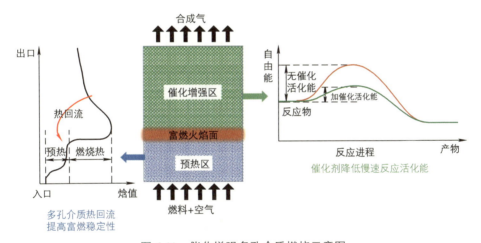

图 6-11　催化增强多孔介质燃烧示意图

整体来说，尽管研究人员分别从富燃燃烧重整性能、SOFC 抗热震性能等多方面对 DFFC 性能进行优化，并提出了多种类似的构型（如火焰燃料电池、火焰辅助燃料电池等），目前其仍处于实验室研究阶段，其发电效率仍显著低于传统双室 SOFC。针对此问题，本章作者提出在航空动力系统中应用火焰燃料电池的思路，将火焰燃料电池作为传统动力系统中燃烧室的替代装置，从而实现整体效率的提升，并通过将燃料电池工作温度提高到 1200℃超高温来解决燃料电池与火焰温度区间不匹配、燃料利用率低等瓶颈问题。

基于火焰燃料电池燃烧器的航天器 APU 动力系统如图 6-12 所示，系统整体拓扑结构布置为直接型混合系统，即燃料电池电堆作为燃气透平的前级燃烧器，电堆工作在高压工况。在系统运行时，空气首先进入压缩机进行增压，然后通过换热器被透平尾气预热，之后进入火焰燃料电池燃烧器，其中一部分空气为航空煤油 Jet-A 的富燃燃烧提供氧气，其余部分则参与火焰燃料电池的电化学反应和剩余燃料的贫燃燃烧，最终形成高温、高压的火焰燃料电池燃烧器尾气并进入燃气透平做功发电，透平尾气则进入换热器回收余热以提高系统整体能效。本系统以火焰燃料电池作为燃气透平的燃烧器，将传统透平系统燃烧器的一步化学燃烧转变为富燃燃烧－电化学反应－贫燃燃烧三步反应，通过燃烧器内置火焰燃料电池在燃烧过程中提取电能以提高系统整体发电效率；此外为了解决传统 SOFC-GT 混合动力系统功率密度低的问题，本系统通过在贫燃燃烧室中直接增补燃料以提高透平的发电比例，从而充分发挥燃气透平高功率密度的优势，使得系统在保持相对较高的发电效率的前提下提高整体功率密度，使之能够作为 APU 动力系统应用于航天器等移动式应用场景。本章作者基于商用软件 gPROMS 对该系统进行了仿真，所采用的部件模型为 6.3 节介绍的主要部件模型，SOFC 采用集总参数式 SOFC 模型。系统在常规运行状态下的操作参数见表 6-4。

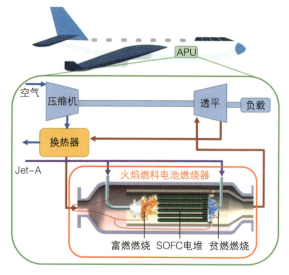

图 6-12　基于火焰燃料电池燃烧器的航天器 APU 动力系统

基于上述操作参数，对系统总输出功率为 440kW 的运行工况进行仿真。当不对贫燃区增补燃料时，系统总发电效率为 45.62%，㶲效率为 42.62%，系统功率密度为 0.43kW/kg，其中燃气透平发电功率为 146.3kW，占系统总发电功率的 33%；通过在贫燃燃烧室内增补 Jet-A 燃料从而增大透平发电功率占比，其中系统功率密度、发电效率和㶲效率随透平发电比例的变化如图 6-13 所示。随着透平发电比例从 33% 增大到 70%，系统功率密度也从 0.43kW/kg 逐渐提升至 0.91kW/kg，这是由于燃气透平的功率密度可达到 10kW/kg，远高于 SOFC 电堆，因此随着透平比例的增大，燃气透平高功率密度的优势在系统中逐渐得以显现，因此系统功率密度得到显著提升；但另一方面，增大透平发电比例会造成系统发电效率和㶲效率的降低，因为燃气透平的发电效率低于SOFC，因此在实际的APU设计过程中，需要对系统功率密度与发电效率两个指标进行权衡。图6-13还给出了传统的SOFC-GT混合动力系统功率密度与发电效率的大致区间，与本系统相比，传统SOFC-GT混合动力系统发电效率高但是功率密度更低，因此更加适合应用于固定式发电，而本系统的主要优势在于系统功率密度高，虽然发电效率低于传统SOFC-GT混合动力系统，但与传统的基于GT循环的APU动力系统相比仍具有明显的发电效率优势，因此本系统更加适合作为APU动力系统应用于航天器中等移动式应用场景。

表6-4 系统仿真参数

升温时间	参数	值	参考文献
管式SOFC几何参数	阳极厚度 /mm	0.6	[88]
	电解质厚度 /μm	20	[88]
	阴极厚度 /μm	20	[88]
	阳极孔隙率	0.4	[89]
	阳极曲折度	3	[89]
	阴极孔隙率	0.5	[89]
	阴极曲折度	1.5	[89]
	电池外径 /mm	22	[89]
	电池长度 /m	1.5	[89]
	空气供应管内径 /mm	5	[89]
	空气供应管外径 /mm	8	[89]
SOFC仿真电化学参数	阳极活化能 / (J/mol)	1.11×10^5	[90]
	阴极活化能 / (J/mol)	1.6×10^5	[90]
	H_2动力学指前因子 / (A/m²)	1.78×10^8	[90]
	CO动力学指前因子 / (A/m²)	4.17×10^7	[90]
	O_2动力学指前因子 / (A/m²)	1.49×10^{11}	[90]
	电解质欧姆阻抗在电池总欧姆阻抗的占比	0.5	[90]
	泄漏电压 /V	0.01	[90]
系统操作参数	压缩机等熵效率	0.76	[91]
	透平等熵效率	0.8	[92]
	回热器效率	0.89	[89]
	轴效率	0.99	[89]
	富燃燃烧当量比	2.1	[93]
	SOFC阳极侧压力 /10^5Pa	2.9	[89]
	SOFC阴极侧压力 /10^5Pa	2.9	[89]
	SOFC工作温度 /K	1073	[94]
	SOFC工作电压 /V	0.7	[95]
	SOFC电堆燃料利用率	0.85	[92]

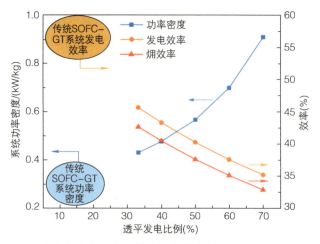

图 6-13　系统功率密度、发电效率和㶲效率随透平发电比例的变化[90]

为了进一步提高系统效率，本章作者采用㶲流分析法对系统各个主要部件的㶲损进行分析，从而找出系统㶲损的主要来源。当系统在贫燃燃烧室增补燃料流量为 0 时，系统各个主要部件的㶲损占比如图 6-14 所示，其中火焰燃料电池燃烧器的㶲损占比超过 50%，是系统㶲损的主要来源，这是由于在火焰燃料电池燃烧器内部存在较为严重的富燃燃烧火焰温度与 SOFC 电堆工作温度不匹配的问题，在富燃燃烧当量比为 2.1 时，富燃燃烧室温度可达 1355℃，而 SOFC 在常规工作温度下仅为 800℃，因此在燃料电池燃烧器内部产生了较大的㶲损。为了改善火焰燃料电池燃烧器内部的温度匹配特性，本章作者提出了超高温 SOFC 的概念，通过将 SOFC 工作温度提升至 1473K 超高温状态，从而改善火焰燃料电池燃烧器内部温区的温度匹配，降低㶲损，提高系统能效。

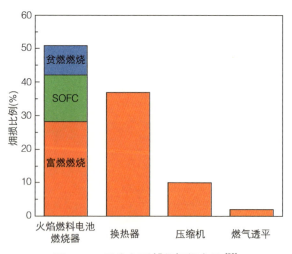

图 6-14　系统主要部件㶲损占比[90]

图 6-15 所示为 SOFC 电堆运行温度对于火焰燃料电池燃烧器内部温度分布及㶲损的影响。从 6-15a 可知，当 SOFC 电堆运行温度从 800℃ 常规运行温度提升到 1200℃ 以上的超高温后，SOFC 电堆的温度逐渐接近富燃燃烧温度，火焰燃料电池燃烧器内部整体温度变化更加平缓，各热区之间温度匹配度更好，因此燃烧器内部㶲损逐渐下降，如图 6-15b 所示。

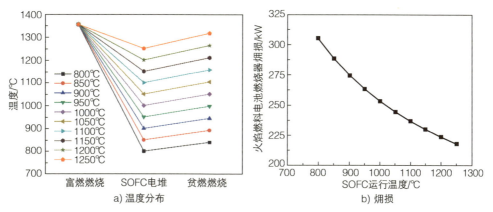

图 6-15　SOFC 电堆运行温度对火焰燃料电池燃烧器内部温度分布及㶲损的影响[90]

SOFC 电堆运行温度对系统㶲效率、发电效率和功率密度的影响如图 6-16 所示。随着 SOFC 电堆运行温度的增加，由于火焰燃料电池燃烧器内部的㶲损逐渐下降，系统㶲效率也随之得到改善；此外，系统发电效率也随 SOFC 电堆运行温度的增加而逐渐增大，这是由于提高 SOFC 电堆运行温度使得透平入口温度增加，因此下游透平循环的发电效率得到改善；增大 SOFC 电堆运行温度也有利于提高

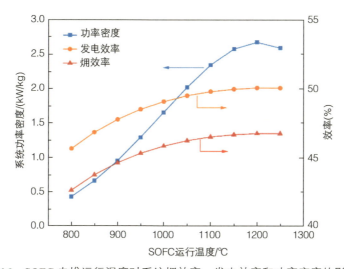

图 6-16　SOFC 电堆运行温度对系统㶲效率、发电效率和功率密度的影响[90]

系统的功率密度,当 SOFC 电堆运行温度从常规 800℃提高至 1200℃超高温后,电堆的功率密度得到显著提升,因此系统功率密度也从 0.43kW/kg 提高到了 2.67kW/kg。但如果继续提高 SOFC 运行温度,系统功率密度反而会开始下降,这是由于在 1250℃下电池开路电压仅为 0.77V,而为了保证系统发电效率,电池工作电压仍然保持在 0.7V,此时电堆中单体电池的过电势仅为 0.07V,造成 SOFC 电堆功率密度的下降,因此系统功率密度也随之降低。根据以上分析可知,将 SOFC 电堆运行温度从常规 800℃提高到 1200℃超高温后,系统的功率密度和发电效率均得到了显著提升。

6.4.2 直接氨燃料电池

目前 SOFC 动力系统燃料仍以碳氢燃料为主,然而,碳氢燃料会给传统 Ni 阳极带来积炭、硫中毒等问题。近年来,氨作为一种新型氢载体,因其具有无碳、成本低、体积能量密度高等特点而在车用燃料电池系统中广受关注。早在 20 世纪 80 年代,研究者已证实了 NH_3 作为 SOFC 燃料的可行性[96]。2003 年,Wojcik 等构建了直接氨 SOFC,以 NH_3 为燃料时 SOFC 功率密度可达以 H_2 为燃料的 82%[97]。目前,在氧离子导体 SOFC(O-SOFC)与质子导体 SOFC(H-SOFC)中均采用了 NH_3 作为燃料。尽管电解质不同,氨在 SOFC 的氧化过程中普遍被认为由两步构成:①氨在 Ni 表面发生裂解反应生成 N_2 与 H_2;② H_2 发生电化学氧化反应,如图 6-17 所示。倪萌等通过理论研究表明,以 NH_3 为燃料时,H-SOFC 的理论发电效率高于 O-SOFC[98]。此外,由于质子导体电解质在低温下的电导率与氧离子导体电解质在高温下的电导率相当,H-SOFC 的工作温度可降低至 400~600℃。而在高温以及大电流环境下,在 O-SOFC 中使用 NH_3 时,由于 NH_3 被 O^{2-} 氧化会产生 NO_x 污染物[97,99],如下式所示:

$$2NH_3 + 5O^{2-} \longrightarrow 2NO + 3H_2O + 10e^- \quad (6-54)$$

而当温度低于 600℃时,在阳极尾气中则没有 NO 产生[100]。此外,降低操作温度可与 NH_3 裂解反应温度区间更为匹配,并更适用于频繁启停的动力系统。为此,针对直接氨 SOFC 的研究多集中于 600℃以下的中低温 SOFC。

对于 DA-SOFC,研究主要集中在开发裂化催化剂材料上,而对氨的直接电氧化的重要研究很少。Akimoto 等人[108,109]认为,在较低的工作温度范围内,氨的直接电氧化更容易发生,当使用 Ni-Fe 阳极时,电池开路电压(OCV)随着温度从 600℃增加到 900℃而升高。而杨军等人[110]也评估了氨在 SOFC 操作温度范围为 500~700℃的利用路线,并认为氨首先分解和生成的氢用在电化学反应阳极，优先于直接电氧化氨。不同的观察和观点表明，对于 SOFC 阳极中氨的反应路径仍存在一定的争议。

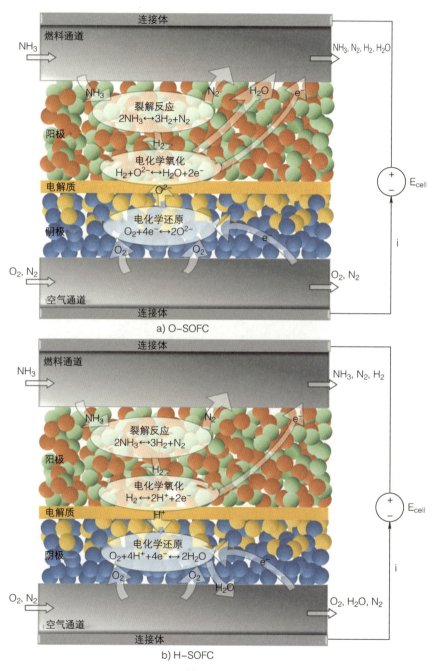

图 6-17 直接氨 SOFC 的工作原理

目前，在直接氨固体氧化物燃料电池（DA-SOFC）中，研究者采用了不同的电解质及阳极材料,见表 6-5[101],可以看到,最初的电极材料局限于 Pt/Pd 等贵金属,随后,Ni 基阳极也被用于 DA-SOFC 中。电极材料应具有高电子导电率,而传统活性较好的氨分解催化剂导电性较差,不能直接作为电极材料。因此找到一种合适的电极材料是当下快速发展 DA-SOFC 的有效途径。目前已经测试了 30 多种质子导电材料,包括钙钛矿氧化物、烧氯石和萤石,见表 6-5。从表中可以看出对于 SOFC,质子导体材料发展更有优势,受到较多研究者的关注。表中还给出了不同的工作电极材料。在过去的 15 年里已经测试了一些催化剂,如 Pd、Ru、Fe、Pt、Ag-Pd、Ni、NiO、导电氧化物以及 SSN、BSCF、SSCO 等复合材料。除大多数工作在低温下的研究使用了 Sm 基混合氧化物,近一半的研究都使用了 Ag-Pd 阴极。早期过渡金属的催化活性可以解释 Pd 和 Ag-Pd 的高反应速率和法拉第效率。所观察到的 Pd 和 Ag-Pd 的活性可以归因于在电极－电解质界面上存在早期的过渡金属。催化反应速率随温度的升高而增大。而在低温下,只有一小部分电化学提供的质子反应产生氨。在高温下,催化活性提高,从而使法拉第反应效率提高。然而,H^+ 通过陶瓷电解质的传输速率仍然远低于 Nafion 和 SPSF。

表 6-5 直接氨 SOFC 电解质及阳极材料[101]

电解质	阳极	操作温度/℃	功率密度/(mW/cm²)	参考文献
$BaZr_{0.1}Ce_{0.7}Y_{0.2}O_{3-\delta}$ (BZCY)	$NiO\text{-}Ba_{0.5}Sr_{0.5}Co_{0.8}Fe_{0.2}O_3$ (BSCF)	450	135	[111]
$BaCe_{0.8}Gd_{0.2}O_{3-\delta}$ (BCGO)	$Ni\text{-}Ba_{0.5}Sr_{0.5}Co_{0.8}Fe_{0.2}O_3$ (BSCFO)	600	147	[112]
$Ce_{0.8}Sm_{0.2}O_{1.9}$ (SDC)	$Ni\text{-}Sm_{0.5}Sr_{0.5}CoO_{3-\delta}$ (SSC)	600	168	[113]
$BaCe_{0.8}Gd_{0.2}O_{2.9}$ (BCGO)	$Ni\text{-}La_{0.5}Sr_{0.5}CoO_{3-\delta}$ (LSCO)	700	355	[114]
$BaCe_{0.8}Gd_{0.2}O_{3-\delta}$ (BCG)	Pt	700	25	[115]
$BaCe_{0.8}Gd_{0.19}Pr_{0.01}O_{3-\delta}$ (BCGP)	Pt	700	35	[115]
$SrCe_{0.95}Yb_{0.05}O_{3-\delta}$ (SCY)	Pd	570		[116]
$BaCa_{0.9}Nd_{0.1}O_{3-\delta}$ (BCNO)	$NiO\text{-}La_{0.5}Sr_{0.5}CoO_{3-\delta}$	700	315	[117]
$Ba_3CaZr_{0.5}Nd_{1.5}O_{9-\delta}$ (BCZN)	Ag-Pd	620		[118]
$Ba_3Ca_{0.9}Nd_{0.28}Nb_{1.82}O_{9-\delta}$ (BCNN)	Ag-Pd	620		[118]
$BaCe_{0.9}Sm_{0.1}O_{3-\delta}$ (BCS)	Ag-Pd	620		[117]
$La_{0.9}Sr_{0.1}Ga_{0.8}Mg_{0.2}O_{3-\delta}$ (LSGM)	Ag-Pd	550		[119]
$La_{0.9}Ca_{0.1}Ga_{0.8}Mg_{0.2}O_{3-\delta}$ (LCGM)	Ag-Pd	520		[120]
$La_{0.9}Ba_{0.1}Ga_{0.8}Mg_{0.2}O_{3-\delta}$ (LBGM)	Ag-Pd	520		[121]
$BaCe_{0.85}Gd_{0.15}O_{3-\delta}$ (BCGO)	Ag-Pd	480		[120]
$BaCe_{1-x}Y_xO_{3-\delta}$ (BCYO)	Ag-Pd	500		[122]
$BaCe_{0.85}Y_{0.15}O_{3-\delta}$ (BCY)	Ag-Pd	500		[123]
$BaCe_{0.85}Dy_{0.15}O_{3-\delta}$ (BCD)	Ag-Pd	530		[124]
$BaCe_{0.9}Ca_{0.1}O_{3-\delta}$ (BCC)	Ag-Pd	480		[125]
$La_{1.9}Ca_{0.1}Zr_2O_{6.95}$ (LCZ)	Ag-Pd	520		[126]
$La_{1.95}Ca_{0.05}Ce_2O_{7-\delta}$ (LCC)	Ag-Pd	520		[118]

（续）

电解质	阳极	操作温度/℃	功率密度/(mW/cm²)	参考文献
$La_{1.95}Ca_{0.05}Zr_2O_{7-\delta}$ (LCZO)	Ag-Pd	520		[118]
$Ce_{0.8}La_{0.2}O_{2-\delta}$ (LDC)	Ag-Pd	650		[127]
$Ce_{0.8}Gd_{0.2}O_{2-\delta}$ (GDC)	Ag-Pd	650		[127]
$Ce_{0.8}Sm_{0.2}O_{2-\delta}$ (SDC)	Ag-Pd	650		[127]
$Ce_{0.8}Sm_{0.2}O_{1.9}$ (SDC)	$NiO-Ba_{0.5}Sr_{0.5}Co_{0.8}Fe_{0.2}O_{3-\delta}$	650	1190	[128]
$Ce_{0.8}Y_{0.2}O_{2-\delta}$ (YDC)	Ag-Pd	650		[129]
$(Ce_{0.8}La_{0.2})_{0.975}Ca_{0.025}O_{3-\delta}$ (CLC)	Ag-Pd	650		[130]
$YDC-(Ca_3(PO_4)_2-K_3PO_4)$ (YDCPK)	Ag-Pd	650		[129]
$Ba_xCe_{0.8}Y_{0.2}O_{3-\delta+0.04}ZnO$ (BCYZ)	Ag-Pd	500		[131]
$BaCe_{0.9-x}Zr_xSm_{0.1}O_{3-\delta}$ (BCZS)	Ag-Pd	500		[132]
$BaCe_{0.8}Gd_{0.1}Sm_{0.1}O_{3-\delta}$ (BCGS)	Ag-Pd	620		[117]
(Li–Na–K) Carbonate–$LiAlO_2$	$CoFe_2O_4$(CFO)–Ag	400		[133]
$BaCe_{0.85}Y_{0.15}O_{3-\delta}$ (BCY)	$Ba_{0.5}Sr_{0.5}Co_{0.8}Fe_{0.2}O_{3-\delta}$ (BSCF)	530		[134]
SDC–(Li/Na/K)$_2CO_3$	$La_{0.6}Sr_{0.4}Fe_{0.8}Cu_{0.2}O_{3-\delta}$–SDC (LSFCO–SDC)	450		[135]
Nafion	$SmFe_{0.7}Cu_{0.1}Ni_{0.2}O_3$ (SFCN)	80		[136]
Nafion	$Sm_{1.5}Sr_{0.5}NiO_4$ (SSN)	80		[137]
Nafion	$SmBaCuFeO_{5-\delta}$ (SBCF)	80		[138]
Nafion	$SmBaCuCoO_{5-\delta}$ (SBCC)	80		[138]
Nafion	$SmBaCuNiO_{5-\delta}$ (SBCN)	80		[138]
Nafion	Pt/C	90		[139]
Sulfonated polysulfone (SPSF)	$Sm_{1.5}Sr_{0.5}NiO_4$ (SSN)	80		[140]
SPSF	$Sm_{0.5}Sr_{0.5}CoO_{3-\delta}$ (SSCO)	80		[141]
Calcia-stabilized zirconia (CaSZ)	Ag/Pt/Ni	800	60	[142]
$BaCe_{0.8}Gd_{0.2}O_{2.9}$ (BCGO)	Ni-Pt/Pd	500		[143]
$BaCe_{0.9}Nd_{0.1}O_{3-\delta}$		700	315	[144]
$Ce_{0.8}Gd_{0.18}Ca_{0.02}O_{2\delta}$ (CGDC)	$CoFe_2O_4$(CFO)-$Sm_{0.5}Sr_{0.5}CoO_3$ (SSCO)	400		[145]

实际上 Ni 基陶瓷阳极中不同支撑体材料对 DA-SOFC 性能的影响也较为显著。GDC 载体提供了更好的催化活性，以及更低的活化极化率，在高达 800℃ 的温度下，它优于镍基阳极的 YSZ 载体。杨军[110]等人比较了 Ni-BCY25、Ni-YSZ 和 Ni-SDC 作为阳极的质子与氧离子导电电解质支撑电池性能。在同样的 25mA/cm² 电流负载下，Ni-BCY25 阳极的阳极极化率明显低于 Ni-YSZ 和 Ni-SDC 阳极。Ni-BCY25 阳极由于氨分解活性更高，没有限制电流现象。基于 Ni-BZY 阳极，600℃ 下直接氨 SOFC 的功率密度达到了 0.6W/cm²[102]。与氧离子导体载体阳极材料相比，质子导体载体由于较高的碱度和抗氢中毒，因此具有更高的氨分解速率。从这一层面考虑，H-SOFC 也更适用于 NH_3 燃料。尽管如此，目前研究者普遍认为，在 600℃ 以上，由于氨气可快速、完全地分解为 N_2 和 H_2，DA-SOFC 的

性能可与氢气燃料的 SOFC 性能相当。然而，当温度低于 400℃时，NH_3 分解反应的动力学速率降低，进而会限制 SOFC 性能的提升。研究表明，在 450℃时，DA-SOHC 的性能只有 H_2 燃料 SOHC 性能的 17%[103]。为此，仍需开发新型的阳极催化剂材料，以加速低温下 NH_3 裂解反应的速率。

对于 DA-SOFC 的稳定性，已有实验研究氨燃料对现有阳极材料在单体电池和电堆中的性能衰退问题。与使用镍阳极相关的主要问题是在电池操作过程中氮化物的形成和粗化，而这个反应更容易在较低的温度（如 600℃左右）下发生。电池性能的下降取决于燃料成分、温度和阳极材料组成。例如 Stoeckl 等人[146]报道了 Ni-YSZ 阳极支撑电池在 50%NH_3-50%N_2（体积分数）中 800℃下 24h 性能稳定，而 Hagen 等人[147]发现 Ni-YSZ 在 NH_3 燃料下衰退率为 4%/1000h。马千里等人[113, 146]在 600℃的 Ni-SDC 阳极中在 50h 后没有观察到电池性能的任何变化，也没有观察到氮化物的形成，而 Stoeck 等人[146]在 700℃的 Ni-YSZ 阳极中观察到氮化物的形成。这也可以说明 Ni-SDC 对氨的较高分解率和实验操作条件（如流速）可能有助于电池的稳定运行，导致阳极中没有氮化物的形成。对于电堆级别的长期稳定性，Okanishi 等人[148]对 10 个 Ni-YSZ 阳极支撑电池电堆进行了 1000h 的稳定性测试，发现氢燃料和氨燃料的性能降解情况相同，衰退率约为 5%/1000h。而同一小组的 Kishimoto 等人[149]进一步研究了氨燃料 Ni-YSZ 阳极支撑电池 30 个电堆的稳定性，在 750℃下没有观察到电池性能的任何衰减。研究人员已经研究了氨燃料电池和电堆的长期稳定性，然而，如燃料组成和氨燃料利用电池中的温度分布仍需要广泛研究。

此外，由于 NH_3 裂解反应为吸热反应，利用氨分解反应吸热效应可吸收电化学反应放热，研究者提出利用 NH_3 裂解作为电池单元与电堆高效热管理的手段[104]。郑克晴等人[150]将 NH_3 热裂解等半反应（ACR）考虑在电极上的热量产生/消耗内，建立了一个热模型来评估各种燃料的 SOFC 电极的局部热非平衡（LTNE）效应，预测出 DA-SOFC 在高温下气固相温差上限（ΔT_{sf}）的绝对值约为 1K，证实了 NH_3 裂解吸收了电氧化反应放出的热。此外，由于氨分解冷却作用可降低冷却用的空气泵功，理论研究表明，以氨为燃料的 SOFC 系统比以氢为燃料的系统具有更高的系统效率。Eguchi 等集成了 200W 的以氨为燃料的 SOFC 电堆，实现了 1000h 的稳定运行[105]；随后，又集成了 1kW 的直接氨 SOFC，发电效率高达 52%[106]。Farhad 等基于数值模拟，设计构建了以氨为燃料的 100W SOFC 便携动力系统，理论效率达 41.1%[107]。整体来说，直接氨 SOFC 可将氨分解反应与 SOFC 发电在同一器件中进行，可为动力电源系统提供新型、无碳的技术路线。

参 考 文 献

[1] KATTKE K J, BRAUN R J. Implementing Thermal Management Modeling Into SOFC System-Level Design[J]. International Conference on Fuel Cell Science, Engineering and Technology. 2010, 44052: 295-308.

[2] REUBER S, PÖNICKE A, WUNDERLICH C, et al. Eneramic Power Generator–A Reliable and Cycleable 100W SOFC-System[J]. ECS Transactions, 2013, 57(1): 161.

[3] MEHRAN M T, PARK S W, KIM J, et al. Performance characteristics of a robust and compact propane-fueled 150 W-class SOFC power-generation system[J]. International Journal of Hydrogen Energy, 2019, 44(12): 6160-6171.

[4] HONG J E, USMAN M, LEE S B, et al. Thermally self-sustaining operation of tubular solid oxide fuel cells integrated with a hybrid partial oxidation reformer using propane[J]. Energy Conversion and Management, 2019, 189: 132-142.

[5] CHEEKATAMARLA P K, FINNERTY C M, ROBINSON C R, et al. Design, integration and demonstration of a 50 W JP8/kerosene fueled portable SOFC power generator[J]. Journal of Power Sources, 2009, 193(2): 797-803.

[6] KENDALL K, LIANG B, KENDALL M. Mobile Robots Enhanced by microtubular Solid Oxide Fuel Cells (mSOFCs)[J]. Innov Ener Res, 2018, 7(200): 2576-1463.

[7] KATTKE K J, BRAUN R J. Characterization of a novel, highly integrated tubular solid oxide fuel cell system using high-fidelity simulation tools[J]. Journal of Power Sources, 2011, 196(15): 6347-6355.

[8] KATTKE K J, BRAUN R J, COLCLASURE A M, et al. High-fidelity stack and system modeling for tubular solid oxide fuel cell system design and thermal management[J]. Journal of Power Sources, 2011, 196(8): 3790-3802.

[9] MAXEY C J. Thermal integration of tubular solid oxide fuel cell with catalytic partial oxidation reactor and anode exhaust combustor for small power application[D]. College Park: University of Maryland, 2010.

[10] MAXEY C J, JACKSON G S, REIHANI S A S, et al. Integration of Catalytic Combustion and Heat Recovery With Meso-Scale Solid Oxide Fuel Cell System[C]//ASME International Mechanical Engineering Congress and Exposition. New York: ASME. 2008, 48647: 337-344.

[11] AGUIAR P, BRETT D J L, BRANDON N P. Feasibility study and techno-economic analysis of an SOFC/battery hybrid system for vehicle applications[J]. Journal of Power Sources, 2007, 171(1): 186-197.

[12] BOSSEL U G. Solid oxide fuel cells for transportation[C]//Third European Solid Oxide Fuel Cell Forum. Proc. Oral Presentations. [S.l.: s.n.], 1998: 55-64.

[13] CAI Q, BRETT D J L, BROWNING D, et al. A sizing-design methodology for hybrid fuel cell power systems and its application to an unmanned underwater vehicle[J]. Journal of Power Sources, 2010, 195(19): 6559-6569.

[14] CHOUDHURY A, CHANDRA H, ARORA A. Application of solid oxide fuel cell technology for power generation—A review[J]. Renewable and Sustainable Energy Reviews, 2013, 20: 430-442.

[15] GIACOPPO G, BARBERA O, BRIGUGLIO N, et al. Thermal study of a SOFC system integration in a fuselage of a hybrid electric mini UAV[J]. International Journal of Hydrogen Energy, 2017, 42(46): 28022-28033.

[16] GHEZEL-AYAGH H, JOLLY S, SANDERSON R, et al. Hybrid SOFC-battery power system for large displacement unmanned underwater vehicles[J]. ECS Transactions, 2013, 51(1): 95.

[17] Lockheedmartin. Stalker USA: Elevated Intelligence [EB/OL]. (2023-05-13)[2023-05-15]. https://www.lockheedmartin.com/en-us/products/stalker.html.

[18] FERNANDES M D, ANDRADE S T P, BISTRITZKI V N, et al. SOFC-APU systems for aircraft: A review[J]. International Journal of Hydrogen Energy, 2018, 43(33): 16311-16333.

[19] PAPATHAKIS K V, SCHNARR O C, LAVELLE T M, et al. Integration concept for a hybrid-electric solid-oxide fuel cell power system into the X-57 "Maxwell" [C]//2018 Aviation Technology, Integration, and Operations Conference. Reston: AIAA, 2018: 3359.

[20] ZHANG X, GUO J, CHEN J. Thermodynamic modeling and optimum design strategy of a generic solid oxide fuel cell-based hybrid system[J]. Energy & fuels, 2012, 26(8): 5177-5185.

[21] BAO C, SHI Y, CROISET E, et al. A multi-level simulation platform of natural gas internal reforming solid oxide fuel cell–gas turbine hybrid generation system: Part I. Solid oxide fuel cell model library[J]. Journal of Power Sources, 2010, 195(15): 4871-4892.

[22] BAO C, CAI N, CROISET E. A multi-level simulation platform of natural gas internal reforming solid oxide fuel cell–gas turbine hybrid generation system–Part II. Balancing units model library and system simulation[J]. Journal of Power Sources, 2011, 196(20): 8424-8434.

[23] SHI Y, BAO C, CAI N, et al. SOFC-GT hybrid system simulation using a distributed-parameter SOFC model[J]. Journal of Tsinghua University Science and Technology, 2011, 51(2): 282-288.

[24] MARTINEZ A S, BROUWER J, SAMUELSEN G S. Feasibility study for SOFC-GT hybrid locomotive power part II. System packaging and operating route simulation[J]. Journal of Power Sources, 2012, 213: 358-374.

[25] DOLLMAYER J, BUNDSCHUH N, CARL U B. Fuel mass penalty due to generators and fuel cells as energy source of the all-electric aircraft[J]. Aerospace science and technology, 2006, 10(8): 686-694.

[26] JI Z, QIN J, CHENG K, et al. Performance evaluation of a turbojet engine integrated with interstage turbine burner and solid oxide fuel cell[J]. Energy, 2019, 168: 702-711.

[27] JI Z, QIN J, CHENG K, et al. Thermodynamic performance evaluation of a turbineless jet engine integrated with solid oxide fuel cells for unmanned aerial vehicles[J]. Applied Thermal Engineering, 2019, 160: 114093.

[28] JI Z, QIN J, CHENG K, et al. Thermodynamic analysis of a solid oxide fuel cell jet hybrid engine for long-endurance unmanned air vehicles[J]. Energy Conversion and Management, 2019, 183: 50-64.

[29] WATERS D F, CADOU C P. Engine-integrated solid oxide fuel cells for efficient electrical power generation on aircraft[J]. Journal of Power Sources, 2015, 284: 588-605.

[30] KAYS W M, LONDON A L. Compact heat exchangers[M]. United States: N.p, 1984.

[31] BAO C, OUYANG M, YI B. Analysis of the water and thermal management in proton exchange membrane fuel cell systems[J]. International Journal of Hydrogen Energy, 2006, 31(8): 1040-1057.

[32] BAO C, CAI N, CROISET E. A multi-level simulation platform of natural gas internal reforming solid oxide fuel cell–gas turbine hybrid generation system–Part II. Balancing units model library and system simulation[J]. Journal of Power Sources, 2011, 196(20): 8424-8434.

[33] THORUD B. Dynamic modelling and characterisation of a solid oxide fuel cell integrated in a gas turbine cycle[D]. Trondheim:NTNU, 2005.

[34] KURZKE J. Preparing compressor maps for gas turbine performance modeling, 2009[C]//

ASME Turbo Eypo 2009. New York: ASME, 2009.

[35] STILLER C. Design, operation and control modelling of SOFC/GT hybrid systems[M]. Narvik: Fakultet for ingeniørvitenskap og teknologi, 2006.

[36] CHAN S H, HO H K, Tian Y. Modelling for part-load operation of solid oxide fuel cell–gas turbine hybrid power plant[J]. Journal of Power Sources, 2003, 114(2): 213-227.

[37] ACHENBACH E. Three-dimensional and time-dependent simulation of a planar solid oxide fuel cell stack[J]. Journal of power sources, 1994, 49(1-3): 333-348.

[38] HIRSCHENHOFER J, STAUFFER D, ENGLEMAN R, et al. Fuel cell hand book[M]. 7th ed. West Virginia: EG&G Technical Services, Inc., 2004.

[39] STILLER C, THORUD B, SELJEBØ S, et al. Finite-volume modeling and hybrid-cycle performance of planar and tubular solid oxide fuel cells[J]. Journal of power sources, 2005, 141(2): 227-240.

[40] M.J., JIAOYING H, ZHENZONG H. Research on Altitude Charcteristics of SOFC-GT Hybrid System Based on Neural Net-works[J]. Journal of Chongqing University of Technology(Natural Science), 2020, 34:157-65.

[41] XU H, MA J, TAN P, et al. Towards online optimisation of solid oxide fuel cell performance: Combining deep learning with multi-physics simulation[J]. Energy and AI, 2020, 1: 100003.

[42] SEZER S, KARTAL F, ÖZVEREN U. Artificial intelligence approach in gasification integrated solid oxide fuel cell cycle[J]. Fuel, 2022, 311: 122591.

[43] YUAN P, LIU S F. Transient analysis of a solid oxide fuel cell unit with reforming and watershift reaction and the building of neural network model for rapid prediction in electrical and thermal performance[J]. International Journal of Hydrogen Energy, 2020, 45(1): 924-936.

[44] ARRIAGADA J, OLAUSSON P, SELIMOVIC A. Artificial neural network simulator for SOFC performance prediction[J]. Journal of Power Sources, 2002, 112(1): 54-60.

[45] SHIRKHANI R, JAZAYERI-RAD H, HASHEMI S J. Modeling of a solid oxide fuel cell power plant using an ensemble of neural networks based on a combination of the adaptive particle swarm optimization and Levenberg–Marquardt algorithms[J]. Journal of Natural Gas Science and Engineering, 2014, 21: 1171-1183.

[46] SONG S, XIONG X, WU X, et al. Modeling the SOFC by BP neural network algorithm[J]. International Journal of Hydrogen Energy, 2021, 46(38): 20065-20077.

[47] MILEWSKI J, ŚWIRSKI K. Modelling the SOFC behaviours by artificial neural network[J]. International journal of hydrogen energy, 2009, 34(13): 5546-5553.

[48] RAZBANI O, ASSADI M. Artificial neural network model of a short stack solid oxide fuel cell based on experimental data[J]. Journal of Power Sources, 2014, 246: 581-586.

[49] YAN Z, HE A, HARA S, et al. Modeling of solid oxide fuel cell (SOFC) electrodes from fabrication to operation: Microstructure optimization via artificial neural networks and multi-objective genetic algorithms[J]. Energy Conversion and Management, 2019, 198: 111916.

[50] SUBOTIĆ V, EIBL M, HOCHENAUER C. Artificial intelligence for time-efficient prediction and optimization of solid oxide fuel cell performances[J]. Energy Conversion and Management, 2021, 230: 113764.

[51] GNATOWSKI M, BUCHANIEC S, BRUS G. The prediction of the polarization curves of a solid oxide fuel cell anode with an artificial neural network supported numerical simulation[J]. International Journal of Hydrogen Energy, 2023, 48(31): 11823-11830.

[52] SEZER S, KARTAL F, ÖZVEREN U. Artificial intelligence approach in gasification integrated solid oxide fuel cell cycle[J]. Fuel, 2022, 311: 122591.

[53] BOZORGMEHRI S, HAMEDI M. Modeling and optimization of anode-supported solid oxide fuel cells on cell parameters via artificial neural network and genetic algorithm[J]. Fuel Cells, 2012, 12(1): 11-23.

[54] VO N D, OH D H, HONG S H, et al. Combined approach using mathematical modelling and artificial neural network for chemical industries: Steam methane reformer[J]. Applied energy, 2019, 255: 113809.

[55] HORIUCHI M, SUGANUMA S, WATANABE M. Electrochemical power generation directly from combustion flame of gases, liquids, and solids[J]. Journal of The Electrochemical Society, 2004, 151(9): A1402.

[56] WANG Y, ZENG H, CAO T, et al. Start-up and operation characteristics of a flame fuel cell unit[J]. Applied Energy, 2016, 178: 415-421.

[57] WANG Y, ZENG H, SHI Y, et al. Power and heat co-generation by micro-tubular flame fuel cell on a porous media burner[J]. Energy, 2016, 109: 117-123.

[58] WANG Y, SHI Y, CAO T, et al. A flame fuel cell stack powered by a porous media combustor[J]. International Journal of Hydrogen Energy, 2018, 43(50): 22595-22603.

[59] VOGLER M, BARZAN D, KRONEMAYER H, et al. Direct-flame solid-oxide fuel cell (DFFC): A thermally self-sustained, air self-breathing, hydrocarbon-operated SOFC system in a simple, no-chamber setup[J]. ECS Transactions, 2007, 7(1): 555.

[60] KRONEMAYER H, BARZAN D, HORIUCHI M, et al. A direct-flame solid oxide fuel cell (DFFC) operated on methane, propane, and butane[J]. Journal of power sources, 2007, 166(1): 120-126.

[61] WANG Y Q, SHI Y X, YU X K, et al. Integration of solid oxide fuel cells with multielement diffusion flame burners[J]. Journal of The Electrochemical Society, 2013, 160(11): F1241.

[62] WANG Y, SHI Y, YU X, et al. Experimental characterization of a direct methane flame solid oxide fuel cell power generation unit[J]. Journal of The Electrochemical Society, 2014, 161(14): F1348.

[63] ZENG H, WANG Y, SHI Y, et al. Highly thermal-integrated flame fuel cell module with high temperature heatpipe[J]. Journal of the Electrochemical Society, 2017, 164(13): F1478.

[64] ZENG H, GONG S, SHI Y, et al. Micro-tubular solid oxide fuel cell stack operated with catalytically enhanced porous media fuel-rich combustor[J]. Energy, 2019, 179: 154-162.

[65] ZENG H, GONG S, WANG Y, et al. Flat-chip flame fuel cell operated on a catalytically enhanced porous media combustor[J]. Energy conversion and management, 2019, 196: 443-452.

[66] ENDO S, NAKAMURA Y. Power generation properties of direct flame fuel cell (DFFC)[J]. Journal of Physics: Conference Series. 2014, 557(1): 012119.

[67] NAKAMURA Y, ENDO S. Power generation performance of direct flame fuel cell (DFFC) impinged by small jet flames[J]. Journal of Micromechanics and Microengineering, 2015, 25(10): 104015.

[68] ZENG H, WANG Y, SHI Y, et al. Biogas-fueled flame fuel cell for micro-combined heat and power system[J]. Energy Conversion and Management, 2017, 148: 701-707.

[69] WANG K, ZENG P, AHN J. High performance direct flame fuel cell using a propane flame[J]. Proceedings of the Combustion Institute, 2011, 33(2): 3431-3437.

[70] TUCKER M C, YING A S. Metal-supported solid oxide fuel cells operated in direct-flame configuration[J]. International Journal of Hydrogen Energy, 2017, 42(38): 24426-24434.

[71] WANG Y, SUN L, LUO L, et al. The study of portable direct-flame solid oxide fuel cell (DF-SOFC) stack with butane fuel[J]. Journal of Fuel Chemistry and Technology, 2014, 42(9):

1135-1139.

[72] ZHU X, WEI B, LÜ Z, et al. A direct flame solid oxide fuel cell for potential combined heat and power generation[J]. International journal of hydrogen energy, 2012, 37(10): 8621-8629.

[73] ZHU X, LUE Z, WEI B, et al. Direct flame SOFCs with La0. 75Sr0. 25Cr0. 5Mn0. 5O3−δ/Ni coimpregnated yttria-stabilized zirconia anodes operated on liquefied petroleum gas flame[J]. Journal of The Electrochemical Society, 2010, 157(12): B1838.

[74] HOSSAIN M M, MYUNG J, LAN R, et al. Study on direct flame solid oxide fuel cell using flat burner and ethylene flame[J]. ECS Transactions, 2015, 68(1): 1989.

[75] SUN L, HAO Y, ZHANG C, et al. Coking-free direct-methanol-flame fuel cell with traditional nickel–cermet anode[J]. international journal of hydrogen energy, 2010, 35(15): 7971-7981.

[76] WANG K, RAN R, HAO Y, et al. A high-performance no-chamber fuel cell operated on ethanol flame[J]. Journal of power sources, 2008, 177(1): 33-39.

[77] TUCKER M C, CARREON B, CHARYASATIT J, et al. Playing with fire: commercialization of a metal-supported SOFC product for use in charcoal cookstoves for the developing world[J]. ECS Transactions, 2017, 78(1): 229.

[78] WANG K, MILCAREK R J, ZENG P, et al. Flame-assisted fuel cells running methane[J]. international journal of hydrogen energy, 2015, 40(13): 4659-4665.

[79] MILCAREK R J, GARRETT M J, WANG K, et al. Micro-tubular flame-assisted fuel cells running methane[J]. International journal of hydrogen energy, 2016, 41(45): 20670-20679.

[80] MILCAREK R J, WANG K, Falkenstein-Smith R L, et al. Micro-tubular flame-assisted fuel cells for micro-combined heat and power systems[J]. Journal of Power Sources, 2016, 306: 148-151.

[81] MILCAREK R J, AHN J. Rich-burn, flame-assisted fuel cell, quick-mix, lean-burn (RFQL) combustor and power generation[J]. Journal of Power Sources, 2018, 381: 18-25.

[82] MILCAREK R J, GARRETT M J, AHN J. Micro-tubular flame-assisted fuel cell stacks[J]. International journal of hydrogen energy, 2016, 41(46): 21489-21496.

[83] MILCAREK R J, GARRETT M J, WELLES T S, et al. Performance investigation of a micro-tubular flame-assisted fuel cell stack with 3,000 rapid thermal cycles[J]. Journal of Power Sources, 2018, 394: 86-93.

[84] MILCAREK R J, DEBIASE V P, AHN J. Investigation of startup, performance and cycling of a residential furnace integrated with micro-tubular flame-assisted fuel cells for micro-combined heat and power[J]. Energy, 2020, 196: 117148.

[85] MILCAREK R J, NAKAMURA H, TEZUKA T, et al. Investigation of microcombustion reforming of ethane/air and micro-Tubular Solid Oxide Fuel Cells[J]. Journal of Power Sources, 2020, 450: 227606.

[86] 王雨晴. 固体氧化物火焰燃料电池机理与性能研究 [M]. 北京：清华大学出版社, 2021.

[87] TUCKER M C. Personal power using metal-supported solid oxide fuel cells operated in a camping stove flame[J]. International Journal of Hydrogen Energy, 2018, 43(18): 8991-8998.

[88] TIMURKUTLUK C, TIMURKUTLUK B, KAPLAN Y. Experimental optimization of the fabrication parameters for anode-supported micro-tubular solid oxide fuel cells[J]. International Journal of Hydrogen Energy, 2020, 45(43): 23294-23309.

[89] BAO C, SHI Y, LI C, et al. Multi-level simulation platform of SOFC–GT hybrid generation system[J]. International journal of hydrogen energy, 2010, 35(7): 2894-2899.

[90] GU X, WANG Y, SHI Y, et al. Analysis of a gas turbine auxiliary power unit system based on a fuel cell combustor[J]. International Journal of Hydrogen Energy, 2023, 48(4): 1540-1551.

[91] MAGHSOUDI P, SADEGHI S, GORGANI H H. Comparative study and multi-objective optimization of plate-fin recuperators applied in 200 kW microturbines based on non-dominated sorting and normalization method considering recuperator effectiveness, exergy efficiency and total cost[J]. International Journal of Thermal Sciences, 2018, 124: 50-67.

[92] CALISE F, D'ACCADIA M D, PALOMBO A, et al. Simulation and exergy analysis of a hybrid solid oxide fuel cell (SOFC)–gas turbine system[J]. Energy, 2006, 31(15): 3278-3299.

[93] PASTORE A, MASTORAKOS E. Syngas production from liquid fuels in a non-catalytic porous burner[J]. Fuel, 2011, 90(1): 64-76.

[94] GHOTKAR R, MILCAREK R J. Investigation of flame-assisted fuel cells integrated with an auxiliary power unit gas turbine[J]. Energy, 2020, 204: 117979.

[95] CHOUDHARY T. Thermodynamic assessment of advanced SOFC-blade cooled gas turbine hybrid cycle[J]. International Journal of Hydrogen Energy, 2017, 42(15): 10248-10263.

[96] VAYENAS C G, FARR R D. Cogeneration of electric energy and nitric oxide[J]. Science, 1980, 208(4444): 593-594.

[97] WOJCIK A, MIDDLETON H, DAMOPOULOS I. Ammonia as a fuel in solid oxide fuel cells[J]. Journal of Power Sources, 2003, 118(1-2): 342-348.

[98] NI M, LEUNG D Y C, LEUNG M K H. Thermodynamic analysis of ammonia fed solid oxide fuel cells: Comparison between proton-conducting electrolyte and oxygen ion-conducting electrolyte[J]. Journal of Power Sources, 2008, 183(2): 682-686.

[99] FARR R D, VAYENAS C G. Ammonia high temperature solid electrolyte fuel cell[J]. Journal of The Electrochemical Society, 1980, 127(7): 1478.

[100] MA Q, PENG R R, TIAN L, et al. Direct utilization of ammonia in intermediate-temperature solid oxide fuel cells[J]. Electrochemistry communications, 2006, 8(11): 1791-1795.

[101] AFIF A, RADENAHMAD N, CHEOK Q, et al. Ammonia-fed fuel cells: a comprehensive review[J]. Renewable and Sustainable Energy Reviews, 2016, 60: 822-835.

[102] DUAN C, KEE R J, ZHU H, et al. Highly durable, coking and sulfur tolerant, fuel-flexible protonic ceramic fuel cells[J]. Nature, 2018, 557(7704): 217-222.

[103] LIN Y, RAN R, GUO Y, et al. Proton-conducting fuel cells operating on hydrogen, ammonia and hydrazine at intermediate temperatures[J]. International Journal of Hydrogen Energy, 2010, 35(7): 2637-2642.

[104] CINTI G, DISCEPOLI G, SISANI E, et al. SOFC operating with ammonia: Stack test and system analysis[J]. International Journal of Hydrogen Energy, 2016, 41(31): 13583-13590.

[105] OKANISHI T, OKURA K, SRIFA A, et al. Comparative Study of Ammonia-fueled Solid Oxide Fuel Cell Systems[J]. Fuel Cells, 2017, 17(3): 383-390.

[106] KISHIMOTO M, MUROYAMA H, SUZUKI S, et al. Development of 1 kW-class Ammonia-fueled Solid Oxide Fuel Cell Stack[J]. Fuel Cells, 2020, 20(1): 80-88.

[107] FARHAD S, HAMDULLAHPUR F. Conceptual design of a novel ammonia-fuelled portable solid oxide fuel cell system[J]. Journal of Power Sources, 2010, 195(10): 3084-3090.

[108] AKIMOTO W, FUJIMOTO T, SAITO M, et al. Ni–Fe/Sm-doped CeO2 anode for ammonia-fueled solid oxide fuel cells[J]. Solid State Ionics, 2014, 256: 1-4.

[109] AKIMOTO W, SAITO M, INABA M, et al. The Mechanism of Ammonia Oxidation at Ni-Fe-SDC Anode in Ammonia-Fueled SOFCs[J]. ECS Transactions, 2013, 57(1): 1639.

[110] YANG J, AKAGI T, OKANISHI T, et al. Catalytic Influence of Oxide Component in Ni-Based Cermet Anodes for Ammonia-Fueled Solid Oxide Fuel Cells[J]. Fuel Cells, 2015, 15(2): 390-397.

[111] LIN Y, RAN R, GUO Y, et al. Proton-conducting fuel cells operating on hydrogen, ammonia and hydrazine at intermediate temperatures[J]. International Journal of Hydrogen Energy, 2010, 35(7): 2637-2642.

[112] ZHANG L, YANG W. Direct ammonia solid oxide fuel cell based on thin proton-conducting electrolyte[J]. Journal of Power Sources, 2008, 179(1): 92-95.

[113] MA Q, PENG R R, TIAN L, et al. Direct utilization of ammonia in intermediate-temperature solid oxide fuel cells[J]. Electrochemistry communications, 2006, 8(11): 1791-1795.

[114] RANRAN P, YAN W, LIZHAI Y, et al. Electrochemical properties of intermediate-temperature SOFCs based on proton conducting Sm-doped BaCeO3 electrolyte thin film[J]. Solid State Ionics, 2006, 177(3-4): 389-393.

[115] PELLETIER L, MCFARLAN A, MAFFEI N. Ammonia fuel cell using doped barium cerate proton conducting solid electrolytes[J]. Journal of power sources, 2005, 145(2): 262-265.

[116] MARNELLOS G, ATHANASIOU C, STOUKIDES M. Evaluation and use of the Pd| SrCe 0.95 Yb 0.05 O 3| Pd electrochemical reactor for equilibrium-limited hydrogenation reactions[J]. Ionics, 1998, 4: 141-147.

[117] LI Z J, LIU R Q, WANG J D, et al. Preparation of double-doped BaCeO3 and its application in the synthesis of ammonia at atmospheric pressure[J]. Science and Technology of Advanced Materials, 2007, 8(7-8): 566.

[118] LI Z J, LIU R Q, XIE Y H, et al. A novel method for preparation of doped Ba3 (Ca1. 18Nb1. 82) O9–δ: Application to ammonia synthesis at atmospheric pressure[J]. Solid State Ionics, 2005, 176(11-12): 1063-1066.

[119] ZHANG F, YANG Q, PAN B, et al. Proton conduction in La0. 9Sr0. 1Ga0. 8Mg0. 2O3–α ceramic prepared via microemulsion method and its application in ammonia synthesis at atmospheric pressure[J]. Materials Letters, 2007, 61(19-20): 4144-4148.

[120] CHENG C, WENBAO W, GUILIN M. Proton conduction in La0. 9M0. 1Ga0. 8Mg0. 2O3-alpha at intermediate temperature and its application to synthesis of ammonia at atmospheric pressure[J]. Acta Chim Sin, 2009, 67: 623-8.

[121] CHEN C, MA G. Preparation, proton conduction, and application in ammonia synthesis at atmospheric pressure of La 0.9 Ba 0.1 Ga 1-x Mg x O 3–α[J]. Journal of materials science, 2008, 43: 5109-5114.

[122] GUO Y, LIU B, YANG Q, et al. Preparation via microemulsion method and proton conduction at intermediate-temperature of BaCe1– xYxO3– α[J]. Electrochemistry Communications, 2009, 11(1): 153-156.

[123] GUO Y, LIN Y, RAN R, et al. Zirconium doping effect on the performance of proton-conducting BaZryCe0. 8– yY0. 2O3– δ (0.0 ≤ y ≤ 0.8) for fuel cell applications[J]. Journal of Power Sources, 2009, 193(2): 400-407.

[124] WANG W B, LIU J W, LI Y D, et al. Microstructures and proton conduction behaviors of Dy-doped BaCeO3 ceramics at intermediate temperature[J]. Solid State Ionics, 2010, 181(15-16): 667-671.

[125] LIU J, LI Y, WANG W, et al. Proton conduction at intermediate temperature and its application in ammonia synthesis at atmospheric pressure of BaCe 1– x Ca x O 3– α[J]. Journal of materials science, 2010, 45: 5860-5864.

[126] XIE Y H, WANG J D, LIU R Q, et al. Preparation of La1. 9Ca0. 1Zr2O6. 95 with pyrochlore structure and its application in synthesis of ammonia at atmospheric pressure[J]. Solid State Ionics, 2004, 168(1-2): 117-121.

[127] LIU R Q, XIE Y H, WANG J D, et al. Synthesis of ammonia at atmospheric pressure with Ce0. 8M0. 2O2– δ (M= La, Y, Gd, Sm) and their proton conduction at intermediate temperature[J]. Solid State Ionics, 2006, 177(1-2): 73-76.

[128] MENG G, JIANG C, MA J, et al. Comparative study on the performance of a SDC-based SOFC fueled by ammonia and hydrogen[J]. Journal of Power Sources, 2007, 173(1): 189-193.

[129] WANG B H, WANG J D, LIU R Q, et al. Synthesis of ammonia from natural gas at atmospheric pressure with doped ceria–Ca 3 (PO 4) 2–K 3 PO 4 composite electrolyte and its proton conductivity at intermediate temperature[J]. Journal of Solid State Electrochemistry, 2007, 11: 27-31.

[130] 刘瑞泉, 谢亚红, 李志杰, 等. 质子导体 (Ce_ (0.8) La_ (0.2)) _ (1-x) Ca_xO_ (2-δ) 在合成氨中的应用 [J]. 物理化学学报, 2005, 21(9): 967-970.

[131] ZHANG M, XU J, MA G. Proton conduction in Ba x Ce 0.8 Y 0.2 O 3– α + 0.04 ZnO at intermediate temperatures and its application in ammonia synthesis at atmospheric pressure[J]. Journal of materials science, 2011, 46: 4690-4694.

[132] WANG X, YIN J, XU J, et al. Chemical stability, ionic conductivity of BaCe0. 9– xZrxSm0. 1O3– α and its application to ammonia synthesis at atmospheric pressure[J]. Chinese Journal of Chemistry, 2011, 29(6): 1114-1118.

[133] AMAR I A, LAN R, PETIT C T G, et al. Electrochemical synthesis of ammonia based on a carbonate-oxide composite electrolyte[J]. Solid State Ionics, 2011, 182(1): 133-138.

[134] WANG W B, CAO X B, GAO W J, et al. Ammonia synthesis at atmospheric pressure using a reactor with thin solid electrolyte BaCe0. 85Y0. 15O3– α membrane[J]. Journal of Membrane Science, 2010, 360(1-2): 397-403.

[135] AMAR I A, PETIT C T G, ZHANG L, et al. Electrochemical synthesis of ammonia based on doped-ceria-carbonate composite electrolyte and perovskite cathode[J]. Solid State Ionics, 2011, 201(1): 94-100.

[136] XU G C, LIU R Q, WANG J. Electrochemical synthesis of ammonia using a cell with a Nafion membrane and SmFe 0.7 Cu 0.3– x Ni x O 3 (x= 0– 0.3) cathode at atmospheric pressure and lower temperature[J]. Science in China Series B: Chemistry, 2009, 52: 1171-1175.

[137] XU G, LIU R. Sm1. 5Sr0. 5MO4 (M= Ni, Co, Fe) cathode catalysts for ammonia synthesis at atmospheric pressure and low temperature[J]. Chinese Journal of Chemistry, 2009, 27(4): 677-680.

[138] ZHANG Z, ZHONG Z, RUIQUAN L I U. Cathode catalysis performance of SmBaCuMO5+ δ (M= Fe, Co, Ni) in ammonia synthesis[J]. Journal of Rare Earths, 2010, 28(4): 556-559.

[139] LAN R, IRVINE J T S, TAO S. Synthesis of ammonia directly from air and water at ambient temperature and pressure[J]. Scientific reports, 2013, 3(1): 1145.

[140] LIU R, XU G. Comparison of electrochemical synthesis of ammonia by using sulfonated polysulfone and nafion membrane with Sm1. 5Sr0. 5NiO4[J]. Chinese Journal of Chemistry, 2010, 28(2): 139-142.

[141] WANG J. The Property Research of SDC and SSC in Ammonia Synthesis at Atmospheric Pressure and Low Temperature[J]. Acta Chimica Sinica, 2008, 66(7): 717.

[142] FOURNIER G G M, CUMMING I W, HELLGARDT K. High performance direct ammonia solid oxide fuel cell[J]. Journal of power sources, 2006, 162(1): 198-206.

[143] NI M, LEUNG D Y C, LEUNG M K H. An improved electrochemical model for the NH3 fed proton conducting solid oxide fuel cells at intermediate temperatures[J]. Journal of Power Sources, 2008, 185(1): 233-240.

[144] LAN R, IRVINE J T S, TAO S. Ammonia and related chemicals as potential indirect hydrogen storage materials[J]. International Journal of Hydrogen Energy, 2012, 37(2): 1482-1494.

[145] LAN R, TAO S. Ammonia as a suitable fuel for fuel cells[J]. Frontiers in energy research, 2014, 2: 35.

[146] STOECKL B, SUBOTIĆ V, PREININGER M, et al. Characterization and performance evaluation of ammonia as fuel for solid oxide fuel cells with Ni/YSZ anodes[J]. Electrochimica acta, 2019, 298: 874-883.

[147] HAGEN A, LANGNICKEL H, SUN X. Operation of solid oxide fuel cells with alternative hydrogen carriers[J]. International Journal of Hydrogen Energy, 2019, 44(33): 18382-18392.

[148] OKANISHI T, OKURA K, SRIFA A, et al. Comparative Study of Ammonia-fueled Solid Oxide Fuel Cell Systems[J]. Fuel Cells, 2017, 17(3): 383-390.

[149] KISHIMOTO M, MUROYAMA H, SUZUKI S, et al. Development of 1 kW-class Ammonia-fueled Solid Oxide Fuel Cell Stack[J]. Fuel Cells, 2020, 20(1): 80-88.

[150] ZHENG K, SUN Q, NI M. Local Non-Equilibrium Thermal Effects in Solid Oxide Fuel Cells with Various Fuels[J]. Energy Technology, 2013, 1(1): 35-41.

第 7 章

SOFC 在航空动力领域的应用

本章主要介绍了固体氧化物燃料电池在航空动力领域的应用，阐述了以飞行汽车为代表等运载工具对新能源动力的需求。应用于运载动力的 SOFC 电堆需要具备高功率密度、快速启动和高抗热震性等特点。本章归纳整理了近 20 年来国内外学者针对应用于运载工具动力的 SOFC 电堆及 SOFC/GT 发电系统的研究成果，简单介绍了 SOFC/GT 发电系统的热力学模型，并基于国内外研究现状，提出了应用于航空领域的固体氧化物燃料电池发展建议。

7.1 飞行汽车等航空领域运载工具对动力的需求

7.1.1 飞行汽车简介

飞行汽车是面向立体智慧交通的运载工具，是当前大城市地面交通拥堵困境的有效解决办法，成了传统航空巨头、汽车巨头以及互联网新兴势力的研究热点。汽车和航空新能源动力分别为新一轮科技革命和产业变革的主战场和战略高地，飞行汽车则是汽车和航空新能源动力跨界融合发展的结合点，以飞行汽车为牵引，将有效提升新能源汽车和航空的自主创新能力，促进产业创新发展[1]。

交通拥堵在 21 世纪成为各大城市普遍面临的难题，传统修高架桥和地下隧道等举措已难以有效解决城市拥堵的交通流网络化效应问题，城市交通迫切需要利用城市三维空间，解决城市交通拥堵成为飞行汽车的历史使命[1]。汽车新能源技术发展为航空新能源即电动化奠定了较好的基础，新能源航空被称为继莱特兄弟实现重于空气的航空器持续飞行和第二次世界大战时实现喷气式飞行动力系统之后的第三次航空技术革命，飞行汽车将成为新能源航空技术革命的引领者。

传统意义上的飞行汽车指汽车同时具备地面行驶与空中飞行的功能，自 100 多年前发明汽车和飞机以来，人们就一直探索将二者结合，设计同时具备地面行驶和空中飞行功能的汽车。20 世纪以来诞生的飞行汽车，由内燃机或燃气涡轮等燃油动力驱动，通过滑跑起降，系统结构复杂、推进效率和有效载荷低，难以实现陆空模式即时转换并融入地面交通体系。飞行汽车的探索历程如图 7-1 所示。

图 7-1　飞行汽车的探索历程

现代飞行汽车概念拓展为面向城市空中交通的电动垂直起降飞行器 eVTOL（即电动飞行汽车），其系统结构简单、安全冗余度高[1]。eVTOL 将开启航空运输数量级增长的城市空中交通新时代。空地一体的飞行汽车时代是航空技术电动化、智能化发展的必然结果，未来的 eVTOL 飞行汽车即将"跑"起来，如图 7-2 所示。

图 7-2　电动垂直起降飞行器 eVTOL

清华大学张扬军教授课题组指出，未来飞行汽车发展主要面临规则、市场与技术三大问题[1]。其中规则问题主要涉及城市空域管理、飞行汽车的认证和飞行汽车的空中行驶规则，包括"航线"的制定、事故责任划分、空中执法手段等一系列问题；市场问题主要涉及城市空中及立体交通的基础设施、运营模式、经济成本、用户体验及公众接受程度；技术问题主要指飞行汽车性能，应满足城市空中交通对运载工具的要求，且涉及飞行汽车的运行管理、基础设施等相关技术。其中，飞行汽车的动力系统是决定其未来能否"飞"起来的关键因素，是影响载荷与航程的关键。要让飞行汽车"飞"起来，飞行汽车动力系统的发展必须先行，本书的 7.1.2 小节将重点对飞行汽车的动力需求展开介绍。

7.1.2　飞行汽车运行特点及对动力的需求

飞行汽车动力需满足三大特点，即垂直起降、绿色环保与安全高效。城市空间限制要求未来的飞行汽车必须具备即时垂直起降功能才能融入地面交通系统。螺旋桨（旋翼）和涵道风扇是实现垂直起降的主要技术途径，涵道风扇将更适合于未来飞行汽车应用场景[1]。作为新型交通工具，飞行汽车还必须满足城市发展对交通工具绿色环保、低噪声要求。城市地面交通正在进入新能源汽车时代，飞行汽车主导动力必为新能源动力系统。噪声是限制城市空中交通发展的重要因素。飞行汽车采用新能源动力还将带来电安全、热安全、氢安全等新的航空安全性问题。此外，高能效、高经济效益，是飞行汽车作为交通工具进入城市并实现规模化应用，除安全以外的另一个重要前提。

飞行汽车在行驶时的典型工况主要有五个典型工况，分别为起飞、爬升、巡航、下降、降落，如图 7-3 所示。清华大学张扬军教授课题组就飞行汽车各阶段的功率需求开展了案例分析[3]，针对飞行汽车在起飞、爬升、巡航、下降、降落等过程进行受力分析，计算了各阶段飞行汽车动力系统所需功率，并基于悬停功率对各阶段功率进行了无量纲化处理，具体结果如图 7-4 所示。

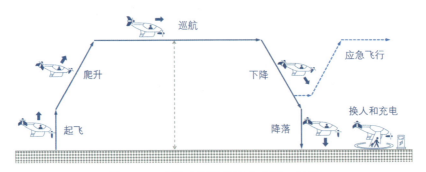

图 7-3　飞行汽车运行的五个典型工况[2]

图 7-4 为飞行汽车在巡航时的受力分析图以及在各阶段的无量纲功率，其中无量纲功率为工况点功率与悬停功率的比值。选择悬停功率作为参考点的原因主要为悬停时的功率便于测量。从图 7-4 可以看出：相比于匀速飞行的巡航阶段，起飞、爬升、下降、降落四个阶段所需的瞬时功率较高。飞行汽车的最大瞬时功率出现在起飞爬升阶段末期，约为悬停功率的 1.1 倍。相比于巡航时的匀速飞行阶段，飞行汽车在加速阶段需要产生更大的推力去克服惯性力，动力系统需要提

供更大的功率实现飞行汽车的爬升过程，而在飞行汽车巡航时的平飞阶段存在升力可以平衡重力，其量级和重力基本相同且升力会随平飞速度增加而增大，因此飞行汽车在巡航阶段动力系统的输出功率相比于起飞阶段更低。

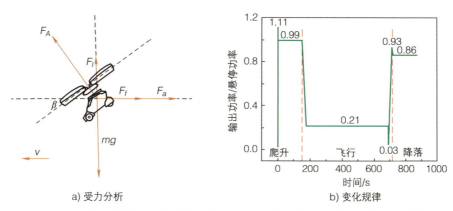

a) 受力分析　　　　　　　　b) 变化规律

图 7-4　飞行汽车平飞时的受力分析与无量纲功率在各个阶段的变化规律 [3]

飞行汽车在平飞阶段存在一处功率最低的工况点。从图 7-4 可以看出，当飞行汽车处于平飞减速阶段时，总输出功率呈现先下降后上升的变化趋势，主要原因为：对于平飞阶段的飞行汽车，空气阻力的方向与飞行汽车运动方向相反。当飞行汽车进入减速阶段时，加速度方向与运动方向相反，惯性力方向与运动方向相同，大小与空气阻力相似，水平方向飞行汽车受力较小。由于水平方向的合力、重力需与推力平衡，此时飞行汽车动力系统推力所需功率较小，因此飞行汽车从巡航时的匀速飞行阶段进入减速阶段时，动力系统所需功率会急剧下降。当飞行汽车速度减小时，空气阻力也大幅降低（空气阻力与飞行速度的二次方呈正相关），由于飞行汽车加速度与惯性力均无显著变化，飞行汽车所受水平方向力增大，所需推力为平衡水平方向力和重力，随之增加，动力系统功率呈现上升状态，当飞行汽车降至最低速度，动力系统输出功率升至极值。

图 7-4 表明，飞行汽车降落阶段的输出功率比起飞阶段低。飞行汽车在起飞阶段进行爬升时，其受到向下的空气阻力，与重力方向一致，动力系统提供的向上推力需大于重力。飞行汽车在下降阶段空气阻力向上，与重力方向相反，飞行汽车动力系统提供的向上推力小于重力，因此动力系统输出功率在降落阶段比起飞阶段更小。导致两个阶段动力系统输出功率差异的另一原因则是风扇处速度的差异，起飞阶段风扇诱导速度和气流相对运动速度均向下，而下降阶段风扇诱导速度向下但气流相对运动速度向上，这一点对于动力系统的功率也有一定的影响。

飞行汽车的新能源电动推进动力系统是决定飞行汽车性能的关键。现有飞行汽车研究主要集中在平台构型和飞控驾驶技术。飞行汽车新能源动力主要包括锂电池、燃料电池和涡轮混合动力三大类型电动推进动力系统，分别适用于轻型飞行汽车（载荷 100~200kg）、中型飞行汽车（载荷 300~500kg）、重型飞行汽车（载荷 >1000kg），如图 7-5 所示。

高性能电动化动力系统主要包括高能量密度动力电池和高功率密度燃料电池。电动化动力系统具有效率高、环保且易与分布式电动推进结合等特点，被视为满足未来飞行汽车对新能源动力需求的主要途径，是电动化动力技术的主要发展方向。动力电池的能量密度决定了飞行汽车的有效航程和载荷，图 7-6 所示为电池的能量密度即比能量对飞行汽车航程与有效载荷的影响，可以看出：当动力电池能量密度由 200W·h/kg 提升一倍时，飞行汽车的航程可以增加 50%，有效

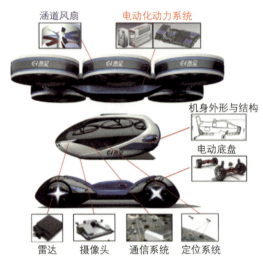

图 7-5 飞行汽车电动化动力系统[1]

载荷可增加 20%。在电动汽车的牵引下，目前的锂离子动力电池单体与系统的能量密度可分别达到 300W·h/kg 和 200W·h/kg[4]。提升动力电池单体能量密度与动力系统轻量化技术将成为飞行汽车等航空动力的重要发展方向。

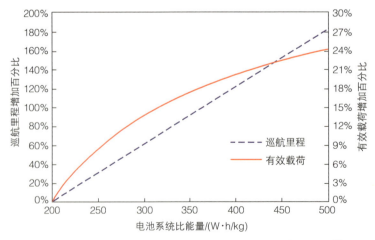

图 7-6 动力电池能量密度对巡航里程与有效载荷的影响[1]

第7章　SOFC在航空动力领域的应用

　　高功率密度的燃料电池技术主要包括质子交换膜燃料电池（PEMFC）与固体氧化物燃料电池（SOFC）两类，燃料电池可直接将燃料的化学能通过电化学反应转为电能，具备发电效率高的优势，但由于以燃料电池为主导的动力系统需要提供大的电化学反应面积（电极-电解质-气体所组成的三相界面），且需要配备保持燃料电池稳定运行的辅件如换热器、空气燃料供应系统等，一般燃料电池动力系统的质量功率密度与体积功率密度较低。发展高功率密度、稳定运行的燃料电池动力系统被视为未来大幅度提高飞行汽车有效载荷和巡航里程的主要技术途径。

　　目前车用质子交换膜燃料电池技术的发展来源于新能源电动汽车对高效清洁能源的需求。图7-7所示为车用PEMFC电堆的质量功率密度和体积功率密度的研发目标。可以看出：高功率密度PEMFC为未来发展的必然趋势。此外，由于空气密度随海拔增高而降低，高压比、宽范围增压技术和空冷型热管理系统技术等将是有效提高飞行汽车燃料电池系统功率密度的关键技术途径[1]。

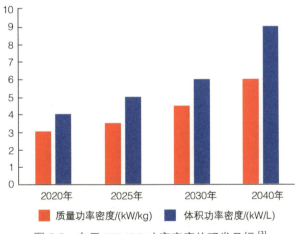

图7-7　车用PEMFC功率密度的研发目标[3]

　　以SOFC为主导的动力系统成熟度较PEMFC低，但NASA格林中心指出：与PEMFC不同，SOFC电堆可以同时使用H_2与CO作为燃料，对氢基燃料杂质耐受性更强。传统的碳氢燃料，如航空煤油、柴油等，均可以通过蒸汽重整、部分氧化重整等手段变为H_2与CO供SOFC电堆使用。SOFC工作温度为800～1000℃，其工作温度与燃料重整室、涡轮等部件相容性更好，被视为满足航空动力对清洁高效能源需求的重要途径。NASA格林中心与波音公司联合针对SOFC/GT（固体氧化物燃料电池涡轮动力系统）、PEMFC/GT（质子交换膜燃料电池涡轮动力系统）与ICE/GT（活塞涡轮组合发动机）用于大型商用飞机的辅助电源装置（APU）或者长航时、高海拔无人机动力的性能进行了对比，其结果如

图 7-8 所示 [5]。可以看出，以 SOFC 为主的动力系统可提升约 30% 的系统性能，质子交换膜燃料电池涡轮动力的性能亦稍优于活塞涡轮组合发动机。

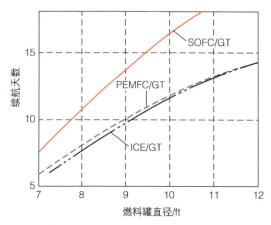

图 7-8　固体氧化物燃料电池涡轮动力、质子交换膜燃料电池涡轮动力性能对比 [5]

但是目前固体氧化物燃料电池在功率密度、运行稳定性方面仍有较大瓶颈，传统应用于地面发电的 SOFC 电堆功率密度低、启动时间长，无法直接应用于以飞行汽车为代表的航空动力。近十年来，由于 SOFC 具有效率高、燃料适应性强等特点，国内外的大学与科研机构开展了大量研究，探索将 SOFC 电堆运用于交通工具动力源的方法。

7.2　固体氧化物燃料电池在航空动力的应用

正如前面章节所述，SOFC 由于其具有效率高、无污染排放等特点 [6]，近 20 年来，已在地面固定式发电领域广泛应用，西门子西屋公司、Bloom energy 公司以及 LG/Rolls-Royce 公司等企业已开发出百千瓦级以上的 SOFC 电堆，并可稳定运行上万小时 [7]。近年来，鉴于 SOFC 具有发电效率高、燃料适应性广的特点，研究人员开始探索将 SOFC 应用于交通工具动力源的可行性。SOFC 被视为是满足未来以飞行汽车为代表的航空航天发展对新能源动力需求的新途径。应用于飞行汽车或航空航天动力的 SOFC 电堆需具备三大特点，即高功率密度（质量功率密度与体积功率密度）、快速启动与良好的抗热震性[7]。目前应用于地面发电与移动设备的 SOFC 电堆特性见表 7-1。从表 7-1 可以看出，应用于地面发电的传统 SOFC 电堆功率密度低、启动时间长，目前无法直接为交通工具，特别是飞行汽车等航空场景提供动力。提升 SOFC 电堆功率密度与抗热循环能力，是决定其能否满足未来飞行汽车与航空航天对新能源动力需求的关键。

表 7-1　固体氧化物燃料电池特性对比

SOFC 类型	管式	板式		金属板式
实物				
支撑材料	陶瓷	陶瓷	陶瓷	金属
电堆功率密度 /（kW/kg）	0.1	0.1	> 1.0	约 0.1
启动时间	小时级	小时级	小时级	9min
典型应用场景	地面发电	地面发电	交通工具动力	交通工具动力
代表性研究机构	西屋公司 三菱重工 大连化物所	Bloom Energy 上海硅酸盐所 华中科技大学	NASA 波音	帝国理工 Ceres Power 西安交通大学

7.2.1　NASA 格林中心 SOFC 航空动力研究

提高 SOFC 功率密度与抗热循环能力的相关研究正日益受到欧美日中等交通强国的高度重视。NASA 格林中心在近 20 年来针对高功率密度 SOFC 电堆与 SOFC 混合动力系统设计开展了大量研究，本节将介绍 NASA 格林中心针对 SOFC 航空动力相关的研究工作。在"绿色航空"计划的支持下，NASA 格林中心 2004 年开展了高功率密度陶瓷板式 SOFC 电堆开发。针对应用于大型商用飞机的 SOFC 电堆，NASA 提出了几项重要指标，指明了应用于航空领域 SOFC 电堆的主要发展方向，主要包括以下几条内容[8]。

1）电堆质量功率密度需 ≥ 1.0kW/kg。
2）电堆需具备良好的耐硫性。
3）功率衰减率每 10000h ≤ 2%。
4）电堆升温时间小于 30min 并具备良好的耐热循环能力。

5）电堆便于集成于飞机中且不增加额外的空气阻力代偿。

在高功率密度 SOFC 电堆研究方面，NASA 格林中心指出：板式 SOFC 电堆中金属连接体在总重量占比达到了 75%，大幅降低了电堆的功率密度[9]。他们提出使用超薄 $LaCrO_3$ 基连接体收集电流，并提出相应的电极－流道一体化设计与加工方案来减小连接体重量在电堆中的占比，以提升 SOFC 电堆功率密度。NASA 改进了冰冻流延加工工艺，制作了图 7-9 所示的电解质支撑的电极－流道一体化的 SOFC 燃料电池单元。新加工工艺可以在薄层电解质两侧生长出多孔电解质骨架，在电解质骨架上利用物理或蒸汽化学技术沉积电极材料便可以制作成 SOFC 单元。该加工工艺可将传统金属连接体所提供的流道全部替换为陶瓷流道，而连接体则可以制成超薄用来连接电解质支撑的 SOFC 单元。该方法可大幅降低连接体的重量，从而实现高功率密度电堆开发。

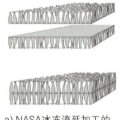
a）NASA 冰冻流延加工的 SOFC 电解质支撑骨架

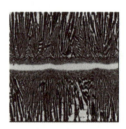
b）SOFC 电解质支撑骨架实物图[9]

图 7-9　电解质支撑的电极－流道一体化 SOFC 燃料电池单元

NASA 格林中心在 2016 年的汇报中指出，采用新工艺加工制作出的陶瓷流道 SOFC 的质量功率密度可达 1.1kW/kg，体积功率密度可达 4kW/L。其工作原理与实物如图 7-10 所示，通过使用陶瓷流道替换金属流道，使得电堆整体重量与体积均缩小至之前的 1/5。

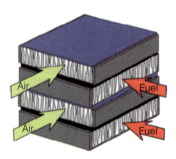
a）示意图

b）实物

图 7-10　NASA 高功率密度 SOFC 电堆[8]

基于高功率密度 SOFC 电堆的成功开发，NASA 格林中心针对百千瓦级 X-57 "Maxwell" 电动飞机设计了 SOFC 燃料电池涡轮混合动力系统[10]，其具体结构及在飞机上的集成如图 7-11 所示，动力系统主要包括动力电池、重整器、SOFC 电堆、燃烧室与叶轮机。

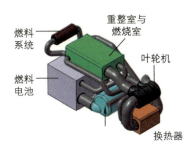
a) 动力系统结构

b) 集成示意图

图 7-11　NASA X-57 固体氧化物燃料电池动力系统结构与集成示意图[10]

X-57 电动飞机在不同任务阶段所需功率见表 7-2，可以看出，与飞行汽车相似，在起飞与爬升阶段，电动飞机所需瞬时功率大于巡航阶段，在刚起飞时所需功率最大，而在巡航阶段功率需求则保持稳定。除固体氧化物燃料电堆外，动力系统还需要高电压动力电池提供一定的功率输出，NASA 指出，该动力电池需具备在 30min 内完成充电的能力，且工作电压必须和 X-57 现有的电子系统相匹配。

表 7-2　X-57 电动飞机的飞行特性[10]

任务阶段	持续时间	总输出功率
起飞	2～5min	158kW
爬升	10min	131kW
巡航	无限期	110kW

针对 X-57 电动飞机的飞行特点，NASA 设计了两种 SOFC 燃料电池混动系统，其方案见表 7-3。两种方案的关键部件相同，均可大幅提升系统效率，可以看出，SOFC 可大幅提升动力系统的效率，与传统燃气轮机难以逾越的 45% 效率瓶颈相比，两种燃料电池混合动力方案的效率均超过了 50%。其中方案 1 的各部件集成度更高，采用部件数量少，在满足动力系统效率 62% 的同时，系统功重比也超过了原有目标（>300W/kg）。但 NASA 指出：方案 1 需要针对超过 900℃ 的高温排气设计加工新的高温风机，会显著提升技术难度与加工成本。方案 2 相比方案 1 虽然需要集成更多的部件，且动力系统效率与功重比均比方案 1 低，但技术难度却大幅降低，在工程实现方面更具备可行性。

表 7-3　X-57 电动飞机动力系统方案 [10]

分　类	方案 1	方案 2
动力系统质量	336kg	366kg
电子元件质量	18kg	18kg
动力电池	43kg	43kg
总质量	397kg	427kg
净功率	120kW	120kW
系统功重比	302W/kg	281W/kg
系统效率	62%	55%

除 NASA 格林中心外，国内外的大学和研究机构针对满足航空动力需求的 SOFC 电堆与 SOFC 燃料电池动力系统也进行了大量研究。其中针对 SOFC 电堆的研究主要聚焦于降低 SOFC 的启动时间与提升其抗热震性。

7.2.2　高抗热震性固体氧化物燃料电池研究

在 SOFC 电堆研究方面，现有应用于地面发电的 SOFC 电堆存在启动时间长、抗热震性差的瓶颈。Mukerjee 等对比了不同支撑形式的 SOFC 电堆长时间稳定运行与抗热循环的性能 [7]，见表 7-4。可以看出，阳极支撑式 SOFC 与金属支撑式 SOFC 在抗热循环能力方面具备一定优势，是应用于交通工具动力源 SOFC 的主要发展方向。Mukerjee 等指出，应用于交通工具动力源的 SOFC 电堆在经历 10000h 的长时间运行及 1000 次热循环后，其电化学性能应无明显衰减。

表 7-4　不同 SOFC 长时间稳定运行与抗热循环能力对比 [7]

SOFC 种类	工作温度 /℃	稳定运行能力	抗热循环能力	价　格
管式 SOFC	900 ~ 1000	高	低	高
电解质支撑 SOFC	850 ~ 1000	高	低	中 - 高
阳极支撑 SOFC	700 ~ 800	中 - 高	中	低 - 中
金属支撑 SOFC	500 ~ 800	低 - 中	高	低 - 中

本书第 2 ~ 4 章分别介绍了几种具备良好抗热循环能力的 SOFC 构型开发及电堆集成技术，本节将进一步对各类 SOFC 构型的抗热循环能力及其在航空动力系统中的应用进行归纳总结。英国 Ceres Power 公司针对金属支撑板式 SOFC 电堆开展研究，通过在不锈钢基板上沉积陶瓷反应层（阳极 - 电解质 - 阴极），SOFC 电堆可在约 500 ~ 600℃的温度范围内运行。此外，SOFC 电堆支撑体由不锈钢构成，在进行 SOFC 单元集成时可采用焊接的方式密封，进一步保证了电堆本身与密封点的强度。由于电堆工作温度的降低与支撑体强度的增加，Ceres Power 所生产的电堆在启动时间与抗热震性上有优异的表现。他们开

发的 Steelcell V4.0 可实现 9min 的快速启动，且经历了 2500 次热循环后仍无明显性能衰减[11]，其平均衰减率约为 1.5%/1000 次热循环。

除金属支撑板式 SOFC 外，微管式 SOFC 近年来也受到研究者们的重视。微管式 SOFC 直径小于 10mm，具有比表面积大的几何特性，单位体积提供的电化学反应面积大，有潜力满足航空航天发展对高功率密度动力源的需求，且由于微管式 SOFC 热惯性小，升温速度快，可以满足快速启动的需求。图 7-12 所示为文献中不同 SOFC 的启动速度与热循环次数的关系[12]。此处的热循环次数为文献中汇报的热循环次数，并非导致 SOFC 损坏的热循环次数。从图 7-12 可以看出，微管式燃料电池在启动时间与热循环能力方面具有较好的性能，具有在未来成为交通工具动力源的潜力。

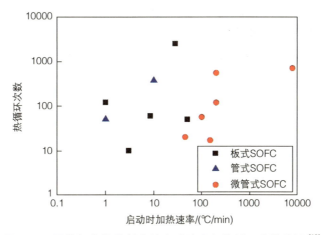

图 7-12　固体氧化物燃料电池启动速度与热循环次数统计[12]

Adaptive Materials 公司与 Lockheed Martin 开发了小型阳极支撑微管式 SOFC 电堆用于移动设备，发电功率在 1kW 以下，电堆入口采用催化部分氧化（CPO_x）反应器，可用丙烷作为燃料，启动时间可控制在 20min 之内[13]。伯明翰大学 Kendall 教授课题组也开发了微管式 SOFC 电堆，并通过实验测试了不同升温速率下微管式 SOFC 的性能衰减情况，他们研发的微管式 SOFC 可以经受 100℃/min 的升温速率并成功进行了 700 次热循环的测试[14]。他们尝试将开发出的阳极支撑型微管式 SOFC 电堆用于一架翼展 2m 总重量 6kg 的小型无人机[15]。该无人机动力系统由电池与微管式燃料电池组成，微管式 SOFC 电堆动力系统输出功率约为 250W，其中 SOFC 电堆也包含催化部分氧化（CPO_x）反应器，可将液态丙烷重整为 H_2 与 CO。Kendall 指出，液态丙烷的能量密度约为高压氢气的 6 倍且相比于氢气更加安全。单根微管式 SOFC 的输出功率约为 5.4W，电堆燃料利用率为 55%。基于该研究成果，Kendall 教授课题组还尝试开发微管 SOFC 应用于 LNG 货车和机器人[16,17]，均可以有效延长动力系统的供电时间。伯明翰大学的 Steinberger-Wilckens 教授课题组也设计了紧凑式 SOFC 电堆一体化系统为小型无人机供电[18]，包含重整器、SOFC 电堆与换热器。该动力系统呈圆筒状，直径 160mm、长 275mm，总重约为 4.3kg，输出功率约 360W，如图 7-13 所示。Steinberger-Wilckens 等针对紧凑式 SOFC 动力系统进行了仿真研究，分析了动力系统内的空气流动、温度与应力分布，发现 SOFC 电堆内的进气结构与管堆的布置方式极其重要。他们指出，初步设计方案中的 SOFC 单体平均温差可达 150℃以上，进气方式仍需进一步优化。

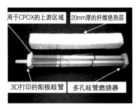
a) SOFC电堆

b) 无人机动力系统集成

图 7-13　用于无人机的小型 SOFC 电堆与无人机动力系统集成图[18]

清华大学史翊翔教授课题组提出火焰燃料电池可用于航空动力[19,20]，火焰燃料电池采用富燃燃烧的重整方式将燃料重整为 H_2 与 CO。该类燃料电池利用富燃燃烧的热量快速加热 SOFC，可实现分钟级的快速启动，但由于离燃烧室距离近，燃烧引起的局部温度过高使 SOFC 温度梯度过高，史翊翔教授课题组采用将热管集成于电堆的思路降低温度梯度，保证火焰燃料电池运行的稳定性。Milcarek 等基于小型 9 根微管 SOFC 电堆，搭建了富燃燃烧 - SOFC 电堆 - 后燃室系统，并通过实验测试了系统性能[21]，对比了不同燃烧当量比与进气条件对 SOFC 电堆的性能影响。其研究表明，进入 SOFC 电堆阴极侧的空气温度对电堆电化学性能有很大的影响。以 SOFC 为主导的动力系统必须做好隔热，以保证动力系统效率。

7.2.3　SOFC/GT 航空动力系统模拟研究

SOFC/GT 航空动力系统的基本思路为：将燃料电池堆集成于传统燃气轮机中的燃烧室内，从而实现能量的高效梯级利用。针对 SOFC 燃料电池动力系统的研究重点聚焦于不同 SOFC/GT 循环的热力学系统模拟。其中系统热效率是评价动力系统性能的重要指标。

在 SOFC 燃料电池动力系统方面，马里兰大学 Cadou 教授课题组针对不同构型的 SOFC/GT 动力系统开展研究，通过将催化部分氧化（CPO_x）反应器、SOFC

电堆与燃烧室进行集成的思路，降低直接参与燃烧的燃料流量，提升系统效率，具体原理如图 7-14 所示[22]。Cadou 教授课题组针对集成了 SOFC 电堆的涡轮喷气发动机、高涵道比分别排气涡轮风扇发动机、小涵道比混合排气涡轮风扇发动机进行了热力学仿真，分析了重要循环参数对发动机性能的影响。其研究表明，50kW 和 90kW 的高涵道比分别排气涡轮风扇发动机效率可分别提升 4% 和 8%。

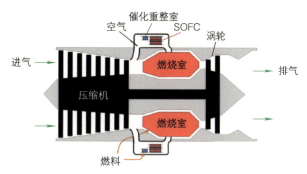

图 7-14　SOFC 燃料电池涡轮喷气发动机工作原理图[22]

在该模型基础上，Cadou 教授课题组进一步考虑了将 SOFC 与 CPO_x 反应器集成到发动机带来的空气阻力代偿[23]。研究表明，在长航时飞机上，将 SOFC 电堆整合进动力系统可以降低至少 8% 的耗油率，相比于传统的燃气轮机可以提升至少 2 倍的供电能力。Cadou 等指出，集成 SOFC 电堆的方式尤为重要，动力系统集成 SOFC 电堆时应尽量避免飞机迎风面积的增加，迎风面积增加会直接导致空气阻力的增大，而影响动力系统效率。Fernandes 等也针对无人机的动力系统，提出了新型 SOFC/GT 构型，该动力系统以生物质为基础，包含生物质制氢、氢液化与燃料电池发电等功能，可以直接将生物质化学能转为电能[24]。他们搭建了热力学模型分析系统效率，发现该系统具备高效率的特点，但氢液化过程会导致部分燃料化学㶲损失，提升氢液化效率可以有效提升动力系统效率。

哈尔滨工业大学秦江教授课题组提出了通过去掉传统燃气轮机的涡轮，并将 SOFC 电堆集成于动力系统发电驱动压气机的新循环构型[25]。该循环可以提高燃料的能量转化效率，并在燃烧室后直接用高温排气提供推力。他们通过热力学模型分析了不同燃料对动力系统效率的影响，研究表明：动力系统的比推力受燃料种类影响不大，但是其效率会受到燃料种类影响，且不同燃料导致的效率不同会随压比增大而增大。以正癸烷与丙烷作为燃料的动力系统效率较氢气更高。秦江教授课题组之后还对比了传统的 SOFC/GT 系统与阳极排气自循环 SOFC/GT 系统、阳极和阴极排气自循环 SOFC/GT 系统的效率[26]。研究表明，采用自循环的动力系统效率可提高约 11%，且阴极自循环可有效提升空气的入口温度。

SOFC 除了直接应用于飞机或飞行汽车动力系统外，还可以用于航空飞机的辅助电源装置，该类辅助电源装置（APU）主要用于起动飞机主发动机，还可以为地面操作提供电力和气动动力，一般用于地面、着陆和起飞过程中，在巡航时关闭。在航空工业中，随着电力需求的增长，传统的发电机体积占比很大，越来越多的电动飞机需要更高效、更可靠、更紧凑的电气系统。因此，需要可靠的电源、更小的尺寸和重量、开发无需压缩机的电动飞机系统，而相比传统涡轮机，SOFC/GT 系统效率更高，西门子西屋在 200kW 的系统上实现了 53% 的系统效率，远高于传统涡轮机发电效率（约 35%）[27]，而且由于燃料灵活性很高，SOFC 辅助电源装置（SOFC-APU）是极具应用潜力的航空飞机辅助电源装置的解决方案。

Eelman 等人指出，燃料电池作为二次能量源具有很高的潜力，可以满足减少燃油消耗、噪声和污染物排放的需求[28]。他们研究对比了用于远程飞机的典型负载工况下，混合式 SOFC 结构和混合式 PEM 结构的系统性能，并详细介绍了系统的结构组成、可能的水回收以及一些集成方案。研究发现在相同的电堆功率下，SOFC 系统的重量小于 PEM 系统的重量。PEM 系统需要更复杂的重整和换热系统，在鲁棒性和效率方面都不及 SOFC 系统。Freeh 等研究了为 300 座商用飞机开发的 440kW 的 SOFC-APU。研究结果表明：尽管飞机巡航阶段的系统效率提升显著，但是简单循环工况下的燃料电池燃气轮机系统在系统比能方面无法超过目前的涡轮驱动发电机[29,30]。这在一定程度上是由于混合动力发动机质量过大以及燃油改造需要的水流量的增大。但是系统分析的结果仍然展示了 SOFC-APU 的潜力，可以通过持续分析、系统设计和优化进一步改进。Chinda 和 Brault 等也开发并分析了两种类型的 SOFC-APU 模型，在海平面全功率工况下，用于输入负载为 400kW 的 300 座的商用飞机[31]。研究发现，燃料电池的性能与工作温度密切相关。研究还指出，限制循环性能的关键因素是 SOFC 温度、涡轮进口温度和排气温度。

Whyatt 和 Chick 等对 SOFC-APU 混合结构进行了深入分析，用以替代波音 787 上的常规 APU 电气负载[32]。研究着重于系统运行所需要的理想压力和电压。通过 ChemCAD 进行的模拟发现，在压力为 800kPa 和电压为 0.825V 时，发电效率最高。Yanovskiy 为 MS-21 型中程飞机提出 SOFC-APU 的优化设计方案[33]。在所有的飞行高度内，该 APU 所需要的电力为 350kW，研究比较了几种类型的 APU：常规 APU、带煤油自热重整的混合板式 SOFC-APU、带煤油自热重整的混合管式 SOFC-APU、带乙醇蒸气转化的混合管式 SOFC-APU。研究的主要目的在于确定哪种 APU 设计能够满足飞机在所有飞行范围内的电力需求。研究指出：与需要大量空气的传统 APU 不同，SOFC-APU 的耗气量较低，可以利用机舱的废气为 APU 供电，在整个飞行高度范围内提供标称电力。研究还观察到 SOFC-APU 降低了燃油消耗，与传统 APU 相比，经过改造的煤油 SOFC-APU 和乙醇蒸气转化的 SOFC-APU 的燃油质量分别降低了 2.8 和 2.4 倍。Fateh 研究了 SOFC/ SOEC 系统用于中程商用飞机 APU 的使用情况[34]，根据能源使用需求，该混合系统也可以用于机场电网的清洁能源供应和燃料生产。研究的重点是将 SOFC/SOEC-APU 系统用作飞机飞行阶段的能源，以及当飞机停放在机场时用作电解槽。选择的功率为 500kW，与空客 A320 以及波音 737 等中型飞机的 APU 对应，在机场时，通过共电解（水蒸气和二氧化碳）产生合成气体，通过电解（水蒸气）产生氢气。研究表明：混合动力系统比传统的 APU 效率更高，是减少污染和提高电效率的好方法。Aguiar 等人研究了用于高空长航时无人机的组合式 SOFC-GT 系统[35]。该研究旨在替代传统的电力系统架构，以提高效率并降低油耗，从而实现长达一周的长续航目标。该系统的效率高达 54.4%，但需要尺寸非常大的压缩机，但如果将多层 SOFC 系统与空气中冷器结合使用，则压缩机的尺寸将大幅度减小，系统的整体效率也随之提高（三层系统的效率为 66.3%）。Santarelli 等人模拟了三种小型飞机任务剖面期间 SOFC-APU 与电气系统的集成，分别为支线飞机（32 名乘客）、小型通勤飞机（9 名乘客）和空中出租车（5 名乘客）。研究考虑了 SOFC 参数（电流、电势等）和设备平衡（压缩机、效率等），并讨论了板式 SOFC 和管式 SOFC 两种 SOFC 结构。研究表明：由于其具有较低的欧姆过电位、较高的密度和较低的重量，板式 SOFC 呈现出更好的性能。同时指出，在将 SOFC 技术用于飞机之前，必须对其进行改进，需要对效率、燃料储存、耐久性试验、海拔变化的影响、燃料电池运行期间释放的热量的再利用、启动时间等进行研究，以使该技术满足航空安全和可靠性要求。

7.3　固体氧化物燃料电池涡电动力

7.3.1　SOFC 涡电动力概述

航空动力系统目前是以燃气涡轮发动机为主，燃气涡轮发动机是通过热力循环将燃料燃烧释放的热能转换为机械能的动力装置。在燃烧过程中，由于燃料化学㶲损大，且动力系统效率受到卡诺效率限制，现有燃气涡轮动力系统发电效率较低，在 40% 左右。通过提升循环参数（如同步提高压比和涡前温度）来提升发动机热效率的潜力越来越小，即使考虑部件效率改进与循环参数提高，效率也很难超过 45%。

固体氧化物燃料电池能够连续将燃料的化学能直接转化为电能，其效率不受卡诺循环的限制，具有发电效率高的优势（理论上电池总效率可达 70%）[6]，且效率与发电功率等级无关，因此受到 NASA、波音等的高度重视。固体氧化物燃料电池涡电动力系统将高温燃料电池用于替换传统燃烧室，如图 7-15 所示，通过中低温电化学反应，实现燃料化学能的综合高效利用，具备效率高、工作温度低、成本低等优势，可有效提升航空动力系统效率，增加飞行航程。

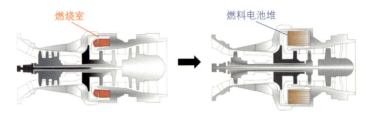

图 7-15　燃气涡轮动力与燃料电池涡电动力对比图

固体氧化物燃料电池涡电动力工作原理如图 7-16 所示，动力系统由压气机、涡轮、重整室、SOFC 电堆、后燃室及预热器构成，空气首先经压气机压缩为高压空气，小部分高压空气经预热后进入重整室与喷入的碳氢燃料进行充分混合后，在重整室进行重整，碳氢燃料被重整为 H_2 与 CO 后进入 SOFC 电堆进行电化学反应。未参与电化学反应的 H_2 与 CO 在后燃室进行燃烧，形成高温尾气推动涡轮做功，燃烧室释放的热量与从压气机出来的高压空气进行换热，进行余热利用，从而提升系统效率。基于 SOFC 良好的燃料适应性，重整室可使用柴油、航空煤油和汽油等液体燃料或氢气、天然气等气体燃料。以固体氧化物燃料电池涡电动力为核心的电动推进技术是航空发动机研究前沿，动力发电系统与推进系统的解耦有助于提高推进效率，通过与分布式推进技术的结合，可实现超高效飞行。

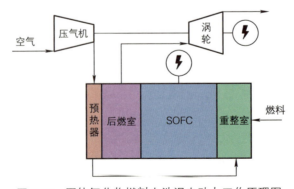

图 7-16　固体氧化物燃料电池涡电动力工作原理图

7.3.2 SOFC 涡电动力热力学模型

考核 SOFC 涡电动力的主要指标为动力系统效率与各个关键位置的温度。本节针对 SOFC 涡电动力的核心部件，建立了热力学的零维模型，以能量守恒、质量守恒与组分守恒为基础，计算不同位置的温度、组分以及系统输出功率。本节仅对主要公式及系统各评价指标进行简要介绍，具体模型建立过程可参考第 6.3 节的介绍。

SOFC 涡电动力包括压气机、换热器、重整室、燃烧室、SOFC 电堆与涡轮六大关键部件。

压气机的主要性能参数有质量流量、压缩比和等熵效率等。在 SOFC 涡电动力中，压气机的流量是根据 SOFC 的氢气消耗量所决定的，进气通常为大气压，出口一般与 SOFC 电堆的工作压力有关。压气机的等熵效率定义为气体压力等熵升至特定值所需的功耗与真实功耗的比值，其计算表达式为

$$\eta_C = \frac{h_{2s} - h_1}{h_{2a} - h_1} \quad (7\text{-}1)$$

式中　h_{2a}——压气机实际过程出口状态的工质比焓值；
　　　h_{2s}——理想等熵过程出口状态的工质比焓值；
　　　h_1——压气机入口的比焓值。

压气机功耗可由下式计算：

$$W_c = q_m (h_{2a} - h_1) \quad (7\text{-}2)$$

式中　q_m——流经压气机的工质流量；
　　　W_c——压气机的输出功。

SOFC 电堆工作温度较高，通常为 800~1000℃。因此 SOFC 电堆对进气的温度有一定的要求，进入的空气和燃料温度需要接近燃料电池的工作温度以保证电堆稳定高效运行[21]。在本系统中，后置燃烧室中剩余反应物燃烧释放的热量可将空气预热到指定温度，预热器内部的能量守恒方程与传热效率分别为

$$Q_{hex} = (h_{h1} - h_{h2}) q_{hm} = (h_{l2} - h_{l1}) q_{lm} \quad (7\text{-}3)$$

$$\eta = \frac{Q_{hex}}{c_{min}(T_{h,in} - T_{c,in})} \quad (7\text{-}4)$$

式中　Q_{hex}——预热器的换热功率；
　　　h_{h1}——热端入口焓；
　　　h_{h2}——热端出口焓；

h_{l1}——冷端入口焓；

h_{l2}——冷端出口焓；

q_{lm}——预热器冷端的工质流量；

q_{hm}——预热器热端的工质流量；

$T_{h,in}$——预热器热端工质流入的温度；

$T_{c,in}$——预热器冷端工质流入的温度；

c_{min}——冷端和热端中的最小热容。

碳氢燃料[36]在进入 SOFC 电堆之前，需经过化学重整为 H_2 或 CO 进入 SOFC 电堆，才能发生电化学反应。本节拟采用部分氧化重整的方式将以航空煤油为主的碳氢燃料转化为氢气和一氧化碳，从而参与 SOFC 的电化学反应，其化学反应表达式为

$$C_xH_y + \frac{x + \frac{y}{4}}{r}(O_2 + 3.76N_2) = aCO_2 + bCO + cH_2O + dH_2 + \frac{2 \times 3.76}{r}N_2 \quad (7-5)$$

利用化学反应过程中碳、氢、氧等元素的组分守恒以及水蒸气重整反应平衡常数的约束，可求解反应方程中的化学计量数。组分守恒与平衡常数的计算公式为

$$C: a + b = x \quad (7-6)$$

$$H: 2c + 2d = y \quad (7-7)$$

$$O: 2a + b + c = \frac{2x}{r} \quad (7-8)$$

$$K_{eq} = \frac{P_{CO_2}P_{H_2}}{P_{CO}P_{H_2O}} = \frac{ad}{bc} \quad (7-9)$$

$$K_{eq} = \exp(-0.2935Z^3 + 0.635Z^2 + 4.1788Z + 0.3196) \quad (7-10)$$

$$Z = \frac{1000}{T} - 1 \quad (7-11)$$

经过重整的碳氢燃料与加热后的高压空气一起进入 SOFC 电堆进行电化学反应，将燃料化学能直接转为电能。SOFC 内部的电化学反应需要满足能量守恒方程，如式（7-12）所示。

$$W_{SOFC} = \sum m_{in}h_{in} - \sum m_{out}h_{out} \quad (7-12)$$

式中 　W_{SOFC}——SOFC 的输出电功率；

　　　m_{in}——进入电池的各物质的质量流量；

　　　m_{out}——流出电池的各物质的质量流量；

　　　h_{in}——进入电池的物质对应的比焓值；

　　　h_{out}——流出电池的物质对应的比焓值。

SOFC 电堆内部的物质反应也需满足质量守恒方程：

$$\sum m_{in} = \sum m_{out} \qquad (7\text{-}13)$$

SOFC 电堆的输出电功率的表达式为

$$W_{SOFC} = jV_{cell}NA \qquad (7\text{-}14)$$

式中 　j——输出电流密度；

　　　V_{cell}——SOFC 的输出电压；

　　　N——SOFC 电堆的单体个数；

　　　A——SOFC 单体的有效反应面积。

未在 SOFC 电堆中参与电化学反应的 H_2 与 CO 在后置燃烧室中燃烧，转化为混合气体内能。不考虑具体反应过程，对燃烧室建立集总模型，其质量守恒方程与能量守恒分别为

$$\sum m_{k,in} = \sum m_{k,out} \qquad (7\text{-}15)$$

$$\sum m_{k,in}h_{k,in} = \sum m_{k,out}h_{k,out} \qquad (7\text{-}16)$$

式中 　$m_{k,in}$——各物质的流入的质量流量；

　　　$m_{k,out}$——各物质的流出的质量流量；

　　　$h_{k,in}$——每个燃料的入口焓值；

　　　$h_{k,out}$——每个燃料的出口焓值。

未反应的燃料在燃烧室充分燃烧，SOFC 的尾气温度进一步提高，在涡轮中膨胀做功。涡轮的流量由前一个部件的排气所决定。本节所描述的 SOFC 涡电动力系统中，涡轮布置在燃烧室之后，进入涡轮的流量为燃烧室产生的燃气流量，在涡轮选型时其流量的大小根据设计工况下燃烧室产生的尾气来确定。

涡轮的理想过程是在入口状态和出口气压之间的等熵过程。涡轮的等熵效率被定义为实际做功与理想等熵过程做功的比值。工质的焓值变化较明显，势能和动能可忽略，因此，涡轮的输出功简化为进口焓和出口焓的变化，其计算式为

$$\eta_T = \frac{h_3 - h_{4a}}{h_3 - h_{4s}} \tag{7-17}$$

式中　h_{4a}——涡轮实际过程出口状态的比焓值；

　　　h_{4s}——涡轮等熵过程出口状态的比焓值；

　　　h_3——入口的比焓值。

涡轮的输出功率计算表达式为

$$W_T = q_m(h_3 - h_{4a}) \tag{7-18}$$

式中　q_m——流经涡轮的工质质量流量。

基于本节所描述的 SOFC 涡电动力系统的关键部件的热力学模型，可以计算动力系统中 SOFC 电堆输出功率、涡轮输出净功率和动力系统效率，其计算公式为

$$\eta_{sys} = \frac{W_{SOFC} + W_T - W_C}{\overset{g}{m}_{fuel} LHV_{fuel}} \tag{7-19}$$

式中　η_{sys}——系统效率；

　　　$\overset{g}{m}_{fuel}$——燃料的入口质量流量；

　　　LHV_{fuel}——燃料的低热值；

　　　W_{SOFC}——SOFC 电堆的输出功；

　　　$W_T - W_C$——涡轮的净输出功。

动力系统的总输出功率分别由 SOFC 电堆的输出功 W_{SOFC} 与涡轮的净输出功 $W_T - W_C$ 组成。

7.3.3　SOFC 涡电动力系统参数敏感性分析与设计

基于 7.3.2 节的 SOFC 涡电动力系统热力学模型，本节首先对比了燃气轮机、回热式燃气轮机与 SOFC 涡电动力系统在不同功率等级下的效率，如图 7-17 所示。可以看出，传统燃气轮机的效率随功率等级的增大而增大，当功率等级从 10kW 提升至 1MW 时，由于压气机、涡轮部件等熵效率的提升，动力系统效率可由 10% 提升至 30% 左右。回热式燃气轮机可对涡轮排出的高温空气进行余热利用，实现能量的梯级利用，从而提升系统效率，从图 7-17 可看出，回热器可提升 8% 左右的动力系统效率，使 1MW 功率等级的回热式燃气轮机的效率接近 40%。

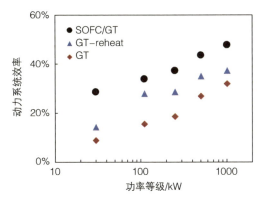

图 7-17 不同功率等级下固体氧化物燃料电池涡电动力系统与传统燃气轮机及回热式燃气轮机的效率对比

当 SOFC 涡电动力使用 SOFC 电堆替换原有的燃烧室时，由于碳氢燃料中的部分化学能可直接通过电化学反应转化为电能，可大幅提升动力系统效率，从图 7-17 可以看出，在 100kW～1MW 的功率等级下，SOFC 涡电动力系统效率比传统燃气轮机高出约 15%，比回热式燃气轮机的效率高出约 5%。其系统效率在 1MW 的功率等级可接近约 50%。由于涡轮的等熵效率随着系统功率等级提升，不论固体氧化物燃料电池涡电动力系统还是回热式燃气轮机，其效率均随功率等级的提升而增加。

本节针对 SOFC 涡电动力系统进行关键参数的敏感性分析，主要包括 SOFC 工作电压、压气机增压比、涡轮前温度与燃料电池燃料利用率，关键部件的具体参数主要基于中国航空发动机研究院 500N 涡喷发动机。中国航空发动机研究院 500N 涡喷发动机主要参数见表 7-5。基于 500N 涡喷发动机的循环参数和叶轮机特性与工作条件，相同条件下单轴涡轴发动机的效率为 14%，单位耗油率为 0.57kg/kW·h。

表 7-5 中国航空发动机研究院 500N 涡喷发动机主要参数

主要参数	数　值
前后支点距离 /mm	129.5
燃烧室外径 /mm	175
压气机压比	3.6
压气机绝热效率	0.75
燃烧室出口温度 /K	1260
涡轮效率	0.85
发动机额定推力 /N	492
进气量 /(kg/s)	0.9
单位耗油率 /(kg/kW·h)	1.51

图7-18所示为SOFC涡电动力系统的效率随工作电压的变化规律,可以看出,当SOFC电堆电压升高时,动力系统效率也随之升高。当工作电压从0.5V升至0.8V时,动力系统效率提升约8%。当SOFC电堆工作在高电压时,多孔电极与电解质内的电流密度较小,电子与离子在传输中引起的欧姆产热小,且由于活化极化的损失小,绝大部分燃料的化学能直接转化为电能输出,该过程中燃料化学烟损失少,能量转换效率高,因此SOFC涡电动力系统的效率随SOFC电堆的工作电压升高而升高。从图7-18还可以看出,当SOFC电堆输出功率与涡轮输出功率之比增大时,动力系统效率随之增高,主要是因为更多燃料中的化学能通过电化学反应的方式转化成电能。但需要注意的是,随着SOFC工作电压的升高,其电流密度会随之下降,影响最终的输出功率,即动力系统的功重比会随之减小,因此选取合适的SOFC电堆工作电压尤为重要,既需要保证系统的高效运行,同时也需要保证动力系统的高功率密度。

图7-19所示为SOFC涡电动力系统效率与压气机增压比的关系。可以看出,当压气机的增压比由3提升至6时,系统效率从23%提升至30%。当压气机的增压比提高时,SOFC输出功率不变,但涡轮输出功率增加,在相同燃料供应的情况下动力系统总输出功率增加,因此动力系统效率更高。而且压气机出口的空气温度随压比增加而增大,需要降低预热空气的能量,从而令更多的燃料化学能变为电能。此外,提升电堆的工作压力可以进一步提升电堆的功率密度。之前的研究表明,当电堆的工作压力由1bar提升至3.5bar时,电堆的输出功率提升了约20%。提升空气端的增压比不仅可以提升系统效率,同时也可以提升电堆的功率密度。高压力条件下工作的SOFC电堆研究对其在航空动力的应用极为重要。

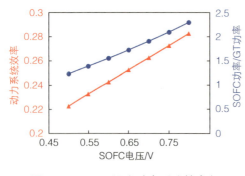

图7-18 SOFC涡电动力系统效率与
SOFC电堆工作电压的关系

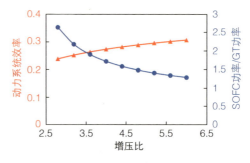

图7-19 SOFC涡电动力系统效率与
压气机增压比的关系

图7-20所示为SOFC涡电动力系统效率与SOFC电堆燃料利用率的关系,

随着燃料利用率由 0.4 提升至 0.7，系统效率由 23% 提升至 32%。当燃料利用率提升时，进入 SOFC 电堆的燃料进行电化学反应的比例增大，燃料化学能直接转化为电能的比例增大。由于燃料的化学能直接转化为电能的效率高于先转化为热能再转为电能，SOFC 涡电动力系统效率随燃料利用率升高。在电堆设计方面，提高燃料利用率的途径有研发新材料以降低电化学反应的活化极化电阻、发展高效流动控制方法增强反应物在多孔电极内的扩散等。

图 7-21 所示为 SOFC 涡电动力系统效率与涡轮前温度的关系，可以看出，当 SOFC 涡电系统中涡轮前温度从 750℃ 升至 1000℃ 时，系统效率由 24% 提升至 27%。在该热力学模型中，涡前温度由动力系统入口空气流量控制，涡前温度随动力系统入口空气流量的降低而升高。随着涡轮前温度升高，尽管动力系统入口空气流量降低，涡轮的输出功率减小量小于压气机输出功率减小量，导致涡轮净出功增加，提升了动力系统总输出功率。可以看出，与传统燃气涡轮提升系统效率的思路相同，增大涡轮前温度可有效提升系统效率。

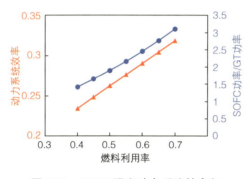

图 7-20　SOFC 涡电动力系统效率与
SOFC 电堆燃料利用率的关系

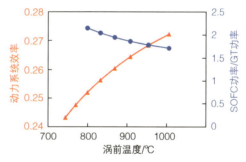

图 7-21　SOFC 涡电动力系统效率与
涡轮前温度的关系

基于本节的参数敏感性分析，在保证涡轮、压气机等关键部件参数一致的情况下，使用 SOFC 电堆替换涡轴发动机原有的燃烧室，可以大幅提升系统效率。将 SOFC 电堆集成于单轴涡轴发动机的 SOFC 涡电动力系统的设计参数与性能见表 7-6，其中压气机和涡轮的等熵效率及涡前温度与涡轴发动机相同。从表 7-6 可以看出，固体氧化物燃料电池涡电动力可以提升近一倍的系统效率，由原来的 14% 提升至 27%。动力系统效率的提升带来的收益是动力系统耗油率的下降，SOFC 涡电动力系统的耗油率仅为 0.3kg/kW·h，且所需的空气量也可减少约 60%。SOFC 涡电动力系统可以在减小耗油率与进气率的前提下仍提升近一倍的系统效率。

表 7-6　固体氧化物燃料电池涡电动力系统参数

设计参数	数值
压气机压比	3.6
压气机绝热效率	0.75
燃烧室出口温度 /K	1260
涡轮效率	0.85
涡轮净出功 /kW	40
燃料电池堆功率 /kW	70
进气量 /（kg/s）	0.34
发动机效率	27%
系统耗油率 /（kg/kW·h）	0.3

7.4　应用于航空动力的 SOFC 小结与展望

固体氧化物燃料电池涡电动力具备效率高、燃料适应性好等优点。动力系统可以同时使用 H_2 与 CO 作为燃料，而传统的碳氢燃料（如航空煤油、柴油等）均可以通过重整生成 H_2 与 CO。SOFC 工作温度为 800～1000℃，其工作温度与碳氢燃料重整室、涡轮等部件相容性好。SOFC 涡电动力被视为满足航空航天发展对新能源动力需求的有效途径，将 SOFC 电堆集成于传统燃气轮机燃烧室，可以有效地提升系统效率，实现能量的梯级利用。应用于以飞行汽车为代表的航空动力的 SOFC 电堆需具备至少 1.0kW/kg 的质量功率密度、分钟级的启动时间与可耐受上万次的抗热循环能力[7,9]，但目前的 SOFC 电堆还无法满足航空动力的需求，本节针对应用于航空动力的 SOFC 电堆未来发展提出几条建议。

7.4.1　高压力条件下稳定运行的 SOFC 电堆研发

固体氧化物燃料电池涡电动力中的空气需先经过压气机压缩再进入 SOFC 电堆，空气侧压力视压气机压比而定，SOFC 的工作压力可能在 3～6bar 之间。针对高压条件下的 SOFC 电堆研究较少，部分研究重点探讨了工作压力对 SOFC 电堆功率密度的影响机制。Lim 等搭建实验平台，探究了工作压力对 SOFC 电堆输出功率的影响机制[37]，其研究表明，当工作压力从 1bar 增加到 3.5bar 时，电堆的总输出功率从 4.3kW 提升至 5.1kW，提升约 20%。Li 等的研究结果与 Lim 相似：当工作压力从 1bar 提升至 3bar 时，SOFC 的功率密度提升了 32%[38]。Henke 等将实验测试的最大压强提升至 8bar，探究了在相同燃料利用率的情况下，SOFC 的工作压力对电堆功率密度的影响机制[39]。其研究表明，在燃料利用率固定的情况下，通过将 SOFC 工作压力从 1bar 提升至 8bar 最高可以提升 100% 的功率密度（从 $0.2W/cm^2$ 提升至 $0.4W/cm^2$），但功率密度提升的百分比会随工作电压的增大而减小：当工作电压由 0.84V 降为 0.72V 时，由工作压力增加的功率密度百分比将从 100% 降至 63%。

从上述研究可以看出：增大 SOFC 电堆的工作压力，可以有效提升电堆的功率密度，降低极化阻力，且增大 SOFC 电堆的工作压力可以增大反应物在多孔电极内的浓度，加强反应物在多孔电极中的扩散，促进发生在多孔电极内三相界面上的电化学反应。但在高压条件下 SOFC 电堆工作的稳定性仍需进一步探索。SOFC 电堆在 3~6bar 的工作条件下功率密度随运行时间的衰减情况、衰减机制以及热循环在高压力条件下对 SOFC 电极－电解质结构、材料特性的影响仍然需要进一步探索。

7.4.2 大功率高功率密度 SOFC 动力系统研究

应用于飞行汽车与航空动力的 SOFC 电堆除了具备高体积功率密度外，还需具备高质量功率密度，目前文献中报道的 SOFC 电堆的质量功率密度较低，电堆还无法直接应用于航空动力，Ceres power 与 Adaptive material 等公司研发的电堆虽具备快速启动与良好的热循环能力，其 SOFC 电堆功率密度约为 0.1kW/kg。而 NASA 格林中心基于陶瓷流道生产的 1.0kW/kg 的电堆总输出功率约为 100W，仍然无法直接运用于大功率兆瓦级商用飞机。大功率等级的高功率密度 SOFC 电堆研发是未来航空动力发展的重点。NASA 格林中心曾指出：SOFC 电堆功率等级增加时会引起大量损失，降低电堆功率密度[5]。他们发现，直径为 2.5cm 的纽扣大小的 SOFC 燃料电池在理想条件下单位面积功率密度可达 $1.4W/cm^2$，当将 SOFC 直径拓展为 7cm，并考虑 SOFC 内的温度与燃料浓度梯度时，其单位面积功率密度减小到 $0.9W/cm^2$。在将集流器布置在电极表面而形成一个 SOFC 单元，进一步考虑集流器带来的电流收集损失时，整个 SOFC 的功率密度降低到 $0.6W/cm^2$，而将各单元进行叠加，使 SOFC 电堆功率等级达到商业化要求时，SOFC 电堆的单位面积功率密度仅为 $0.4W/cm^2$。可以看出，SOFC 电堆的平均功率密度会随功率等级的增加而降低。研发高性能电极和电解质等材料、发展降低温度梯度和浓度梯度的流动控制方法、研究高效集流措施对于发展大功率高功率密度 SOFC 电堆具有重要意义。

除 SOFC 电堆的功率密度外，SOFC 涡电动力系统中的压气机、涡轮、换热器等辅件的重量占比也较大。目前针对 SOFC 涡电动力系统的热力学模拟，均聚焦于以守恒方程计算系统效率，现有模型可进一步考虑关键部件的特性，如涡轮、压气机的部件特性和各部件的重量等。计算 SOFC 涡电动力循环性能时，除效率之外，系统的质量功率密度也应成为衡量动力系统的评价指标。

7.4.3 SOFC 涡电动力热管理研究

在 SOFC 涡电动力中 SOFC 电堆的温度分布是影响其启动时间与抗热震性的关键因素之一，SOFC 的温度梯度对电堆运行时的稳定性和寿命具有重要影响。SOFC 电堆是具有复杂产热与传热的电化学反应动力源。随着 SOFC 电堆功率密度的提高，其单位体积电化学反应产热量增大，且由于 SOFC 电堆内部燃料与氧气浓度分布不均，电极、电解质各位置电化学反应产热量不同，导致 SOFC 电堆在工作时，电极会产生极大的温度梯度，最大可至 40～50℃/cm 左右[12]。SOFC 的温度梯度导致电极不同位置膨胀不均，容易在电极-电解质内部形成微裂纹，甚至发生电极剥落的现象。温度梯度过大同时也容易导致电极局部温度过高，从而造成阳极材料失效而减小多孔电极内发生电化学反应的有效面积。英国伯明翰大学 Kendell 教授课题组研究了温度梯度对 SOFC 运行稳定性的影响机制，结果表明[40]，当电极温度梯度大于 30℃/cm 时，电极内部会产生微裂纹，且会导致热应力在电极中积累，使电极发生剥落行为。但用热管理措施消除温度梯度的 SOFC 电极则未出现微裂纹或剥落的情况。帝国理工大学 Aguiar 等人的研究更是指出，SOFC 电堆在工作中应保持电极温度梯度小于 10℃/cm 以保证电极的稳定性。电极的温度梯度会导致内部热应力增大至少 30%，对 SOFC 电堆运行时的稳定性带来巨大影响。可以看出，针对降低多孔电极温度梯度的 SOFC 电堆热管理传热强化与传热控制研究的重要性日益凸显。

过高的电极温度梯度会为高功率密度 SOFC 电堆的研发带来巨大挑战。因此，针对高功率密度 SOFC 电堆深入探索有效的传热强化与传热控制途径，开展 SOFC 电堆的流道结构对反应物（燃料与空气）流动、传热与传质的基础研究，可以有效降低工作时固体氧化物燃料电池电极的温度梯度与最大温度，提高 SOFC 电堆运行的稳定性。同时，未在 SOFC 电堆中参与电化学反应的剩余燃料会在 SOFC 涡电动力的后燃室进行燃烧，燃烧过程会导致靠近燃烧室位置的局部温度过高[41,42]，SOFC 电堆与后燃室之间的能量管理也需要进一步研究，以保证 SOFC 电堆稳定运行。

参 考 文 献

[1] 张扬军, 钱煜平, 诸葛伟林, 等. 飞行汽车的研究发展与关键技术[J]. 汽车安全与节能学报, 2020, 11(1): 1–16.

[2] YANG X G, LIU T, GE S, et al. Challenges and key requirements of batteries for electric vertical takeoff and landing aircraft[J]. Joule, 2021, 5(7): 1644–1659.

[3] LUO Y, QIAN Y, ZENG Z, et al. Simulation and analysis of operating characteristics of power battery for flying car utilization[J]. eTransportation, 2021, 8: 100111.

[4] TAKAMI N, ISE K, HARADA Y, et al. High-energy, fast-charging, long-life lithium-ion batteries using $TiNb_2O_7$ anodes for automotive applications[J]. Journal of Power Sources, 2018, 396: 429–436.

[5] CABLE T L, SETLOCK J A, FARMER S C, et al. Regenerative Performance of the NASA Symmetrical Solid Oxide Fuel Cell Design[J]. International Journal of Applied Ceramic Technology, 2011, 8(1): 1–12.

[6] STAMBOULI A B, TRAVERSA E. Solid oxide fuel cells (SOFCs): a review of an environmentally clean and efficient source of energy[J]. Renewable and Sustainable Energy Reviews, 2002, 6(5): 433–455.

[7] MUKERJEE S, LEAH R, SELBY M, et al. Life and reliability of solid oxide fuel cell-based products: a review[C]// NIGEL P, ENRIQUE R, PAUL B. Solid oxide fuel cell lifetime and reliability. Cambridge: Elsvier. 2017: 173-191.

[8] MISRA A. Energy conversion and storage requirements for hybrid electric aircraft[C]//International Conference and Expo on Advanced Ceramics and Composites. Westerville: The American Ceramic Society, 2016 (GRC-E-DAA-TN29518).

[9] CABLE T L, SOFIE S W. A symmetrical, planar SOFC design for NASA's high specific power density requirements[J]. Journal of Power Sources, 2007, 174(1): 221–227.

[10] BORER N K, GEUTHER S C, LITHERLAND B L, et al. Design and performance of a hybrid-electric fuel cell flight demonstration concept[C]//2018 Aviation Technology, Integration, and Operations Conference. Reston: AIAA 2018: 3357.

[11] LEAH R T, BONE A, HAMMER E, et al. Development Progress on the Ceres Power Steel Cell Technology Platform: Further Progress Towards Commercialization[J]. ECS Transactions, 2017, 78(1): 87–95.

[12] ZENG Z, QIAN Y, ZHANG Y, et al. A review of heat transfer and thermal management methods for temperature gradient reduction in solid oxide fuel cell (SOFC) stacks[J]. Applied Energy, 2020, 280: 115899.

[13] MCPHAIL S, LETO L, BOIGUES MUÑOZ C. The Yellow Pages of SOFC Technology International Status of SOFC deployment 2012-2013[M]. Paris: IEA 2013.

[14] KENDALL K, DIKWAL C M, BUJALSKI W. Comparative Analysis of Thermal and Redox Cycling for Microtubular SOFCs[J]. ECS Transactions, 2007, 7(1): 1521–1526.

[15] MEADOWCROFT A D, HOWROYD S, KENDALL K, et al. Testing Micro-Tubular SOFCs in Unmanned Air Vehicles (UAVs)[J]. ECS Transactions, 2013, 57(1): 451–457.

[16] KENDALL K, NEWTON J, KENDALL M. Microtubular SOFC (mSOFC) System in Truck APU Application[J]. ECS Transactions, 2015, 68(1): 187–192.

[17] KENDALL K, LIANG B, KENDALL M. Microtubular SOFC (mSOFC) System in Mobile Robot Applications[J]. ECS Transactions, 2017, 78(1): 237–242.

[18] HARI B, BROUWER J P, DHIR A, et al. A computational fluid dynamics and finite element analysis design of a microtubular solid oxide fuel cell stack for fixed wing mini unmanned aerial vehicles[J]. International Journal of Hydrogen Energy, 2019, 44(16): 8519–8532.

[19] WANG Y, ZENG H, CAO T, et al. Start-up and operation characteristics of a flame fuel cell unit[J]. Applied Energy, 2016, 178: 415–421.

[20] ZENG H, WANG Y, SHI Y, et al. Highly Thermal-Integrated Flame Fuel Cell Module with High Temperature Heatpipe[J]. Journal of The Electrochemical Society, 2017, 164(13): F1478–F1482.

[21] MILCAREK R J, AHN J. Rich-burn, flame-assisted fuel cell, quick-mix, lean-burn (RFQL) combustor and power generation[J]. Journal of Power Sources, 2018, 381: 18–25.

[22] WATERS D F, CADOU C P. Engine-integrated solid oxide fuel cells for efficient electrical power generation on aircraft[J]. Journal of Power Sources, 2015, 284: 588–605.

[23] WATERS D F, PRATT L M, CADOU C P. Gas Turbine/Solid Oxide Fuel Cell Hybrids for Aircraft Propulsion and Power[J]. Journal of Propulsion and Power, American Institute of Aeronautics and Astronautics, 2021, 37(3): 349–361.

[24] FERNANDES A, WOUDSTRA T, ARAVIND P V. System simulation and exergy analysis on the use of biomass-derived liquid-hydrogen for SOFC/GT powered aircraft[J]. International Journal of Hydrogen Energy, 2015, 40(13): 4683–4697.

[25] JI Z, QIN J, CHENG K, et al. Comparative performance analysis of solid oxide fuel cell turbine-less jet engines for electric propulsion airplanes: Application of alternative fuel[J]. Aerospace Science and Technology, 2019, 93: 105286.

[26] LIU H, QIN J, JI Z, et al. Study on the performance comparison of three configurations of aviation fuel cell gas turbine hybrid power generation system[J]. Journal of Power Sources, 2021, 501: 230007.

[27] VEYO S E. The Westinghouse solid oxide fuel cell program-a status report[C]//IECEC 96. Proceedings of the 31st Intersociety Energy Conversion Engineering Conference. Reston: AIAA, 1996.

[28] EELMAN S. Fuel Cell APU's in Commercial Aircraft – an Assessment of SOFC and PEMFC Concepts[C]//24th international congress of the aeronautical science. Reston: AIAA, 2004.

[29] FREEH J E, STEFFEN C J, LAROSILIERE L M. Off-Design Performance Analysis of a Solid-Oxide Fuel Cell/Gas Turbine Hybrid for Auxiliary Aerospace Power[C]//American Society of Mechanical Engineers Digital Collection. New York: ASME, 2008: 265–272.

[30] STEFFEN C J, FREEH J E, LAROSILIERE L M. Solid Oxide Fuel Cell/Gas Turbine Hybrid Cycle Technology for Auxiliary Aerospace Power[C]//American Society of Mechanical Engineers Digital Collection. New York: ASME, 2008: 253–260.

[31] CHINDA P, BRAULT P. The hybrid solid oxide fuel cell (SOFC) and gas turbine (GT) systems steady state modeling[J]. International Journal of Hydrogen Energy, 2012, 37(11): 9237–9248.

[32] WHYATT G A, CHICK L A. Electrical Generation for More-Electric Aircraft Using Solid Oxide Fuel Cells[R]. Richland: Pacific Northwest National Lab, 2012.

[33] YANOVSKIY L. Fuel cells on alternative non-oil fuels for gas turbine engines of an advanced civil aircrafts[C]//28th international congress of the aeronautical science. Reston: AIAA, 2012.

[34] FATEH S. Bi-directional Solid Oxide Cells used as SOFC for Aircraft APU system and as SOEC to produce fuel at the airport Exergy evaluation of jet fuel and ammonia as fuel alternatives[D]. Delft: Delft University of Technology, 2015.

[35] AGUIAR P, BRETT D J L, BRANDON N P. Solid oxide fuel cell/gas turbine hybrid system analysis for high-altitude long-endurance unmanned aerial vehicles[J]. International Journal of Hydrogen Energy, 2008, 33(23): 7214–7223.

[36] KARATZAS X, NILSSON M, DAWODY J, et al. Characterization and optimization of an autothermal diesel and jet fuel reformer for 5kWe mobile fuel cell applications[J]. Chemical Engineering Journal, 2010, 156(2): 366–379.

[37] LIM T-H, SONG R-H, SHIN D-R, et al. Operating characteristics of a 5kW class anode-supported planar SOFC stack for a fuel cell/gas turbine hybrid system[J]. International Journal of Hydrogen Energy, 2008, 33(3): 1076–1083.

[38] LI C X, WANG Z Z, LIU S, et al. Effect of Gas Pressure on Polarization of SOFC Cathode Prepared by Plasma Spray[J]. Journal of Thermal Spray Technology, 2013, 22(5): 640–645.

[39] HENKE M, WILLICH C, WESTNER C, et al. Effect of pressure variation on power density and efficiency of solid oxide fuel cells[J]. Electrochimica Acta, 2012, 66: 158–163.

[40] DIKWAL C M, BUJALSKI W, KENDALL K. The effect of temperature gradients on thermal cycling and isothermal ageing of micro-tubular solid oxide fuel cells[J]. Journal of Power Sources, 2009, 193(1): 241–248.

[41] LEONE P, LANZINI A, DELHOMME B, et al. Analysis of the thermal field of a seal-less planar solid oxide fuel cell[J]. Journal of Power Sources, 2012, 204: 100–105.

[42] ZENG H, WANG Y, SHI Y, et al. Highly thermal integrated heat pipe-solid oxide fuel cell[J]. Applied Energy, 2018, 216: 613–619.

第 8 章

燃料处理技术

氢气是一种清洁、绿色的燃料，是适合燃料电池直接使用的最佳燃料，但氢气存在储运方面的难题，高压储氢、液化储氢及合金材料储氢的储氢密度有限，加注氢的设施成本较高、技术成熟度低、使用推广程度有限，这些也是制约燃料电池动力系统发展的重要因素。相比于使用高纯氢的质子交换膜燃料电池（Proton Exchange Membrane Fuel Cell，PEMFC），固体氧化物燃料电池（Solid Oxide Fuel Cell，SOFC）具有极强的燃料适应能力，可以结合燃料前处理技术现场转化利用各种常规碳氢燃料。基于动力系统的应用需求，研究人员针对不同燃料在固体氧化物燃料电池动力系统中的应用开展了大量的研究。

碳氢燃料在送入 SOFC 进行发电之前，首先会进行前处理，通过各种物理、化学过程将初始燃料中含有的杂质如硫分、固体颗粒物等脱除，避免污染和毒害下游反应过程，此后大分子燃料会进一步转化为更适合 SOFC 直接利用的富氢合成气。此外，燃料在 SOFC 电堆中无法完全转化，即燃料利用率不可能达到 100%，电堆出口的排气中往往含有相当浓度的氢气、一氧化碳、甲烷等可燃组分。这些组分一方面仍然留存了化学能未被利用，另一方面也具有轻微的毒性和不可忽视的温室效应，直接排放会造成整体效率偏低。

综上，燃料在 SOFC 动力系统中利用时，需要经由不同的前处理过程转化为 SOFC 可以直接利用的小分子燃料，被电堆利用完的燃料排气也需要进一步后处理，进行无害化处理并回收其中能量。前一个过程我们通常归纳为燃料前处理技术，后一个过程归纳为尾气后处理技术，本章将分别介绍燃料前处理技术和尾气后处理技术的技术概念及其在动力系统中的研究进展。

 8.1 燃料前处理技术

8.1.1 前处理技术介绍

1 燃料前处理技术总体介绍

燃料在进入燃料电池发电之前，需要对其进行特定的前处理，以天然气蒸汽重整为例，首先会进行过滤、脱硫、混合和多级预热等多步过程，实现对燃料气体的净化、对内部含有的 H_2S 等污染物的脱除和反应物料的反应准备，而后温度适宜、

混合良好的反应物料会在燃料转化反应器中进行转化反应。液体燃料如甲醇、乙醇或汽/柴油，还需要进行必要的雾化或预热蒸发等过程，以实现更好的反应物料间混合过程及更充分的催化转化效果。典型的燃料前处理过程的工艺流程如图 8-1 所示。

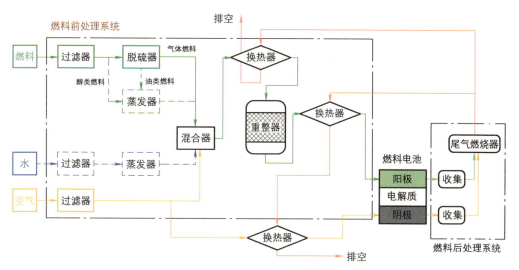

图 8-1　燃料前处理工艺流程原理

2　燃料脱硫处理技术

SOFC 常用的各种燃料如天然气、煤制合成气、生物燃气（沼气）、液化丙烷气、液化石油气、汽油和柴油等，均含有不同含量的硫组分，并且不同类型、不同来源的燃料中含有的硫组分的存在形式和含量均有所不同。天然气、液化石油气等往往含有硫化氢[1]，汽油、柴油等复杂液体燃料中还具有许多大分子的含硫有机物，包括噻吩、苯并噻吩、硫醚、硫醇等。

这些含硫组分会在燃料重整和 SOFC 发电过程中带来负面影响，对重整催化剂和燃料电池的阳极 Ni 等催化活性物质产生可逆或不可逆的影响，严重时会直接导致催化剂的失活。重整过程的反应气中含有的硫元素，容易直接吸附并与催化剂的活性金属反应生成对应的硫化物，从而阻碍反应气体与活性金属反应，此外活性金属硫化物的生成还会在一定程度上加速积炭等其他不利过程的发生，导致重整前处理过程的失活。对于 SOFC 而言，即使燃料中含有浓度非常低（百万分之几）的 H_2S，也会令 Ni/YSZ 电极中毒，使得输出性能大幅度衰减[2]。SOFC 硫中毒程度与很多因素有关，包括温度、电流密度、H_2S 含量、燃料气体成分、反应时间等[3, 4]。研究表明，温度不变的情况下，反应气中 H_2S 的分压越大，硫中毒程度越严重，性能衰减程度越大[5]，而温度升高，H_2S 对电化学性能的影响减弱。H_2S 对 SOFC 阳极的毒化作用有短期效应与长期效应两种。当 SOFC 短期暴露在 H_2S 气氛下时，H_2S 在催化剂表面快速的物理化学吸附导致三相界面活性降低，会造成短期毒化效应。而 H_2S 造成的催化剂结构改变以及 Ni 的迁移和流失则是长期效应的影响。当 SOFC 长期处于 H_2S 气氛下时，会造成 Ni 颗粒长大、Ni 迁移以及体相 NiS 的生成，对电极微观结构产生影响，进一步影响 SOFC 的电化学性能。Hauch 等[3]发现，SOFC 硫中毒过程分为两步：最初电压降低，随后电压不变、上升或降低（取决于操作条件）。最初的电压降是短期效应的影响，比随后长期效应的影响更重要。Zha 等[6]认为，短期效应是由于 H_2S 迅速在 Ni 表面吸附，占据了 H_2 吸附及氧化的活性位。Schubert 等[7]通过 H_2S 在 Ni 活性位上的化学吸附来描述最初的电压降。研究者普遍认为，H_2S 存在时，阳极 Ni 可能发生化学吸附和硫化反应两种过程，当温度在 700～800℃、H_2S 体积分数低于 50×10^{-6} 时，化学吸附反应起主导作用；当 H_2S 浓度升高，Ni 的硫化作用成为主导反应[8]。

由于硫元素在当前的 SOFC 使用的燃料中难以避免，而 SOFC 的可靠运行需要硫元素 $< 1 \times 10^{-6}$ [9-11]，因此需要对初始的燃料进行硫脱除。气态的 H_2S 组分的脱除包括干法和湿法两种路线，即采用固态脱硫剂吸附或液态脱硫溶剂洗脱[12-14]，通过将含有 H_2S 的燃料气体通过填充有脱硫剂的固定床层或溶剂反应罐来实现硫元素的吸附脱除。固态脱硫剂的优点是反应工艺简单，缺点在于脱硫剂再生困难，具有代表性的固态脱硫剂包括活性炭、分子筛及金属氧化物如氧化锌、氧化铁等[12]。其中，活性炭与分子筛对 H_2S 的脱除作用主要基于二者良好的物理吸附特性，例如，研究者发现分子筛上有高度局部集中的极电荷，这些极电荷使分子筛对 H_2S 这种极性分子有着强大的吸附能力[13]。氧化锌、氧化铁等金属氧化物对 H_2S 的脱除作用则是基于氧化物与 H_2S 的化学反应生成金属硫化物和水，气体中含有的水对于金属氧化物与 H_2S 的反应影响较大，需控制水分含量[12, 13]。

湿法脱硫也是目前较为常规的气体脱硫技术，主要包括化学溶剂吸收法和物理溶剂吸收法两种技术路线[13]。化学溶剂吸收法使用碱性吸收剂和酸性气体接触发生可逆反应，生成含酸性气体的化合物。生成的化合物在高温低压条件下再生出碱性吸收剂，同时释放出酸性气体送入后续的尾气处理装置。化学溶剂吸收法根据所用吸收剂的种类不同又可以划分为醇胺法和碱性盐溶液法[13, 14]。醇胺法使用醇胺类溶液作为吸收剂，常用的醇胺类溶液包括一乙醇胺（MEA）、二乙醇胺（DEA）、二甘醇胺（DGA）、甲基二乙醇胺（MDEA）、二甘醇胺（DGA）、二异丙醇胺（DIPA）等[13, 15]。最常用的碱性盐溶液为碳酸钠溶液，通常是将含 H_2S 的气体与碳酸钠溶液（质量分数为 2%～6%）在吸收塔内逆流接触并反应，生成 $NaHCO_3$ 和 $NaHS$ 来吸收 H_2S[12]。物理溶剂吸收法是利用有机溶剂对气体中各组分溶解度的差异，实现 H_2S 脱除，常见的物理吸收法有 Selexol 法、NHD 法、低温甲醇法和 N-甲基吡咯烷酮（NMP）法等，利用多组分聚乙二醇二甲醚混合溶剂、低温甲醇等作为吸收剂[13]。值得注意的是，大部分物理溶剂同时还会吸收部分大分子烃类，因而不适合处理含有大分子烃类的燃料[13]。将物理和化学溶剂配置成混合吸收剂，可在一定程度上结合两种吸收剂各自的优点，如将化学溶剂 DIPA 或 MDEA 与物理溶剂环丁砜混合使用的砜胺法，适用于高酸性气体含量的天然气的粗脱硫，也可在一定程度上脱除有机硫组分，但也同样存在会使大分子烃类损失的问题[14]。此外，在工业上也经常采用膜分离技术和变压吸附等方法脱除煤制合成气或天然气中的 H_2S，前者根据各种气体通过膜的速率不同而达到分离目的，后者则通过改变被吸附气体的分压实现吸附解吸达到脱除的目的，由于其设备体积和重量较大，两种方案在动力系统中的应用报道较少。

对于汽油、柴油等复杂燃料中含有的大分子有机硫的脱除技术，也包括化学反应脱除和吸附脱除两种方式。化学反应脱除的方法主要包括加氢脱硫（Hydrodesulfurization，HDS）和选择性烷基化（Selective alkylation）[16, 17]。HDS 是目前大规模工业化碳氢燃料脱硫的主流技术，反应过程中 HDS 催化剂（主要是 Co-Mo 基的催化剂）将含硫有机分子部分或全部氢化，转化为 H_2S 的形式释放出来，再结合前文描述的 H_2S 的各类脱除方法实现硫元素的有效脱除[18-21]。HDS 对去除较轻的硫化合物有效，但对于甲基化苯并噻吩和二苯并噻吩等较大的硫化合物，其脱除效果较差，此外，HDS 技术需要大量的设备和氢原料来进行氢解反应，因此不适合动力系统的应用。有机硫分子的选择性烷基化通过提高含硫分子的分子量来提高其沸点，再结合分馏的方法除去含硫分子。相比 HDS，选择性烷基化方法最大的优势在于不需要高压氢气作为反应物料，对于后续结合燃料电池进行发电更有利。由于燃料中的烯烃含量会有所不同，有必要根据需要向燃料中添加烯烃（或醇）以转化所有含硫分子。研究者们也发现，实际上在 HDS 操作过程中，也会发生一定程度的烷基化过程[19, 20]。吸附脱硫法（ADS）作为一种替代 HDS 的燃料深度脱硫方法，受到了广泛的关注，其核心在于开发可选择性地吸附燃料流中有机硫化合物的吸附剂，最常见的吸附剂材料包括活性炭、金属氧化物、沸石、铝硅酸盐和金属有机框架等[22]。与 H_2S 脱除剂相似，其机制上也包括直接物理吸附和化学反应吸附，前者以活性炭、沸石分子筛等为主，使用时可以在较低的温度和压力下使用常规固定床设备进行吸附脱除，而后者多以金属及金属氧化物为主，吸附的有机硫分子会与金属反应生成硫化物，剩余的碳氢化合物被回收，这个过程往往需要一定的高温和高压条件。吸附脱硫法往往受限于吸附剂材料的饱和吸附量，因而对于含硫高的碳氢燃料（如汽油和柴油）需要匹配更大的吸附剂量或使用双吸附填充床（以便同时吸附和再生）以及床间切换[18-20]。Du 等人[16]基于激光 3D 打印技术开发的小型燃料脱硫反应器（图 8-2），基于金属氧化物脱硫剂可以将商用的喷气燃料的含硫量降低至百万分之一以下。

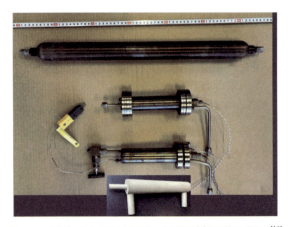

图 8-2　适合动力系统使用的小型燃料脱硫反应器[16]

3 燃料转化技术介绍与对比

经过预处理的燃料气体及反应助剂（水蒸气、空气、二氧化碳等）在催化剂的参与下，可以通过化学反应的形式转化产生更适合燃料电池利用的小分子燃料，这一过程通常称为重整（Reforming）反应。重整反应发生的场所既可以是位于 SOFC 之外的独立的重整反应器，也可以是位于 SOFC 内的阳极或阳极侧催化功能层，前者一般称为外部重整（External Reforming，ER），而后者则被称为内部重整（Internal Reforming，IR）。重整反应主要方式包括蒸汽重整（Steam Reforming，SR）、干重整（Dry Reforming，DR）、部分氧化重整（Partial Oxidation Reforming，POX）和自热重整（Auto Thermal Reforming，ATR）等。这些重整方法的实质都是氧化剂与燃料发生氧化还原反应，以产生富含氢气的合成气，下面分别做具体的介绍。

（1）蒸汽重整

顾名思义，蒸汽重整是利用水蒸气作为重整反应的氧化剂，反应过程通常是强吸热反应，并且需要适当的高温来驱动反应的发生，对于甲醇、二甲醚和其他容易激活的含氧碳氢化合物，反应温度一般为 180～300℃，而对于大多数传统碳氢化合物如甲烷、丙烷等，反应温度通常需要 500℃以上[17]。其一般表达式如下所示：

$$C_mH_nO_t + (m-t)H_2O \Longleftrightarrow \left(m-t+\frac{n}{2}\right)H_2 + mCO \quad \Delta H > 0 \quad (8\text{-}1)$$

反应中生成的 CO 可能继续与 H_2O 发生水气变换反应：

$$CO + H_2O \Longleftrightarrow H_2 + CO_2 \quad \Delta H = -41 \text{kJ/mol} \quad (8\text{-}2)$$

由于蒸汽重整反应为强吸热、分子量增多的反应，从热力学角度看，高温、低压、高水碳比更有利于碳氢燃料的转化,实际应用中需要考虑能耗、使用场景,因而对于不同的燃料和催化剂类型,使用条件均有所不同。蒸汽重整反应通常需要使用催化剂促进水蒸气与碳氢燃料的反应,常用的催化剂主要包括非贵金属(通常为镍)和贵金属(通常为铂、铑、钯等),后者往往具有更好的催化活性和耐积炭特性[23, 24]。然而,由于严重的传热、传质限制,催化反应的动力学和催化剂的活性很少成为常规蒸汽重整反应的限制因素[17],从成本的角度出发,镍基催化剂是目前商业化应用中最广泛的蒸汽重整催化剂。质量和传热的限制可以通过设计和应用微通道反应器来克服,使蒸汽重整反应的内在动力学得以实现[25]。

在反应机理研究方面,Jones 等[26, 27]用如下基元反应对甲烷蒸汽重整的反应过程进行描述:

$$CH_4 + 2(Ni) \longleftrightarrow CH_3(Ni) + H(Ni) \quad (8\text{-}3)$$

$$H_2O + 2(Ni) \longleftrightarrow H(Ni) + OH(Ni) \quad (8\text{-}4)$$

$$OH(Ni) + (Ni) \longleftrightarrow O(Ni) + H(Ni) \quad (8\text{-}5)$$

$$CH_x(Ni) + (Ni) \longleftrightarrow CH_{x-1}(Ni) + H(Ni) \ (x = 1, 2, 3) \quad (8\text{-}6)$$

$$C(Ni) + O(Ni) \longleftrightarrow CO(Ni) + (Ni) \quad (8\text{-}7)$$

$$2H(Ni) \longleftrightarrow H_2 + 2(Ni) \quad (8\text{-}8)$$

$$CO(Ni) \longleftrightarrow CO + (Ni) \quad (8\text{-}9)$$

上述基元反应(8-3)和反应(8-7)为反应速率控制步骤,在高温下反应(8-3)为速率控制步骤,低温下反应(8-7)成为速率控制步骤。德国卡尔斯鲁厄理工学院 Deutschmann 课题组[28]开发了包含 6 种气相组分、12 种表面组分以及 42 个可逆反应的基元反应机理模型,可较好地重复实验结果。在此基础上,Deutschmann 课题组[29]进一步开发了适于 500～2000℃的蒸汽重整基元反应机理,该机理在后续数值模拟过程中被广泛采用。

(2)部分氧化重整

部分氧化反应是利用空气或氧气作为燃料转化的氧化剂,反应通常是弱放热过程,在保温良好的条件下反应过程往往能够自持,由于不需要额外的水蒸气与热源,且启动与响应迅速,部分氧化重整更适用于基于 SOFC 的动力系统使用。部分氧化反应的一般表达式如下所示:

$$C_mH_nO_t + \frac{(m-t)}{2}O_2 \longleftrightarrow \frac{n}{2}H_2 + mCO \quad \Delta H < 0 \quad (8\text{-}10)$$

碳氢燃料在氧气或空气条件下的直接非催化部分氧化反应过程一般以富燃燃烧的形式进行，其火焰温度通常为1300～1500℃，以确保燃料完全转化和减少积炭或炭烟的生成，而在部分氧化体系中加入催化剂，构成催化部分氧化过程，可以显著降低操作温度，并有效提升转化效率[17]。在实际应用过程中受限于局部热点和积炭的生成，很难对反应温度进行良好控制[30-32]。

目前，针对部分氧化反应的反应机理仍然存在争议，主要原因在于[33]：其一，在给定的反应体系中可能存在不止一种反应机理；其二，催化剂在反应的过程中发生结构变化可能改变反应速率控制步骤；其三，在不同的操作条件（O/C比、温度、流速等）下反应机理可能不同。目前主要有以下两种主流的POX机理。

1）直接反应机理：碳氢燃料在催化剂表面分解成碳和氢的表面基元，氢基元结合形成H_2，碳基元与表面O反应生成CO，最后H_2与CO在催化剂表面解吸附。

2）间接反应机理（燃烧-重整机理）：部分甲烷与氧气首先完全氧化生成H_2O和CO_2，剩余CH_4再发生蒸汽重整和CO_2重整反应，最终生成CO和H_2，间接机理能更好地解释反应过程中宏观的温度及组分分布。

也有学者认为在POX反应中，直接反应机理和间接反应机理都会发生，图8-3所示为两种反应机理。实际上，当有催化剂参与反应时，基元反应机理要复杂得多。Wang等[34]提出了24步基元反应用于描述POX的直接反应机理。此外，在重整反应的工作温度下，除了催化剂表面的非均相化学反应，气相中还可能发生均相化学反应，从而反应体系存在均相/非均相反应的竞争耦合作用，使反应机理更为复杂。在实际应用中，应考虑所使用的催化剂及操作条件，对反应机理进行选择与修正。

（3）干重整

以二氧化碳作为高温氧化剂与碳氢燃料发生重整反应的过程就是干重整，其总反应的表达式为

$$C_mH_nO_t + (m-t)CO_2 \longleftrightarrow \frac{n}{2}H_2 + (2m-t)CO \qquad \Delta H > 0 \qquad (8-11)$$

由于CO_2重整反应气中碳元素含量较高，反应过程较容易积炭。但是CO_2干重整在以下两种条件下更具有优势：①将CO_2含量较高的燃料电池阳极废气部分循环回流用于转化反应气时，可以充分回收和利用CO_2组分和废气的热量，从而显著提升物质利用率和能量利用效率；②当使用沼气作为SOFC的原料气时，由于沼气中含有体积分数为30%～50%的CO_2，此时CO_2重整就显得格外重要。考虑到当前节能减排的需求，CO_2重整可作为CO_2资源化利用的一种途径，是实现含碳燃料向零碳燃料转变的重要过渡技术。

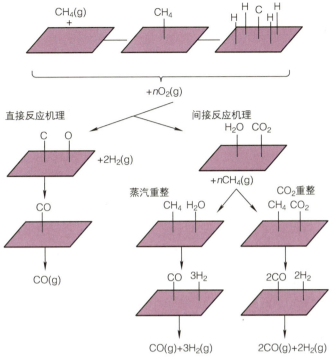

图 8-3 POX 直接反应机理与间接反应机理示意图[33]

（4）自热重整

自热重整是整合了 POX 和 SR 或 DR 两种相反热效应的重整路径，基本原理即使用一定配比的空气/氧气和水蒸气、二氧化碳等反应原料的混合气作为碳氢燃料重整的氧化剂，通过 POX 反应产生的热量来驱动催化区下游吸热的蒸汽重整或干重整反应，以实现反应热区内的热量自平衡，从而无需外部热源，可以简化重整前处理的系统复杂度，并兼具 POX 过程的快速启动特性和 SR 或 DR 过程的高 H_2 和 CO 比例。其总反应的表达式为

$$C_mH_nO_t + aO_2 + bH_2O \longleftrightarrow cH_2 + dCO + eCO_2 \quad \Delta H \approx 0 \quad (8\text{-}12)$$

研究表明，在蒸汽重整过程中加入一定量的空气，有利于抑制积炭的产生[35]。Dokmaingam 等[36]通过模拟发现，在甲烷蒸汽重整过程中加入少量氧气，可降低温度梯度。氧气的加入有利于减小蒸汽的用量，因此降低了对额外加热量的需求，提高了系统的整体效率。

对于自热重整而言，并没有统一的反应机理可以用于描述所有碳氢燃料的自热重整，反应机理依赖于催化剂、燃料类型以及操作条件。但普遍认为有两种不同的反应机理：

1）燃烧-重整反应机理：该机理与 POX 中的间接反应机理类似，部分燃

料先与 O_2 发生完全氧化反应生成 H_2O 与 CO_2，随后剩余燃料再通过蒸汽重整与 CO_2 重整进一步生成 CO 与 H_2。

2）热解-重整反应机理：在此机理中，碳氢燃料吸附在催化剂表面，发生解离反应，随后生成的 C1 组分与吸附的 O_2 或 H_2O 反应生成 H_2 与 CO[37]。

8.1.2 不同燃料的前处理技术

1 气态燃料（甲烷/天然气、丙烷、丁烷等）

天然气是人类目前使用的三大化石能源中含碳量最低、最清洁的燃料，也是人类迈向零碳时代的最佳过渡能源，基于天然气或者其主要成分甲烷通过水蒸气重整仍然是全球范围内目前最主要的氢气制取方式之一。目前，工业化大规模的甲烷蒸汽重整（Steam Methane Reforming，SMR）工艺已经较为成熟，应用方面进一步的研究工作主要集中于如何提升催化剂长期性能以及降低重整过程的能耗。

镍基催化剂是目前主流使用的催化剂，基于其他非贵金属 Co、Fe、Cu 等的催化剂也有较多的研究，贵金属基催化剂主要以金属 Ru、Rh、Pt、Ir、Pd 作为活性组分，相比非贵金属催化剂具有更高的催化活性、稳定性和抗积炭能力[41]。综合考虑活性、稳定性和成本，研究者们重点研究通过添加助剂和选择合适的载体来提高 Ni 的分散度或增强载体的容氧能力，以提高催化剂的活性和稳定性[40]。

Bej 等[38] 研究了在 SiO_2 上担载不同含量 Ni 金属，随着担载量的上升，观察到 Ni 颗粒的尺寸也会变大，分散度会随之降低，使得催化活性呈现先上升后下降的趋势，在质量分数 10% 时转化率达到最大。通过改善合成工艺，制备活性金属颗粒更细化的、分散度更高的催化剂仍然是研究的热点。

合适的催化剂载体可以显著提升 Ni 催化剂的抗积炭能力，相比于常规的氧化铝载体，CeO_2 和烧绿石（$A_2B_2O_7$）系列的催化剂载体，具有更好的热稳定性和机械稳定性，以及更好的容氧能力[38-40]。CeO_2 在催化剂表面提供了大量可迁移的氧空位，可以通过氧化来去除在载体表面形成的积炭前驱体，并且在高温下水蒸气或二氧化碳等氧化介质可以在催化剂表面解离，生成氧原子，重新氧化 Ce，可以有效缓解积炭对催化剂的影响[38, 40, 42]。

通过添加金属助剂与催化剂活性金属相互作用和合金化，可以提升催化剂性能。You 等人[43-45] 在 $Ni/\gamma\text{-}Al_2O_3$ 催化剂中添加金属 Co，形成 Ni-Co 合金，可以有效地抑制积炭的形成，提升催化剂稳定性[40]。通过在 CeO_2 载体上加入过渡金属或稀土金属，可以增强 CeO_2 的热稳定性和容氧能力。HarshiNi 等[46] 研究发现在 $Ni/CeO_2\text{-}HfO_2$ 催化剂中分别添加 Tb、Sm、Nd、Pr 或 La 等稀土金属可以增加载体上的氧空位数，从而提高催化剂的容氧能力和抗积炭能力，其中以 Pr、La 和 Tb 增加的氧空位数最多[40]。

此外，将甲烷重整制氢的反应器与膜分离反应器或者与 CO_2 固体吸附过程相结合，可以从改变热力学平衡的角度提升甲烷重整的燃料转化率。Pd 基金属膜是目前选择性渗透膜中具有较高的 H_2 选择性、应用较广的类型，而水滑石类吸附剂、CaO 基吸附剂以及锂盐吸附剂是使用最多的 CO_2 吸附剂[41]。

与甲烷和天然气相比，丙烷、丁烷以及以二者为主要组分的液化石油气（Liquid Petroleum Gas，LPG）凭借高的能量储存密度，在紧凑式和便携式等应用场合也具有较多的应用，并且多采用催化部分氧化的燃料转化路径，主要原因[47-50]为：CPO_x 反应过程不需要水蒸气，无需额外的蒸汽发生器，简化系统组成，减小体积和尺寸；反应动力学过程快，所需催化反应区域体积更小；反应过程放热，能够自维持所需高温条件，系统热管理更简单；CPO_x 中的 O_2 能够有效地进行消碳，而 SR 过程则需要较大的水碳比（根据热力学计算，丁烷一般在 2 以上）才能维持低的积炭生成速率。

目前丙烷或丁烷的 CPO_x 的研究多集中于不同催化活性金属、不同载体催化剂制备和表征分析，及其重整性能测试，报道不同运行工况下积炭情况的表现规律，见表 8-1。针对存在的积炭问题，还需要从催化剂担载形式和载体类型方面加以改进。

表 8-1　不同催化剂在丁烷 CPO_x 转化过程中抗积炭性能表现

研究机构	催化剂类型	备注
日本 Oita 大学[51]	Ni 基	载体抗积炭性能：$MgO > Al_2O_3 > ZrO_2 > TiO_2 > SiO_2$
马里兰大学[52]	Rh 基	反应温度、反应器外壁的热损失影响重整效率，反应器尺寸影响组分的选择性
苏黎世联邦理工学院[50]	Rh 基	碳氧比、停留时间对自维持温度、重整性能和积炭现象具有很大的影响
伊朗 Islamic Azad 大学[53]	Ni 基	载体类型、催化剂/载体质量比影响燃料的转化率和积炭量的多少
伊朗 Tafresh 大学[54]	Ni-Pd 基	相比 Ni 催化剂，连续运行时间从 60h 增长到 110h

2　醇类燃料（甲醇、乙醇、甘油等）

醇类燃料是目前已得到规模化生产的工业原料或动力燃料，其来源广泛、价格低廉，采用原位重整制氢技术结合燃料电池发电可作为一个合理且经济的动力系统燃料供应方案[55]，近年来得到了高度重视和广泛的研究。不同的醇类燃料（如甲醇、乙醇和甘油等）的重整转化技术在转化机制、所选用的催化剂及转化反应器结构设计等方面均高度相似，此处仅以甲醇作为代表进行介绍。

甲醇（CH_3OH）是分子量最小的醇类，是一种良好的氢载体，其质量储氢率达到12.5%，重整氢气产率较高，由于缺乏强C—C键，其可在较低温区（200～300℃）内进行重整反应；甲醇常温下以液态形式存储，体积能量密度高（4300W·h/L）；甲醇的含硫量低，其用于制氢后产物中含硫组分较少，更有利于燃料电池动力系统使用[55]。

相比于氧气参与的制氢方式，采用蒸汽重整制氢时每摩尔甲醇可以产出更多的氢气，反应也可以利用SOFC发电过程放出的热量，提升整体的效率。同时，甲醇可以与水实现任意比例的混合，方便一体化的储存和携带，也可以大大简化物料蒸发和混合的流程设计。目前常用的甲醇水蒸气重整制氢催化剂主要有两大类：铜（Cu）基催化剂和VIII-X族（如Pd、Pt、Ni、Ru等）金属基催化剂[55-58]。Cu基催化剂具有高活性、高选择性、低成本和低反应温度等优点，是醇类燃料重整过程最常用的催化剂[55, 58-60]。Cu基催化剂的制备方法有共沉淀法[61-64]、湿浸渍法[65-69]、溶胶-凝胶法[70-72]和水热合成法[73]等，部分铜基催化剂的制备工艺及催化性能见表8-2[58]。与大多数VIII-X族金属催化剂有利于合成气的产生相比，铜基催化剂有利于二氧化碳和氢气的产生，但也更容易烧结和积炭失活，对硫和氧也更敏感[74]。

表8-2 铜基催化剂的制备工艺及催化性能

催化剂种类	制备方法	使用温度/℃	水/甲醇比	转化率（%）	产氢率/[mmol H_2/(gcat·h)]
Cu/CeO_2 [65]	湿式浸渍法	260	1.2	100	900
CuO/ZnO/Al_2O_3 [61]	等离子体辅助共沉淀法	240	1.5	95.0	—
CuO/ZnO/CeO_2/ZrO_2-泡沫Al_2O_3 [73]	水热法	310	1.2	99.8	301
Cu/ZnO/ZrO_2 [62]	共沉淀法	250	1.2	97.0	33.18
Cu/ZnO/ZrO_2 [63]	共沉淀法	250	—	88.6	12.6
Cu/ZnO/CeO_2/Al_2O_3 [66]	湿式浸渍法	292	1.3	92.2	—
CuFe/Al_2O_3/$ZnZrO_2$ [67]	湿式浸渍法	350	3	70.0	1224
CuGa/ZnO [68]	湿式浸渍法	320	1.3	96.0	720
Cu/ZnAlZr/Al_2O_3 [70]	溶胶凝胶法	300	1.3	>90	<500
CuO/ZnO/CeO_2/ZrO_2-泡沫Al_2O_3 [71]	溶胶凝胶法	300	1.2	100	—
Cu/Zn/Al/Zr-PCFSF [72]	溶胶凝胶法	360	1.3	92.0	1240
CuO/ZnO/CeO_2/ZrO_2-泡沫SiC [84]	溶液燃烧法	280	1.2	75.0	<687

在Cu基催化剂中增加ZnO、ZrO_2、CeO_2等促进剂可以显著提升催化剂的性能，其中ZnO是最常用的促进剂，其在催化过程中的作用目前尚未达成共识，Burch等[75]提出了氧化锌善于捕获氢并促进后续反应加氢的溢出模型，而Yoshihara[76]、Ovesen[77]、Hadden[78]和Topsoe等[79]认为ZnO会影响Cu活性位点的形态，能够提升Cu的分散性与还原性，从而提高了甲醇转化率，其中还原后

的 Cu 起着主要作用[80, 55]。此外，Kanai 等[81]将 ZnO 的促进作用归因于还原后形成的 CuZn 合金，进一步提升甲醇的转化率。Cu/ZnO_2 催化剂也可与其他促进剂和载体结合使用，二元 Cu/ZnO 催化剂和三元 Cu/ZnO/Al_2O_3 催化剂目前已成功实现了推广应用。Zhang 等[82]制备了网格结构的 CuFeMg/Al_2O_3 催化剂，通过表征分析表明，FeO_x 能增强催化剂对 H_2O 的吸附和活化能力，降低催化剂的反应能垒，使得产氢效率达到普通铜基催化剂的 2.5 倍左右。Al_2O_3、CeO_2、TiO_2、ZrO_2、ZnO 和分子筛等比表面积大的颗粒通常用作催化剂载体。Kamyar 等[83]制备并对比了四种尖晶石材料（$NiAl_2O_4$、$CoAl_2O_4$、$ZnAl_2O_4$、$MgAl_2O_4$）作为载体时铜基催化剂的催化活性，其中 Cu/$MgAl_2O_4$ 催化剂的甲醇转化率最高，可以达到 96%。

对于铜基催化剂上甲醇水蒸气重整反应的反应机制仍然存在争议，Yong 等[85]提出了 2 种反应路径，第一种是"甲醇分解－水气转移反应（MD-WGS）"，在此解释下，首先发生甲醇的分解反应并产生初级产物 CO，进一步根据水汽变换反应的热力学平衡，最终使得 CO 含量较低[86]，另一种解释认为，产物是直接由甲醇脱氢和重整反应平行产生的。

甲醇重整过程中 Cu 基催化剂由于烧结、积炭和硫中毒而导致失活，其中烧结对催化剂性能影响最大[55]，Cu 基催化剂的使用温度普遍要求低于 350℃，而Ⅷ-Ⅹ族（如 Pd、Pt、Ni、Ru 等）金属基催化剂往往具有更优异的抗烧结能力，具有更好的长时间稳定性。Ⅷ-Ⅹ族金属基催化剂的制备方法有湿式浸渍法、共沉淀法和程序升温反应法等，部分该类催化剂的制备工艺及催化性能见表 8-3[58]。不可忽视的是，由于 Ni、Pd 和 Ru 等活性金属对于 CO 的选择性较高，使得其在甲醇水蒸气重整转化后的组分中 H_2 含量相对 Cu 基催化剂更低。Iwasa 等[87]研究对比了 Pd/ZnO、Pd/Al_2O_3 和 Pd/ZrO_2 催化剂的甲醇水蒸气重整反应性能，结果表明 Pd 受载体的影响很大，使用 ZrO_2 作为载体时 Pd 在催化剂中的分散效果最好，但 Pd/ZnO 对 H_2 的选择性最好。Iwasa 等[88]对 Pd/ZnO 催化剂的进一步研究表明，催化剂在较高温度下的提前还原会导致更大的活性，这是因为在还原过程中形成了更多的 Pd-Zn 合金，进一步提升了催化剂活性。

传统的甲醇重整反应器是填充满催化剂颗粒的管状固定床反应器，这些反应器一般孔隙曲折度高，流动阻力大，并且截面尺寸大，反应物流量及浓度分布不均匀，受反应过程吸热的影响，会形成不均匀的温度分布，对甲醇的转化效率和催化剂的长时间稳定性影响较大[58]。为此，研究人员专门设计了各种特征尺寸在微米－亚毫米之间的微结构反应器，以实现快速混合、高效传热传质以及固有安全性。微结构反应器的结构设计对其传热传质特性有重要影响，温度和流量分布均匀、流阻小、比表面积大、易于放大是微反应器设计的关键目标，图 8-4 所示为一些典型微结构反应器的结构设计。根据所用催化剂载体的不同，微结构反

表 8-3　Ⅷ-Ⅹ族金属基催化剂的制备工艺及催化性能

催化剂种类	制备方法	使用温度/℃	水/甲醇比	转化率(%)	产氢率/[mmol H_2/(gcat·h)]
PdZn/ZnO/Al_2O_3 [89]	湿式浸渍法	350	1.5	>93	—
Pd/ZnO [90]	湿式浸渍法	340	1.2	97.0	—
Pd/ZnO/CeO_2 [91]	共沉淀法	250	1	100	—
$Ni_{2.4}$/$Mo_{97.6}$C [92]	程序升温反应法	300	—	100	—
NiAl-LDH [93]	共沉淀法	390	1.2	91.0	12.6
CueNi/TiO_2/Monolith [94]	湿式浸渍法	300	2	92.6	5.56
Ni/MoC [95]	程序升温反应法	350	1	100	—
5Ru/Ce [96]	湿式浸渍法	400	2	98	882
RueRh/DND [97]	液相还原法	350	1	>80	5000
15Pt/15In_2O_3/CeO_2 [98]	湿式浸渍法	350	1.4	99.9	—
15Pt/30In_2O_3/CeO_2 [98]	湿式浸渍法	350	1.4	98.9	—
15Pt/CeO_2 [98]	湿式浸渍法	350	1.4	100	—
15Pt/15In_2O_3/Al_2O_3 [98]	湿式浸渍法	350	1.4	99.4	—
15Pt/30In_2O_3/Al_2O_3 [98]	湿式浸渍法	350	1.4	95.9	—
Pt/In_2O_3/Al_2O_3 [99]	湿式浸渍法	350	1.4	100	620
1Pt/3In_2O_3/CeO_2 [100]	湿式浸渍法	325	1.4	98.7	333
1Pt/CeO_2 [100]	湿式浸渍法	325	1.4	99.8	299

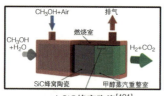

a) SiC蜂窝陶瓷[101]　　　　b) 脊型结构[102]

c) 平行通道[103]　　　　d) 螺旋通道[104]

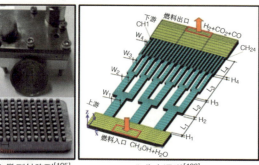
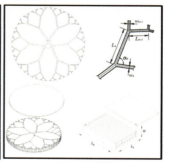

e) 微型针阵列[105]　　f) 分支通道[106]　　g) 树形水道[107]

图 8-4　微结构反应器结构[58]

应器可分为微通道反应器和多孔催化剂载体反应器两大类。微通道结构骨架的制造可以采用精密加工、微冲压、触碰成形、非传统加工和微电子机械系统（Micro-Electro Mechanical System，MEMS）技术等，多孔表面结构可通过熔体凝固、金属沉积、纤维烧结和3D打印等方法制备，复合结构的微结构反应器则可以通过以上工艺的组合加工而成。

3 油类燃料（汽油、柴油、生物柴油等）

以汽、柴油为代表的各种油类燃料是现今各类动力系统中主要使用的燃料，由于在常温常压下一般为液体，可以方便地储运和快速加注，并且其对应的体积、质量储能密度也很大，适合应用于对尺寸和载荷要求较高的移动端车辆主动力系统或增程器中。然而，油类燃料大多具有复杂的燃料组成，以柴油为例，这是一种由400多种碳氢化合物组成的复杂混合物燃料，主要成分包括正构烷烃（20%～40%）、异链烷烃（5%～15%）、环烷烃（20%～30%）、芳香烃（15%～30%）等[108]，此外，较高的含碳量、较长的碳链（C12～C22）、含硫分高和芳香烃含量高等特点，都对油类燃料的转化提出了更高的要求，使得在气态烃类中常用的价格低廉的Ⅷ族等过渡金属类催化剂难以胜任柴油等重烃重整制氢领域，现有研究中的油类燃料重整的技术总结见表8-4。

表8-4 油类燃料重整技术总结

研究单位	反应方法	燃料	催化剂种类	制备方法	使用温度/℃	转化率
俄罗斯Boreskov催化研究所[109]	SR	正十六烷	Rh-、Pt-、Ru/$Ce_{0.75}Zr_{0.25}O_{2-\delta}$	浸渍法	550	100%
	ATR	柴油			650	100%
美国宾夕法尼亚州立大学[110]	SR	柴油	Rh-、Pt/CeO_2	浸渍法	800	100%
	SR	正十六烷	Rh-、Pt-、Pd-、Ru/Al_2O_3	浸渍法	800	100%
韩国能源研究院[111]	CPO_x①	正十六烷	Pd/Al_2O_3 $Pd/CeO_2/BaO/SrO/Al_2O_3$	浸渍法	800	90% 99%
中国台湾省成功大学[112]	CPO_x	生物油	Ru/Al_2O_3	—	>800	—
美国纽约州大学石溪分校[113]	CPO_x	柴油		涂覆	800	>65%
俄罗斯Boreskov催化研究所[114]	ATR SR	正十六烷	$Rh/Zr_{0.25}Ce_{0.75}O_{2-\delta}$-η-$Al_2O_3$@FeCr合金蜂窝丝网	吸附-水解沉淀法		

① 实验过程采用水蒸气和空气共同作为氧化剂。

从表8-4可以看出，目前柴油等油类燃料重整主要使用的催化剂活性组分仍以铑（Rh）、铂（Pt）、钯（Pd）、钌（Ru）等贵金属元素为主，也有部分非贵金属（Ni、Fe、Co）型催化剂的报道[115-117]，而不同的贵金属元素的催化活性和燃料适应性则有所不同。Shoynkhorova 等[108]采用吸附-水解沉积法制备了 Rh-、Pt-、Ru/$Ce_{0.75}Zr_{0.25}O_{2-\delta}$ 催化剂并用于正十六烷/商用柴油的重整研究,实验证明三种活性金属的催化活性和稳定性的排序为 Rh>Ru≫Pt,其中 1% 质量分数的 Rh/$Ce_{0.75}Zr_{0.25}O_{2-\delta}$ 催化剂可以催化商用柴油发生自热重整转化过程,可连续稳定运行 9H。Xie 等[110]验证了 Rh、Pt、Pd 和 Ru 四种活性金属元素在液态烃水蒸气重整中抗碳耐硫性能的差异。在无硫情况下,四种元素的催化性能较为接近,产氢速率相当[117];当使用含硫燃料时,Ru、Pt 和 Pd 催化剂表现出了更明显的性能衰减,综合来看,耐硫性顺序为 Rh > Pt ≥ Pd ≥ Ru。除了贵金属催化剂外,常用的催化金属活性组分还包括镍(Ni)、铁(Fe)、钴(Co)等。

目前,在油类燃料重整中最大的难题仍然是积炭和硫中毒。现有研究结果表明,炭沉积的倾向与碳氢化合物的分子结构有关,烯烃和芳香烃比烷烃更容易在催化剂上沉积炭。Douce 等[118]对正十六烷、甲苯、正庚苯和1-甲基萘等不同燃料组分的炭烟诱导时间进行了研究,发现正十六烷的炭烟诱导时间最长,不易生成积炭,而1-甲基萘($C_{11}H_{10}$)的炭烟诱导时间最短,炭烟产量最大,生成积炭速率最快。Trabold[119] 和 Sangho Yoon[120, 121]研究表明乙烯与炭沉积明显相关,会促进重整过程中积炭的快速生成,随着重整气中乙烯浓度的增加,柴油重整性能下降。从积炭生成的过程来看,碳在镍等过渡金属中的扩散和溶解会导致催化剂断裂,最终由于碳中局部镍饱和而形成碳晶须,而大部分贵金属不能溶解碳,几乎不产生碳晶须,因而表现出更好的抗积炭能力[117, 122]。目前采用的油类燃料大多来源于原油的提炼过程,其中含有多种硫组分,这些硫组分对于催化剂的活性会造成不同程度的中毒现象。

贵金属活性组分对柴油中的有机硫分子的耐受性要强很多,Rh 基催化剂是目前适用于柴油等燃料最好的催化剂种类。Xie 等[110]对 Rh 和 Ni 活性组分进行了比较,Rh 的硫氧化能力使它的耐硫性明显优于 Ni[117]。硫的存在形式在 Ni 基催化剂上以金属硫化物和有机硫化物为主,在 Rh 基催化剂上以磺酸盐和硫酸盐为主。磺酸盐和硫酸盐形成的氧屏蔽硫结构通过抑制铑-硫相互作用来抑制硫对 Rh 的毒害[110, 117]。Haynes 等[124]分别用 Ru 取代的焦绿石催化剂和 Rh+Sr 取代的 $La_2Zr_2O_7$ 为载体考察催化剂的耐硫性,研究结果表明,在焦绿石中加入 Sr,可显著提高对硫中毒的抗性,而 Rh 本身优异的耐硫性质决定了它比其他金属更适合作为活性组分,与具备耐硫性能的助剂、载体结合使用是目前可实现的、最优的克服硫中毒的方式[117]。Farrauto 等[125]对已经失活的 Rh-Pt 双组分贵金属催化剂作用的烃类蒸汽重整原料进行脱硫处理,发现 Rh-Pt 催化剂可以完全恢复到初始活性,证明了硫在贵金属上吸附的可逆性。对过渡金属催化剂进行同组对比实验,但过渡金属催化剂没有恢复迹象,说明硫在非贵金属上的吸附是不可逆的[117]。

本章作者课题组从调变催化剂载体结构角度出发，设计制备了氧流动性优良、氧空位丰富的 $A_2B_2O_7$ 烧绿石载体（$A = La^{3+}$、Pr^{3+}、Sm^{3+}，$B = Ce^{4+}$），并负载 Rh、Pt 等贵金属元素制备了多款催化剂，用于柴油、煤油、正十六烷等多种油类燃料的水蒸气重整制氢，探究了不同种类和性能的烧绿石载体对 Rh 负载型催化剂多燃料重整活性、抗积炭性能的影响。通过溶胶凝胶法制备了 $La_2Ce_2O_7$、$Pr_2Ce_2O_7$、$Sm_2Ce_2O_7$ 三种不同 A 位替代的烧绿石载体及对比载体 CeO_2，采用浸渍法制备了不同烧绿石载体负载 Rh 质量分数为 3% 的 $Rh/Ln_2Ce_2O_7$（$Ln = La^{3+}$，Pr^{3+}，Sm^{3+}）催化剂，并对比了其应用于正十六烷水蒸气重整的性能。其中 $Rh/La_2Ce_2O_7$ 氢气产率和抗积炭性能最优，其转化率达到 97.2%，产物中氢气体积分数达到 70.2%，副产物含量最低，甲烷（CH_4）体积分数仅为 0.03%，且没有乙烯产生，此外 C2~C5 含量也只有 5×10^{-6}。通过拉曼测试和顺磁共振测试，证明了 $La_2Ce_2O_7$ 载体相比 $Pr_2Ce_2O_7$、$Sm_2Ce_2O_7$ 烧绿石有更多的表面超氧 O^{2-} 和氧空穴，这是质量分数为 3% 的 $Rh/La_2Ce_2O_7$ 催化剂在正十六烷重整中表现出最优活性和抗积炭性能的主要原因。采用质量分数为 1% 的 $Rh/La_2Ce_2O_7$ 催化剂进行了 100h 柴油（硫体积分数 <0.1%）催化重整寿命测试，期间始终保持较高的重整产率（H_2>60%，重整产气量 >85mL/min）、优良的抗积炭性能及热稳定性，测试结果如图 8-5 所示。

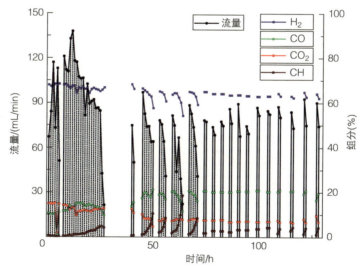

图 8-5 质量分数为 1% 的 $Rh/La_2Ce_2O_7$ 催化剂的柴油重整寿命测试，其中 $H_2O/C = 5$（质量比）；温度 $T = 760℃$；$GHSV = 20000h^{-1}$。

8.1.3 积炭

1 热力学分析

碳氢燃料重整及含碳成分在电极的电化学转化,均可能伴随产生积炭,长时间的积炭会占据电池阳极和催化剂的表面活性位、堵塞气体孔道,导致催化剂和电池性能下降,使用寿命缩短[126]。Sasaki 和 Teraoka[127] 给出了 C-H-O 三角图,如图 8-6 所示,提供了一种从热力学角度判断 SOFC 发生积炭范围的方法。图中三个角分别代表 C、H、O 元素,则任意由此三种元素构成的物质可以落在图中的不同位置,由其位置分别相对于 O-H 轴、C-O 轴、H-C 轴做平行线与 C-O 轴、C-H 轴、O-H 轴的交点则是该物质中 C、H、O 元素的百分含量。图中分别画出了在不同温度下由热力学计算所得的积炭界线,在该线的左上方为积炭区域,右下方为非积炭区域。由图中可以看到,在 SOFC 的工作温度范围内,从热力学角度预测,图中所有标记出的碳氢燃料都会发生积炭。此外,当物质中 H 或 O 含量升高时,可使原本落在积炭区域的燃料向非积炭区域移动,从而降低积炭发生的可能性。

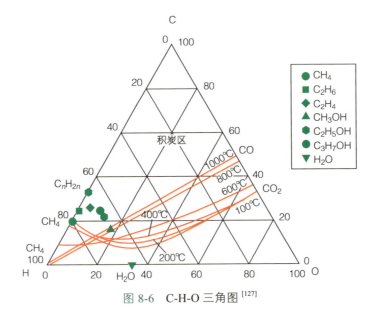

图 8-6　C-H-O 三角图[127]

值得注意的是,从热力学角度分析,仅能预测反应发生的可能性,而不能给出反应发生的快慢,参照上述热力学三角图可以判断出积炭发生的可能性,但实际积炭的产生还受到催化剂类型、燃料种类、反应空间结构尺寸等多方面因素的影响。例如,甲烷裂解反应,热力学预测其在 300℃ 即可自发进行,而实验发现需在 510℃ 以上时才能观测到该反应的发生[128]。另外，根据热力学预测，在 500℃ 时当 $H_2O:C$ 比超过 1.8 时，C 转化为 CO 与 CO_2 的反应自发进行，从而此条件下不会产生积炭，而实验发现，此温度下，在 $H_2O:C$ 高于 3 的条件下，只要在 CH_4 中加入少量的烯烃就会造成积炭[129]。上述现象显然不能通过热力学给予充分的解释，因此需要进一步了解积炭反应动力学。

2 积炭反应机理

碳氢燃料在燃料前处理及 SOFC 发电环节中的积炭产生主要归纳为 4 个表观反应[50]，分别对应为长碳链的裂解、长链烃的裂解、一氧化碳的歧化（Boudouard）反应、碳气化逆反应，如式（8-13）～式（8-16）所示：

$$C_nH_{2n+2} \longrightarrow C_nH_{2n} + H_2 \qquad (8-13)$$

$$CH_4 \longrightarrow C + 2H_2 \qquad (8-14)$$

$$2CO \longrightarrow C + CO_2 \qquad (8-15)$$

$$H_2 + CO \longrightarrow H_2O + C \qquad (8-16)$$

重整反应和 SOFC 发电过程产生的积炭包含两个路径[130,131]，一种是在催化剂表面和 SOFC 阳极 Ni 表面由非均相反应生成石墨形态的碳，一种是在气相区域受高温驱动的均相裂解过程产生的无定形碳或炭烟。

碳氢燃料由于非均相反应产生积炭的过程大致包括以下阶段[132]：

1）C_xH_y 吸附在催化剂表面。

2）吸附在表面形成的中间产物，分级多次发生解离反应，最终产生表面吸附碳。

3）C 溶解并传递至金属体相。

4）在金属体相内的成核点以石墨纤维等形态沉淀，并不断生长。

利用该机理，可以从动力学角度解释，在较高水碳比条件下，C 与 H_2O 的反应速率快于 C 在催化剂表面沉积的速率，从而可以减少石墨纤维态积炭的形成。

碳氢燃料尤其是多碳分子在气相中的均相裂解反应在高温条件下不可忽略，相比于甲烷的 C-H 键，高碳燃料的 C-C 键在高温下更易断裂，Sheng 等[133]通过模型计算发现，多碳烷烃在高温下可通过气相热解反应生成乙烯、丙烯等炭烟前驱体，前驱体进一步与气相自由基反应生成大分子的多环芳烃，并产生炭烟，炭烟在催化剂表面沉积，最终形成积炭。

此外，研究表明，碳氢燃料通过气相中的均相反应也会造成积炭，通常认为，该机理在含碳量多于甲烷的碳氢燃料积炭过程中不可忽略，这是由于产生乙烯、丙烯等积炭前驱体。而裂解反应产生的烯烃则进一步与自由基反应生成大分子产物，最终形成炭烟。炭烟则会进一步在催化剂表面沉积，造成积炭。需要说明的是，在此机理中增大水蒸气的含量并不能明显抑制炭烟的产生[134]。

目前大部分研究主要关注碳氢燃料在 SOFC 中的积炭特性与机理，而针对 CO 气氛下 SOFC 积炭的研究较少。本章作者课题组前期针对 CO/CO_2 组分下 Ni-YSZ 电极的积炭特性进行了研究，发现 CO 积炭的结构和机理与 CH_4 显著不同，提高温度、降低 CO 浓度可减轻积炭程度[135]。

3 抗积炭策略

目前研究者主要采用优化操作条件参数以及改善电极材料等方式来抑制 Ni 基阳极积炭。对于采用 CH_4 等碳氢燃料的 SOFC，可通过降低温度、提高工作电流密度或者将载气中水蒸气和碳元素的比例（S/C）提高到 2 以上来减少电极的积炭程度[135]。而在电极材料改善方面，研究者也做了大量的尝试工作，本节将着重对不同类型的抗积炭材料进行介绍。

（1）改性 Ni/YSZ 金属陶瓷阳极

很多学者利用掺杂其他金属的方式对 SOFC 阳极材料 Ni/YSZ 进行改性，以增强其抗积炭性能。Takeguchi 等[136]对不同贵金属改性的 Ni/YSZ 阳极的性能进行了研究，结果表明，Ru、Pt 和 Pd 的加入对积炭有抑制作用，但 Rh 的加入对积炭没有抑制作用。他们认为贵金属对于积炭的抑制可能是由于对氢溢出的促进作用，Ru、Pt 和 Pd 对于促进分解作用产生氢的溢出效应更强，因此抑制了 C-C 键的形成。Kan 等[137]对 Sn 改性的 Ni/YSZ 阳极进行了研究，指出 Ni/YSZ 阳极与 Sn 改性的 Ni/YSZ 阳极的性能相差不大，功率密度较为接近，但是 Sn 改性的 Ni/YSZ 阳极由于更少的无定形碳沉积表现出更好的长期稳定性。此外，实验结果还表明，Sn 的掺杂量并非越多越好，超过一个特定的数量后，随着 Sn 掺杂量的增加，对性能的提升效果反而降低。Maðek 等[138]的研究结果表明，合成路径、改性材料和阳极微观结构对阳极表面积炭情况均有影响。银铜综合改性的 Ni/YSZ 阳极的抗积炭效果最为明显。此外，还有很多学者对 Mo[129]、Ce[139] 等的改性阳极抗积炭特性进行了研究。

（2）非 Ni 基金属陶瓷阳极

非 Ni 基金属陶瓷阳极中研究较多的是 Cu 基陶瓷阳极。Cu 是优良的电子导体，但是对 C-C 键生成的催化作用很弱，因此不利于积炭的形成。Orlyk 和 Shashkova[140] 等对 YSZ 陶瓷上不同催化剂成分对积炭的影响进行了研究。在 800℃的催化部分氧化条件下反应 20h 后，用 TPO 法比较阳极表面的积炭情况。YSZ+CeO_2 陶瓷上掺杂不同成分时的抗积炭能力如下:(4%NiO+16% CuO)>(10%

CoO+10% CuO）>（0.1% Pd+10%NiO+10% CuO）≈（10% NiO+10% CuO）[^⊖]，表明 Cu 的抗积炭能力强于 Ni。Gorte 和 Vohs[141] 指出 Cu 上积炭的形成机理与 Ni、Co、Fe 等金属上积炭的形成机理不同。Cu 上积炭只在表面生成，不会进一步深入体相，在这一点上与 Ni 不同。刮去表面的石墨碳层后发现 Cu 的性质并未发生改变，说明 Cu 不会发生粉化现象。

（3）陶瓷阳极

陶瓷阳极中研究较多的为钙钛矿型阳极，因为钙钛矿也是一种优良的电子导体，对 H-H 和 C-H 键的断裂具有较好的催化活性。Huang 等[142] 研究了双钙钛矿 $Sr_2MgMoO_{6-\delta}$ 用于阳极材料的可行性。结果表明，该阳极可实现较高的功率密度和循环稳定性，在循环工作 50 次后都未观察到积炭产生。

8.2 尾气后处理技术

在实际运行的发电系统中，SOFC 电堆的燃料利用率不能设计得过高，一方面沿程的燃料利用率过高会导致靠近出口侧的燃料浓度过低，从而影响 SOFC 的整体发电功率，另一方面过低的燃料浓度也容易引起阳极侧 Ni 催化剂的过度氧化，进而影响长期稳定性。燃料利用率往往会影响电堆的整体输出效率，通过将 SOFC 系统中产生的尾气进行回收，再通入系统前端的燃料重整反应器中参与反应，实现反应物料的再利用，可以在不影响电堆内燃料浓度的基础上，实现更高的系统燃料利用率，从而提升系统的效率。

SOFC 系统中再循环的气体来源主要是电堆阳极侧排气和系统排气，系统排气来自尾气燃烧器的出口，其中往往含有含量较高的氮气和一定比例的氧气，再循环进入燃料重整器后对反应器内的热平衡影响较大，对于以水蒸气重整作为燃料转化路径的系统来说无法利用，大多限于尺寸高度紧凑或者是采用自热重整、部分氧化重整路径的 SOFC 发电系统。对于大多数 SOFC 发电系统，多采用燃料电池电堆阳极侧的含有燃料组分的尾气进行再循环，其原理图如图 8-7 所示。通过回收阳极尾气作为重整反应物料，可以充分利用其中的水蒸气和二氧化碳组分，补充重整的氧化性物料，并且显著减少水蒸气发生环节所需要的大量相变潜

⊖ 式中均为质量分数。

热，简化系统的热管理设计，提升系统的㶲效率。

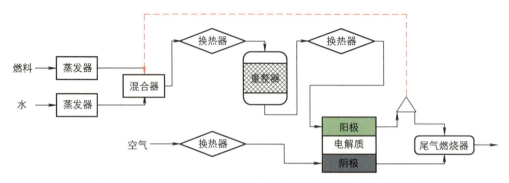

图 8-7 具有阳极尾气再循环设计的 SOFC 发电系统的原理图

相比于没有尾气再循环的系统，采用阳极尾气再循环的系统展示出了诸多的优势。首先，尾气再循环将显著提升系统的整体燃料利用率，提升系统发电效率。Dang 等人[143]建立了包含阳极尾气再循环设计的 SOFC 系统模型，通过将电堆阳极利用过的燃料尾气与新的反应物料混合后通入乙醇重整器中，系统实现了更高的电效率和热效率。类似的结果在利用其他燃料（甲烷[144-146]、柴油[147]等）发电的 SOFC 系统中同样得到了验证。Jia 等人[146]通过系统模型计算对以天然气为燃料的 SOFC 发电系统进行了能量分析，比较了常规 SOFC 系统、采用阳极或阴极气体再循环的 SOFC 系统的性能。结果表明，内部改造 SOFC 电力系统可实现 44% 以上的电效率，包括余热回收在内的系统热电联产效率达到 68%；采用阳极气体循环的 SOFC 发电系统，电效率可达 46% 以上，热电效率可达 88%；在阴极气体循环的情况下，电效率和热电效率分别超过 51% 和 78%；阳极和阴极尾气均再循环的 SOFC 系统虽然较为复杂，但其电效率接近 52%。

其次，阳极尾气再循环用于重整反应过程可以缓解重整反应催化剂和电池内的积炭产生。Dang 等人[143]研究发现当具有阳极废气循环的 SOFC 系统以较高的再循环比例和燃料利用率运行时，可以减少乙醇水蒸气重整过程中积炭的生成，从而降低重整反应器的运行温度。Eveloy 等人[144]通过 CFD 模型计算，结合甲烷裂解和 Boudouard 反应的热力学分析，研究了阳极燃料尾气循环和蒸汽循环两种运行方式，作为甲烷重整固体氧化物燃料电池的炭沉积减缓策略的可行性，并分析了对 SOFC 阳极内炭沉积的空间范围。在 1173K 的温度下，50% 的燃料尾气再循环就可以实现有效的积炭缓解作用，这种缓解作用是通过控制甲烷裂解反应的发生实现的，而蒸汽循环对 Boudouard 反应和甲烷裂解反应都有积极的、但效果较差的影响。通过部分阳极气体回收可以延长 SOFC 的运行寿命，降低入口燃料的加湿水平，降低热应力和炭沉积的风险，同时降低系统成本和蒸汽生产的复杂性。

此外，阳极尾气再循环对于 SOFC 发电系统的输出响应也有增益效果。Terayama 等人[148, 149]通过模型研究发现，在相同燃料利用条件下，与传统的无阳极尾气再循环系统相比，有阳极尾气再循环的 SOFC 发电系统可以在更短的时间内增加电流和燃料供应，并在更大程度上提高输出响应。

值得注意的是，尾气的再循环比例对于全系统的发电效率具有较大的影响，Dang Saebea 等人[143]通过系统模型模拟研究发现，再循环比例的选择需要结合 SOFC 的燃料利用率进行综合考虑，在低燃料利用率（0.5~0.6）时，系统电效率随着再循环比例的增加而增加，而当 SOFC 在较高的燃料利用率（>0.6）下运行时，再循环比例的增加反而会导致电效率的降低。

参 考 文 献

[1] LIU M, WEI G, LUO J, et al. Use of metal sulfides as anode catalysts in H_2S-Air SOFCs[J]. Journal of the Electrochemical Society, 2003, 150(8): A1025.

[2] SASAKI K, SUSUKI K, IYOSHI A, et al. H_2S poisoning of solid oxide fuel cells[J]. Journal of the Electrochemical Society, 2006, 153(11): A2023.

[3] HAUCH A, HAGEN A, HJELM J, et al. Sulfur poisoning of SOFC anodes: effect of overpotential on long-term degradation[J]. Journal of The Electrochemical Society, 2014, 161(6): F734.

[4] RASMUSSEN J F B, HAGEN A. The effect of H_2S on the performance of Ni-YSZ anodes in solid oxide fuel cells[J]. Journal of Power Sources, 2009, 191(2): 534-541.

[5] OFFER G J, MERMELSTEIN J, BRIGHTMAN E, et al. Thermo dynamics and kinetics of the interaction of carbon and sulfur with solid oxide fuel cell anodes[J]. Journal of the American Ceramic Society, 2009, 92(4): 763-780.

[6] ZHA S, CHENG Z, LIU M. Sulfur poisoning and regeneration of Ni-based anodes in solid oxide fuel cells[J]. Journal of the Electrochemical Society, 2006, 154(2): B201.

[7] SCHUBERT S K, KUSNEZOFF M, MICHAELIS A, et al. Comparison of the performances of single cell solid oxide fuel cell stacks with Ni/8YSZ and Ni/10CGO anodes with H_2S containing fuel[J]. Journal of Power Sources, 2012, 217: 364-372.

[8] WANG J H, CHENG Z, BRÉDAS J L, et al. Electronic and vibrational properties of nickel sulfides from first principles[J]. The Journal of chemical physics, 2007, 127(21): 214705.

[9] NEUBAUER R, WEINLAENDER C, KIENZL N, et al. Adsorptive on-board desulfurization over multiple cycles for fuel-cell-based auxiliary power units operated by different types of fuels[J]. Journal of Power Sources, 2018, 385: 45-54.

[10] VAN RHEINBERG O, LUCKA K, KÖHNE H, et al. Selective removal of sulphur in liquid fuels for fuel cell applications[J]. Fuel, 2008, 87(13-14): 2988-2996.

[11] YANG L, CHENG Z, LIU M, et al. New insights into sulfur poisoning behavior of Ni-YSZ anode from long-term operation of anode-supported SOFCs[J]. Energy & Environmental Science, 2010, 3(11): 1804-1809.

[12] 徐海升, 刘永毅, 薛岗林, 等. 天然气脱硫化氢技术进展[J]. 石化技术与应用, 2012, 30(4): 365-369.

[13] 贠莹, 高峰. 天然气脱硫脱碳工艺技术进展[J]. 化工管理, 2020(19): 4.

[14] 范冠军. 醇胺法在酸性天然气脱硫工艺中的应用[J]. 化工管理, 2014, 8:232.

[15] 陈颖, 杨鹤, 梁宏宝, 等. 天然气脱硫脱碳方法的研究进展[J]. 石油化工, 2011(5): 565-570.

[16] DU Y, PANTHI D, FENG H. Jet Fuel Desulfurization for Portable Solid Oxide Fuel Cell Applications[J]. ECS Transactions, 2021, 103(1): 179.

[17] HOLLADAY J D, HU J, KING D L, et al. An overview of hydrogen production technologies[J]. Catalysis today, 2009, 139(4): 244-260.

[18] BABICH I V, MOULIJN J A. Science and technology of novel processes for deep desulfurization of oil refinery streams: a review[J]. Fuel, 2003, 82(6): 607-631.

[19] SONG C, MA X. New design approaches to ultra-clean diesel fuels by deep desulfurization and deep dearomatization[J]. Applied Catalysis B: Environmental, 2003, 41(1-2): 207-238.

[20] SONG C. An overview of new approaches to deep desulfurization for ultra-clean gasoline, diesel fuel and jet fuel[J]. Catalysis today, 2003, 86(1-4): 211-263.

[21] 余夕志, 任晓乾, 董振国, 等. 工业 NiW/Al_2O_3 催化剂上二苯并噻吩的加氢脱硫动力学[J]. 燃料化学学报, 2005, 33(4): 483-486.

[22] AL-DEGS Y S, EL-SHEIKH A H, AL BAKAIN R Z, et al. Conventional and upcoming sulfur-cleaning technologies for petroleum fuel: A review[J]. Energy Technology, 2016, 4(6): 679-699.

[23] SONG C. Fuel processing for low-temperature and high-temperature fuel cells: Challenges, and opportunities for sustainable development in the 21st century[J]. Catalysis today, 2002, 77(1-2): 17-49.

[24] FARRAUTO R, HWANG S, SHORE L, et al. New material needs for hydrocarbon fuel processing: generating hydrogen for the PEM fuel cell[J]. Annual Review of Materials Research, 2003, 33(1): 1-27.

[25] TONKOVICH A Y, PERRY S, WANG Y, et al. Microchannel process technology for compact methane steam reforming[J]. Chemical Engineering Science, 2004, 59(22-23): 4819-4824.

[26] DICKS A L, POINTON K D, SIDDLE A. Intrinsic reaction kinetics of methane steam reforming on a nickel/zirconia anode[J]. Journal of power sources, 2000, 86(1-2): 523-530.

[27] JONES G, JAKOBSEN J, SHIM S, et al. First principles calculations and experimental insight into methane steam reforming over transition metal catalysts[J]. Journal of Catalysis, 2008, 259(1): 147-160.

[28] HECHT E S, GUPTA G K, ZHU H, et al. Methane reforming kinetics within a Ni-YSZ SOFC anode support[J]. Applied Catalysis A: General, 2005, 295(1): 40-51.

[29] JANARDHANAN V M, DEUTSCHMANN O. CFD analysis of a solid oxide fuel cell with internal reforming: Coupled interactions of transport, heterogeneous catalysis and electrochemical processes[J]. Journal of Power Sources, 2006, 162(2): 1192-1202.

[30] PINO L, RECUPERO V, BENINATI S, et al. Catalytic partial-oxidation of methane on a ceria-supported platinum catalyst for application in fuel cell electric vehicles[J]. Applied Catalysis A: General, 2002, 225(1-2): 63-75.

[31] KRUMMENACHER J. Catalytic partial oxidation of higher hydrocarbons at millisecond contact times: decane, hexadecane, and diesel fuel[J]. Journal of Catalysis, 2003, 215(2): 332-343.

[32] HOHN K L, SCHMIDT L D. Partial oxidation of methane to syngas at high space velocities over Rh-coated spheres[J]. Applied Catalysis A: General, 2001, 211(1): 53-68.

[33] SMITH M W, SHEKHAWAT D. Catalytic Partial Oxidation[C]//DUSHYANT S, JAMES J, SPIVEY, et al. Fuel Cells: Technologies for Fuel Processing. Cambridgc: Elsvier, 2011: 73-128.

[34] WANG D, DEWAELE O, GROOTE A M D, et al. Reaction mechanism and role of the support

in the partial oxidation of methane on Rh/Al$_2$O$_3$[J]. Journal of Catalysis, 1996, 159(2): 418-426.

[35] HALABI M, DECROON M, VANDERSCHAAF J, et al. Modeling and analysis of autothermal reforming of methane to hydrogen in a fixed bed reformer[J]. Chemical Engineering Journal, 2008, 137(3): 568-578.

[36] DOKMAINGAM P, IRVINE J T S, ASSABUMRUNGRAT S, et al. Modeling of IT-SOFC with indirect internal reforming operation fueled by methane: Effect of oxygen adding as autothermal reforming[J]. International journal of hydrogen energy, 2010, 35(24): 13271-13279.

[37] HAYNES D J, SHEKHAWAT D. Oxidative Steam Reforming[C]//DUSHYANT S, JAMES J, SPIVEY, et al. Fuel Cells: Technologies for Fuel Processing. Cambridge: Elsvier, 2011: 129-190.

[38] BEJ B, PRADHAN N C, NEOGI S. Production of hydrogen by steam reforming of methane over alumina supported nano-NiO/SiO$_2$ catalyst[J]. Catalysis today, 2013, 207: 28-35.

[39] 黄兴，赵博宇，LOUGOU B G，等．甲烷水蒸气重整制氢研究进展 [J]．石油与天然气化工，2022(1): 51-60.

[40] 万子岸，高飞，周华群，等．甲烷水蒸气重整反应制氢催化剂的研究进展 [J]．现代化工，2016 (5): 48-52.

[41] 陈彪杰，杨国刚．甲烷重整技术研究进展 [J]．现代化工，2021, 41(8): 19-23.

[42] ANGELI S D, TURCHETTI L, MONTELEONE G, et al. Catalyst development for steam reforming of methane and model biogas at low temperature[J]. Applied Catalysis B: Environmental, 2016, 181: 34-46.

[43] ARAMOUNI N A K, ZEAITER J, KWAPINSKI W, et al. Trimetallic Ni-Co-Ru catalyst for the dry reforming of methane: Effect of the Ni/Co ratio and the calcination temperature[J]. Fuel, 2021, 300: 120950.

[44] YOU X, WANG X, MA Y, et al. Ni-Co/Al$_2$O$_3$ bimetallic catalysts for CH4 steam reforming: elucidating the role of Co for improving coke resistance[J]. ChemCatChem, 2014, 6(12): 3377-3386.

[45] ZAREI-JELYANI F, SALAHI F, FARSI M, et al. Synthesis and application of Ni-Co bimetallic catalysts supported on hollow sphere Al$_2$O$_3$ in steam methane reforming[J]. Fuel, 2022, 324: 124785.

[46] HARSHINI D, LEE D H, JEONG J, et al. Enhanced oxygen storage capacity of Ce0.65Hf0.25M0.1O2-δ (M=rare earth elements): Applications to methane steam reforming with high coking resistance [J]. Applied Catalysis B: Environmental, 2014, 148: 415-423.

[47] CUI X, KÆR S K. Thermodynamic analysis of steam reforming and oxidative steam reforming of propane and butane for hydrogen production[J]. International Journal of Hydrogen Energy, 2018, 43(29): 13009-13021.

[48] HOTZ N, OSTERWALDER N, STARK W J, et al. Disk-shaped packed bed micro-reactor for butane-to-syngas processing[J]. Chemical Engineering Science, 2008, 63(21): 5193-5201.

[49] HOTZ N, STUTZ M J, LOHER S, et al. Syngas production from butane using a flame-made Rh/Ce0. 5Zr0. 5O2 catalyst[J]. Applied Catalysis B: Environmental, 2007, 73(3-4): 336-344.

[50] SANTIS-ALVAREZ A J, NABAVI M, HILD N, et al. A fast hybrid start-up process for thermally self-sustained catalytic n-butane reforming in micro-SOFC power plants[J]. Energy & Environmental Science, 2011, 4(8): 3041-3050.

[51] NAGAOKA K, SATO K, NISHIGUCHI H, et al. Influence of support on catalytic behavior of nickel catalysts in oxidative steam prereforming of n-butane for fuel cell applications[J]. Applied Catalysis A: General, 2007, 327(2): 139-146.

[52] SEYED-REIHANI S A, JACKSON G S. Catalytic partial oxidation of n-butane over Rh catalysts for solid oxide fuel cell applications[J]. Catalysis Today, 2010, 155(1-2): 75-83.

[53] MOSAYEBI A, ABEDINI R. Partial oxidation of butane to syngas using nano structure Ni/zeolite catalysts[J]. Journal of Industrial and Engineering Chemistry, 2014, 20(4): 1542-1548.

[54] MOSAYEBI A, ABEDINI R, BAKHSHI H. Ni-Pd nanoparticle with core-shell structure supported over γ-Al_2O_3 for partial oxidation process of butane to syngas[J]. International Journal of Hydrogen Energy, 2017, 42(30): 18941-18950.

[55] 李林，刘彤宇，李爽，等．甲醇重整制氢燃料电池发电研究进展[J]．发电技术，2022(001): 43.

[56] 周文强，程载哲，蓝国钧，等．甲醇蒸汽重整制氢催化剂的研究进展（上）[J]．石油化工，2022, 51(1):10.

[57] GARCIA G, ARRIOLA E, CHEN W H, et al. A comprehensive review of hydrogen production from methanol thermochemical conversion for sustainability[J]. Energy, 2021, 217: 119384.

[58] MEI D, QIU X, LIU H, et al. Progress on methanol reforming technologies for highly efficient hydrogen production and applications[J]. International Journal of Hydrogen Energy, 2022,47(84): 35757-35777.

[59] 韩新宇，钟和香，李金晓，等．不同载体的甲醇蒸气重整制氢 Cu 基催化剂的研究进展[J]．中国沼气，2022(1): 18-23.

[60] 孙晓明，沙琪昊，王陈伟，等．用于甲醇重整制氢的铜基催化剂研究进展[J]．化工学报，2021, 72(12): 5975-6001.

[61] BAGHERZADEH S B, HAGHIGHI M. Plasma-enhanced comparative hydrothermal and co-precipitation preparation of CuO/ZnO/Al_2O_3 nanocatalyst used in hydrogen production via methanol steam reforming[J]. Energy Conversion and Management, 2017, 142: 452-465.

[62] ZHANG L, PAN L, NI C, et al. CeO_2-ZrO_2-promoted CuO/ZnO catalyst for methanol steam reforming[J]. International Journal of Hydrogen Energy, 2013, 38(11): 4397-4406.

[63] SANCHES S G, FLORES J H, DA SILVA M I P. Cu/ZnO and Cu/ZnO/ZrO_2 catalysts used for methanol steam reforming[J]. Molecular Catalysis, 2018, 454: 55-62.

[64] WANG H S, CHANG C P, HUANG Y J, et al. A high-yield and ultra-low- temperature methanol reformer integratable with phosphoric acid fuel cell (PAFC)[J]. Energy, 2017, 133: 1142-1152.

[65] YANG S, ZHOU F, LIU Y, et al. Morphology effect of ceria on the performance of CuO/CeO_2 catalysts for hydrogen production by methanol steam reforming[J]. International Journal of Hydrogen Energy, 2019, 44(14): 7252-7261.

[66] YU X, TU S T, WANG Z, et al. Development of a microchannel reactor concerning steam reforming of methanol[J]. Chemical Engineering Journal, 2006, 116(2): 123-132.

[67] SHARMA R, KUMAR A, UPADHYAY R K. Bimetallic Fe-Promoted Catalyst for CO-Free Hydrogen Production in High-Temperature-Methanol Steam Reforming[J]. ChemCatChem, 2019, 11(18): 4568-4580.

[68] TOYIR J, RAMÍREZ DE LA PISCINA P, HOMS N. Ga-promoted copper-based catalysts highly selective for methanol steam reforming to hydrogen; relation with the hydrogenation of CO_2 to methanol[J]. International Journal of Hydrogen Energy, 2015, 40(34): 11261-11266.

[69] LEI H Y, LI J R, WANG Q H, et al. Feasibility of preparing additive manufactured porous stainless steel felts with mathematical micro pore structure as novel catalyst support for hydrogen production via methanol steam reforming[J]. International Journal of Hydrogen Energy, 2019, 44(45): 24782-24791.

[70] PAN M, WU Q, JIANG L, et al. Effect of microchannel structure on the reaction performance of methanol steam reforming[J]. Applied Energy, 2015, 154: 416- 427.

[71] LIAO M, QIN H, GUO W, et al. Porous reticular CuO/ZnO/CeO_2/ZrO_2 catalyst derived from polyacrylic acid hydrogel system on Al_2O_3 foam ceramic support for methanol steam reforming

microreactor[J]. Ceramics International, 2021, 47(23): 33667-33677.

[72] ZHOU W, WANG Q, LI J, et al. Hydrogen production from methanol steam reforming using porous copper fiber sintered felt with gradient porosity[J]. International Journal of Hydrogen Energy, 2015, 40(1): 244-255.

[73] LIAO M, GUO C, GUO W, et al. One-step growth of $CuO/ZnO/CeO_2/ZrO_2$ nanoflowers catalyst by hydrothermal method on Al_2O_3 support for methanol steam reforming in a microreactor[J]. International Journal of Hydrogen Energy, 2021, 46(14): 9280-9291.

[74] CHEN W H, SYU Y J. Thermal behavior and hydrogen production of methanol steam reforming and autothermal reforming with spiral preheating[J]. International journal of hydrogen energy, 2011, 36(5): 3397-3408.

[75] BURCH R, GOLUNSKI S E. The role of copper and zinc oxide in methanol synthesis catalysts[J]. Journal of the Chemical Society, Faraday Transactions, 1990, 86(15): 2683-2691.

[76] YOSHIHARA J, CAMPBELL C T. Methanol synthesis and reverse water-gas shift kinetics over Cu (110) model catalysts: structural sensitivity[J]. Journal of Catalysis, 1996, 161(2): 776-782.

[77] OVESEN C V, CLAUSEN B S, SCHIØTZ J, et al. Kinetic implications of dynamical changes in catalyst morphology during methanol synthesis over Cu/ZnO catalysts[J]. Journal of Catalysis, 1997, 168(2): 133-142.

[78] HADDEN R A, SAKAKINI B, TABATABAEI J, et al. Adsorption and reaction induced morphological changes of the copper surface of a methanol synthesis catalyst[J]. Catalysis letters, 1997, 44: 145-151.

[79] TOPSØE N Y, TOPSØE H. FTIR studies of dynamic surface structural changes in Cu-based methanol synthesis catalysts[J]. Journal of Molecular Catalysis A: Chemical, 1999, 141(1-3): 95-105.

[80] SÁ S, SILVA H, BRANDÃO L, et al. Catalysts for methanol steam reforming— A review[J]. Applied Catalysis B: Environmental, 2010, 99(1-2): 43-57.

[81] KANAI Y, WATANABE T. Evidence for the migration of ZnO x in a Cu/ZnO methanol synthesis catalyst[J]. Catalysis letters, 1994, 27: 67-78.

[82] ZHANG G, ZHAO J, WANG Q, et al. Fast start-up structured $CuFeMg/Al_2O_3$ catalyst applied in microreactor for efficient hydrogen production in methanol steam reforming[J]. Chemical Engineering Journal, 2021, 426: 130644.

[83] KAMYAR N, KHANI Y, AMINI M M, et al. Copper-based catalysts over A520-MOF derived aluminum spinels for hydrogen production by methanol steam reforming: The role of spinal support on the performance[J]. International Journal of Hydrogen Energy, 2020, 45(41): 21341-21353.

[84] LIAO M, GUO C, GUO W, et al. Hydrogen production in microreactor using porous SiC ceramic with a pore-in-pore hierarchical structure as catalyst support[J]. International Journal of Hydrogen Energy, 2020, 45(41): 20922- 20932.

[85] YONG S T, OOI C W, CHAI S P, et al. Review of methanol reforming-Cu-based catalysts, surface reaction mechanisms, and reaction schemes[J]. International Journal of hydrogen energy, 2013, 38(22): 9541-9552.

[86] SANTACESARIA E, CARRÁ S. Kinetics of catalytic steam reforming of methanol in a CSTR reactor[J]. Applied Catalysis, 1983, 5(3): 345-358.

[87] IWASA N, KUDO S, TAKAHASHI H, et al. Highly selective supported Pd catalysts for steam reforming of methanol[J]. Catalysis Letters, 1993, 19: 211- 216.

[88] IWASA N, MASUDA S, OGAWA N, et al. Steam reforming of methanol over Pd/ZnO: effect of

the formation of PdZn alloys upon the reaction[J]. Applied Catalysis A: General, 1995, 125(1): 145-157.

[89] YAN P, TIAN P, CAI C, et al. Antioxidative and stable PdZn/ZnO/Al$_2$O$_3$ catalyst coatings concerning methanol steam reforming for fuel cell-powered vehicles[J]. Applied energy, 2020, 268: 115043.

[90] ZENG Z, LIU G, GENG J, et al. A high-performance PdZn alloy catalyst obtained from metal-organic framework for methanol steam reforming hydrogen production[J]. International Journal of Hydrogen Energy, 2019, 44(45): 24387-24397.

[91] BARRIOS C E, BOSCO M V, BALTANÁS M A, et al. Hydrogen production by methanol steam reforming: Catalytic performance of supported-Pd on zinc-cerium oxides' nanocomposites[J]. Applied Catalysis B: Environmental, 2015, 179: 262-275.

[92] MA Y, GUAN G, PHANTHONG P, et al. A. Tsutsumi, K. Kusakabe, A. Abudula, Catalytic activity and stability of nickel-modified molybdenum carbide catalysts for steam reforming of methanol[J]. The Journal of Physical Chemistry C, 2014, 118(18): 9485-9496.

[93] QI C, AMPHLETT J C, PEPPLEY B A. K (Na)-promoted Ni. Al layered double hydroxide catalysts for the steam reforming of methanol[J]. Journal of power sources, 2007, 171(2): 842-849.

[94] TAHAY P, KHANI Y, JABARI M, et al. Highly porous monolith/TiO$_2$ supported Cu, Cu-Ni, Ru, and Pt catalysts in methanol steam reforming process for H$_2$ generation[J]. Applied Catalysis A: General, 2018, 554: 44-53.

[95] MA Y, GUAN G, SHI C, et al. Low-temperature steam reforming of methanol to produce hydrogen over various metal-doped molybdenum carbide catalysts[J]. International journal of hydrogen energy, 2014, 39(1): 258-266.

[96] AOUAD S, GENNEQUIN C, MRAD M, et al. Steam reforming of methanol over ruthenium impregnated ceria, alumina and ceria-alumina catalysts[J]. International Journal of Energy Research, 2016, 40(9): 1287-1292.

[97] LYTKINA A A, OREKHOVA N V, ERMILOVA M M, et al. RuRh based catalysts for hydrogen production via methanol steam reforming in conventional and membrane reactors[J]. International journal of hydrogen energy, 2019, 44(26): 13310-13322.

[98] SHANMUGAM V, NEUBERG S, ZAPF R, et al. Hydrogen production over highly active Pt based catalyst coatings by steam reforming of methanol: Effect of support and co-support[J]. International Journal of Hydrogen Energy, 2020, 45(3): 1658-1670.

[99] LIU D, MEN Y, WANG J, et al. Highly active and durable Pt/In$_2$O$_3$/Al$_2$O$_3$ catalysts in methanol steam reforming[J]. International Journal of Hydrogen Energy, 2016, 41(47): 21990-21999.

[100] LIU X, MEN Y, WANG J, et al. Remarkable support effect on the reactivity of Pt/In2O3/MOx catalysts for methanol steam reforming[J]. Journal of power sources, 2017, 364: 341-350.

[101] WANG Y, LIU H, MEI D, et al. A novel thermally autonomous methanol steam reforming microreactor using SiC honeycomb ceramic as catalyst support for hydrogen production[J]. International Journal of Hydrogen Energy, 2021, 46(51): 25878-25892.

[102] CHU X, ZENG X, ZHENG T, et al. Structural design and performance research of methanol steam reforming microchannel for hydrogen production based on mixing effect[J]. International journal of hydrogen energy, 2020, 45(41): 20859-20874.

[103] LU W, ZHANG R, TOAN S, et al. Microchannel structure design for hydrogen supply from methanol steam reforming[J]. Chemical Engineering Journal, 2022, 429: 132286.

[104] HEIDARZADEH M, TAGHIZADEH M. Methanol steam reforming in a spiral-shaped microchannel reactor over Cu/ZnO/Al$_2$O$_3$ catalyst: a Computational Fluid Dynamics simulation study[J]. International Journal of Chemical Reactor Engineering, 2017, 15(4): 20160205.

[105] MEI D, QIAN M, YAO Z, et al. Effects of structural parameters on the performance of a microreactor with micro-pin-fin arrays (MPFAR) for hydrogen production[J]. International journal of hydrogen energy, 2012, 37(23): 17817-17827.

[106] HUANG Y X, JANG J Y, CHENG C H. Fractal channel design in a micro methanol steam reformer[J]. International journal of hydrogen energy, 2014, 39(5): 1998-2007.

[107] YAO F, CHEN Y, PETERSON G P. Hydrogen production by methanol steam reforming in a disc microreactor with tree-shaped flow architectures[J]. International Journal of Heat and Mass Transfer, 2013, 64: 418-425.

[108] PITZ W J, MUELLER C J. Recent progress in the development of diesel surrogate fuels[J]. Progress in Energy and Combustion Science, 2011, 37(3): 330-350.

[109] SHOYNKHOROVA T B, SIMONOV P A, POTEMKIN D I, et al. Highly dispersed Rh-, Pt-, Ru/$Ce_{0.75}Zr_{0.25}O_{2-\delta}$ catalysts prepared by sorption- hydrolytic deposition for diesel fuel reforming to syngas [J]. Applied Catalysis B: Environmental, 2018, 237: 237-244.

[110] XIE C, CHEN Y, ENGELHARD M H, et al. Comparative study on the sulfur tolerance and carbon resistance of supported noble metal catalysts in steam reforming of liquid hydrocarbon fuel[J]. ACS Catalysis, 2012, 2(6): 1127-1137.

[111] KIM H, YANG J, JUNG H. Partial oxidation of n-hexadecane into synthesis gas over a Pd-based metal monolith catalyst for an auxiliary power unit (APU) system of SOFC[J]. Applied catalysis B: Environmental, 2011, 101(3-4): 348- 354.

[112] LIN K W, WU H W. Thermodynamic analysis and experimental study of partial oxidation reforming of biodiesel and hydrotreated vegetable oil for hydrogen- rich syngas production[J]. Fuel, 2019, 236: 1146-1155.

[113] HARIHARAN D, YANG R, ZHOU Y, et al. Catalytic partial oxidation reformation of diesel, gasoline, and natural gas for use in low temperature combustion engines[J]. Fuel, 2019, 246: 295-307.

[114] SHOYNKHOROVA T B, ROGOZHNIKOV V N, RUBAN N V, et al. Composite Rh/$Zr0.25Ce0.75O_{2-\delta}$-η-Al_2O_3/Fecralloy wire mesh honeycomb module for natural gas, LPG and diesel catalytic conversion to syngas [J]. International Journal of Hydrogen Energy, 2019, 44(20): 9941-9948.

[115] 袁斌, 潘建欣, 王傲, 等. 燃料电池用柴油重整制氢技术现状与展望 [J]. 化工进展, 2020, 39(S1): 107-115.

[116] TRIBALIS A, PANAGIOTOU G, BOURIKAS K, et al. Ni catalysts supported on modified alumina for diesel steam reforming[J]. Catalysts, 2016, 6(1): 11.

[117] 李夺, 钟和香, 张晶, 等. 柴油蒸汽重整制氢贵金属催化剂的研究进展 [J]. 石油化工, 2021, 50(6): 598-603.

[118] MATHIEU O, DJEBAÏLI -CHAUMEIX N, PAILLARD C E, et al. Experimental study of soot formation from a diesel fuel surrogate in a shock tube[J]. Combustion and Flame, 2009, 156(8): 1576-1586.

[119] TRABOLD T A, LYLAK J S, WALLUK M R, et al. Measurement and analysis of carbon formation during diesel reforming for solid oxide fuel cells[J]. International journal of hydrogen energy, 2012, 37(6): 5190-5201.

[120] YOON S, BAE J. A diesel fuel processor for stable operation of solid oxide fuel cells system: I. Introduction to post-reforming for the diesel fuel processor[J]. Catalysis Today, 2010, 156(1-2): 49-57.

[121] YOON S, KANG I, BAE J. Effects of ethylene on carbon formation in diesel autothermal reforming[J]. International Journal of Hydrogen Energy, 2008, 33(18): 4780-4788.

[122] OLUKU L, KHAN F, IDEM R, et al. Mechanistic kinetics and reactor modelling of hydrogen production from the partial oxidation of diesel over a quartenary metal oxide catalyst[J]. Molecular Catalysis, 2018, 451: 255-265.

[123] ZHENG J, STROHM J J, SONG C. Steam reforming of liquid hydrocarbon fuels for micro-fuel cells. Pre-reforming of model jet fuels over supported metal catalysts[J]. Fuel Processing Technology, 2008, 89(4): 440-448.

[124] HAYNES D, BERRY D, SHEKHAWAT D, et al. Catalytic partial oxidation of n-tetradecane using pyrochlores: Effect of Rh and Sr substitution[J]. Catalysis Today, 2008, 136(3-4): 206-213.

[125] SIMSON A, FARRAUTO R, CASTALDI M. Steam reforming of ethanol/gasoline mixtures: Deactivation, regeneration and stable performance[J]. Applied Catalysis B: Environmental, 2011, 106(3-4): 295-303.

[126] LI W, SHI Y, LUO Y, et al. Carbon deposition on patterned nickel/yttria stabilized zirconia electrodes for solid oxide fuel cell/solid oxide electrolysis cell modes[J]. Journal of Power Sources, 2015, 276: 26-31.

[127] SASAKI K. Equilibria in fuel cell gases[J]. ECS Proceedings Volumes, 2003, 2003(1): 1225.

[128] 刘江. 直接碳氢化合物固体氧化物燃料电池 [J]. 化学进展, 2006, 18(0708): 1026.

[129] FINNERTY C M, COE N J, CUNNINGHAM R H, et al. Carbon formation on and deactivation of nickel-based/zirconia anodes in solid oxide fuel cells running on methane[J]. Catalysis Today, 1998, 46(2-3): 137-145.

[130] SPERLE T, CHEN D, LØDENG R, et al. Pre-reforming of natural gas on a Ni catalyst: criteria for carbon free operation[J]. Applied Catalysis A: General, 2005, 282(1-2): 195-204.

[131] KIM T, LIU G, BOARO M, et al. A study of carbon formation and prevention in hydrocarbon-fueled SOFC[J]. Journal of Power Sources, 2006, 155(2): 231-238.

[132] LEE W Y, HANNA J, GHONIEM A F. On the predictions of carbon deposition on the nickel anode of a SOFC and its impact on open-circuit conditions[J]. Journal of The Electrochemical Society, 2012, 160(2): F94.

[133] SHENG C Y, DEAN A M. Importance of gas-phase kinetics within the anode channel of a solid-oxide fuel cell[J]. The Journal of Physical Chemistry A, 2004, 108(17): 3772-3783.

[134] NI M. Modeling of a solid oxide electrolysis cell for carbon dioxide electrolysis[J]. Chemical Engineering Journal, 2010, 164(1): 246-254.

[135] LI C, SHI Y, CAI N. Carbon deposition on nickel cermet anodes of solid oxide fuel cells operating on carbon monoxide fuel[J]. Journal of power sources, 2013, 225: 1-8.

[136] TAKEGUCHI T, KIKUCHI R, YANO T, et al. Effect of precious metal addition to Ni-YSZ cermet on reforming of CH4 and electrochemical activity as SOFC anode[J]. Catalysis today, 2003, 84(3-4): 217-222.

[137] KAN H, LEE H. Sn-doped Ni/YSZ anode catalysts with enhanced carbon deposition resistance for an intermediate temperature SOFC[J]. Applied Catalysis B: Environmental, 2010, 97(1-2): 108-114.

[138] MAČEK J, NOVOSEL B, MARINŠEK M. Ni-YSZ SOFC anodes—Minimization of carbon deposition [J]. Journal of the European Ceramic Society, 2007, 27(2-3): 487-491.

[139] KIM H, LU C, WORRELL W L, et al. Cu-Ni cermet anodes for direct oxidation of methane in solid-oxide fuel cells[J]. Journal of the Electrochemical Society, 2002, 149(3): A247.

[140] ORLYK S N, SHASHKOVA T K. Effect of the composition and structural and size characteristics of composites based on stabilized zirconia and transition metal (Cu, Co, Ni) oxides on their catalytic properties in methane oxidation reactions[J]. Kinetics and catalysis, 2014, 55: 599-610.

[141] GORTE R J, VOHS J M. Novel SOFC anodes for the direct electrochemical oxidation of

hydrocarbons[J]. Journal of catalysis, 2003, 216(1-2): 477-486.

[142] HUANG Y H, DASS R I, XING Z L, et al. Double perovskites as anode materials for solid-oxide fuel cells[J]. Science, 2006, 312(5771): 254-257.

[143] SAEBEA D, PATCHARAVORACHOT Y, ARPORNWICHANOP A. Analysis of an ethanol-fuelled solid oxide fuel cell system using partial anode exhaust gas recirculation[J]. Journal of Power Sources, 2012, 208: 120-130.

[144] EVELOY V. Numerical analysis of an internal methane reforming solid oxide fuel cell with fuel recycling[J]. Applied Energy, 2012, 93: 107-115.

[145] HALINEN M, THOMANN O, KIVIAHO J. Effect of Anode off-gas Recycling on Reforming of Natural Gas for Solid Oxide Fuel Cell Systems[J]. Fuel cells, 2012, 12(5): 754-760.

[146] JIA J, LI Q, LUO M, et al. Effects of gas recycle on performance of solid oxide fuel cell power systems[J]. Energy, 2011, 36(2): 1068-1075.

[147] WALLUK M R, LIN J, WALLER M G, et al. Diesel auto-thermal reforming for solid oxide fuel cell systems: Anode off-gas recycle simulation[J]. Applied energy, 2014, 130: 94-102.

[148] TERAYAMA T, KATO T, MOMMA A, et al. Analysis of Transient Response of Solid Oxide Fuel Cells with Anode Off-Gas Recycle[J]. ECS Transactions, 2017, 78(1): 2477.

[149] TERAYAMA T, MOMMA A, TANAKA Y, et al. Improvement of single solid oxide fuel cell performance by using anode off-gas recycle[J]. Journal of The Electrochemical Society, 2016, 163(13): F1380.

第 9 章

SOFC 动力系统控制

如第 6 章所述，SOFC 动力系统是以 SOFC 为核心，配以气体供应子系统、热管理子系统、电控子系统等组成的发电系统，是典型的多输入多输出（Multi-Input Multi-Output，MIMO）系统，具有极强的非线性特点。其系统特性主要涉及热力学、流体力学以及电化学等多学科知识。目前，SOFC 的发展仍然面临着许多挑战，如电堆的性能不够理想、使用寿命过低、发电成本较高等。详细掌握 SOFC 内部运行参数变化情况，并预测电堆性能对提高 SOFC 技术研发水平有着重要作用，但 SOFC 的高温运行环境使得采集各种条件下的实验数据变得既昂贵又困难。为了保障 SOFC 系统高效低成本稳定运行，需要对系统的流量、温度、功率、压强等热电特性进行深入的研究，因此建立一个能够准确描述 SOFC 系统热电性能的数学模型是至关重要的。目前，基于模型的 SOFC 动力系统研究主要集中在：①系统配置，包括加压/常压和新的系统构型，例如燃料电池－重整器－燃料电池的概念、附加外部燃烧器和旁通阀的放置等；②设计工况和非设计工况性能，基于能量和㶲分析的系统优化；③安全的运行区域和运行参数限制；④瞬态行为和负载跟踪，例如与气体流量和电力负载变化有关的特征时间常数和动态响应，以及各种控制策略；⑤不同的控制器设计，例如比例积分微分（PID）控制器、线性高斯二次型调节器（LQR）和模型预测控制器（MPC）等；⑥硬件在环仿真和系统集成。本书第 6、7 章介绍了 SOFC 动力系统稳态模型建立的基本方法，在此基础上，本章将重点关注系统安全高效运行相关的策略，特别是系统在瞬态变化下的响应特征及相应的控制方法。

9.1 安全运行区域

为了保证系统的稳定和安全运行，必须综合考虑系统的安全运行区域。安全操作区域是指在性能图中由不安全和临界运行条件的边界或限制所包围的区域。为避免组件故障和严重的系统性能恶化，SOFC 动力系统的可运行范围受到热失控（温度过高或过低）、热裂化、热疲劳、重整器或 SOFC 中的炭沉积、压缩机喘振和阻塞、超速、积炭和喷射器故障等因素限制。

固体氧化物燃料电池的运行温度（T_{SOFC}）是影响电堆正常运行的最重要因素。如果温度远低于正常值，电堆甚至不能发生电化学反应。但是如果固相材料的温度过高，也会出现很多问题，如电堆/电池的密封问题、元器件之间的匹配问题（如燃烧室温度过高）、老化问题和寿命问题等。此外，当固相材料的温度梯度过大时，热应力会增加，系统运行的安全也会受到威胁。

透平入口温度（TIT）是另一个需要监测的重要变量，较高的 TIT 有利于提高 MGT 的输出功率和系统效率，但由于耐高温材料的限制，又必须控制 TIT。另外，TIT 高容易导致压缩机压力高，也容易导致压缩机超速，从而导致压缩机喘振和喷射器故障。而且还应避免其他部件过热，包括重整器、换热器等。

积炭是由碳氢燃料的 Boudouard 反应和裂解反应形成的，积炭导致重整器中的催化剂被覆盖或阳极气体扩散的孔被堵塞。提高系统的汽/碳比（SCR）可以有效避免燃料电池中的积炭现象，但负面影响是功率效率会降低，阳极可燃废气会被大量稀释。因此，这两点之间应该有一个平衡点。

在较小的空气流量和较高的压力比下，会导致压缩机喘振。喘振故障不仅会急剧降低压缩机的压比和效率，还会影响燃烧室和涡轮（或称透平）的工作状态。相应地，常见的情况包括燃烧室内的熄火和涡轮排气过热。然而，整个机组的剧烈振动可能会导致叶片断裂，并在几秒钟内飞出。因此，机组的防喘振保护是必不可少的。压缩机喘振裕度（SM）的定义如下：$SM = [\pi_{surge}(\phi) - \pi(N_{cr}, \phi)] / \pi(N_{cr}, \phi)$，$\pi(N_{cr}, \phi)$ 和 $\pi_{surge}(\phi)$ 分别是实际质量流量和转速下的实际压力比和喘振压力比[38]。SM 越高，运行越安全，但同时压缩机的效率越低。阻塞是压缩机运行中的另一种不稳定现象，在一定速度下以高气流速率发生。

当工作流体的压力低于混合室入口注入流体的压力时，喷射器无法工作。在 SOFC/GT 系统中，当燃烧室中的气体压力，即阳极再循环回路（图9-1）中的压力异常高时，通常会出现喷射器无法工作的情况。这将导致喷射器性能恶化，从而导致 SCR 大幅下降和系统振动。从燃烧室回流到阳极通道的气体也将导致阳极暴露在含氧大气中，从而使镍催化剂氧化（即阳极氧化）并失活。

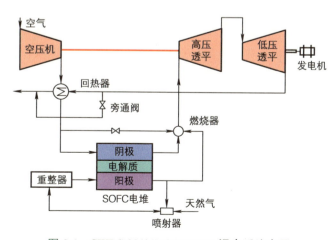

图 9-1　SWPC 220kW SOFC/GT 混合系统布局

以设计点为参考点,通常采用相对燃料流量和相对空气流量张成的二维空间来描述 SOFC/GT 混合系统的安全运行区域。Stiller 基于 SWPC 示范 SOFC/GT 混合系统[9]的配置提出了稳态运行的安全机制。如图 9-2a 所示,系统中存在许多不安全因素,包括高温、电压过低、涡轮转速过低和过高、压缩机转速过低以及喷射器故障等。而根据计算发现重整器中的炭沉积并非重要因素。性能图的上部和左侧区域表示过热区(主要指 SOFC 过热),因为相对于设计工况的空燃比,相对燃料流量高于相对空气流量。反之亦然,当空燃比过高时,会出现 SOFC 温度过低并导致电池电压偏低。过低的燃料和空气流速会导致涡轮和压缩机转速过低,但是低燃料流量和高空气流量将产生高涡轮转速。这是因为高的空燃比将降低 SOFC 工作温度,使得电流输出低,从而在较低燃料流量下也具有高的燃料化学计量比。在非常低的燃料流量下,由于做功流体和喷射流体之间的负压差会导致发生喷射器故障。

Lv 等[40]提出了以生物质气体为燃料的中温 SOFC/GT 混合系统的安全区。如图 9-2b 所示,在空气流量过低和燃料流量过高,以及空气流量过高和燃料流量过低时,由于空燃比不匹配,存在两个能量不平衡区。在更高的燃料流量下,更多的阳极出口燃料在燃烧室内燃烧,因此 TIT 更高,SOFC 温度更高。当燃料流量非常高时,会发生过热甚至 SOFC 开裂;有趣的是降低空气流量有助于减小过热区域。反之亦然,低燃料流量,尤其是高空气流量会导致过冷和过低的 TIT 运行,同时也会降低工作温度并导致积炭,因此,安全区域受系统布局的影响很大。在这项工作中,没有配置阳极气体再循环,因此发生了积炭,这与 Stiller 的工作存在差异[9]。

在 Padulles 等人[41]提出的用于电力系统模拟的 SOFC 电堆模型中,提到了设备的一些限制,例如,燃料利用率应当在 70%~90% 之间。当燃料利用率低于 70% 时,电池电压会迅速升高,当燃料利用率超过 90% 时,电池可能会出现燃料不足和永久性损伤。当电堆电压过低时,功率调节单元(PCU)将难以与电网同步。电压-电流和功率-电流关系已被认为是定义与电堆操作相关的安全操作区域的有用工具。

Stiller 等人[38]证明了在非设计运行和负载变化的情况下简单 SOFC/GT 混合系统安全运行的可行方法。如图 9-3 所示,设计点选取为满负荷运行工况,部分负荷稳态特性以性能图的形式呈现。转速、燃料流量和电流等变量对系统功率起主导作用。对于恒定燃料利用率,在低转速和高燃料流量下的部分负载表现出不稳定运行,而必须适当增加空燃比,从而揭示了不稳定运行区域的存在。反之亦然,在低燃料流量和高转速下运行 SOFC 会出现含有极低温的不健康区域。操作线(图 9-3)表示 SOFC 平均温度在 80%~100% 负载范围内的稳定工作区或非稳

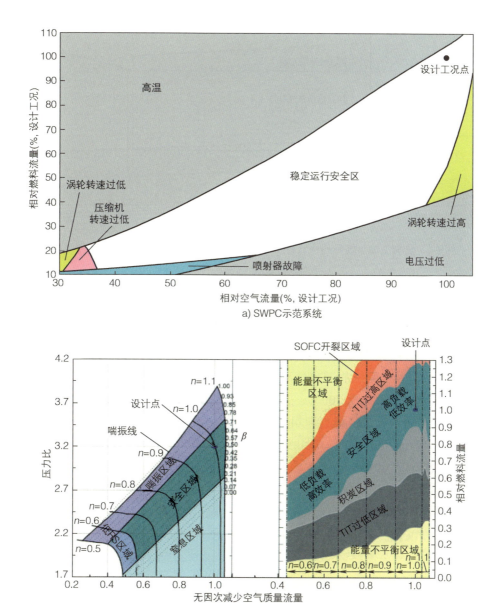

图 9-2　SWPC 示范系统 [9] 和无阳极气体再循环的生物质燃料中温 SOFC/GT 混合系统的安全运行区域 [39]

定工作条件。负载低于 80% 时，必须进行温度反馈控制，以避免热失控，并且建议控制燃料流量而不是转速来跟随快速负载变化。

为了确保系统安全高效运行，Wu[42] 认为系统参数应稳定在理想水平。在她的工作中，燃料利用率（FU）、SOFC 工作温度和 TIT 的理想值分别设置为 85%、1200K 和 1113K。此外，还考虑了单体电池电压、SCR 和燃气轮机转速。Li[43] 根

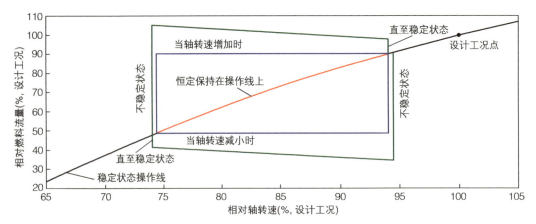

图 9-3　燃料流量与燃气轮机转速的操作区，用于兆瓦级 SOFC/GT 混合系统的部分负荷安全运行[38]

据 SOFC/GT 系统的运行特点，计算了一个安全运行区域，该区域考虑了 TIT<1273K，燃烧室温度 T_comb<1573K，SM>0.15，SOFC 运行温度（1023K<T_SOFC<1373K），以及燃气轮机的相对速度（0.47<$\bar{N}_\text{cr}$<1.12）。Liu[44] 研究了 SOFC/MGT 混合系统的部分负载性能，考虑了系统安全运行的具体限制，包括 SOFC 工作温度不低于 700℃、TIT 不超过 850℃、恒定的 SCR 和 FU。随着电池输出功率的变化，最佳燃料利用率为 0.89～0.92。

Zhang 等人[45] 研究了一个 5kW 的 SOFC 系统，考虑了负载跟踪期间安全运行和系统效率的协同控制，引入旁通阀来调节温度和效率；同时，提出了一种基于热安全的水平优化过程，以实现最大效率；此外，还考虑了燃料耗尽引起的时间延迟。根据实验数据和实验平台的实际情况，考虑相应参数的范围，例如：TIT 低于 1273K，膜电极（PEN）温度梯度不大于 8K/cm，工作温度范围为 873～1173K，入口空气与燃料温度差小于 200K。

9.2　部分负荷和非设计工况运行

作为一个独立的发电系统，SOFC 动力系统的功率输出应该能够快速调整以跟随负载需求。这意味着系统通常会在非设计工况和部分负载条件下工作。热力学第一和第二定律通常用于分析稳态性能，特别是㶲效率和㶲损失，以及从热、经济和环境角度进行系统优化和分析[47-51]。

与安全运行区域分析相似（关注安全/不安全工作区域边界），部分负荷和非设计运行的研究更关注安全状态下的最优稳态和瞬态性能。参数敏感性分析，即性能-参数相关性分析，是文献中最典型且有效的分析方法。由于系统的参数是相互耦合的，当一个或多个系统参数发生变化时，其余参数可能会发生变化，甚至超出安全运行区域的范围。这样会降低系统效率，甚至导致系统运行不稳定。关键参数包括操作变量（如燃料/空气温度、压力、质量流量、电流等），也包括控制变量（如功率、效率、部件温度、安全裕度等）。其中，最重要的变量是燃料/空气流量和SOFC的电流，即燃料利用率和空气利用率。

燃料利用率（FU）和空气利用率（AU）分别为化学计量比下的燃料流量和空气流量，与SOFC入口燃料和空气流量的比值。在给定的电力负荷下，恒定的FU或AU等于恒定的燃料或空气流量。对于独立式SOFC，高FU会增加活化过电位，使电池内部温度迅速升高，增加热裂危险。当FU显著偏高时，会引起电池的"饥饿"，甚至对电池造成永久性损伤。由于SOFC电堆被过多的气流冷却，较低的AU意味着更强的冷却，反之亦然。FU对系统效率有显著影响，与系统运行成本也密切相关。在FU较低时，阳极外的燃料相对富裕，燃料在燃烧室中燃烧（而不是在燃料电池中发生电化学反应），但发生电化学反应的部分减少，从而导致系统的发电效率下降。在混合动力系统中，由于电堆与燃气轮机的强耦合，FU和AU不仅简单地等价于气体流量，而且对燃料/空气进口温度、SOFC温度（即SOFC电流）、TIT、涡轮出口温度等都有显著影响。低FU还会降低阳极的循环蒸汽含量，增加TIT，这可能会导致压缩机的积炭和喘振。对于简单的恒流量部分负荷运行策略（即低电负荷时低AU），过冷效应导致系统各部件温度整体下降。

Costamagna等人[52]提出了一个MGT（约50kW）与SOFC（约250kW）的混合系统的设计和非设计工况分析（该系统的布局类似于SWPC示范系统），研究了两种情况下SOFC电堆在非设计条件下的不同行为。在第一种情况下（即固定SOFC电堆温度时），电池效率与电池功率和电池功率与电流密度均呈抛物线关系。在第二种情况下，根据完整的电堆传热来计算SOFC电堆温度，由于电池温度对电阻、空气利用系数等有强烈影响，相应的曲线有所不同。针对固定或可变的MGT转速，进一步分析了非设计系统的性能。在固定转速下，系统性能仅受最低TIT和SOFC温度的限制，而MGT总是在其设计点附近运行；在部分负载下，压缩机喘振裕度增加。结果表明：非设计系统效率在设计点上为61%，在70%额定功率时下降到56.4%；在可变的MGT转速下，在非常低的部分负载条件下也有可能获得非常高的效率，效率总是高于50%，即便在30%的额定功率下也是如此。在所有运行工况中，空气利用系数和电池温度可能是可变的，但燃料利用系数总是保持不变。除了系统效率外，MGT 变速控制还影响 MGT 和 SOFC 之间的功率比，即在设计点约为 20%，当使用固定转速时部分负载下会增加，当使用可变转速控制时，从 20% 降低到 15%。

Magistri 等[53]对功率规模为 250kW～20MW 的 Rolls-Royce IP-SOFC 增压混合动力系统的设计和非设计工况运行进行了建模。其开发了内部通用瞬态系统分析代码（TRANSEO 代码），并嵌入 MATLAB/Simulink 环境中，在固定或可变的燃气轮机转速下针对非设计工况操作再现了两种不同的情况。对于固定燃气轮机转速下的部分负荷运行，保持恒定的燃料利用率，与气体流量无关，使 SOFC 的工作温度尽可能接近设计值，在这种情况下，GT 始终运行在其设计点附近，压缩机在部分负载下喘振裕度增加，混合动力系统的性能受到最小 TIT 和 SOFC 温度的限制。部分负荷仿真表明，即使在较低的部分负荷工况（50% 的额定功率）下，可变涡轮转速控制策略对部件保持高效率运行也非常重要，如图 9-4 所示。然而，考虑到压缩机的喘振裕度，需要降低 TIT，进而降低整个装置的温度，这将大大降低系统的效率。对于大型混合动力系统（20 MW），变燃气轮机转速控制模式不太适用，需要空气旁路控制，使燃料电池工作温度保持在高效安全工作点范围内，为此考虑了分别在回热器上游或下游进行空气旁路的控制模式。此外，还研究了环境条件的影响。为了避免工作温度因环境温度的变化而上升或下降，还引入例如旁路控制：当环境温度低于设计值时，一部分气流绕过燃料电池，但如果环境温度较高则需要绕过回热器冷侧。

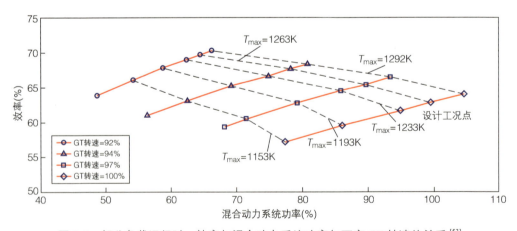

图 9-4 部分负载运行时，效率与混合动力系统功率与可变 GT 转速的关系[53]

Calise 等[54]给出了 SOFC/GT 混合动力装置的全负荷和部分负荷能量和㶲分析，包括主要部件的热力学、化学和电化学模型，对离心压缩机（基于 ASME 95-GT-79 性能图）和径流涡轮（基于 NASA-CR-174646 性能图）的部分负荷性能进行了评估。在满负荷运行时,最大电气效率达到 65.4%。为了避免采用变化透平转速的控制方法,引入了三种不同的部分负荷策略:①恒定空气质量流量、可变燃料流量、无燃烧器旁路(即没有燃料从旁路到燃烧器);②恒定的空气与燃料质量流量比、无燃烧器旁路;③恒定空气质量流量、可变燃料流量、有燃烧器旁路。除上述三个控制项外,还采用仿真代码对 GT 旁路系数(即高温回热器的空气旁路比)进行了自动处理,以匹配电池最高温度和最大 TIT 的约束条件。结果表明,恒定空气/燃料质量流量比策略可获得最高效的部分负荷运行,恒定空气质量流量策略可通过降低燃料质量流量达到最低的部分负荷运行。最后,基于最佳叶轮机械设计相似比,提出了进一步的系统优化方法。

Campanari[55] 对 SOFC/GT 系统的集成进行了热力学研究,目标是实现超高的电力效率、小容量和热电联产的可能性。为此引入了一些假设,如将回热器的最小温差设置为 45℃,燃烧室出口温度设置为 900℃;讨论了电流密度、空气利用率和电池模块排气温度三者之间的相互关系。考虑了两种不同的降低电池功率的技术(部分负载运行):①恒定空气流量下,适用于匹配燃气轮机在恒定速度、几乎恒定的空气流量和降低的 TIT 下运行;②恒定空气利用率,适用于匹配燃气轮机以较低的速度、较低的质量流量和恒定的 TIT 运行。部分负载分析表明,即使在降低部件电力输出的情况下,也有可能实现高效运行,利用在低电流密度和 MGT 变速优化下的燃料电池特性实现性能改进。

Chan 等人[10] 对 IRSOFC/GT 系统进行了全负荷和部分负荷分析,该系统由两个 C/T 单元、两个换热器、一个外燃室和一个余热锅炉组成。由 β 线模型拟合 DLR 离心式压缩机图和 NASA-CR-174646 轴向涡轮图,实现了良好的全负荷性能,净发电效率为 60%,系统总效率为 80%。另外,还提出了一种新的系统启动和部分负荷运行控制方法,其中外部燃烧室起着关键作用,特别是部分负荷运行将部分燃料通过旁路引到燃烧室来调节系统功率输出,体现了 SOFC/GT 混合系统的固有特性。该策略改善了燃气轮机的状况,从而提高了部分负载系统的性能。

Komatsu 等[56] 对 SOFC/MGT 混合系统在部分负载运行下的性能进行了数值研究,提出了一个包含综合能量平衡、电化学过程和燃料重整过程的电堆模块的分布参数模型。研究表明,混合动力系统的发电效率随输出功率的增加而降低。而性能下降的主要原因是 SOFC 模块的工作温度降低,这是由于燃料供应和电池内热量的减少,并且也与空气流量补充有关。采用 MGT 的变转速技术作为部分负荷运行方式,同时保持燃料利用系数不变。MGT 的变转速控制需要灵活的空气量调节来保持 SOFC 的工作温度,从而实现混合动力系统的高效运行。在功率输出 60%~100% 范围内,发电效率可保持在 50% 以上。此外,整个系统的性能特性与 SOFC 性能有很大关系，随着负荷的降低，膜电极中的温度梯度趋于增大。

Yang 等[57]研究了 SOFC/GT 混合动力系统在三种不同控制模式下的部分负载性能：仅燃料流量控制、通过 GT 转速或可变叶片截面（VIGV）控制空气流量。在纯燃料控制模式下，空气供应保持恒定，燃料供应受到控制。后两种模式同时控制空气和燃料流量，因此它们可以尽可能地保持电池温度和 TIT 较高，同时在部分负载情况下减少 GT 产生的相对功率。在这三种控制模式中，转速控制获得了最佳的部分负荷性能，而 VIGV 控制模式对于大型系统来说是一个很好的选择，在这些系统中，涡轮机以恒定的合理转速工作。Yang 等[58]进一步讨论了部分负荷运行时的热空气旁路（HAB）或冷空气旁路（CAB）控制模式。与转速控制和 VIGV 控制方式相比，空气旁路控制与燃料控制相结合的方式虽然在一定程度上降低了系统效率，但可以延长系统的运行范围。这些研究证明了 GT 作为一种相对较小的动力源在混合动力系统中的重要性。

Bakalis 和 Stamatis[59]对 SOFC/GT 混合动力系统的全负荷和部分负荷运行进行了大量研究。SOFC 电堆为 SWPC TSOFC 配置，MGT 的数据来自 Capstone C30 单轴燃气轮机。在 AspenPlus 的商用软件包中，分别采用 Rgibbs 反应器模块和 Sep 分离器模块模拟阳极和阴极组件。与 Calise 等人[48]的㶲分析相似，通过检查全负荷和部分负荷性能以及㶲损失和主要部件的能量效率，对系统的不可逆性和热力学效率进行了评估。结果表明，SOFC 电堆和燃烧器的㶲损失率较高，而回热器的㶲效率较低。在满负荷运行时，系统的发电效率为 59.8%。不同于热力学第一定律确定的在设计点运行具有更高的㶲效率的结果，第二定律表明，由于采用了变 MGT 速度控制方法，系统在部分负载条件下的不可逆性较小，因此工作效率更高。

9.3 动态机理模型与负载跟随

动力系统的动态运行是指随时间变化系统参数将偏离设计值运行。动态分析与控制策略/控制器设计之间存在密切关系。在燃料电池和系统的瞬态行为方面，涉及电化学反应、机械旋转、质量和传热等现象的多尺度时间常数。瞬态建模的目标取决于感兴趣的特征时间常数。例如，双电层的动力学应该包括在电化学的基础研究中。对于燃料电池系统的过程控制，通常考虑 10^{-1} ~ 10s 范围内的时间常数,这是歧管和容腔充注/排空、流量控制装置移动和机械转速变化等过程的典型频域[29, 61]。此时,在面向控制的模型中,电极中电化学反应和传输的快速动力学通常被忽略,在快速流动控制过程中,固体温度可以被认为是恒定的。Bhattacharyya 和 Rengaswamy[62] 讨论了双电层中电极动力学和电荷转移的动力学,以及带有重整器的 SOFC 系统的质量和能量传输动力学,其特征时间常数分别为毫秒、秒、分钟或小时。此外,动力系统的瞬态行为也受到平衡部件动力学的显著影响,甚至受其支配,如燃气轮机的加速或减速、回热器和换热器的热惯性等。为了研究系统的动态特性,通常使用参数分析,例如燃料流量和电流的阶跃变化,以及在保持恒定 SOFC 工作温度时燃气轮机的变速运行。

9.3.1 动态机理模型

Magistri 等人[53]利用内部 TRANSEO 代码详细考虑了化学反应流的时变行为。在沿通道电堆模型和轴向换热器模型中使用了一维方法来捕捉瞬态过程中主要瞬态现象的空间分布。为了简化,假设 MSRR 和 WGSR 在阳极流中处于平衡状态(而非化学动力学),并且未考虑模块所有单元之间的电流分布。除了 0D 涡轮机械模型外,还包括涡轮壁中的蓄热,这对于启动和关闭过程至关重要。对增压混合动力系统的特性进行了瞬态的初步研究,并给出燃料阶跃变化的响应。与燃料喷射器喷嘴总压力降低 10% 相对应,阳极/阴极侧压差显著增加,SOFC 进口 SCR 出现振荡。由于燃气轮机转速和燃料利用率保持不变,阴极侧瞬态行为主要由温度变化决定,而阳极侧由三种不同的时间尺度现象驱动,即非常快的流体动力学延迟(小于 1s)、增压/减压延迟(约 100s)和长期热惯性(约 300s)。

在 MATLAB/Simulink 环境下,Roberts 和 Brouwer[63] 提出了一个瞬态模拟,并用位于 NFCRC 的 SWPC 220kW 增压 TSOFC/GT 混合系统的实验数据进行了验证。采用具有重整和变换反应速率的 CSTR 方法对 SOFC 进行了整体建模。在压缩机和膨胀机的瞬态模型中,考虑了气体的可压缩性和质量容量。瞬态系统模型通过实验启动过程得到了很好的验证。除了控制 SOFC 负载和燃料流量外,还设置了回热器旁路和 SOFC 旁路,分别控制 SOFC 入口的空气温度和质量流量。由于 SWPC 系统中的双轴涡轮机的配置,总空气质量流量与 SOFC 负载解耦,SOFC 旁路在涡轮机速度(即质量流量)控制中起着重要作用。与 SOFC 功率下降相对应,SOFC 旁通阀在实验系统中快速响应,将更多空气绕过 SOFC。

在 MATLAB/Simulink 环境下,Barelli 等人提出了一种 SOFC/GT 混合系统优化的瞬态模型[64]。为了保证系统具有一定的惯性,并评估系统的整体性能(效率、时间响应),对系统的主要部件,特别是换热器,进行了正确的尺寸标注。

研究了瞬态过程中系统组件之间的相互作用，特别是燃气轮机和热交换器对燃料电池的惯性效应。基于拉普拉斯变换的传递函数用于主要部件的瞬态建模。结果表明，在 GT 负载跟踪条件下，SOFC 电流传输受到延迟，这是由于 SOFC 瞬态行为受到其输入延迟（阴极输入空气、H_2 流速）的影响。阴极入口空气的特征是显著的热延迟，对于 14.5kW 和 21.5kW 的负载步长（从 22.5kW 的负载基础开始），热延迟分别约为 4500~5500s。同时提出了合理的热回收段设计以实现系统优化。

9.3.2 负载跟随

负载跟随是动态特性研究的一个特定问题，在动力系统中由于受用户需求决定的电力需求频繁变化的影响，系统的动态行为和负荷跟随策略受到了广泛关注。从热力系统和过程控制的角度来看，不同的系统布局（如带或不带外部重整器、燃烧器和/或旁通阀的配置、SOFC 和 GT 之间的尺寸匹配等）、不同的控制策略（例如恒定 SOFC 工作温度、固定/可变 GT 速度等）和控制器设计均被考虑在内。从电力系统的角度，一般采用电力电子控制，如调节逆变器的调制系数和相移、改变触发角以调节有效功率、调节发电机组设定值与连接线路匹配、配置储能装置，以便在非高峰时段储存电力，在高峰时段放电，以及辅助电路分支等。

Mueller 等人研究了 5kW 简单循环 SOFC 系统的负荷跟踪过程[65]，该系统由六个主要部件组成：SOFC 电堆、蒸汽重整器、蒸汽发生器、燃烧器、热交换器和鼓风机。采用详细的准二维动态集成系统模型来解决系统内的传质/传热、化学动力学和电化学的物理问题，如图 9-5a 所示。首先设计了一种基础控制策略，以满足系统功率需求并维持 SOFC 运行要求，该策略包括六个特征：①控制电流以满足系统功率需求；②控制燃料流量以维持燃料利用率；③从蒸汽发生器供水，以保持较高的 SCR；④控制冷空气绕过热交换器以维持燃料电池入口温度；⑤通过变速鼓风机控制阴极气流速率以维持 SOFC 温度；⑥限制电流以确保 SOFC 中电化学活性燃料组分不会耗尽，并且将电池电压保持在合理的水平。仿真结果表明：对应于瞬时系统负载需求从 2kW 增加到 5kW，基础控制设计实现了非常有效的动态负载跟踪能力。然而，在基础控制器中，存在氢气消耗与燃烧室温度、风机寄生功率之间的权衡问题。考虑到在不影响系统功率的情况下，空气流量不能像燃料流量那样快速增加，因此设计了一种新的燃烧室温度控制器，以控制燃料电池电流来控制燃烧室入口的化学计量比。为了限制鼓风机功率需求对负载跟踪的影响，改变燃料电池电流将改变消耗的氢气量，这将影响进入燃烧室的氢气量，从而影响燃烧室温度。集成的新型控制方案如图 9-5b 所示。仿真结果表明,在输出功率变化较快的情况下,与基础控制器相比,新型控制更能有效地缓解重整器流量延迟对系统的影响。在这两种控制策略中,由于重整器流量延迟,阳极中的氢耗尽从根本上限制了 SOFC 系统的负载跟踪能力。还提出了一些提高 SOFC 系统负荷跟踪能力的方法,如配置外部电源、改变燃料利用率以在阳极室中储存更多氢气(如果瞬态负荷是可预测的),以及在阳极室内进行完全内部重整。

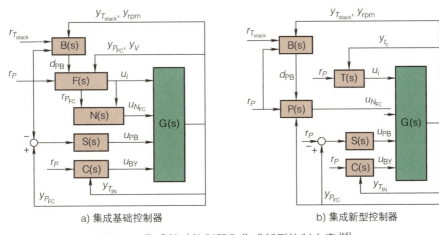

a) 集成基础控制器　　　　　　　　b) 集成新型控制器

图 9-5　集成基础控制器和集成新型控制方案[65]

B(s)—鼓风机级联控制器　S(s)—鼓风机功率饱和控制(u_{PB}>0)　F(s)—燃料电池功率控制器
N(s)—燃料流量控制器　C(s)—阴极入口温度控制器　G(s)—SOFC 系统传递函数
P(s)—燃料流量燃料电池功率控制器　T(s)—燃烧室温度控制器。图中变量为:y—系统反馈值
r—参考设定值　u—系统输入值　d—需求值
下标:P—系统的净功率　P_{FC}—燃料电池功率　PB—鼓风机功率　N_{FC}—燃料流量　T_{stack}—电堆温度
rpm—鼓风机转速　BY—空气旁通　i—燃料电池电流　V—燃料电池电压
T_{IN}—阴极入口温度　t_C—燃烧室温度

基于 SOFC 的有限体积离散化模型,Oh 和 Sun[66]研究了额定功率为 5kW TSOFC/GT 系统作为军民两用辅助功率单元(APU)的负载跟踪和优化运行问题,讨论了单轴和双轴 SOFC/GT 设计。首先获得电流密度、燃料流量和发电机负荷的稳态最佳设定值作为负荷的函数,并发现它们位于合理运行区域的边界上。当最优设定值用作负荷转移的目标时,一些先进的控制算法对于管理敏感的系统动态至关重要。对应于从 4.7kW 到 5.7kW 的负载阶跃,开环响应表明:如果没有速率限制器来减缓剧烈的负载变化,单轴系统最终会处于空气不足和关闭状态,而双轴系统在没有这种恶劣运行的情况下表现出更稳定的性能。相应地,对燃料流量、SOFC 电流和发电机负载三种控制输入的各种组合进行了灵敏度研究。结果表明,燃料流量和 SOFC 电流控制的组合,以及燃料流量和发电机负载控制的组合被认为分别适用于单轴和双轴系统;利用多变量控制实现快速负荷跟

踪的潜力，同时满足运行约束条件，如最高电池温度、恒定 TIT 和 GT 速度。但是文中没有提到详细的控制策略和控制器设计。

Li 和 Tomsovic[69]等人研究了一些在配电层面的负载跟踪（如燃料电池、MGT 和储能装置）方法，提出了一种本质上是高斯－赛德尔迭代的三相功率流算法。与传统的负荷跟随和调节函数不同，作者对分布式系统提出了类似的概念，即忽略频率偏差，只考虑连接线不匹配来调整发电机设定点。储能电容器（ECS）能够对更快的负载波动做出响应，而响应较慢的 MGT 可以设法跟踪负载。Zhu 和 Tomsovic[70]提出了动态模型，并研究了嵌入一个分轴式 MGT 和一个 SOFC 的分布式系统的独立动态性能。与 Padulles 等人[41]的 SOFC 动态模型类似，在该模型中，SOFC 中的电化学和热力学过程由一阶传递函数近似，燃料处理器中的化学过程由时间常数的一阶滞后模型简单表示。分轴式燃气轮机模型采用一个简单循环且不带速降的 GAST 调速器的单轴模型。与基本负荷的 5% 负荷增长相对应，MGT 的负荷增长最大，达到峰值的速度远远快于 SOFC。与采用 PI 控制器进行实际功率控制的 MGT 不同，作者没有对如何控制 SOFC 进行相关分析（恒定燃料利用率除外）。

基于 Padulles 等人[41]和 Zhu、Tomsovic[71]的工作，Li 等人[70]研究了独立系统中带有燃料处理器的 SOFC 电堆的负荷跟踪能力。引入了一个可行的工作区域，以关联堆电压（0.95 ~ 1.05p.u.）、燃料利用率（0.7 ~ 0.9）和堆电流（0.1 ~ 1.1p.u.），并介绍了两种用于负荷跟踪的控制策略，即恒定燃料利用率和恒定电压。

基于线性控制理论，通过对非线性系统的小信号分析，进一步简化了模型。对于恒定燃料利用率控制，将燃料输入原则设置为与堆电流成比例，并且认为 PCU 中的脉冲宽度调制（PWM）逆变器能够轻松处理燃料电池终端上产生的微小电压变化。对于恒压控制，PI 控制器加入了一个额外的外部电压控制回路，在这种情况下，恒定燃料利用率控制方案中使用的堆电流反馈仍然包括在内，以减轻来自堆上游的干扰。两种控制模式下的仿真结果都表明了采用 SOFC 的基于分布式发电作为慢响应电源的可行性。

考虑到热动力学和电池极化，Sedghisigarchi 和 Feliachi[71]在 MATLAB 中开发了一个集总 SOFC 模型，并将其与电力系统稳定性分析软件包 [称为功率分析工具箱（PAT）] 相结合。对应于独立 SOFC 装置中负载和燃料流量的阶跃变化，根据电堆电压响应对 SOFC 动态特性进行了模拟。瞬态仿真结果表明，电堆温度对直流输出电压水平起着重要作用，对于负载变化非常快的情况，温度和物质动态可以忽略不计。然后分析了基于 SOFC 的分布式系统的动态特性，通过对 SOFC 的适当控制来提高系统的稳定性[72]。燃料电池的功率/电压控制操作通过 PCU 具体实现：①功率控制，通过调整 PWM 逆变器的触发角来实现快速瞬态变化；②电压控制，通过调整 DC/DC 变换器的调制指数来实现，这会影响变换器输出电压的大小。该模型模拟了两种情况下的负载跟踪，第一种是仅使用 GT，第二种是同时使用 GT 和 SOFC。仿真结果表明，当所有分布式发电机均为不同时间常数的燃气轮机时，较小的燃气轮机可以快速响应负载扰动，并快速提高输出功率，以便向总线供电；然而，这将导致频率下降超过 13%，超出了标准限制。当 SOFC 和 GT 集成时，通过设置合适的电压 PI 控制器增益，可以帮助控制频率波动（频率下降小于 1%），并在系统孤岛后供电。此外，有人建议，并网燃料电池需要有一个电池作为辅助电源或存储。

Kandepu 等人[74]提出了由 SOFC 和 GT 组成的自主电力系统的负荷跟踪模拟，描述了一种用于面向控制研究的动态集总 SOFC 模型。与分布式瞬态 SOFC 模型相比，单体模型可以覆盖主要的时变行为，而双体模型可以获得重要变量的空间特征。所有系统组件，包括 SOFC、GT 和同步发电机，都在商业软件包 gPROMS 中建模。四种类型的负载分为恒流、恒阻抗、恒功率和感应电机。对于负载跟踪方案，设计了一个 PI 控制器，用于恒定 FU 和恒定 SOFC 工作温度。相应地，燃料流量和压缩机出口空气流量分别被选为 FU 和 SOFC 温度控制的操作变量。尽管 PI 控制器表现出良好的负载跟随效果，但是文中缺乏对防喘振和 TIT 约束、最佳空气排放利用率和单轴燃气轮机设计等因素影响的考量。

9.4 动态模型辨识

机理建模可提供 SOFC 运行过程中短暂行为的细节，但这类模型主要的缺点是复杂性，使得实时控制较为困难。此外，机理模型都要做适当的简化和假设，SOFC 模型化研究仍然存在结果不能很好地与实验数据相吻合、偏差较大的问题，这也与 SOFC 具有强非线性、多输入多输出、有随机干扰等特点有关。利用数据驱动系统辨识是一种与控制相关的方法，并且能够大大降低模型的复杂度，但也只能得到一种经验性的输入和输出的关系。通过系统辨识得到的数据驱动模型相比第一性原理模型具有更简单的模型结构。但这些模型的缺点是较差的推断能力。

系统辨识是根据动态系统的输入-输出数据构造数学模型的过程。鉴于 SOFC 理论建模较为复杂、数值仿真耗时长等问题，采用系统辨识的方法，应用数据驱动模型，避开 SOFC 内部复杂的反应机理，建立系统关键变量与输出的映射关系，从而实现在动态仿真时的快速响应。由于数据驱动模型比机理模型结构简单且预测精度高、响应速度快，不少学者对其开展了一系列研究。

采用神经网络的方法可以逼近任意复杂的非线性函数，同时它还具有很强的模式识别和自学习能力。采用神经网络方法可以避开复杂的解析建模过程，使得非线性系统的输入输出特性能快速得到，因此是一种很有前景的建模方法。此外，基于统计学习和结构风险最小化原理提出的支持向量机（Support Vector Machine，SVM）方法的用途之一是非线性函数拟合。绕开 SOFC 的内部复杂性，应用 SVM 方法建立 SOFC 模型也是一种可选方案。

Omid Razbani 与 Mohsen Assadi[6]利用 BP 神经网络建立了燃料流量、空气流量、炉温、电流与电池电压、温度相关的 SOFC 模型，训练数据由实验测得。该模型可以预测 SOFC 的电压和温度曲线。与测量结果相比，人工神经网络（ANN）模型的预测结果在平均相对误差方面偏离了 0.2%。对电压和局部温度的预测比复杂的计算流体力学（Computational Fluid Dynamics，CFD）模型更准确，且该模型响应速度远高于 CFD 模型。李肖[7]根据 SOFC 的反应机理在 Simulink 中搭建电池的仿真模型，通过仿真模型来获取输入-输出数据，利用 MATLAB 系统辨识工具箱函数辨识 SOFC 的数学模型，使用自回归滑动平均（ARMAX）模型对 SOFC 模型结构进行模拟。Ba 等人[8]将由灰狼算法（GWO）优化的 RotorHopfield 神经网络（RHNN）应用于识别 SOFC 非线性瞬态行为。在电流中施加一些阶跃变化，并在此变化下应用该模型评估输出电压的行为。然后，将输出电压与参考电压进行比较。RHNN-GWO 模型的均方误差（MSE）为 0.0017。与数值模型相比，该模型可节省大量时间。刘东彦[9]考虑了固体氧化物燃料电池非线性、多变性和强耦合的特点，用 BP 神经网络建立了 SOFC 的热管理模型，得到的预测温度与实际误差为 0.011%，提高了模型的预测精度。

本节将简要介绍基于数据驱动的 SOFC 动态模型辨识过程，在系统辨识中，离散时间模型不是从原始的微分方程变换而来。相反，该离散时间模型是直接通过实验数据建立的。通常是通过最小二乘法进行线性参数模型的参数估计，而对于非线性估计的问题，采用数值优化法。

1 利用外生输入模型的移动平均自动回归

考虑受噪声影响的差分方程

$$y_t = -a_1 y_{t-1} - a_2 y_{t-2} - \cdots - a_{na} y_{t-na} + b_1 u_{t-1} + b_2 u_{t-2} + \cdots + b_{nb} u_{t-nb} + e_t \quad (9\text{-}1)$$

回想一下，白噪声具有如下性质：

$$E(e_t) = 0 \quad (9\text{-}2)$$

$$Ee_te_{t-j} = \begin{cases} \lambda^2 & j=0 \\ 0 & j \neq 0 \end{cases} \qquad (9\text{-}3)$$

本书中，我们规定多项式的阶数：一个多项式 $A(z^{-1})$ 的阶数记为 na，$B(z^{-1})$ 的阶数记为 nb，依此类推。例如，式（9-1）可以整理为

$$y_t + a_1 y_{t-1} + a_2 y_{t-2} + \cdots + a_{na} y_{t-na} = b_1 u_{t-1} + b_2 u_{t-2} + \cdots + b_{nb} u_{t-nb} + e_t \qquad (9\text{-}4)$$

方程可以进一步简化为

$$A(z^{-1}) y_t = B(z^{-1}) u_t + e_t \qquad (9\text{-}5)$$

式中

$$A(z^{-1}) = 1 + a_1 z^{-1} + \cdots + a_{na} z^{-na} \qquad (9\text{-}6)$$

$$B(z^{-1}) = b_1 z^{-1} + \cdots + b_{nb} z^{-nb} \qquad (9\text{-}7)$$

系统辨识的任务就是用植入的输入和输出数据 $\{u_1, u_2, \cdots, u_N\}$ 和 $\{y_1, y_2, \cdots, y_N\}$ 估计参数 $\{a_1, a_2, \cdots, a_{na}\}$ 和 $\{b_1, b_2, \cdots, b_{nb}\}$，其中 N 表示采样数据的数目。

再考虑一个二阶 ARX 模型：

$$y_t = -a_1 y_{t-1} - a_2 y_{t-2} + b_1 u_{t-1} + b_2 u_{t-2} + e_t \qquad (9\text{-}8)$$

简化为

$$\boldsymbol{\varphi}(t) = \begin{pmatrix} -y_{t-1} \\ -y_{t-2} \\ u_{t-1} \\ u_{t-2} \end{pmatrix} \quad \boldsymbol{\theta} = \begin{pmatrix} a_1 \\ a_2 \\ b_1 \\ b_2 \end{pmatrix} \qquad (9\text{-}9)$$

式（9-8）可写作

$$y_t = \boldsymbol{\varphi}^{\mathrm{T}}(t) \boldsymbol{\theta} + e_t \qquad (9\text{-}10)$$

假设经输入数列 $\{u_1, u_2, \cdots, u_N\}$ 激发后的系统，则处理响应数据 $\{y_1, y_2, \cdots, y_N\}$ 可以求出式（9-10）从 $n=3$ 开始，可以写作

$$\begin{aligned} y_3 &= \boldsymbol{\varphi}^{\mathrm{T}}(3) \boldsymbol{\theta} + e_3 \\ y_4 &= \boldsymbol{\varphi}^{\mathrm{T}}(4) \boldsymbol{\theta} + e_4 \\ &\vdots \\ y_{N-1} &= \boldsymbol{\varphi}^{\mathrm{T}}(N-1) \boldsymbol{\theta} + e_{N-1} \\ y_N &= \boldsymbol{\varphi}^{\mathrm{T}}(N) \boldsymbol{\theta} + e_N \end{aligned} \qquad (9\text{-}11)$$

以矩阵形式记录代数方程，得到

$$\begin{pmatrix} y_3 \\ y_4 \\ \vdots \\ y_{N-1} \\ y_N \end{pmatrix} = \begin{pmatrix} \varphi^T(3) \\ \varphi^T(4) \\ \vdots \\ \varphi^T(N-1) \\ \varphi^T(N) \end{pmatrix} \begin{pmatrix} a_1 \\ a_2 \\ b_1 \\ b_2 \end{pmatrix} + \begin{pmatrix} e_3 \\ e_4 \\ \vdots \\ e_{N-1} \\ e_N \end{pmatrix} \quad (9\text{-}12)$$

可以写成紧凑的形式，得到

$$Y = \Phi\theta + \epsilon \quad (9\text{-}13)$$

θ 的估计值可以通过线性回归方法得出。

2 线性回归

考虑一个带参数 θ 的一般线性回归模型：

$$y_t = \varphi^T(t)\theta + e_t \quad (9\text{-}14)$$

式中　y_t——被测量；

$\varphi^T(t)$——已知大小的矢量；

θ——矢量参数；

e_t——白噪声。

线性回归问题是从测量 y_1, $\varphi(1)$, …, y_N, $\varphi(N)$ 中找到参数矢量 θ 的估计值 $\hat{\theta}$。给出这些分量，得到线性方程系统为

$$\begin{aligned} y_1 &= \varphi^T(1)\theta + e_1 \\ y_2 &= \varphi^T(2)\theta + e_2 \\ &\vdots \\ y_N &= \varphi^T(N)\theta + e_N \end{aligned} \quad (9\text{-}15)$$

这可以写成矩阵形式为

$$Y = \Phi\theta + \epsilon \quad (9\text{-}16)$$

式中

$$Y = \begin{pmatrix} y_1 \\ \vdots \\ y_N \end{pmatrix}, \quad \Phi = \begin{pmatrix} \varphi^T(1) \\ \vdots \\ \varphi^T(N) \end{pmatrix}, \quad \epsilon = \begin{pmatrix} e_1 \\ \vdots \\ e_N \end{pmatrix} \quad (9\text{-}17)$$

并且

$$E[\epsilon] = 0 \quad \mathrm{Cov}[\epsilon] = E[\epsilon\epsilon^T] = \lambda^2 I \quad (9\text{-}18)$$

最小二乘估计的 θ 被定义为矢量 $\hat{\theta}$，最大限度地减少损失函数。损失函数可写为

$$J(\theta) = \frac{1}{N}(Y - \Phi\theta)^{\mathrm{T}}(Y - \Phi\theta) \qquad (9\text{-}19)$$

对 θ 求导，然后使导数等于零，解由下式给出：

$$\theta = (\Phi^{\mathrm{T}}\Phi)^{-1}\Phi^{\mathrm{T}}Y \qquad (9\text{-}20)$$

$J(\theta)$ 相应的最小值是

$$\min_{\theta} J(\theta) = J(\theta) = \frac{1}{N}[Y^{\mathrm{T}}Y - Y^{\mathrm{T}}\Phi(\Phi^{\mathrm{T}}\Phi)^{-1}\Phi^{\mathrm{T}}Y] \qquad (9\text{-}21)$$

最小二乘估计的 $\hat{\theta}$ 也可写作

$$\hat{\theta} = \left[\sum_{t=1}^{N}\varphi(t)\varphi^{\mathrm{T}}(t)\right]^{-1}\left[\sum_{t=1}^{N}\varphi(t)\mathbf{y}_t\right] \qquad (9\text{-}22)$$

3 线性回归分析

使数据满足给定的一个真实模型：

$$y_t = \varphi^{\mathrm{T}}(t)\theta_0 + e_t \qquad (9\text{-}23)$$

基于假设模型的回归方程为

$$y_t = \varphi^{\mathrm{T}}(t)\theta + e_t \qquad (9\text{-}24)$$

其矩阵形式为

$$Y = \Phi\theta + \varepsilon \qquad (9\text{-}25)$$

最小二乘估计的 $\hat{\theta}$ 通过式（9-20）计算。残差定义为实际输出与预计输出之差：

$$\varepsilon = Y - \hat{Y} = Y - \Phi\hat{\theta} \qquad (9\text{-}26)$$

计算预测的均方误差（MSE）为

$$\mathrm{MSE} = \frac{\varepsilon^{\mathrm{T}}\varepsilon}{N - p} \qquad (9\text{-}27)$$

式中　p——估计参数或 $\hat{\theta}$ 的维数。

然后，满足下面的性质：

1) $\hat{\theta}$ 为 θ_0 的无偏估计。

2) $\hat{\theta}$ 的协方差矩阵由下式给出：

$$\mathrm{Cov}(\hat{\theta}) = \lambda^2(\Phi^{\mathrm{T}}\Phi)^{-1} \qquad (9\text{-}28)$$

λ^2 的无偏估计是由 MSE 通过式（9-27）计算给出的，将在后面讨论这些性质。已知 $\mathrm{Cov}(\hat{\theta})$ 对于计算估计的标准差以及参数的置信区间是必要的。每个估计参数的标准差是由 $\text{Cov}(\hat{\boldsymbol{\theta}})$ 的对角元素的二次方根给出的。即 $\boldsymbol{C} = (\boldsymbol{\Phi}^T\boldsymbol{\Phi})^{-1}$。利用 MATLAB，$\hat{\boldsymbol{\theta}}$ 的标准差由下式给出：

$$\text{SE}(\hat{\boldsymbol{\theta}}) = \lambda\sqrt{\text{diag}(\boldsymbol{C})} \quad (9\text{-}29)$$

由于 λ^2 通常是未知的，它可以通过 MSE 来近似。每个独立元素 $\boldsymbol{\theta}$ 上的 $(1-\alpha)\%$ 置信区间可以由下式确定：

$$\hat{\boldsymbol{\theta}} - t_{\alpha/2, N-p}\text{SE}(\hat{\boldsymbol{\theta}}) \leq \boldsymbol{\theta} \leq \hat{\boldsymbol{\theta}} + t_{\alpha/2, N-p}\text{SE}(\hat{\boldsymbol{\theta}}) \quad (9\text{-}30)$$

式中　$t_{\alpha/2, N-p}$——可以从统计教材中的 t 表中查到；

　　　α——用户确定的显著性水平（通常 $\alpha = 0.05$ 或 $\alpha = 0.01$）。

4 加权最小二乘法

到目前为止，已假设干扰 e_t 为白噪声。现在，考虑当它为有色噪声的情况。也就是说在回归方程中 e_t 用有色噪声 v_t 替换，定义如下：

$$\boldsymbol{v} = \begin{pmatrix} v_1 \\ \vdots \\ v_N \end{pmatrix} \quad (9\text{-}31)$$

式中

$$E[\boldsymbol{v}] = 0 \quad E[\boldsymbol{v}\boldsymbol{v}^T] = \boldsymbol{R} \neq \lambda^2 \boldsymbol{I} \quad (9\text{-}32)$$

式中，协方差矩阵 $\boldsymbol{R}$ 是正定矩阵；$\boldsymbol{I}$ 是单位矩阵。然后最小二乘法估计 $\hat{\boldsymbol{\theta}}$ 具有以下性质：

1) $\hat{\boldsymbol{\theta}}$ 为 $\boldsymbol{\theta}_0$ 的无偏估计。

2) $\hat{\boldsymbol{\theta}}$ 的协方差矩阵由下式给出：

$$\text{Cov}(\hat{\boldsymbol{\theta}}) = (\boldsymbol{\Phi}^T\boldsymbol{\Phi})^{-1}\boldsymbol{\Phi}^T\boldsymbol{R}\boldsymbol{\Phi}(\boldsymbol{\Phi}^T\boldsymbol{\Phi})^{-1} \quad (9\text{-}33)$$

证明：对于估计 $\hat{\boldsymbol{\theta}}$ 是无偏的，它必须满足

$$E[\hat{\boldsymbol{\theta}}] = \boldsymbol{\theta}_0 \quad (9\text{-}34)$$

式中，$\boldsymbol{\theta}_0$ 是真参数。

通过采用期望

$$\begin{aligned} E[\hat{\boldsymbol{\theta}}] &= E[(\boldsymbol{\Phi}^T\boldsymbol{\Phi})^{-1}\boldsymbol{\Phi}^T\boldsymbol{Y}] \\ &= E[(\boldsymbol{\Phi}^T\boldsymbol{\Phi})^{-1}\boldsymbol{\Phi}^T(\boldsymbol{\Phi}\boldsymbol{\theta}_0 + \boldsymbol{v})] \\ &= E[(\boldsymbol{\Phi}^T\boldsymbol{\Phi})^{-1}(\boldsymbol{\Phi}^T\boldsymbol{\Phi})\boldsymbol{\theta}_0] + E[(\boldsymbol{\Phi}^T\boldsymbol{\Phi})^{-1}\boldsymbol{\Phi}^T\boldsymbol{v}] \\ &= E[\boldsymbol{\theta}_0] + (\boldsymbol{\Phi}^T\boldsymbol{\Phi})^{-1}\boldsymbol{\Phi}^T E[\boldsymbol{v}] \\ &= \boldsymbol{\theta}_0 \end{aligned} \quad (9\text{-}35)$$

计算出 $\hat{\theta}$ 为 θ_0 的无偏估计。

$\hat{\theta}$ 的协方差矩阵由下式确定：

$$\text{Cov}(\hat{\theta}) = E[(\hat{\theta} - E[\hat{\theta}])(\hat{\theta} - E[\hat{\theta}])^{\text{T}}] \tag{9-36}$$

式中，$\hat{\theta} = (\boldsymbol{\Phi}^{\text{T}}\boldsymbol{\Phi})^{-1}\boldsymbol{\Phi}^{\text{T}}Y$，由上两式可写作

$$\begin{aligned}
\text{Cov}(\hat{\theta}) &= E[((\boldsymbol{\Phi}^{\text{T}}\boldsymbol{\Phi})^{-1}\boldsymbol{\Phi}^{\text{T}}Y - \theta_0)((\boldsymbol{\Phi}^{\text{T}}\boldsymbol{\Phi})^{-1}\boldsymbol{\Phi}^{\text{T}}Y - \theta_0)^{\text{T}}] \\
&= E[((\boldsymbol{\Phi}^{\text{T}}\boldsymbol{\Phi})^{-1}\boldsymbol{\Phi}^{\text{T}}(\boldsymbol{\Phi}\theta_0 + v) - \theta_0)((\boldsymbol{\Phi}^{\text{T}}\boldsymbol{\Phi})^{-1}\boldsymbol{\Phi}^{\text{T}}(\boldsymbol{\Phi}\theta_0 + v) - \theta_0)^{\text{T}}] \\
&= E[((\boldsymbol{\Phi}^{\text{T}}\boldsymbol{\Phi})^{-1}\boldsymbol{\Phi}^{\text{T}}v)((\boldsymbol{\Phi}^{\text{T}}\boldsymbol{\Phi})^{-1}\boldsymbol{\Phi}^{\text{T}}v)^{\text{T}}] \\
&= E[(\boldsymbol{\Phi}^{\text{T}}\boldsymbol{\Phi})^{-1}\boldsymbol{\Phi}^{\text{T}}vv^{\text{T}}\boldsymbol{\Phi}(\boldsymbol{\Phi}^{\text{T}}\boldsymbol{\Phi})^{-1}] \\
&= (\boldsymbol{\Phi}^{\text{T}}\boldsymbol{\Phi})^{-1}\boldsymbol{\Phi}^{\text{T}}E[vv^{\text{T}}]\boldsymbol{\Phi}(\boldsymbol{\Phi}^{\text{T}}\boldsymbol{\Phi})^{-1} \\
&= (\boldsymbol{\Phi}^{\text{T}}\boldsymbol{\Phi})^{-1}\boldsymbol{\Phi}^{\text{T}}R\boldsymbol{\Phi}(\boldsymbol{\Phi}^{\text{T}}\boldsymbol{\Phi})^{-1}
\end{aligned} \tag{9-37}$$

证毕。

给出估算：

$$\theta_w = \left(\boldsymbol{\Phi}^{\text{T}}R^{-1}\boldsymbol{\Phi}\right)^{-1}\boldsymbol{\Phi}^{\text{T}}R^{-1}Y \tag{9-38}$$

被称为 $\boldsymbol{\theta}$ 的最佳线性无偏估计。它也被称为加权最小二乘估计，并具有下列性质：

1）θ_w 是 $\boldsymbol{\theta}$ 的无偏估计。

2）θ_w 的协方差矩阵由下式给出：

$$\text{Cov}(\theta_w) = (\boldsymbol{\Phi}^{\text{T}}R^{-1}\boldsymbol{\Phi})^{-1} \tag{9-39}$$

3）θ_w 是定义为 $\hat{\theta}_{\text{linear}} = Z^{\text{T}}Y$ 的线性估计中的最小方差估计，其中 Z 是一个 $N \times n$ 的常数矩阵。详细的证明由 Soderstrom 和 Stoica 给出。

在这里，将在下面的方程式中通过等效"白化"步骤导出最佳线性无偏估计。回归模型由下式给出：

$$Y = \boldsymbol{\Phi}\theta + v \tag{9-40}$$

式中，$\text{Cov}(v) = R$ 不是对角矩阵。

等式两边乘以 $R^{-\frac{1}{2}}$ 得出

$$\underbrace{R^{-1/2}Y}_{Y_f} = \underbrace{R^{-1/2}\boldsymbol{\Phi}\theta}_{\boldsymbol{\Phi}_f} + \underbrace{R^{-1/2}v}_{v_f} \tag{9-41}$$

v_f 的协方差矩阵可表示如下：

$$\begin{aligned}
\text{Cov}(v_f) &= \text{Cov}(\boldsymbol{R}^{-1/2}\boldsymbol{v}) \\
&= E[(\boldsymbol{R}^{-1/2}\boldsymbol{v})(\boldsymbol{R}^{-1/2}\boldsymbol{v})^{\text{T}}] \\
&= E[\boldsymbol{R}^{-1/2}\boldsymbol{v}\boldsymbol{v}^{\text{T}}\boldsymbol{R}^{-1/2}] \\
&= \boldsymbol{R}^{-1/2}E[\boldsymbol{v}\boldsymbol{v}^{\text{T}}]\boldsymbol{R}^{-1/2} \\
&= \boldsymbol{R}^{-1/2}\boldsymbol{R}\boldsymbol{R}^{-1/2} = \boldsymbol{I}
\end{aligned} \qquad (9\text{-}42)$$

式（9-42）表明 v_f 由白噪声组成，所以上述过程等效于白化噪声 v_t。由于 v_f 现在由白噪声组成，可以应用普通最小二乘法来估计模型参数 θ，即

$$\begin{aligned}
\theta_w &= (\boldsymbol{\Phi}_f^{\text{T}}\boldsymbol{\Phi}_f)^{-1}\boldsymbol{\Phi}_f^{\text{T}}Y_f \\
&= (\boldsymbol{\Phi}^{\text{T}}\boldsymbol{R}^{-1}\boldsymbol{\Phi})^{-1}\boldsymbol{\Phi}^{\text{T}}\boldsymbol{R}^{-1}Y
\end{aligned} \qquad (9\text{-}43)$$

在普通最小二乘估计得出的基础结果上，协方差矩阵 θ_w 由下式给出：

$$\begin{aligned}
\text{Cov}(\theta_w) &= (\boldsymbol{\Phi}_f^{\text{T}}\boldsymbol{\Phi}_f)^{-1} \\
&= ((\boldsymbol{R}^{-1/2}\boldsymbol{\Phi})^{\text{T}}\boldsymbol{R}^{-1/2}\boldsymbol{\Phi})^{-1} \\
&= (\boldsymbol{\Phi}^{\text{T}}\boldsymbol{R}^{-1/2}\boldsymbol{R}^{-1/2}\boldsymbol{\Phi})^{-1} \\
&= (\boldsymbol{\Phi}^{\text{T}}\boldsymbol{R}^{-1}\boldsymbol{\Phi})^{-1}
\end{aligned} \qquad (9\text{-}44)$$

9.5 控制策略与控制器设计

9.5.1 控制策略

控制策略是指如何在约束条件下选择控制目标，并确定相应的控制输入变量。对于不同的侧重点，例如性能优化和系统复杂性及成本之间的权衡，通常会制定不同的控制计划。例如，在 SOFC-GT 混合动力系统中，固定 GT 转速策略可以实现简单且低成本的空气控制，而可变 GT 转速策略则可以使涡轮机械和混合动力系统的部分负载运行更高效。一般来说，SOFC 动力系统的控制策略可按控制变量（CV）和/或控制变量（MV）类型进行分类。

1）电相关变量：包括 SOFC 电流密度、电压、SOFC 功率、发电机功率以及电网、电力电子等变量，对应有恒压控制、电流控制（当 SOFC 的电流可以被视为操纵变量，而不是完全由用户决定的扰动变量时）、SOFC 和发电机之间的功率分配等。

2）热力学和流体动力学变量：包括燃料/空气流量、燃料利用率、燃料/空气压力、燃料/空气进出口温度、SOFC温度、TIT、燃烧器温度、重整器温度、SCR等，对应有恒定/浮动FU控制、燃料/空气流量控制、燃料/空气流量温度控制、恒SOFC温度控制、燃烧室温度控制、温度梯度控制、阳极/阴极压差控制等。

3）机械变量：包括GT转速、旁路开度等。对应有固定/可变GT转速控制、可变进气导叶控制、空气旁通阀控制、燃料旁通阀控制等。

正确的控制策略实质上是上述几种控制的结合。SOFC/GT混合动力系统中一些有代表性的控制研究[74-101]见表9-1。

表9-1 SOFC/GT混合动力系统的控制研究

第一作者	控制策略	CV/MV	D/C[1]	控制器类型	观测器	参考文献
Costamagna	恒FU，固定/可变GT速度控制	FU/燃料流量、气流/GT速度				[52]
Mueller	基于电流的燃料控制（恒定傅里叶变换控制）	FU/燃料流量				[102]
Stiller	操作线作为燃料流量和速度的函数	相对净功率/相对燃料流量和相对轴转速				[38]
Magistri	恒FU，定/变GT调速，旁路控制	FU/燃料流量、气流/GT速度、SOFC温度、上游或下游再生器旁路				[53]
Calise	固定GT速度控制：①恒定空气流量，可变燃料流量，无燃烧室旁路；②恒定的气料比，没有燃烧室旁路；③恒定气流、可变燃料流量和燃烧室旁路	功率和温度/燃料和气流、燃烧室旁路（燃料旁路到燃烧室）、GT旁路（空气旁路到高温回热器）				[54]
Campanari	恒定气流（固定GT速度）控制和恒定空气利用（可变GT速度控制）	功率和温度/气流				[55]
Chan	外部燃烧器控制	功率和温度/燃料旁路到燃烧室				[9]
Komatsu	恒FU，GT变速控制	FU/燃料流量，SOFC温度/GT速度				[56]
Yang	燃料控制，转速控制和VIGV控制	FU/燃料流量、气流/GT速度或VIGV				[57]
Yang	燃料控制和空气旁路控制	FU/燃料流量，气流/冷或热空气旁路				[58]

（续）

第一作者	控制策略	CV/MV	D/C[1]	控制器类型	观测器	参考文献
Roberts	功率及温度控制	功率/电流和燃料流量、阴极入口温度/回热器旁路、阴极气流/SOFC 旁路				[63]
Aguiar	恒 FU 和空气比控制（主控制），温度控制	FU/燃料流量、空气比/气流、出口燃料温度/气流	D	FF+PID		[103]
Mueller	多回路级联控制	阴极入口温度/加热器旁路、气流/鼓风机功率、电源/电流和 FU/燃料流量、电源/燃料流量和燃烧室温度/电流	D	FF+PI		[65]
Jia	S-SOFC/GT 系统的恒定 SOFC 功率和温度控制	GT 转速/发电机负载、功率/燃料流、电流和转速设定点	D	FF+PI		[68]
Li	恒 FU 或恒压控制	FU/燃料流量、电压/燃料流量	D	FF 或 PI		[104]
Sedghisigarchi	通过 PCU 进行电源/电压控制	逆变器功率/点火角度、DC/DC 变换器电压/调制指数	D	PI		[72]
Kandepu	恒定的 FU 和 SOFC 温度	FU/燃料流量、SOFC 温度/吹气速率	D	PI		[73]
Stiller	多回路控制	功率/电流、FU/燃料流量、气流/发电机功率（即轴转速）、SOFC 温度/气流设定点	D	FF+PID		[74]
Roberts	固定/可变 GT 速度控制模式	FU/燃料流量、SOFC 温度/阴极旁路和燃料流向辅助燃烧室、SOFC 温度/发电机电压	D	FF		[75]
Roberts	MCFC/GT 混合系统的 NFCRC/NETL 控制模式，MCFC/GT 混合系统的 NFCRC/NETL 控制模式	催化氧化温度和恒定 FU/GT 速度和燃料流量、催化氧化温度和浮子 FU/燃料流量	D	FF+PID（NETL）PI（NFCRC）		[76]
Mueller	多回路级联控制	功率/电流、电压/阳极燃料流量、SOFC 温度和 GT 速度/GT 功率、TIT/补允燃烧室燃料流量、FU/阳极燃料流量	D	FF+PI	Voltage	[77]

（续）

第一作者	控制策略	CV/MV	D/C[1]	控制器类型	观测器	参考文献
Ferrari	多回路控制	燃气轮机转速/旁通阀开度、旁通阀开度/SOFC和燃气轮机之间的功率分配系数、SOFC功率/SOFC电流、FU/燃料阀开度、SOFC温度/GT速度设定点	D	PID+PI		[78]
McLarty	固定SOFC温度	气流/SOFC旁路、阴极入口温度/回热器旁路	D	FF		[79]
McLarty	基线控制：控制功率、FU和GT速度。附加控制：①后FC燃料喷射；②前FC燃料喷射；③带鼓风机再循环控制的进口导叶控制；④带鼓风机再循环控制的FC空气旁路	净功率/电流、FU/燃料流量、GT速度/发电机负载、阴极进口温度，吹风机功率或加热器旁路、阴极排气温度、导叶角或SOFC旁路、涡轮排气温度、前FC或后FC燃料流量	D	FF+PI		[80]
Kaneko	恒压恒温控制	电源/燃料流量、阴极入口温度/回热旁路	D	PID		[81]
Hajimolana	恒压恒温控制	电压/进风口压力、SOFC温度/进风口温度	D	PI		[82]
Sorrentino	进/出口温差控制	阴极进、出口温差/过量空气比	D	PI		[105]
Chaisantikulwat	恒压控制、抗电流干扰	电池电压/入口H_2摩尔分数	D	PI		[83]
Sendjaja	恒压和/或FU控制对抗电流干扰	电池电压/入口O_2流量，FU/燃料流量	D	PI		[84]
Wu	多回路控制	功率/电流、FU/燃料流量、SOFC温度/气流（GT速度）、TIT/燃料流量旁路到燃烧器	D	MPC+NNPID+PID	RBFNN	[85]
Cao	堆叠入口/出口温度控制	FU/燃料流量、电堆入口温度/空气旁路流量、电池出口温度/气流	D	FF+NNPID		[86]
Wu	恒压和FU控制抗电流干扰	电池电压和FU/燃料流量	D	MPC	GA-RBFNN	[87]
Huo	恒压和FU控制抗电流干扰	电池电压和FU/燃料流量	D	MPC	RBFNNH	[88]

（续）

第一作者	控制策略	CV/MV	D/C[1]	控制器类型	观测器	参考文献
Jurado	恒压控制	功率/电流和燃料流量（恒定FU）	D	MPC	FH	[89]
Sakhare	并网电压、电流质量控制	逆变器电压输出/升压逆变器占空比、逆变器电流输出/PWM逆变器占空比	D	Fuzzy		[90]
Mueller	功率、温度和FU控制环境温度和燃料成分的扰动	（功率、SOFC温度、燃烧室温度、GT转速、电压）/（电流、GT转速设定点、阳极燃料流量、燃烧室燃料流量）	C	LQR	Kalman	[91]
Murshed	电压、FU和温度控制，防止电流干扰	（电压、FU、SOFC温度）/（燃料流量、空气流量、蒸汽流量、分裂比）	C	MPC	Kalman	[92]
Yang	电流干扰温度控制	SOFC温度/（燃料流量、空气流量）	C	MPC	T-SFuzzy	[93]
Bhattacharyya	电压和FU控制	（功率、FU）/（电压、燃料流量）	C	MPC	NAARX	[94]
Wang	电压、FU和压力控制，防止电流干扰	（电池电压、FU、H_2/O_2流量比、阳极/阴极压差）/（燃料流量、输入O_2流量）	C	MPC	Data-driven	[95]
Sanandaji	电源与FU耦合控制，温度解耦控制	（功率、FU）/（电压、燃料流量）、SOFC温度/气流	C	MPC+PID	LPV	[96]
Spivey	两个MPC控制回路	（功率、最小电池温度、最大径向热梯度、SCR、FU）/（入口燃料压力、电池电压、燃料温度、系统压力、空气利用率/气流	C	MPC	Kalman	[97]
Zhang	SOFC/电容器系统的电源和电压控制	（功率、电压）/（燃料流量、O_2流量）	C	FF+Fuzzy MPC	Fuzzy Data-driven	[98]
Sedghisigarchi	电压和FU控制	（电压、FU）/（H_2流量、电流）	C	H_∞		[95]
Fardadi	恒SOFC温度梯度抗电压干扰	SOFC空间温度变化/（气流、阴极入口温度）	C	H_∞		[99]
Tsai	超模拟器设备的气流和温度控制	（气流、TIT、GT速度）/（冷风旁路、热风旁路、燃料阀开度）	C	H_∞		[101]

[1] D/C：D指分散控制，C指集中控制。

作为一种动力源，SOFC/GT 混合动力系统的功率跟踪可以认为是其控制的唯一或最终目标。SOFC 功率、SOFC 电流通常被视为控制变量[63, 65, 74, 77, 78, 80, 85, 89]或一种干扰，同时，电池电压或电压转换器可以保持恒定[72, 81-84, 87-90, 92, 95, 98, 104]或在安全范围内变化。操控 SOFC 与 GT 功率比也是混合动力系统负载跟踪的一种有效策略，在某些情况下，直接使用发电机负载[68, 74, 80]或 SOFC 与 GT 功率比[78]作为 GT 转速控制的操纵变量。相应地，对于化学反应堆来说，控制混合动力系统的燃料/空气流量（质量流量、温度、压力）是电力需求下安全运行的根本手段。Stiller 等人[38]直接提出了操作线概念，将相对净功率描述为相对燃料流量和相对轴转速（即相对空气流量）的函数。也有研究者直接取 CV/MV 为功率/燃料流量[10, 38, 54, 68, 81]或功率/空气流量[55]。

恒定 FU 控制是最常用的燃料流量控制策略[52, 53, 56, 58, 73, 75, 77, 80, 84, 89, 91, 94, 97, 99, 103, 104]，它是考虑到电流和燃料成分的变化，保持燃料质量流量与 SOFC 电流成正比的一种控制方式。Mueller 等[102]提出的基于电流的燃料控制就是恒 FU 控制。在 MCFC/GT 混合动力系统的国家能源技术实验室（NETL）控制模式中也讨论了常数 FU 的策略[76]。恒定 FU 控制作为一种简单、快速的保证功率输出和适当过量燃料流量的方法，已广泛应用于前馈控制器（FF）设计[65, 74, 75, 77, 79, 80, 103, 104]。

另外，可变或浮动 FU 可以作为一种有效的燃料流量控制策略，运用于 S-SOFC/GT 系统。Jia 等人[68]提出了一个显著的 FU 变化量（从基础负荷到峰值负荷的 90% 到 50%），以获得所需的空气流量、燃烧器温度，从而跟踪发电机功率。当引入燃烧器或烧嘴温度控制时，如果考虑消耗燃料率与总燃料流量（而不是阳极入口燃料流量）的比值，通常可用可变或浮动 FU。Mueller 等[65]提出了通过燃烧室温度控制来控制 SOFC 电流的方法，即通过消耗氢量来控制燃烧室入口化学计量。此外，他们还提出了可变 FU 的策略，在阳极室中存储更多的氢，以提高负载跟随能力。Calise 等人[54]提出了可变燃料流量和有无燃料旁路进入燃烧室的策略。Chan 等人[90]提出了部分负荷运行的外置燃烧器控制，通过将部分燃料旁路到燃烧室来调节系统功率输出。Mueller 等人[77]和 Wu 等人[85]也通过操作燃料流向燃烧器的旁路引入了 TIT 控制回路。Roberts 等人[76]对 MCFC/GT 混合动力系统的 NETL/NFCRC 控制模式进行了比较和验证，其中 NFCRC 模式实际上采用了浮动 FU，即燃料流量由 PI 控制器控制以维持燃烧器温度。

空气流量控制是温度控制最重要的手段，其中包括控制 SOFC 的温度，通常包括电堆平均温度[53, 56, 73, 74, 77, 78, 82, 85, 92, 93, 96, 103, 106, 107]或阳极出口温度[73]、阴极进气温度[63, 65, 76, 79-81]、阴极出口温度[80, 86]、阴极进出口温差[105]、温度梯度[98]或 SOFC 空间温度变化[100]等。表 9-1 中控制研究的空气控制方法见表 9-2。高度动态变化的应用需要通过再循环、旁路或变质量流量涡轮机械来控制空气流量和温度。已提出的空气控制策略主要包括固定/可变 GT 轴转速、空气旁路、可变进气导叶（VIGV）等。阴极再循环也是控制阴极气流的一种有效方法，尽管它需要鼓风机[80]或可变流量喷射器[106]等额外的执行器。在某些特殊情况下，压缩机排气或吹气[73]也被用于增加失速/喘振裕度，并缓解 SOFC 空气流量需求与压缩机提供的空气流量之间不匹配的现状。

表 9-2　一些空气控制研究

参考文献	固定转速	可变转速	SOFC旁路	GT冷端旁路	换热器热端旁路	换热器冷端旁路	VIGV	阴极再循环	放气
[53]	√	√							
[39]		√							
[107]	√	√	√	√					
[55]	√		√						
[56]	√	√							
[57]		√							
[58]		√					√		
[59]			√	√					
[64]			√		√				
[66]		√			√				
[69]		√	√						
[74]									√
[75]		√							
[76]	√	√							
[64]		√							
[78]		√							
[79]		√		√					
[80]			√	√					
[81]		√	√	√		√	√	√	
[82]					√				
[86]		√	√						
[87]		√				√			
[102]			√						

控制 GT 轴转速是控制空气流量最常用的方法。通常，带有同步发电机的大型兆瓦级燃气轮机，以及带有自由涡轮和发电机组件的双轴微型燃气轮机，都被设计成恒速运行。与此对应，固定 GT 轴转速常被用作基本策略[52-55, 75]，GT 总是在其设计点附近运行，在部分负载时压缩机喘振裕度增大。为了提高 MGT 性能，从而提高部分负载下的系统效率，更多的研究采用了变转速策略[38, 52, 53, 55-57, 68, 74, 75, 77, 78, 80, 86]。类似地，对于一些简单的 SOFC 系统，通过可变鼓风机功率[65]或控制鼓风机下

游的质量流量控制器[86]来获得可变的空气流量。在 MCFC/GT 混合系统的 NETL 控制模式中，也提出采用可变 GT 转速用于催化氧化剂温度控制[76]。一些研究比较了固定速度和可变速度策略[75, 106, 108]。在定速情况下，需要额外的执行器（阴极旁路或辅助燃烧室）来保持 SOFC 温度，避免最小 TIT 的限制。作为权衡，旁路控制导致阴极氧利用率过高，降低回收器温度，并且辅助燃烧室的存在导致系统效率较低。而 GT 变速控制可以提供一个简单明了的系统设计，满足所有操作约束。尽管如此，通常还会引入额外的空气控制装置，如空气旁路和 VIGV，以获得更全面的热管理。

通过在设备上分流部分流量，空气旁路能够提供比惯性影响轴转速更快的空气流量控制。表 9-2 总结了不同位置的空气旁路。SOFC 旁路是指将部分 SOFC 进口气流通过 SOFC 分流到涡轮入口[53, 54, 58, 63, 79]，或者在某些情况下，分流到燃烧器入口[68, 101]。通过换热器，冷侧的空气[77, 80]或热侧的废气[63, 68, 79, 81]可以通过旁路来调节空气的预热温度。在 SWPC 示范系统中，分别使用 SOFC 旁通阀和热侧换热器旁通阀（图 9-1）来控制阴极入口空气流量和温度[63]。GT 冷旁路将压气机出口的部分气流分流到涡轮入口[53, 58, 78, 80]，在某些情况下分流到燃烧器入口[101]，通常用来直接或间接控制 TIT、阴极进出口温度和燃烧器温度。空气旁路的工作范围受旁路阀开度和热稳定性的限制。

调节位于压缩机入口前 VIGV 的角度是一种简单、快速的气流控制方法。VIGV 控制策略无论对于以恒定转速工作的大型系统还是小型 GT[57]都是一个很好的选择。然而，VIGV 的运行也受到限制，如果 VIGV 的角度增加到一定值以上（如 40°），就会导致压缩机失速，从而限制燃气轮机的运行[58]。VIGV 的空气流量减少范围通常不大，约为 30%，而可变 GT 转速可以控制更大范围的空气流量，约可达 50%[80]。

对于相同的控制策略可以提出不同的控制方案，选择合适的控制方案对于系统性能至关重要。通常控制方案有分散控制（即多变量独立控制）方案和集中控制（即多变量耦合控制）方案。

9.5.2 分散控制

对于典型的多输入多输出（MIMO）的燃料电池系统，CV 和 MV 通常是耦合的，即一个 MV 的调整会导致多个 CV 的不同程度的变化，而 CV 可以由不同 MV 进行调整。例如，电池电压是所有操作变量的综合结果，TIT 可以由空气旁路流量和补充燃烧器燃料流量来控制。Bhattacharyya 和 Rengaswamy[95]研究了 SOFC 的 MIMO 控制问题，其中电池功率和燃料利用率是两个 CV，电压和氢气流量是两个 MV，因此产生了两种控制选项：（功率、电压）、（燃料利用率、氢气流量）组和（功率、氢气流量）、（燃料利用率、电压）组。第一组 CV/MV 对表现出稳定的工作状态，第二组 CV/MV 对表现出不稳定的振荡。对于 MIMO 系统的分散控制，确定主导 MV/CV 对至关重要。单输入单输出（SISO）和单输入多输出（SIMO）系统的控制在表 9-1 中也被认为是分散控制。

参数灵敏度分析是确定 MV/CV 对的一种简单方法。Hajimolana 和 Soroush[82]研究了电压、电流和电池温度相对于进口燃料和空气流量的速度、压力和温度的 ±5% 阶跃变化下的瞬态响应。然后在标称条件下，根据相对稳态增益的关系，将 MV/CV 之间的映射关系进行排列。因此，选择进气温度和进气压力作为主要的 MV，因为它们分别带来了最大程度的电池温度和电池电压的变化。参数灵敏度分析的优点是计算只在时域中实现，而这可以基于一般物理规律的控制方程来描述，而不需要通过拉普拉斯变换转换到频域中。

通过分析系统的相对增益矩阵（RGA），揭示了分散控制下输入/输出（I/O）配对的深刻本质，证实了控制结构的选择。为了提供使用各种 I/O 配对选择所引起的交互的度量，RGA 是传递函数的一种归一化运算，定义为[107]

$$\text{RGA}[\bm{G}(\omega)] = \bm{G}(\omega) \times [\bm{G}(\omega)^{-1}]^\mathrm{T} \tag{9-45}$$

式中　ω——角频率；

$\bm{G}(\omega)$——传递函数，RGA 分析是在频域实现的。

然后，计算 RGA 数来衡量 RGA 矩阵的对角占优，即优先选择在这些频率上 RGA 数接近 0 的配对，以避免交叉区域的相互作用导致的不稳定。

$$\text{RGA number} = \|\text{RGA}[\bm{G}(\omega)] - \bm{I}\|_{\text{sum}} \tag{9-46}$$

Mueller 等[77]对 SOFC/GT 系统在多个工作点进行 RGA 分析，实现分散控制。选择 GT 负载功率（u_1）、补充燃烧器燃料流量（u_2）、SOFC 电流（u_3）和阳极燃料流（u_4）4 个输入变量作为 MV。选取 GT 轴转速（y_1）、SOFC 温度（y_2）、燃烧室温度（y_3）、系统功率（y_4）和电池电压（y_5）5 个输出变量作为 CV。对两种可能的 I/O 配对 [(u_3, y_4)，(u_4, y_5)] 和 [(u_3, y_5)，(u_4, y_4)] 的 RGA 分析表明，第二次配对在较低的频率下导致系统配对耦合程度较低，但在较高的频率下系统耦合程度更高。在此基础上，选择了 [(u_3, y_4)，(u_4, y_5)] 的 MV/CV 对。Sendjaja 和 Kariwala 等[84]提出了在电流扰动和 FU、阳极/阴极压差、H_2、O_2 流量比约束下的 SOFC 电压控制。对应燃料流量（q_f）和氧气流量（q_{O_2}）两个 MV，RGA 分析得出了不同 CV 选择时不同的控制方案。以电压（V_r）和燃料利用率（FU）为 CV 时，RGA 矩阵显示出 [(V_r, q_{O_2})，(FU, q_f)] 的完美对角线配对。然而，当将电压、燃料流量、氧气流量和电流的测量组合作为 CV 时，RGA 矩阵推荐非对角线

配对 [(V_r, q_f),$(-q_{O2}+0.98q_f, q_{O2})$]。Cao 和 Li[86] 将（FU，$H_2$ 流量）对电流扰动进行配对，通过 RGA 分析确定配对 [(电堆入口温度，空气旁路)，(电堆出口温度，空气路)]。在他们的工作中，RGA 分析实际上类似于参数灵敏度分析，在时域引入 MV 的阶跃变化，而不是在频域中引入传递函数的标准相对增益矩阵。

最简单的控制方案是前馈（FF）。一些研究[75, 79] 引入 FF 控制来改善开环性能。为了实现更好的闭环性能，控制方案通常是带反馈调节机制，或前馈和反馈的结合。在表 9-1 中，大多数分散控制设计包含一个或两个控制回路，用于功率和温度控制。由于不同的控制问题（如快速 GT 速度动力学和非常缓慢的热动力学）对应的时间常数差异很大，因此 Stiller 等人提出了 SOFC/GT 混合系统的多回路控制策略[74]。控制方案如图 9-6 所示，包括 SOFC 功率控制、燃料利用率控制、空气流量控制和温度控制。CV/MV 对的选择如下：[(SOFC 功率，SOFC 电流)，(FU，燃料流量)，(空气流量，发电机功率（即燃气轮机转速）)，(平均电池温度（由燃料排气温度测量）和空气流量设定点)]。由于控制时间尺度的不同，控制回路之间的相互作用对系统的稳定性没有影响：SOFC 功率控制在毫秒量级，FU 控制在秒量级，气流控制在分钟量级，温度控制在小时量级。在这种控制方案下，系统在所有的测试中都能够稳定运行，包括负载跟随、环境空气条件变化、部件性能衰减和故障。

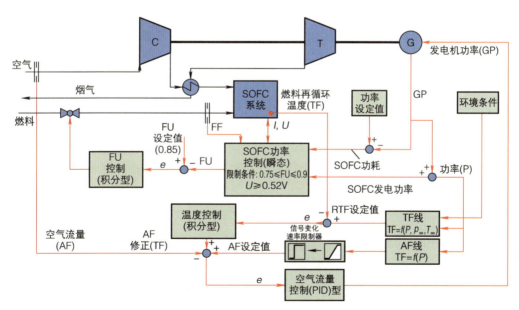

图 9-6 一种 SOFC/GT 混合系统的多回路控制策略（摘自 Stiller 等[74]）

Mueller 等人[77] 提出了一种用于 275kW 底层循环 SOFC/GT 混合系统的多回路级联控制方法。通过控制进入燃烧室的补充燃料流量和 GT 的变速，实现 15%～

100% 额定功率的大范围运行。根据功率需求，考虑运行要求和限制条件为最高 SOFC 温度必须小于 1073K，阴极入口温度与燃料电池电解液温度之间的温差必须小于 200K，阳极中氢气不能耗尽，燃烧室温度不得超过 1150K，GT 轴转速最高为 97000r/min。最后的系统设计包括四个主控制器：系统功率控制器、级联 GT 轴转速 /SOFC 温度控制器、燃烧器温度控制器和阳极燃料流量控制器。为了增强系统的响应，功率 CV 与 SOFC 电流配对，而不是与燃料流量配对，因为电流的产生时间尺度几乎是瞬时的，而物质流动的时间尺度是秒量级的。热管理控制器包含两个控制回路：①一种串级控制方案，一个缓慢的外层 SOFC 温度控制给快速内层 GT 轴速度控制提供了设置点；②一个多控制回路操作补充燃料流入燃烧室。为防止阳极燃料流量恒定时出现燃料短缺，采用与电堆电流成比例的前馈控制方式提供阳极燃料流量。最后的系统控制设计对环境温度和燃料浓度变化具有鲁棒性，包括快速的负载跟踪能力以及较宽的系统运行功率范围。Wu 和 Zhu[85] 基于类似的控制方案，采用不同类型的控制器代替标准 PID 控制器，实现了 SOFC/GT 系统的多回路控制。如前所述，针对 5 kW 简单循环 SOFC 系统提出的控制方案也是多回路级联的[65]。

Ferrari[78] 提出的控制方案基于两个 PID 和三个 PI 控制器。为了控制负载增加时的 MGT 速度，设计了 PID 控制器来控制旁通阀的小开度（FO = 0.05）。电堆和涡轮机之间的功率分配是通过慢速 PI 控制器计算的分配系数来实现的，该控制器的运行目标是将旁通阀的阀门开度保持在设定点位置。然后采用快速响应 PID，模拟逆变器控制器，以抵消功率跟踪偏差为目标，计算 SOFC 电流。燃料由一个适当的阀门控制，该阀门的开度由一个慢响应 PI 计算，目的是保持 FU 恒定。最后一个控制器是响应非常慢的 PI 控制器，用于计算 GT 速度设定点，以保持 SOFC 平均温度恒定。然后比较了负载阶跃减小和负载阶跃增大两种不同变化形式的影响程度，发现在负载阶跃小于 5% 的情况下，受旁通阀设计阀门开度的限制，控制系统布局对加压 SOFC/GT 混合系统具有良好的功率调节和安全运行效果。

McLarty 等人[80] 针对两种情况提出了多回路方案，即主控制和主 / 附加增压混合顶层循环的控制组合。主控制方案包括功率、燃料和速度控制的最小组合：操作燃料电池组电流的功率控制器、在电流波动时保持固定燃料利用率的燃料控制器，以及保持燃气轮机转速的发电机负载控制器。在附加控制方面主要包括：后 FC 燃料喷射（即将补充燃料注入阳极尾气氧化器或下游燃烧室）、前 FC 燃料喷射（即阳极上游的燃料喷射，这意味着燃料利用率浮动）、VIGV 控制和鼓风机再循环控制、燃料电池空气旁路与鼓风机再循环控制评估。除了 SOFC/GT 系统的 VIGV 控制，MCFC/GT 系统的 GT 速度控制也被提出，采用前馈和串级 PI 组合控制策略。附加控制器实现了效率提升（>65%）和广泛的功率跟踪（SOFC 和 MCFC 系统的调节比分别为 4∶1 和 2∶1），并减小了温度梯度和喘振/失速风险。

除标准的 PID 控制外，许多控制算法也被用于分散控制，如模型预测控制（MPC）、模糊（Fuzzy）控制、神经网络（NN）等。作为 SOFC 系统的一个有吸引力的选择，MPC 使用系统模型和在线优化来计算适当的启动指令，它可以直接处理输入和输出变量的约束。模糊和神经网络是一类人工智能技术，因此提供了处理非线性系统的能力。Cao 和 Li[87] 提出了单神经元自适应 PID 算法的反馈控制器，该控制器具有鲁棒控制和 PID 控制的优点，当系统遇到不确定性和扰动时，可以自动调整控制参数。Sakhalare 等人[90] 基于 Mac-Vicar Whelan 规则库开发了用于燃料电池单机运行和并网的 DC/DC 变换器和 DC/AC 逆变器的模糊逻辑控制器。Wu 和 Zhu[86] 分别提出了一种用于温度控制的自适应 PID 解耦控制方案，即用于功率控制的 MPC 方案，以及一种用于 FU 控制的单神经元自适应 PID 控制器。Wu 等人[87] 提出了电池电压控制的 MPC 算法，采用径向基函数神经网络（RBFNN）识别模型，并采用遗传算法（GA）进行优化。作为 MPC 策略的一部分，Jurado 提出了一个模糊 Hammerstein（FH）模型[89]。FH 模型捕捉了带有模糊部分的静态非线性和带有外生输入的自回归（ARX）模型的线性动态。Huo 等人[88] 也提出了一种基于 Hammerstein 模型的 MPC 控制器，其中非线性静态部分和线性动态部分分别用 RBFNN 和 ARX 模型逼近。

9.5.3 集中控制

与分散控制器相比，集中式控制器在考虑 MV 和 CV 之间的交互方面具有更优和更全面的性质。针对燃料电池系统，人们提出了多种集中控制方法，从简单的线性状态反馈控制器（如 LQR），到更先进的非线性控制技术（如 MPC、Fuzzy、H-infinity（H_∞））等。

当工作点在稳定点附近小范围波动时，线性控制理论具有强大的功能，在非线性系统中得到了广泛的应用。Mueller 等人[91] 进行了一项在底层循环 SOFC/GT 混合系统中添加氧化剂燃料和变速 GT 的控制研究。考虑到系统功率、温度和 FU 的控制回路，以及环境温度和燃料成分的干扰，RGA 分析显示了它们在研究时间尺度上的强耦合。为此，在对非线性模型进行降阶线性化的基础上，开发了包含卡尔曼（Kalman）滤波状态估计的 LQR 算法进行集中实现。此外，在 LQR 控制器上增加了 GT 速度控制和积分增益较小的系统功率控制，以消除功率跟踪的误差。当燃料的甲烷摩尔分数降低 20%，且温度扰动为 40℃时，LQR 控制器和分散控制器均表现出较好的功率跟踪性能，同时 LQR 控制器对电池电压和温度的约束也有较好的性能。

当引入较强的干扰和不确定性因素时，由于系统的非线性特性，线性控制器可能会不准确甚至失效。在表 9-1 中，MPC 是最常用的非线性集中控制方法。模型预测控制的基本特征可以概括为以下三点：基于模型的预测、滚动优化和前馈反馈控制。在预测控制中，模型的作用是对系统未来的状态进行预测，所以模型也叫作预测模型。预测模型的形式并不重要，它可以是系统的机理模型、卷积模型、模糊模型或是神经网络模型等，只要能起到预测的作用即可。预测模型的作用是在每个采样周期刷新开环优化问题。由于该开环优化问题是有限时域的，且系统可能存在扰动和不确定性，所以开环优化问题的解不能全部作用于系统，而是取优化解的第一个元素，并在下个采样周期继续"预测+优化"的步骤。与传统的全局优化控制算法相比，模型预测控制的最大不同就是优化问题反复在线刷新求解，虽然每个有限时域优化的解都是次优解，但这种滚动迭代的方式能够根据系统实际状态实时更新优化问题，克服了不确定性和扰动对系统的影响。MPC 的原理可以概括如下：在每个采样周期内更新最优控制问题，求解更新后的最优控制问题，再将求得的最优控制序列的第一个元素作用于系统。在下一个采样周期重复上述过程，直至结束。

针对 SOFC 电堆电特性的 MPC 系统框架如图 9-7 所示，主要由以下部分组成：一个 SOFC 电堆物理模型（受控对象）、一个非线性优化的 T-S 模糊模型以及一个预测控制器。SOFC 电堆这个受控对象的物理模型是由动态机理方程建立的。物理模型的核心模块——热管理模型子系统是基于质量平衡方程和焓平衡方程建立起来的。此外 MPC 结构还包括分支定界算法模块、贪心算法模块和时分多路延迟环节（TDL）。对于 SOFC 电堆物理模型而言，温度是一个动态的被控变量。氢气流速和空气流速作为调整变量，负载电流作为一个扰动信号。在图 9-7 中，y_{ref} 代表电堆温度的参考输入，$u(k)$ 是调整变量，$y(k)$ 是电堆温度的当前值，$\hat{y}(k+1)$ 是电堆温度的下一个预测值。TDL 为时分多路延时环节，T-S 模糊模型可以在电堆历史值的条件基础上，预测未来电堆温度值。按照下一个参考值和预测的电堆温度值之间的不同，优化控制器能够决定 SOFC 电堆的下一个控制信号。

Murshed 等人[92]对独立燃料电池和燃料电池/电容混合系统进行了线性和非线性 MPC 模拟。对于非线性 MPC（NMPC）设计，采用正交配置法进行离散化，利用无迹卡尔曼滤波估计初始态。NMPC 可以在系统设计能力范围内对较大的负荷扰动进行控制。在所有的仿真情况下，NMPC 在抑制负载扰动方面都优于线性MPC。Yang 等人[93]提出了一种基于改进的 Takagi-Sugcon（T-S）模糊模型的预测控制器来保持电堆温度。在 Bhattacharyya 和 Rengaswamy[94]的预测控制设计中，采用非线性加性自回归外生输入（NAARX）模型进行系统辨识。在负载阶跃变化的瞬态响应方面，NMPC 控制器在功率超调和 FU 超调方面优于整定 PID 控制器。为了实现功率和 FU 耦合控制的 MPC，Sanandaji 等人[96]开发了一种降阶局部线性参数变化（LPV）方法，该方法通过高阶物理模型在跨越预期操作空间的某些稳态操作点的系统扰动来识别。除了基于 LPV 的 MPC 控制器外，还单独设计了标准 PID 控制器用于响应较慢的温度控制。Spivey 和 Edgar[97]为带引射器和预重整器的 TSOFC 系统提出了两种 MPC 控制回路：一种是用于控制功率、最小电堆温度、最大径向温度梯度、SCR 和 FU 的 MIMO；另一种是用于空气利用率控制的 SISO，采用卡尔曼滤波器进行状态估计。闭环仿真结果表明，该算法具有良好的负载跟踪和抗干扰能力。

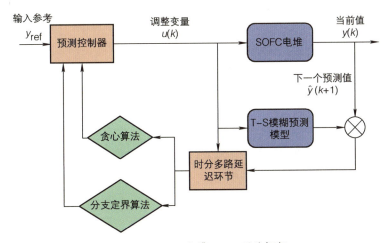

图 9-7　SOFC 电堆 MPC 系统框架

与基于模型的方法不同，Wang 等人[95]提出了一种数据驱动的预测控制器。根据开环输入输出数据计算出一些子空间矩阵，然后将这些子空间矩阵直接用于控制律，而无需显式计算系统矩阵。当只有部分在线输出测量可用时，所提出的预测控制器的鲁棒性通过仿真得到验证。Zhang 和 Feng[98]也提出了一种集成 SOFC/电容器系统的数据驱动建模框架。结合 T-S 模糊辨识模型，设计了一种无偏置输入状态稳定模糊预测控制器。仿真结果验证了所提出的 SOFC 控制策略即使在存在输入约束的情况下也具有非常优异的负载跟踪性能。

鲁棒控制器也已应用于 SOFC 系统中。Sedghisigarchi 和 Feliachi[99]设计了一个 H_∞ 控制器，通过较小的负载变化来调节电堆电压，同时将燃料电池的利用率保持在有限的安全区域内。利用线性控制理论，将 SOFC 非线性动力学模型线性化。当电堆电流增加 70A 或减少 50A 时，控制器均具有较好的鲁棒性。Fardadi 等人[100]提出了一种基于单共流 SOFC 重复单元瞬态机理模型的 H_∞ 控制器，将具有 60 种状态的全非线性准二维空间温度响应模型线性化，并将其简化为一个单一的 11 种状态反馈线性系统。仿真结果表明，当负载扰动为 ±25% 时，系统的温度变化小于 5K，鲁棒控制器对快速、大的负荷扰动具有小而平稳的单调温度响应能力。Tsai 等人[101]提出了 NETL 混合系统（HyPer）模拟器的多变量鲁棒控制。首先进行了系统辨识，为燃料电池模型的线性化提供经验传递函数。通过对传递函数矩阵进行频率分析和奇异值分解，得到了具有较好可控性的降阶线性模型。在此基础上，设计了抗扰动的 H_∞ 综合方法来控制透平的阴极气流、温度和转速，但是这项工作仅使用了旁路阀来管理燃料电池气流的多变量状态空间方法。

9.6 半实物仿真

利用燃料电池系统的真实部件和虚拟部件，硬件在环仿真（HIL）可缩小数值仿真和系统集成之间的差距，对 SOFC 动力系统，特别是 SOFC-GT 混合动力技术的发展起着重要的作用。在典型的 SOFC/GT 混合系统中，SOFC 和 GT 之间的功率分配比为 3∶1～5∶1。这意味着需要将 100kW 的 SOFC 电堆与商用 30kW 或更大的 MGT 进行适配，而这并不容易实现；反之，将千瓦级的 MGT 配置为实验室级 SOFC 电堆也不容易。在这方面，HIL 技术非常有助于使用 SOFC 模拟器和/或 MGT 模拟器来模拟 SOFC/MGT 系统[108]。

在 HyPer 项目框架下，NETL 建立了一个 250kW 加压 SOFC/MGT 混合系统的测试设备[110]。在实时 SOFC 模型的控制下，使用预燃烧器作为 SOFC 模拟器来模拟真实的 SOFC 电堆，其中废气在后置燃烧器中与补充燃料一起燃烧，然后推动 MGT。由于使用了传统燃烧室，实验成本和风险显著降低。测试设备可以在基线、压缩机排气、热旁路、冷旁路、燃料电池后排气等条件下运行。此外，还评估了瞬态过程中的系统性能以及相应的控制策略和控制算法[101, 110-112]。

为了开发一个 200kW 的高效 SOFC/GT 混合系统，韩国航空航天研究院（KARI）也采用了 HIL 技术，使用燃烧器模拟 SOFC 电堆，用于系统测试和预集成[113]。Lai 等人[114]提出了使用两个模拟燃烧器的可行性研究，即主燃烧器用于模拟 SOFC，下游的二次燃烧器用于模拟燃烧器。在实际的 SOFC/GT 混合系统中，使用车载涡轮增压器作为 MGT 模拟器，并集成注水系统来模拟外部重整器的水雾剂添加。

参 考 文 献

[1] BAO C, WANG Y, FENG D, et al. Macroscopic modeling of solid oxide fuel cell (SOFC) and model-based control of SOFC and gas turbine hybrid system[J]. Progress in Energy and Combustion Science, 2018, 66: 83-140.

[2] GREW K N, CHIU W K S. A review of modeling and simulation techniques across the length scales for the solid oxide fuel cell[J]. Journal of Power Sources, 2012, 199: 1-13.

[3] ANDERSSON M, YUAN J, SUNDÉN B. Review on modeling development for multiscale chemical reactions coupled transport phenomena in solid oxide fuel cells[J]. Applied Energy, 2010, 87(5): 1461-1476.

[4] BAVARIAN M, SOROUSH M, KEVREKIDIS I G, et al. Mathematical modeling, steady-state and dynamic behavior, and control of fuel cells: A review[J]. Industrial & engineering chemistry research, 2010, 49(17): 7922-7950.

[5] ONDREY G. Plant optimization[J]. Chemical Engineering, 2004, 111(5): 17-18.

[6] MORAAL P, KOLMANOVSKY I. Turbocharger modeling for automotive control applications[C]//SAE Technical Paper. [S. l.: s. n.], 1999.

[7] THORUD B. Dynamic modelling and characterisation of a solid oxide fuel cell integrated in a gas turbine cycle[D]. Trondheim: Noruegian University of Seience and Technology, 2005.

[8] KURZKE J. SMOOTH C. Preparing Compressor Maps for Gas Turbine Performance Modeling[Z]. 2009.

[9] STILLER C. Design, operation and control modelling of SOFC/GT hybrid systems[M]. Narvik: Fakultet for ingeniørvitenskap og teknologi, 2006.

[10] CHAN S H, HO H K, TIAN Y. Modelling for part-load operation of solid oxide fuel cell-gas turbine hybrid power plant[J]. Journal of Power Sources, 2003, 114(2): 213-227.

[11] BAO C, OUYANG M, YI B. Modeling and optimization of the air system in polymer exchange membrane fuel cell systems[J]. Journal of Power Sources, 2006, 156(2): 232-243.

[12] BAO C, CAI N, CROISET E. A multi-level simulation platform of natural gas internal reforming solid oxide fuel cell-gas turbine hybrid generation system-Part II. Balancing units model library and system simulation[J]. Journal of Power Sources, 2011, 196(20): 8424-8434.

[13] BAO C, CAI N. Research status and advances in modeling and control of solid oxide fuel cell gas turbine hybrid generation system[J]. Chinese Journal of Mechanical Engineering, 2008, 44(2): 1.

[14] ROWEN W I. Simplified mathematical representations of heavy-duty gas turbines[J]. Power, 1983, 105(4): 865-869.

[15] HANNETT L N, KHAN A H. Combustion turbine dynamic model validation from tests[J]. IEEE transactions on Power Systems, 1993, 8(1): 152-158.

[16] CAMPOREALE S M, FORTUNATO B, MASTROVITO M. A modular code for real time dynamic simulation of gas turbines in simulink[J]. Gas turbine Power, 2006, 128(3): 506-517.

[17] EKANAYAKE J B, HOLDSWORTH L, WU X G, et al. Dynamic modeling of doubly fed induction generator wind turbines[J]. IEEE transactions on power systems, 2003, 18(2): 803-809.

[18] SLOOTWEG J G, KLING W L. Modelling wind turbines for power system dynamics simulations: an overview[J]. Wind Engineering, 2004, 28(1): 7-25.

[19] NI WD, XU XD, LI Z, et al. Some problems in modeling and control of thermal power systems[M]. Beijing: Science Press, 1996.

[20] ZHENG L I, DE-HUI W, YA-LI X, et al. Research on Ways of Modeling of Micro Gas Turbines

(Part I):Analysis of Dynamic Characteristic[J]. Power Engineering, 2005(1): 13-17.

[21] CLARKE S H, DICKS A L, POINTON K, et al. Catalytic aspects of the steam reforming of hydrocarbons in internal reforming fuel cells[J]. Catalysis Today, 1997, 38(4): 411-423.

[22] PARSONS I. Fuel Cell Handbook[M]. Morgantown: National Energy Technology Laboratory, 2003.

[23] LEE A L, ZABRANSKY R F, HUBER W J. Internal reforming development for solid oxide fuel cells[J]. Ind.eng.chem.res, 1990, 29(5):766-773.

[24] XU J, FROMENT G F. Methane steam reforming, methanation and water-gas shift: I. Intrinsic kinetics[J]. AIChE journal, 1989, 35(1): 88-96.

[25] YI Y, RAO A D, BROUWER J, et al. Fuel flexibility study of an integrated 25 kW SOFC reformer system[J]. Journal of power sources, 2005, 144(1): 67-76.

[26] KAYS W M, LONDON A L. Compact heat exchangers[J]. Journal of Applied Mechanics 27(1960): 377.

[27] BAO C, OUYANG M, YI B. Analysis of the water and thermal management in proton exchange membrane fuel cell systems[J]. International Journal of Hydrogen Energy, 2006, 31(8): 1040-1057.

[28] SOKOLOW E R, ZINGER H M. Gas ejector [M]. New York: Science Publishing Company, 1977.

[29] BAO C, OUYANG M, YI B. Modeling and control of air stream and hydrogen flow with recirculation in a PEM fuel cell system—I. Control-oriented modeling[J]. International journal of hydrogen energy, 2006, 31(13): 1879-1896.

[30] MARSANO F, MAGISTRI L, MASSARDO A F. Ejector performance influence on a solid oxide fuel cell anodic recirculation system[J]. Journal of Power Sources, 2004, 129(2): 216-228.

[31] FERRARI M L, TRAVERSO A, MAGISTRI L, et al. Influence of the anodic recirculation transient behaviour on the SOFC hybrid system performance[J]. Journal of power sources, 2005, 149: 22-32.

[32] BAO C, SHI Y, LI C, et al. Multi-level simulation platform of SOFC-GT hybrid generation system[J]. international journal of hydrogen energy, 2010, 35(7): 2894-2899.

[33] BAO C, SHI Y, CROISET E, et al. A multi-level simulation platform of natural gas internal reforming solid oxide fuel cell-gas turbine hybrid generation system: Part I. Solid oxide fuel cell model library[J]. Journal of Power Sources, 2010, 195(15): 4871-4892.

[34] NI M, ZHAO T. Solid oxide fuel cells: from materials to system modeling[M]. London: Royal society of chemistry, 2013.

[35] BUONOMANO A, CALISE F, D'ACCADIA M D, et al. Hybrid solid oxide fuel cells-gas turbine systems for combined heat and power: A review[J]. Applied Energy, 2015, 156: 32-85.

[36] MASSARDO A F, LUBELLI F. Internal reforming solid oxide fuel cell-gas turbine combined cycles (IRSOFC-GT): Part A—Cell model and cycle thermodynamic analysis[J]. J. Eng. Gas Turbines Power, 2000, 122(1): 27-35.

[37] RAO A D, SAMUELSEN G S. A thermodynamic analysis of tubular solid oxide fuel cell based hybrid systems[J]. J. Eng. Gas Turbines Power, 2003, 125(1): 59-66.

[38] STILLER C, THORUD B, BOLLAND O. Safe Dynamic Operation of a Simple SOFC/GT Hybrid System[J]. Journal of Engineering for Gas Turbines and Power, 2006(128): 551-559.

[39] LV X, LIU X, GU C, et al. Determination of safe operation zone for an intermediate-temperature solid oxide fuel cell and gas turbine hybrid system[J]. Energy, 2016, 99(15): 91-102.

[40] COSTAMAGNA, PAOLA. Modeling of Solid Oxide Heat Exchanger Integrated Stacks and Simulation at High Fuel Utilization[J]. J.electrochem.soc, 1998, 145(11): 3995-4006.

[41] PADULLES, AULT, GW, et al. An integrated SOFC plant dynamic model for power systems

simulation[J]. J POWER SOURCES, 2000, 2000, 86(1-2): 495- 500.

[42] WU X J. Modeling and control of solid oxide fuel cell/micro gas turbine hybrid power generation system[D]. Shanghai: Shanghai Jiaotong University, 2009.

[43] LI Y. Off-design performance analysis and experimental study of high tempera ture fuel cells/gas turbine hybrid system[D]. Shanghai: Shanghai Jiaotong University, 2011.

[44] LIU L. The part-load performance research of SOFC-MGT hybrid system[D]. Dalian: Dalian University of Technology, 2013.

[45] ZHANG L, LI X, JIANG J, et al. Dynamic modeling and analysis of a 5-kW solid oxide fuel cell system from the perspectives of cooperative control of thermal safety and high efficiency[J]. International Journal of Hydrogen Energy, 2015, 40(1): 456-476.

[46] SHARIFZADEH M, MEGHDARI M, RASHTCHIAN D. Multi-objective design and operation of Solid Oxide Fuel Cell (SOFC) Triple Combined-cycle Power Generation systems: Integrating energy efficiency and operational safety[J]. Applied Energy, 2017, 185: 415-423.

[47] CHAN S H, LOW C F, DING O L. Energy and exergy analysis of simple solid- oxide fuel-cell power systems[J]. Journal of Power Sources, 2002, 103(2):188-200.

[48] CALISE F, D'ACCADIA M D, PALOMBO A, et al. Simulation and exergy analysis of a hybrid Solid Oxide Fuel Cell (SOFC)–Gas Turbine System[J]. Energy, 2006, 31(15):3278-3299.

[49] BAVARSAD P G. Energy and exergy analysis of internal reforming solid oxide fuel cell-gas turbine hybrid system[J]. International Journal of Hydrogen Energy, 2007, 32(17):4591-4599.

[50] MEYER L, TSATSARONIS G, BUCHGEISTER J, et al. Exergoenvironmental analysis for evaluation of the environmental impact of energy conversion systems[J]. Energy, 2009, 34(1):75-89.

[51] SHIRAZI A, NAJAFI B, AMINYAVARI M, et al. Thermal-economic-environmental analysis and multi-objective optimization of an ice thermal energy storage system for gas turbine cycle inlet air cooling[J]. Energy, 2014, 69(5):212-226.

[52] COSTAMAGNA P, MAGISTRI L, MASSARDO A F. Design and part-load performance of a hybrid system based on a solid oxide fuel cell reactor and a micro gas turbine[J]. Journal of power sources, 2001, 96(2): 352-368.

[53] MAGISTRI L, TRAVERSO A, CERUTTI F, et al. Modelling of pressurised hybrid systems based on integrated planar solid oxide fuel cell (IP-SOFC) technology[J]. Fuel Cells, 2005, 5(1): 80-96.

[54] CALISE E, PALOMBO A, VANOLI L. Design and partial load exergy analysis of hybrid SOFC-GT power plant[J]. Journal of Power Sources, 2006, 158(1): 225-244.

[55] CAMPANARI S. Full Load and Part-Load Performance Prediction for Integrated SOFC and Microturbine Systems[J]. Journal of Engineering for Gas Turbines & Power, 1999, 122(2): 239-246.

[56] KOMATSU Y, KIMIJIMA S, SZMYD J S. Performance analysis for the part-load operation of a solid oxide fuel cell-micro gas turbine hybrid system[J]. Energy, 2010, 35(2): 982-988.

[57] YANG J S, SOHN J L, RO S T. Performance characteristics of a solid oxide fuel cell/gas turbine hybrid system with various part-load control modes[J]. Journal of power sources, 2007, 166(1): 155-164.

[58] YANG J S, SOHN J L, RO S T. Performance characteristics of part-load operations of a solid oxide fuel cell/gas turbine hybrid system using air-bypass valves[J]. Journal of Power Sources, 2008, 175(1): 296-302.

[59] BAKALIS D P, STAMATIS A G. Full and part load exergetic analysis of a hybrid micro gas turbine fuel cell system based on existing components[J]. Energy Conversion & Management,

2012, 64: 213-221.

[60] SAEBEA D, MAGISTRI L, MASSARDO A, et al. Cycle analysis of solid oxide fuel cell-gas turbine hybrid systems integrated ethanol steam reformer: Energy management[J]. Energy, 2017, 127(15): 743-755.

[61] PUKRUSHPAN J T. Modeling and control of fuel cell systems and fuel processors[D]. AnnArbor: University of Michigan. 2003.

[62] BHATTACHARYYA D, RENGASWAMY R. A Review of Solid Oxide Fuel Cell (SOFC) Dynamic Models[J]. Industrial & Engineering Chemistry Research, 2009, 48(13): 6068-6086.

[63] BROUWER R A R. Dynamic simulation of a pressurized 220 kW solid oxide fuel-cell-gas-turbine hybrid system : Modeled performance compared to measured results[J]. Journal of Fuel Cell Science & Technology, 2006, 3(1): 18-25.

[64] BARELLI L, BIDINI G, OTTAVIANO A. Part load operation of a SOFC/GT hybrid system: Dynamic analysis[J]. Applied Energy, 2013, 110(1): 173-189.

[65] MUELLER F, JABBARI F, GAYNOR R, et al. Novel solid oxide fuel cell system controller for rapid load following[J]. Journal of Power Sources, 2007, 172(1): 308-323.

[66] OH S R, JING S. Optimization and Load-Following Characteristics of 5kW-Class Tubular Solid Oxide Fuel Cell/Gas Turbine Hybrid Systems[C]//2010 American Control Conference. Seattle: IEEE, 2010: 417-422.

[67] JIA Z, JING S, OH S R, et al. Control of the dual mode operation of generator/motor in SOFC/GT-based APU for extended dynamic capabilities[J]. Journal of Power Sources, 2013, 235(1): 172-180.

[68] JIA Z, SUN J, DOBBS H, et al. Feasibility study of solid oxide fuel cell engines integrated with sprinter gas turbines: Modeling, design and control[J]. Journal of Power Sources, 2015, 275: 111-125.

[69] LI S, TOMSOVIC K, HIYAMA T. Load following functions using distributed energy resources [C]//2000 Ieee Power Engineering Society Summer Meeting, Conference Proceedings, Vols 1-4. Seattle: IEEE, 2000: 1756-1761.

[70] ZHU Y, TOMSOVIC K. Development of models for analyzing the load-following performance of microturbines and fuel cells[J]. Electric Power Systems Research, 2002, 62(1): 1-11.

[71] EDGHISIGARCHI K, FELIACHI A. Dynamic and transient analysis of power distribution systems with fuel Cells-part I: fuel-cell dynamic model[J]. Energy Conversion IEEE Transactions on, 2004, 19(2): 423-428.

[72] SEDGHISIGARCHI K, FELIACHI A. Dynamic and transient analysis of power distribution systems with fuel Cells-part II: control and stability enhancement[J]. Energy Conversion IEEE Transactions on, 2004, 19(2): 429-434.

[73] KANDEPU R, IMSLAND L, FOSS B A, et al. Modeling and control of a SOFC-GT-based autonomous power system[J]. Energy, 2007, 32(4): 406-417.

[74] STILLER C, THORUD B, BOLLAND O, et al. Control strategy for a solid oxide fuel cell and gas turbine hybrid system[J]. Journal of Power Sources, 2006, 158(1): 303-315.

[75] ROBERTS R, BROUWER J, JABBARI F, et al. Control design of an atmospheric solid oxide fuel cell/gas turbine hybrid system: Variable versus fixed speed gas turbine operation[J]. Journal of Power Sources, 2006, 161(1): 484-491.

[76] ROBERTS RA, BROUWER J, LIESE E, et al. Dynamic simulation of carbonate fuel cell-gas turbine hybrid systems [J]. Journal of Engineering for Gas Turbines and Power-Transactions of the Asme, 2006, 128. 294-301.

[77] FABIAN, MUELLER, FARYAR, et al. Control Design for a Bottoming Solid Oxide Fuel Cell Gas Turbine Hybrid System[J]. Journal of Fuel Cell Science and Technology, 2006, 4(3): 221-230.

[78] FERRARI M L. Solid oxide fuel cell hybrid system: Control strategy for stand- alone configurations[J]. Journal of Power Sources, 2011, 196(5): 2682-2690.

[79] MCLARTY D, KUNIBA Y, BROUWER J, et al. Experimental and theoretical evidence for control requirements in solid oxide fuel cell gas turbine hybrid systems[J]. Journal of Power Sources, 2012, 209(1): 195-203.

[80] MCLARTY D, BROUWER J, SAMUELSEN S. Fuel cell-gas turbine hybrid system design part II: Dynamics and control[J]. Journal of Power Sources, 2014, 254(15): 126-136.

[81] KANEKO T, BROUWER J, SAMUELSEN G S. Power and temperature control of fluctuating biomass gas fueled solid oxide fuel cell and micro gas turbine hybrid system[J]. Journal of Power Sources, 2006, 160(1): 316-325.

[82] HAJIMOLANA S A, SOROUSH M. Dynamics and Control of a Tubular Solid-Oxide Fuel Cell[J]. Industrial & Engineering Chemistry Research, 2009, 48(13): 6112-6125.

[83] CHAISANTIKULWAT, A, DIAZ-GOANO, et al. Dynamic modelling and control of planar anode-supported solid oxide fuel cell[J]. Computers & Chemical Engineering, 2008, 32(10): 2365-2381.

[84] SENDJAJA A Y, KARIWALA V. Decentralized Control of Solid Oxide Fuel Cells[J]. IEEE Transactions on Industrial Informatics, 2011, 7(2): 163-170.

[85] WU X J, ZHU X J. Multi-loop control strategy of a solid oxide fuel cell and micro gas turbine hybrid system[J]. Journal of Power Sources, 2011, 196(20): 8444-8449.

[86] CAO H, XI L. Thermal Management-Oriented Multivariable Robust Control of a kW-Scale Solid Oxide Fuel Cell Stand-Alone System[J]. IEEE Transactions on Energy Conversion, 2016, 31(2): 1-10.

[87] WU X J, ZHU X J, CAO G Y, et al. Predictive control of SOFC based on a GA-RBF neural network model[J]. Journal of Power Sources, 2008, 179(1): 232-239.

[88] HUO H B, ZHU X J, HU W Q, et al. Nonlinear model predictive control of SOFC based on a Hammerstein model[J]. Journal of Power Sources, 2008, 185(1): 338-344.

[89] JURADO F. Predictive control of solid oxide fuel cells using fuzzy Hammerstein models[J]. Journal of Power Sources, 2006, 158(1): 245-253.

[90] SAKHARE A, DAVARI A, FELIACHI A. Fuzzy logic control of fuel cell for stand-alone and grid connection[J]. Journal of Power Sources, 2004, 135(1/2): 165- 176.

[91] MUELLER F, JABBARI F, BROUWER J, et al. Linear Quadratic Regulator for a Bottoming Solid Oxide Fuel Cell Gas Turbine Hybrid System[J]. Journal of Dynamic Systems Measurement & Control, 2009, 131(5): 545-553.

[92] MURSHED A, HUANG B, NANDAKUMAR K. Estimation and control of solid oxide fuel cell system[J]. Computers & Chemical Engineering, 2010, 34(1): 96-111.

[93] JIE Y, XI L, MOU H G, et al. Predictive control of solid oxide fuel cell based on an improved Takagi–Sugeno fuzzy model[J]. Journal of Power Sources, 2009, 193(2): 699-705.

[94] BHATTACHARYYA D, RENGASWAMY R. System Identification and Nonlinear Model Predictive Control of a Solid Oxide Fuel Cell[J]. Ind.eng.chem.res, 2010, 49(10): 4800-4808.

[95] WANG X, HUANG B, CHEN T. Data-driven predictive control for solid oxide fuel cells[J]. Journal of Process Control, 2007, 17(2): 103-114.

[96] SANANDAJI B M, VINCENT T L, COLCLASURE A M, et al. Modeling and control of tubular solid-oxide fuel cell systems: II. Nonlinear model reduction and model predictive control[J]. Journal of Power Sources, 2011, 196(1): 208-217.

[97] SPIVEY B J, EDGAR T F. Dynamic modeling, simulation, and MIMO predictive control of a tubular solid oxide fuel cell[J]. Journal of Process Control, 2012, 22(8): 1502-1520.

[98] ZHANG T, GANG F. Rapid Load Following of an SOFC Power System via Stable Fuzzy Predictive Tracking Controller[J]. IEEE Transactions on Fuzzy Systems, 2009, 17(2): 357-371.

[99] SEDGHISIGARCHI K, FELIACHI A. C. H-infinity controller for solid oxide fuel cells [C]//Proceedings of the 35th Southeastern Symposium on System Theory. Seattle: IEEE, 2003: 464-7.

[100] FARDADI M, MUELLER F, JABBARI F. Feedback control of solid oxide fuel cell spatial temperature variation[J]. Journal of Power Sources, 2010, 195(13): 4222-4233.

[101] TSAI A, BANTA L, TUCKER D, et al. Multivariable Robust Control of a Simulated Hybrid Solid Oxide Fuel Cell Gas Turbine Plant[J]. Journal of Fuel Cell Science and Technology, 2010(7): 1-9.

[102] MUELLER F, BROUWER J, JABBARI F, et al. Dynamic Simulation of an Integrated Solid Oxide Fuel Cell System Including Current-Based Fuel Flow Control[J]. Revista Espaola De Física, 2006, 3(2): 25-29.

[103] AGUIAR P, ADJIMAN C S, BRANDON N P. Anode-supported intermediate temperature direct internal reforming solid oxide fuel cell. I: model-based steady- state performance[J]. Journal of Power Sources, 2004, 138(1-2): 120-136.

[104] LI Y H, CHOI S S, RAJAKARUNA S. An analysis of the control and operation of a solid oxide fuel-cell power plant in an isolated system[J]. IEEE Transactions on Energy Conversion, 2005, 20(2): 381-387.

[105] SORRENTINO M, PIANESE C, GUEZENNEC Y G. A hierarchical modeling approach to the simulation and control of planar solid oxide fuel cells[J]. Journal of Power Sources, 2008, 180(1): 380-392.

[106] BRUNNER D A, MARCKS S, BAJPAI M, et al. Design and characterization of an electronically controlled variable flow rate ejector for fuel cell applications[J]. International Journal of Hydrogen Energy, 2012, 37(5): 4457-4466.

[107] Sigurd S. Multivariable feedback control[C]//SIGURD S, LAN P. Analysis and Design. Hoboken: wiley, 1996: 114-121.

[108] BAO C, CAI N S. A hardware-in-the-loop simulation approach for SOFC-MGT hybrid systems(in Chinese) [J]. Journal of Chinese Society of Power Engineering, 2011, 31: 475-80.

[109] TUCKER D, LIESE E, VANOSDOL J, et al. Fuel Cell Gas Turbine Hybrid Simulation Facility Design[C]// ASME 2002 International Mechanical Engineering Congress and Exposition. New York: ASME 2002: 183-190.

[110] FERRARI M L, LIESE E, TUCKER D, et al. Transient Modeling of the NETL Hybrid Fuel Cell/Gas Turbine Facility and Experimental Validation[J]. Journal of Engineering for Gas Turbines & Power, 2007, 129(4): 1012-1019.

[111] ZHOU N, CHEN Y, TUCKER D. Evaluation of Cathode Air Flow Transients in a SOFC/GT Hybrid System Using Hardware in the Loop Simulation[J]. Journal of Fuel Cell Science and Technology, 2014, 12(1): 110031-110037.

[112] ZACCARIA V, TUCKER D, TRAVERSO A. Transfer function development for SOFC/GT hybrid systems control using cold air bypass[J]. Applied Energy, 2016, 165(1): 695-706.

[113] KIM J H, PARK P M, YANG S S, et al. Development of high efficiency gas turbine/fuel cell hybrid power generation system [C]// ASME 2003 1st international conference on fuel cell science, Engineering and technology. New York: ASME, 2003: 33-40.

[114] LAI W H, HSIAO C A, LEE C H, et al. Experimental simulation on the integration of solid oxide fuel cell and micro-turbine generation system[J]. Journal of Power Sources, 2007, 171(1): 130-139.